● 高职高专影视动画专业应用型特色教材
● 国家示范性高等职业院校示范专业主讲教材

Flash动画设计与制作

杨皓　晏强冬　编著

中国轻工业出版社

图书在版编目(CIP)数据

Flash动画设计与制作／杨皓，晏强冬编著．—北京：中国轻工业出版社，2011.10

高职高专影视动画专业应用型特色教材．国家示范性高等职业院校示范专业主讲教材

ISBN 978-7-5019-8244-8

Ⅰ．①F… Ⅱ．①杨… ②晏… Ⅲ．①动画制作软件，Flash-高等职业教育-教材 Ⅳ．①TP391.41

中国版本图书馆CIP数据核字（2011）第153587号

责任编辑：李　颖　　责任终审：劳国强　　封面设计：锋尚设计
责任监印：吴京一　　版式设计：锋尚制版

出版发行：中国轻工业出版社（北京东长安街6号，邮编：100740）
印　　刷：北京昊天国彩印刷有限公司
经　　销：各地新华书店
版　　次：2011年10月第1版第1次印刷
开　　本：889×1194　1/16　印张：13.75
字　　数：480千字
书　　号：ISBN 978-7-5019-8244-8　　定价：39.80元
邮购电话：010-65241695　　传真：65128352
发行电话：010-85119835　85119793　传真：85113293
网　　址：http: //www.chlip.com.cn
Email：club@chlip.com.cn
如发现图书残缺请直接与我社邮购联系调换
90575J2X101ZBW

高职高专影视动画专业应用型特色教材

国家示范性高等职业院校示范专业主讲教材

出版说明

本套“高职高专影视动画专业应用型特色教材”由深圳职业技术学院动画学院、苏州工艺美术职业技术学院数字艺术系、中国美术学院艺术设计职业技术学院影视动画系和北京漫智慧动漫投资顾问有限公司联合主编，由“国家级精品课程”和“国家示范性高等职业院校示范专业”主讲教师担任主编，集结了中国当下高职高专影视动画专业教学领域的优秀师资力量和动画市场领域的行业专家，组成了一支一流的编写队伍。

整套教材的编写切实把握高职教学特色，书目紧密配合动画教学课程设置，每本教材都从市场发展、行业动态、人才需求等各个角度，对动画专业的知识体系构架、专业操作技能和教学实践流程等内容进行科学、合理、务实的阐述。教材内容紧扣“应用性”和“实践性”，注重对具体步骤讲解、实践操作演示等方面内容的全面、深入展开，能起到切实有效的示范和借鉴作用。全套教材图文并茂，行文简洁，设计精美，将为高职高专动画教学提供切实的帮助和有益的借鉴。

前言

《Flash动画设计与制作》是一本Flash软件技术和二维动画制作理论知识相结合的入门教材。本教材以Flash为软件平台，在讲授Flash软件知识的同时，将二维动画制作的理论知识贯穿于全书，让初学者从中学习并掌握Flash二维动画制作的整个流程。

根据Flash动画的基本制作流程，全书分为6章，在每章中都明确标出学习要点、学习目的。

第1章是本书的介绍章节，主要介绍二维动画的特点与应用领域，以及Flash软件的基本工作界面和基本操作。

第2、3章是本书的基础章节，在掌握Flash软件基本操作的前提下，来制作动画角色、场景以及对其他Flash动画素材资源对象进行编辑。

第4、5章是本书的重点章节，其中第4章主要讲解Flash动画制作的软件技术以及二维动画运动规律在Flash动画制作中的应用和具体实施方法。第5章讲解动画镜头在动画片中的作用以及如何使用Flash软件技术制作各种不同的运动镜头。

第6章概述了ActionScript的基础知识，主要围绕对各种多媒体素材的控制来讲解，是Flash交互性动画基础。

本教材知识全面、内容丰富、通俗易懂、实例典型。全书通过理论与实践紧密结合的讲解方式，让初学者能从头做起，快速地掌握Flash动画的基本操作方法。除此之外，通过对运动规律和动画镜头的学习，使初学者具有扎实的二维动画理论基础，从而有能力制作出较高水平的动画作品。

本教材将理论知识学习与技能训练融为一体，侧重于基本技能的训练与综合能力的培养。让学习者在实践过程中学到实用的理论与技能。

本教材由杨皓与晏强冬共同编写。杨皓负责第1、3、4、5章的编写，晏强冬负责第2、6章的编写。

本书提供教学资源（下载地址：ftp://kejian@chlip.com.cn/fdhsjyzz.rar），其中收录了书中所有案例的素材文件、源文件和最终效果文件，以方便学习者参考与使用。

目录

第3章 Flash动画素材资源的编辑及使用

第4章 Flash动画制作和运动规律

第5章 Flash动画的镜头

第6章　Flash脚本基础与交互应用

第1章 二维动画简介

学习要点

Flash动画的特点

Flash的工作界面

学习目的

本章着重讲述Flash动画的特点。此外，本章还涉及Flash软件的工作界面，包括舞台、时间轴、帧、层等的使用方法。

1.1 Flash动画的特点

Flash动画是指使用电脑软件Adobe Flash制作的动画。它通常以.swf的文件格式在网络上进行发布，在视觉效果上一般是比较单纯、简洁的风格。随着Flash网络动画短片、Flash游戏、Flash广告、Flash电视连续动画片、Flash动画电影的播出，Flash动画越来越受到人们喜爱。比较著名的Flash作品有：Flash电视连续动画片《迪斯尼的小爱因斯坦们》（Disney's Little Einsteins）（如图1–1）、《幸福树的朋友们》（Happy Tree Friends）（如图1–2）等；Flash动画电影《罗密欧与朱丽叶：以吻封缄》（Romeo & Juliet: Sealed with a Kiss）（如图1–3）、《米奇松鼠》（Mickey the Squirrel）和2008年金球奖最佳外语片得主的以色列动画片《与巴什尔跳华尔兹 》（Waltz with Bashir）（如图1–4）等。

大多数的Flash动画片都是以矢量图（如图1–5）的形式出现，矢量格式的文件小，适合在网络上传输，而且矢量图放大之后会保持原有的清晰度，而不会像像素图（如图1–6）那样失真。

图1–1

图1–2

图1-3

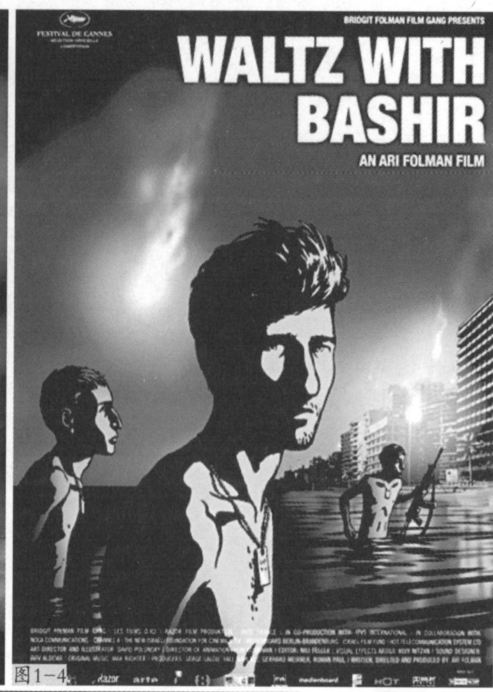

图1-4

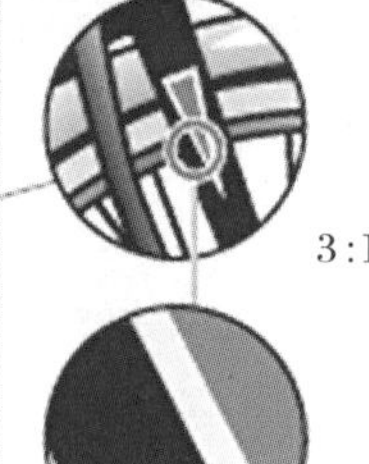

3:1

24:1

图1-5

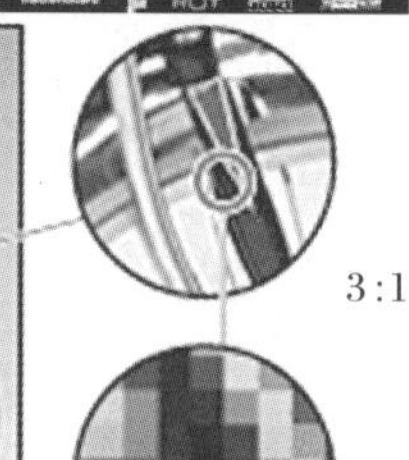

3:1

24:1

图1-6

由于Flash软件所具备的程序功能（ActionScript），很多网络上的Flash动画片都具备一定的可交互性。Flash软件的操作比较简单。一般情况下，从绘图、动画制作到音效添加都可以在该软件中完成。尤其是在一些较简单的动画中，制作人员只需要绘制出关键帧，中间的补间帧则可以由电脑软件自动生成。而不像传统动画那样，每一帧都要绘制出来。但如果要制作较高质量的动画片，则还需要借助其他软件。

Flash动画短片的制作比较简单，硬件要求低。一般只需要一台普通电脑和几个相关的软件就可以制作出动画片。即使是没有绘画基础的人也可以通过对软件的学习，制作出不错的动画短片。一部100min左右的传统二维动画影片可能需要几十个工作人员花费2~3年的时间完成，而一部Flash动画短片可能只需要一个人几天的工夫就可以完成。与传统动画片相比，无论是设备投入、人员投入还是时间投入，Flash动画短片都大量节省。

虽然Flash动画片有其显著特点和优势，但是它绝对不可以取代其他二维动画影片。首先，Flash的矢量格式虽然有不少优势，但矢量图的色彩过渡比较生硬，很难绘制出色彩丰富、柔和的图像，因此视觉效果远远不如传统动画。如果使用其他软件来绘制像素图后再导入到Flash中使用，会使文件大小剧增，这就完全不能体现Flash动画容量小的优势。其次， Flash制作出来的动作不够生动、平滑，尤其是在制作比较复杂的动作时，如角色的转面动画。如果把每一帧都绘制出来以达到动画的平滑效果，那么会大大增加制作难度，使Flash动画失去其制作简单的优势。

1.2 Flash CS4的新增功能

这本教材以Flash CS4作为软件工作平台。与Flash CS3相比，CS4不只是简单的版本升级，而是在功能上有了显著的更新。除了在界面上有较大的变化外，CS4还增加了很多实用功能，尤其在动画制作方面有了革命性变化。其中新增的骨骼功能使得Flash不再仅仅是网页动画的制作软件，而是趋于更成熟化的专业矢量动画制作软件。

1.2.1 工作界面

Flash CS4的工作界面与CS3版本有较大的变化。Flash CS4与Adobe公司的其他软件更趋向统一，这样可以使用户更好地跨越多个软件进行创作。为了满足不同用户的工作需求，Flash CS4还提供了6种不同的工作界面方式，用户可以根据自己的工作职能来选择适合自己的工作界面（如图1–7）。

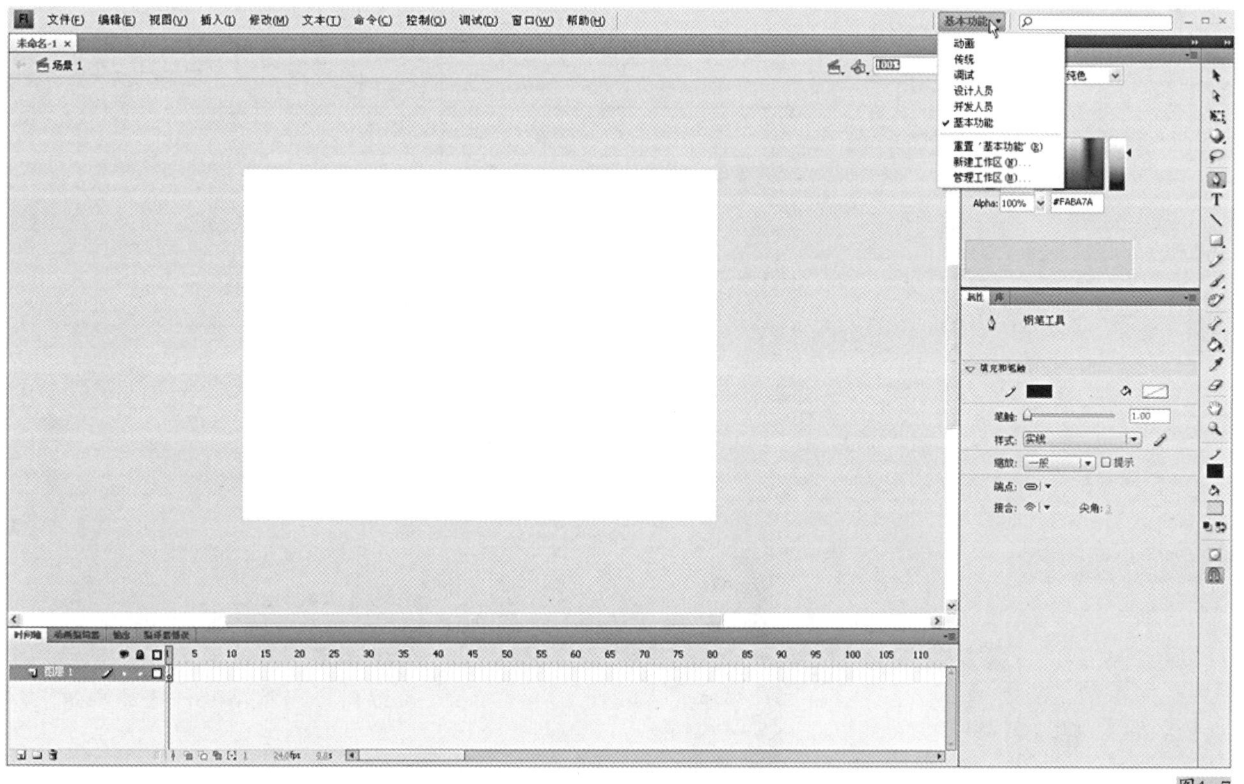

图1–7

1.2.2 动画制作

在动画制作方面，Flash CS4较之前的版本有了重大的突破，动画制作在Flash CS4中更加便捷，更为专业。

Flash CS4之前的版本都是基于关键帧来创建动画，而Flash CS4借鉴了Adobe公司的其他软件（如After Effects）的动画制作方式，使用了基于对象的动画制作方式。这种动画形式可以直接将补间效果添加给对象，而且还可以通过贝塞尔曲线对对象的运动路径进行调整（如图1–8），使动画制作更为简便、直观。

在补间动画的制作中，Flash CS4新增的动画编辑器面板（如图1–9）使得用户可以对对象的属性进行全面、直观的调控，使得动画细节更为精准。

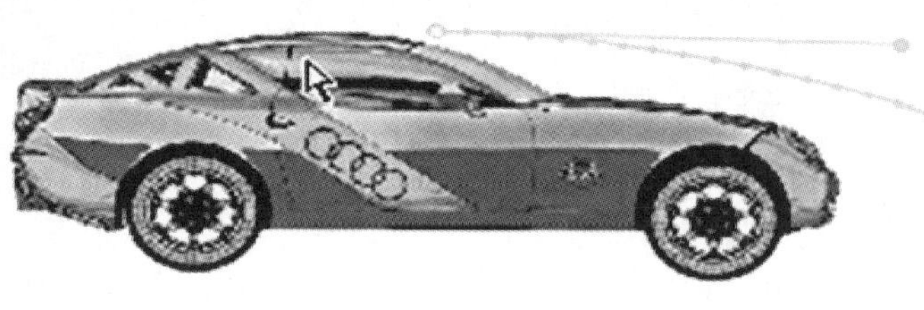

图1-8

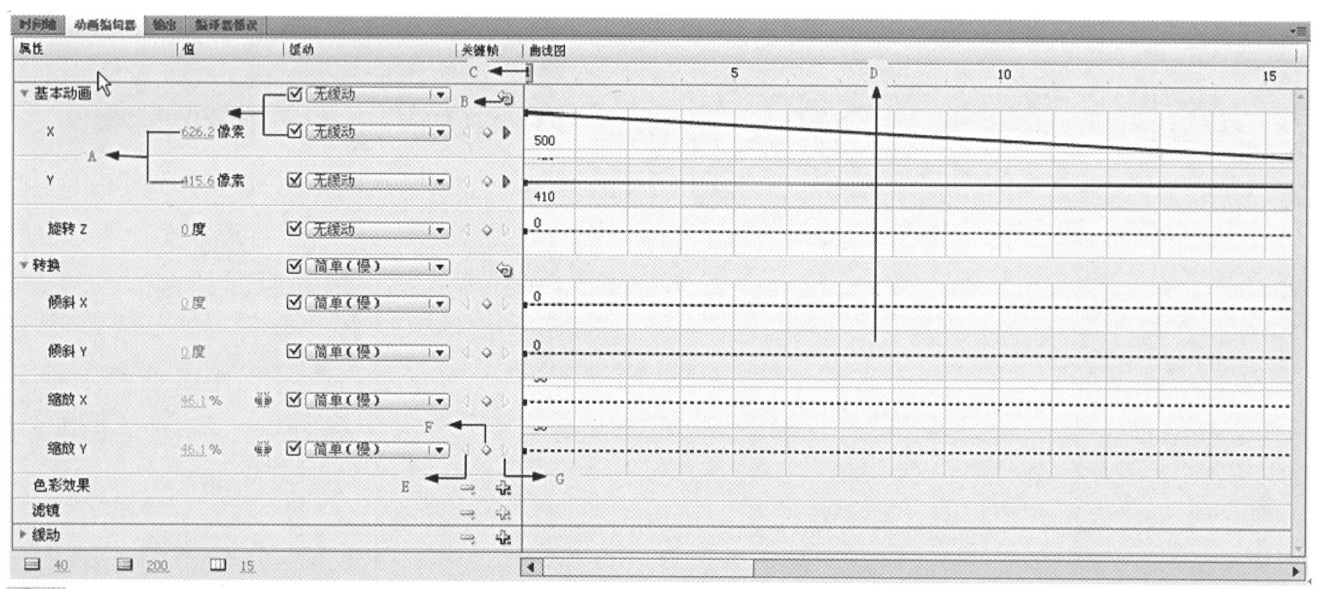

图1-9

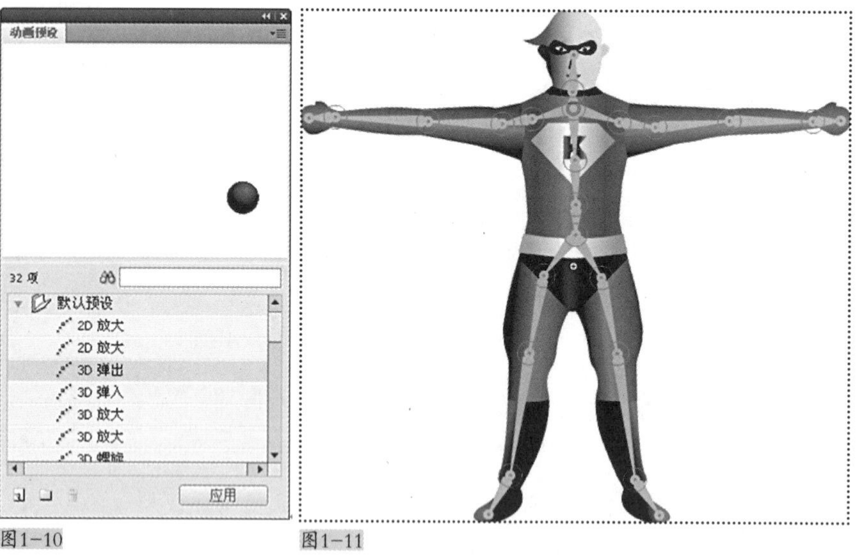

图1-10

图1-11

Flash CS4中的动画预设功能，可以将一些制作好的动画预设效果直接添加到对象上。同时，用户还可以将自己常用的一些动画效果保存在预设面板中（如图1-10），这样就避免了反复制作相同动画的过程，提高了工作效率。

在Flash CS4中，更值得一提的动画制作功能是骨骼工具的引入（如图1-11）。骨骼的使用，使动画制作更为专业化，为制作一些较为复杂的动画提供了便利条件。

1.2.3 3D变形

Flash CS4中新增了三维编辑功能。对象不仅有了X轴和Y轴的属性，还多了Z轴属性。这样对象可以进行三维旋转或平移（如图1–12）。

图1–12

1.2.4 Deco工具和喷涂刷工具

在绘图工具中，Flash CS4增加了Deco工具和喷涂刷工具。使用Deco工具可以为舞台上选定的对象添加效果或图案（如图1–13）。喷涂刷工具有些类似于Illustrator中的符号工具，可以在舞台上喷涂出各种不同的图形（如图1–14）。

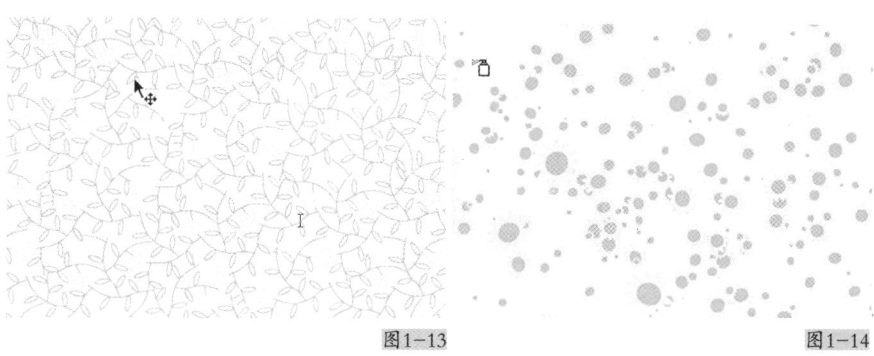

图1–13　　图1–14

1.3 Flash CS4工作界面

Flash CS4的工作界面由以下几个部分组成：舞台、菜单栏、时间轴、图层面板、工具栏、属性面板、其他面板区。不同版本的Flash软件，界面基本相似（如图1–15）。

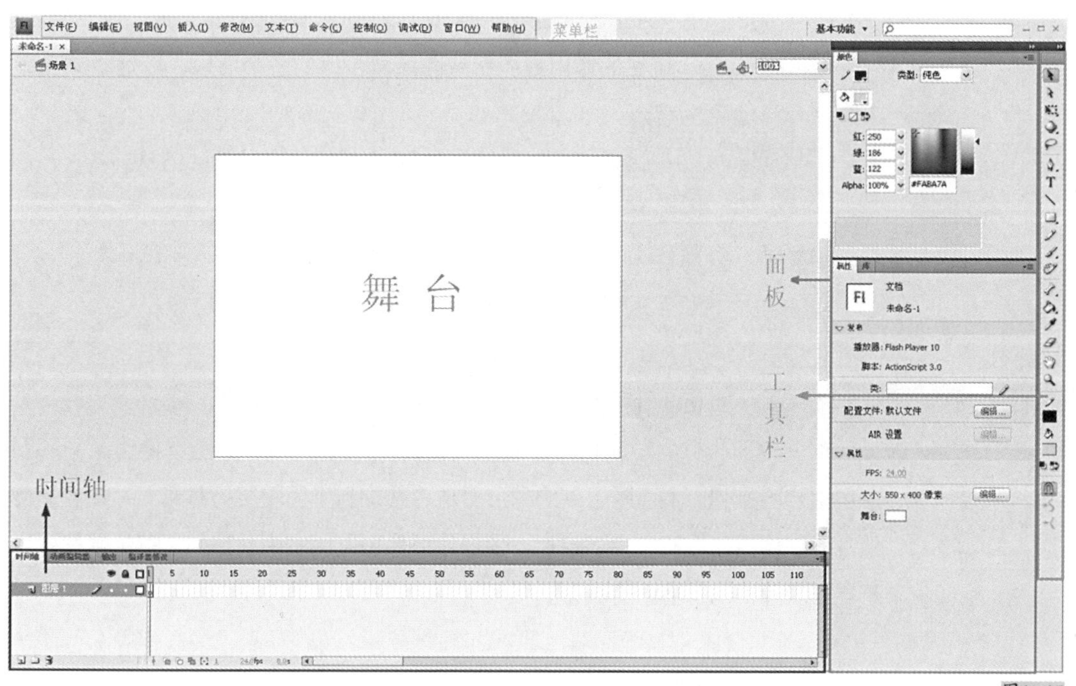

图1–15

1.3.1 舞台

舞台是界面中间的白色区域，相当于画板。用户可在舞台中绘制、编辑所有图形，制作好的动画也将在舞台中显示。舞台的大小是最终导出影片的大小，如果动画对象出现在舞台之外，那么最终导出的影片中将不会显示超出舞台的部分。

1.3.2 菜单栏

在Flash CS4中共有11类菜单栏，位于界面的最上方。每一类菜单栏中包含着各自不同的命令。大部分的菜单栏命令的右边都标注着该命令的快捷键方式。熟练地使用快捷键可以大大提高工作效率。

① “文件”：包含着对整个文件进行管理、操作的各项命令，如：新建文件、保存文件、导入导出文件、发布文件等。

② “编辑”：该栏中的命令主要是对舞台上的图形、元件、文字、位图等和时间轴上的帧进行编辑处理，如：选择、剪切、复制、粘贴、删除图形或帧。

③ “视图”：包含对舞台的显示大小进行放大或缩小的命令，还包含标尺、网格、参考线以辅助用户更准确地绘图或排版。

④ “插入”：用于创建新的元件、图层和场景或插入帧等。

⑤ “修改”：该栏中的命令可以对文件、图形进行修改，比如：更改文件的大小设置，将舞台上的图形、文字等转换成元件，修改图形的平滑程度，改变舞台上图形图像的前后顺序，对齐或分布舞台上的各种视觉元素等。

⑥ “文本”：用于对文字进行编辑，如选择字体、字号、段落的对齐方式等。

⑦ “命令”：主要用于管理与运行通过历史面板保存的命令。

⑧ “控制”：可以控制影片的播放。

⑨ “调试”：主要用于对影片中ActionScript脚本的调试。

⑩ “窗口”：该栏的作用是显示或隐藏舞台上的各个面板，包括时间轴、工具栏和浮动面板等。

⑪ “帮助”：在该栏中可以找到有关Flash操作的各种帮助信息。

1.3.3 工具栏

工具栏中提供了绘制和编辑图形的各种工具（如图1–16）。

1.3.4 时间轴面板

时间轴面板分为图层操作区和帧操作区（如图1–17）。图层操作区中的图层由上到下排列，上面图层上的图形对象将叠加到下面图层的对象上，相当于传统动画制作中的透明赛璐珞胶片。帧操作区是由左向右横向排列，每一帧就相当于电影胶片上的一格中的画面。

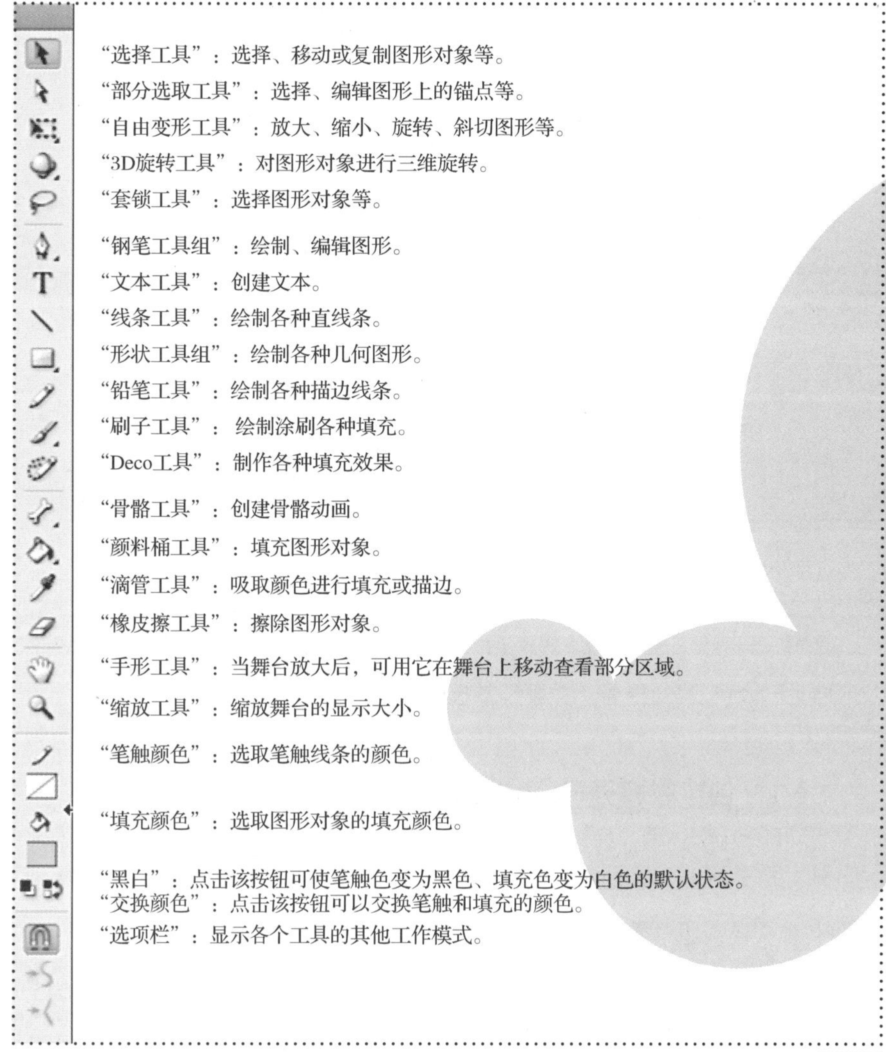

"选择工具"：选择、移动或复制图形对象等。
"部分选取工具"：选择、编辑图形上的锚点等。
"自由变形工具"：放大、缩小、旋转、斜切图形等。
"3D旋转工具"：对图形对象进行三维旋转。
"套锁工具"：选择图形对象等。
"钢笔工具组"：绘制、编辑图形。
"文本工具"：创建文本。
"线条工具"：绘制各种直线条。
"形状工具组"：绘制各种几何图形。
"铅笔工具"：绘制各种描边线条。
"刷子工具"：绘制涂刷各种填充。
"Deco工具"：制作各种填充效果。
"骨骼工具"：创建骨骼动画。
"颜料桶工具"：填充图形对象。
"滴管工具"：吸取颜色进行填充或描边。
"橡皮擦工具"：擦除图形对象。
"手形工具"：当舞台放大后，可用它在舞台上移动查看部分区域。
"缩放工具"：缩放舞台的显示大小。
"笔触颜色"：选取笔触线条的颜色。
"填充颜色"：选取图形对象的填充颜色。
"黑白"：点击该按钮可使笔触色变为黑色、填充色变为白色的默认状态。
"交换颜色"：点击该按钮可以交换笔触和填充的颜色。
"选项栏"：显示各个工具的其他工作模式。

图1–16

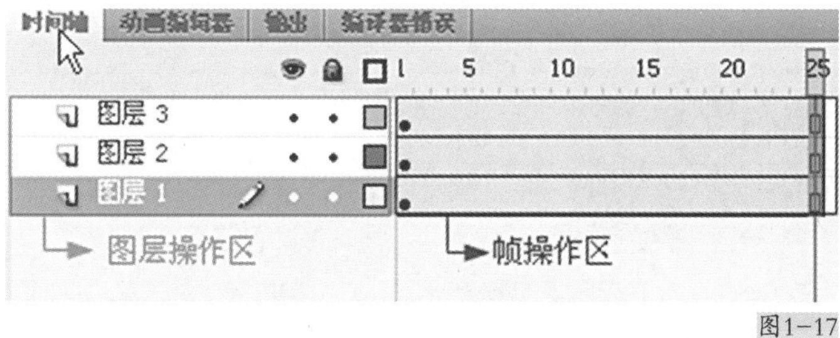

图1–17

1.3.5 属性面板

属性面板是Flash各面板中最常用的一个面板。使用属性面板可以让用户方便地修改文件设置，或编辑舞台上所选定的图形的基本属性参数。不同的工具和不同种类的图形对象有不同的基本属性参数（如图1–18）。

1.3.6 其他面板

Flash中，还有很多其他的面板，如：颜色面板、库面板、场景面板、动作面板等，由于界面的大小有限，很多面板在默认状态下都不出现在界面上，只有在需要时才将它们从窗口菜单中调用出来。

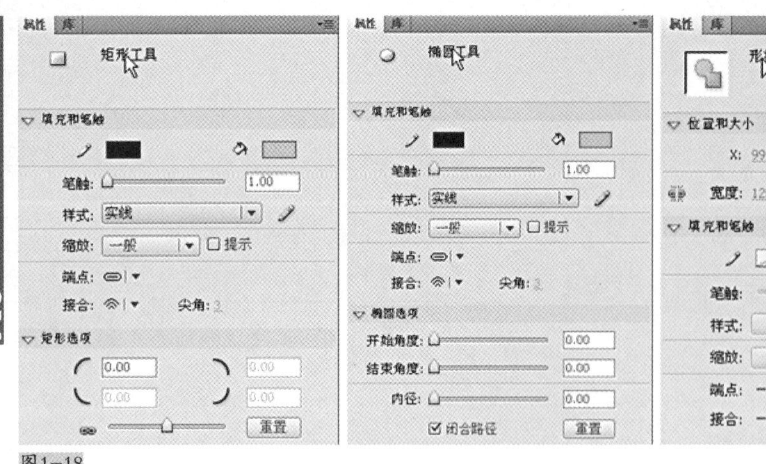

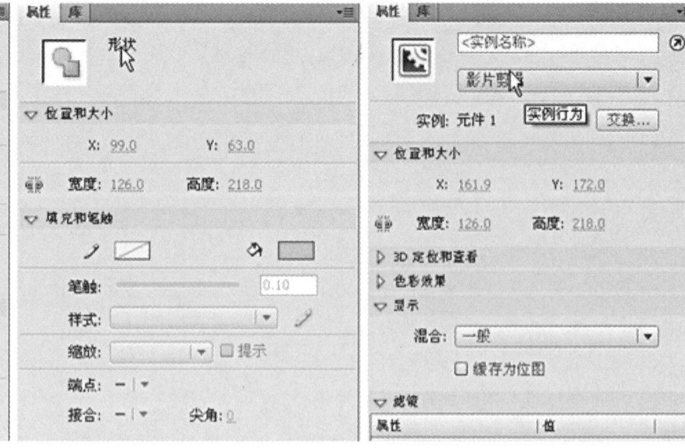

图1-18

1.4 Flash CS4的基本操作

了解了Flash CS4的工作界面后，我们可以进行一些基本的操作，以更深入地熟悉Flash CS4的界面，并逐步掌握Flash的工作方式。

1.4.1 创建或打开Flash文档

启动Flash CS4后，会弹出一个启动向导对话框（如图1-19），对话框的中间部分有三栏选项，通过这三栏选项，可以分别打开已有的Flash文档、创建新的Flash文档或通过模板创建所需的工作项目。

除了以上的方法之外，还可以通过单击菜单栏中的“文件”>“新建”或“打开”命令来新建或打开Flash文档（如图1-20）。

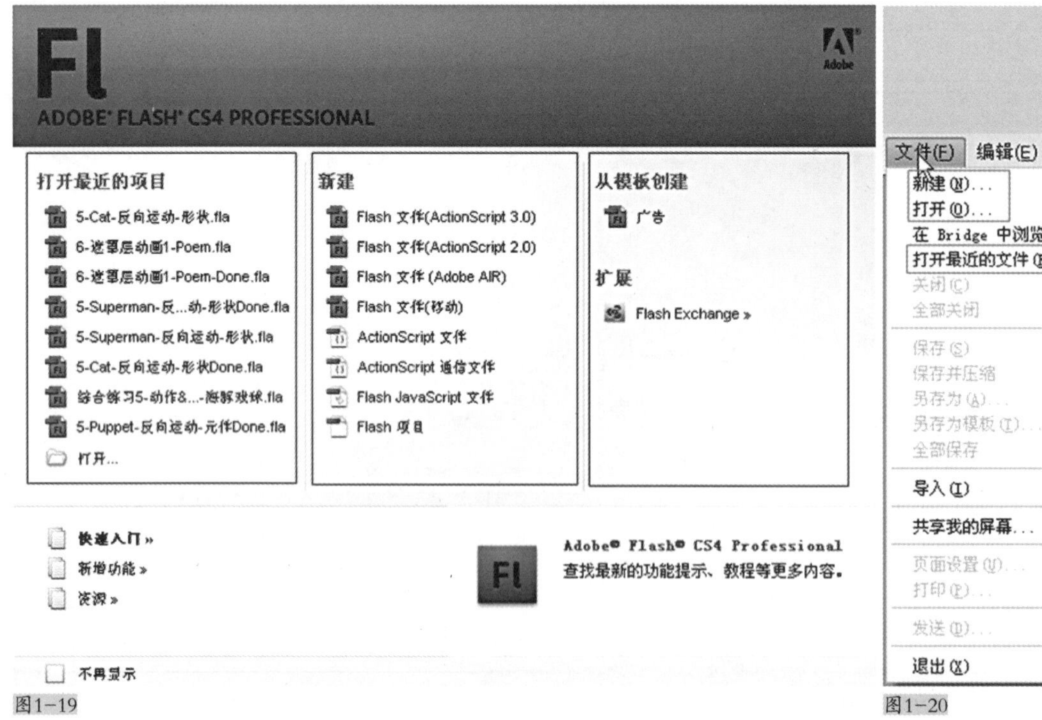

图1-19

图1-20

1.4.2 保存文档

在Flash文档制作的过程中或完成后都需要将文档保存起来，以便日后继续编辑修改。尤其是在制作的过程中，一定要有随时保存文档的好习惯，以避免电脑发生意外中断时丢失辛苦工作的成果。

保存文档通过单击菜单栏中“文件”>“保存”命令来完成。单击该命令后，在保存文档的对话框中选择文档保存的路径和输入文件名（如图1-21）。

对于已保存的文档，也可以将其另存为一个新的文件，这样可以得到一个文件的备份。通过给文件备份，然后在备份文件上继续制作项目的方法，我们可以很好地记录下整个项目完成的过程，也便于日后的修改。备份文件通过执行“文件”>“另存为”菜单栏命令完成。

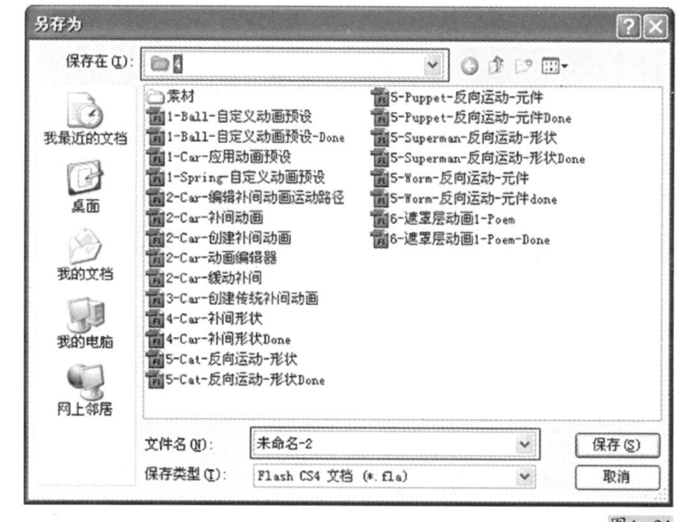

图1-21

图1-22

1.4.3 帧的操作

Flash中的帧分为三种：空白关键帧、关键帧和一般帧（如图1-22）。在默认状态下，新建的文档中包含一个图层和一个空白关键帧。

空白关键帧：由一个空心圆点来表示，它代表这个关键帧上还没有任何内容。

关键帧：由一个实心的圆点来表示，关键帧上包含着图形或动画对象。当在一个空白关键帧中加入内容后，空心圆点就转变成了实心圆点。

一般帧：由灰色方格表示，通常可以在关键帧后插入一般帧，一般帧的多少代表着前一个关键帧在舞台上存在的时间长短。

对帧的操作一般是指插入帧、选择帧、复制帧、粘贴帧、移动帧、删除帧。下面我们通过实例来演示帧的各种操作方法。

Step 1 新建文件：启动Flash软件，在菜单栏中选择“文件”>“新建文件”命令，弹出一个对话框（如图1-23）。新建文件的时间轴上有一个由空心圆点表示的空白关键帧。

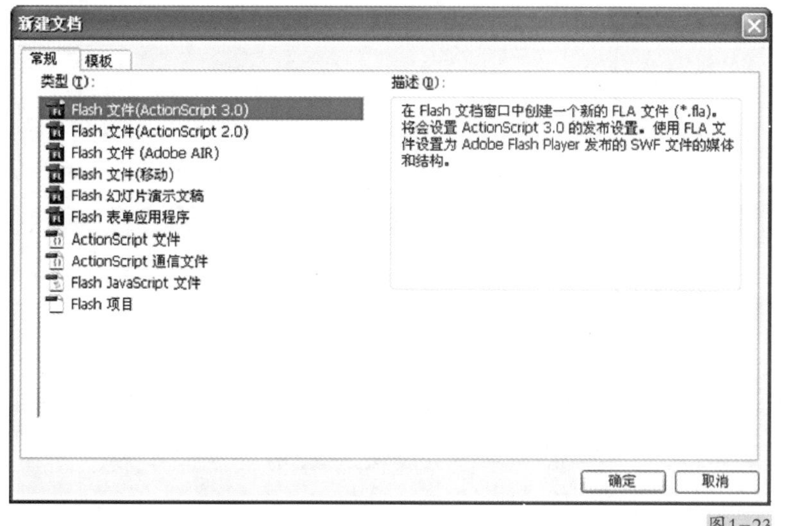

图1-23

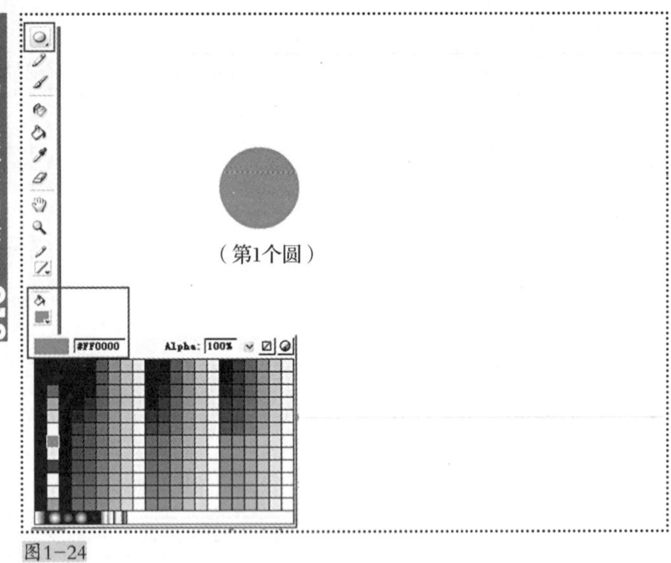

图1-24

Step 2 在工具栏中选择椭圆形工具，然后在舞台上按住【Shift】键绘制一个圆形颜色设为#FF0000。原来时间轴上的空心圆点变成了实心圆点（如图1-24的“第1个圆”）。

Step 3 插入帧：把鼠标移到第5帧处，然后选择“插入”>“时间轴” >“帧” ，或者直接按快捷键【F5】，2～5帧全部变成了灰色方格的一般帧。

Step 4 插入空白关键帧：把鼠标移到6帧处，然后选择“插入”>“时间轴” >“空白关键帧”，或者直接按快捷键【F7】，在6帧处生成了一个空心圆点。

Step 5 使用绘图纸外观：在绘制下一个圆形之前，先在时间轴面板的下部分点击绘图纸外观按钮（如图1-25），之前帧上的圆形会以变淡的颜色显示出来，这样便于我们更好地对齐图形。

Step 6 用椭圆形工具，在舞台上绘制第2个圆形，空白关键帧变成了关键帧（如图1-26）。再次点击绘图纸外观按钮禁用它。

Step 7 插入关键帧：把鼠标移到10帧处，然后选择“插入”>“时间轴” >“关键帧”，或者直接按快捷键【F6】，10帧处生成了一个实心圆点的关键帧。

Step 8 用椭圆形工具，在舞台上再绘制一个圆形（如图1-27），即第3个圆形，设置其颜色为#35B066。

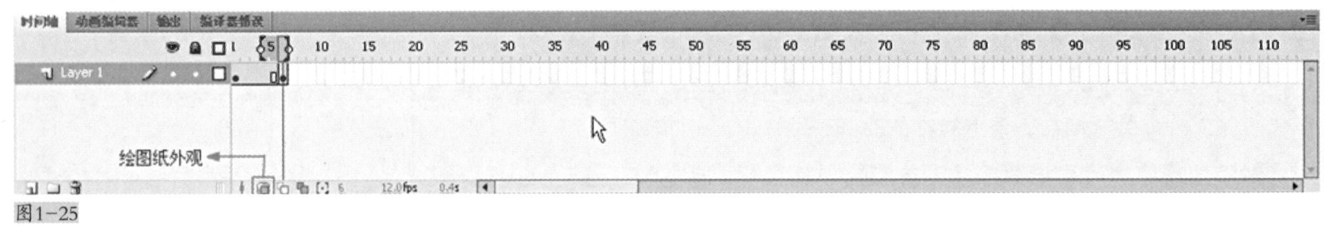

图1-25

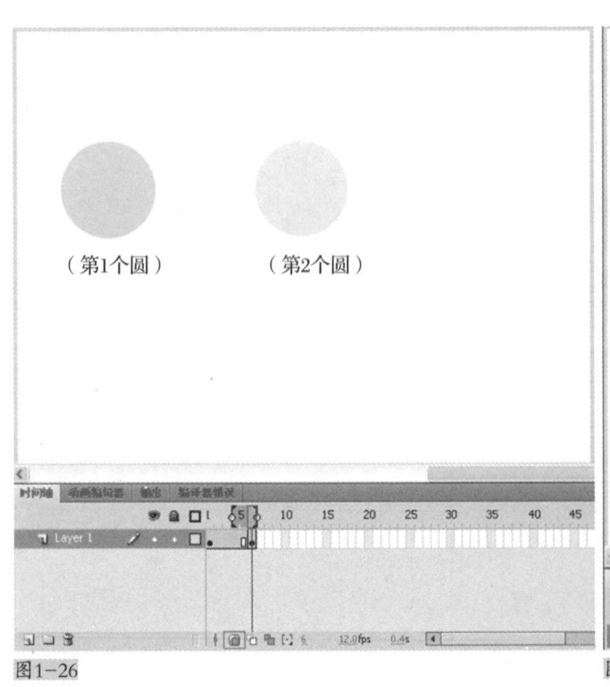

图1-26

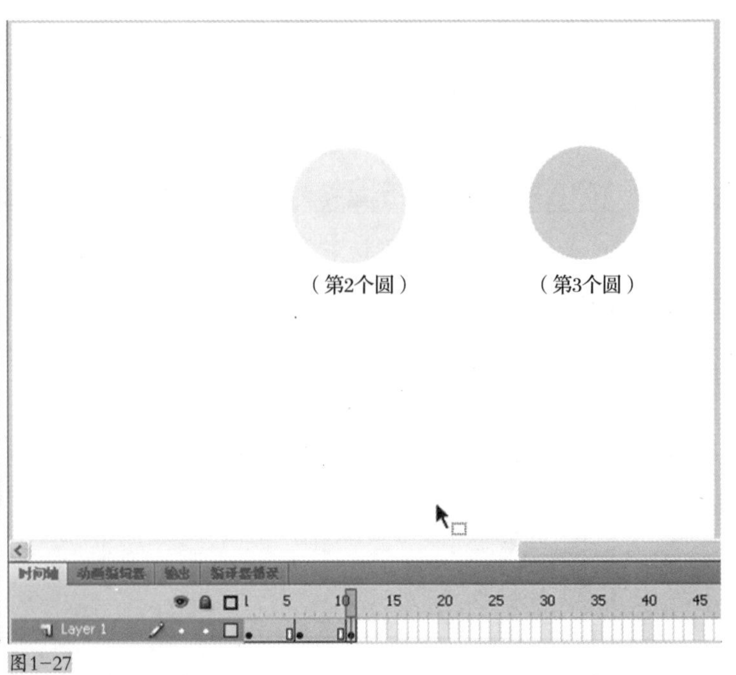

图1-27

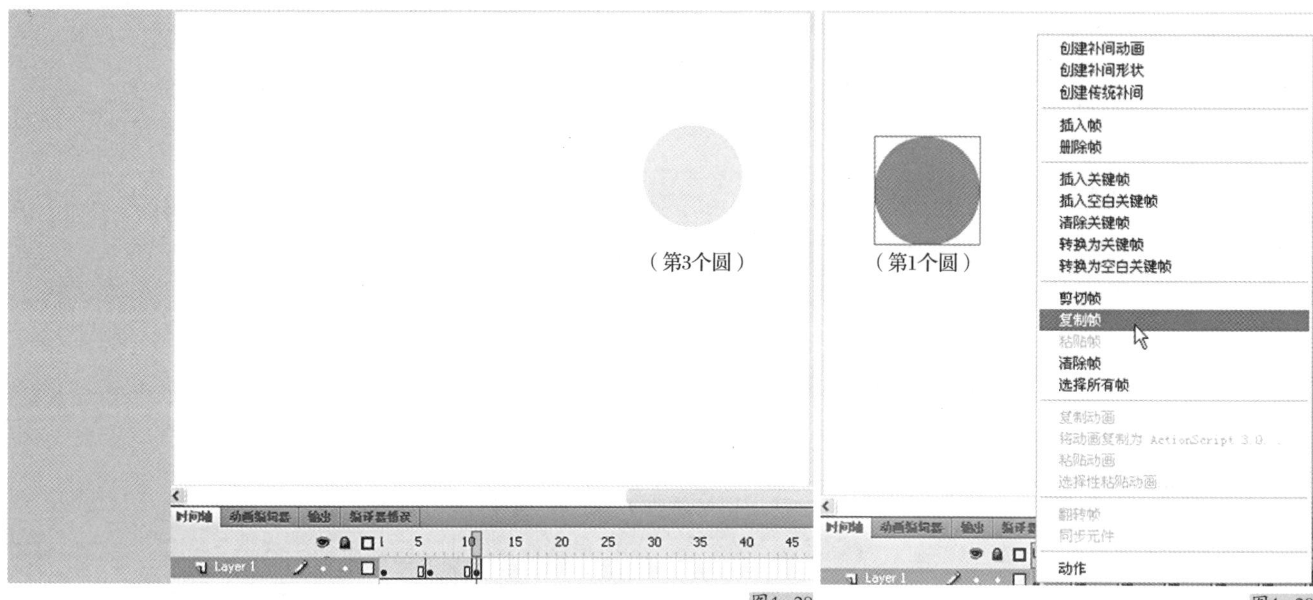

图1−28

图1−29

Step 9 在工具栏中选取选择工具，点击舞台上的第2个圆形选中它，按键盘上的【Delete】键将其删除（如图1−28）。

Step 10 把时间轴移到第15帧处，按【F5】添加帧，以延长第3个圆形存在的时间。

Step 11 复制帧：把鼠标移到第1帧处，双击鼠标，1～5帧进入被选取状态。我们在菜单栏中执行“编辑”>“时间轴”>“复制帧”，或在被选取的帧上点击鼠标右键，在弹出的上下文菜单中选择“复制帧”（如图1−29）。或直接按快捷键【Ctrl+Alt+C】执行该命令。

Step 12 粘贴帧：把鼠标移到第16帧处，在菜单栏中执行“编辑”>“时间轴”>“粘贴帧”，或在被选取的帧上点击鼠标右键，在弹出的上下文菜单中选择“粘贴帧”（如图1−30）。或直接按快捷键【Ctrl+Alt+V】执行该命令。这样16～20帧的内容与1～5帧的内容完全一样。

Step 13 在舞台上选择第16帧处第1个圆形，将其填充色改为#35B066（如图1−31）。在20帧处按【F5】加帧。

创建补间动画
创建补间形状
创建传统补间
插入帧
删除帧
插入关键帧
插入空白关键帧
清除关键帧
转换为关键帧
转换为空白关键帧
剪切帧
复制帧
粘贴帧
清除帧
选择所有帧
复制动画
将动画复制为 ActionScript 3.0...
粘贴动画
选择性粘贴动画...
翻转帧
同步元件
动作

图1−30

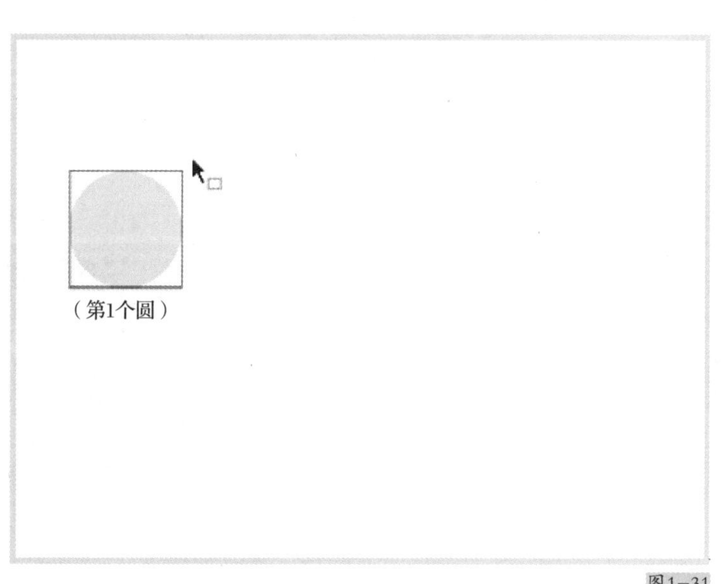

图1−31

Step 14　选择多个帧：按住【Shift】点击5帧和10帧来选择多个帧。

Step 15　按快捷键【Ctrl+Alt+C】复制5～10帧的内容。

Step 16　用鼠标单击第21帧处选择该帧，用快捷键【Ctrl+Alt+V】的方式将5～10帧的内容粘贴到20～25帧处，内容不做任何修改。

Step 17　用同样的方法复制10～15帧，并把它们粘贴到26～30帧处，并将舞台上的颜色为#35B066的圆形的颜色改为#FF0000。

Step 18　按【Enter】键播放舞台上的动画。

Step 19　保存文件。

1.4.4　图层的操作

Flash中的图层和其他Adobe公司的图形图像处理软件的图层具有类似的功能和操作方法。每一个图层就像是一张透明的胶片，在一个图层上绘制或编辑图形，不会影响到其他图层上的内容。用图层可以更好地组织画面上的内容，更方便用户的操作。系统默认的新建Flash文档中包含一个图层，名称为“图层1”。

Flash中的图层位于时间轴面板的左侧（如图1–32），图层的排序影响图文在舞台上的显示情况。对图层的操作一般包括：新建图层、命名图层、显示或隐藏图层、锁定图层、组织图层和图层文件夹、删除图层。现在我们用一个具体实例来演示图层的操作方法。

Step 1　打开本书教学资源（下载地址见封底）“第一章/项目文件”目录下的Flash文档“练习1–2–图层的操作”。舞台上有一个图形（如图1–33）。

Step 2　显示或隐藏所有图层：点击图层面板上面的“显示或隐藏所有图层”按钮，隐藏所有图层，舞台上的图形消失（如图1–34）。再次点击，显示所有图层，舞台上的图形出现。

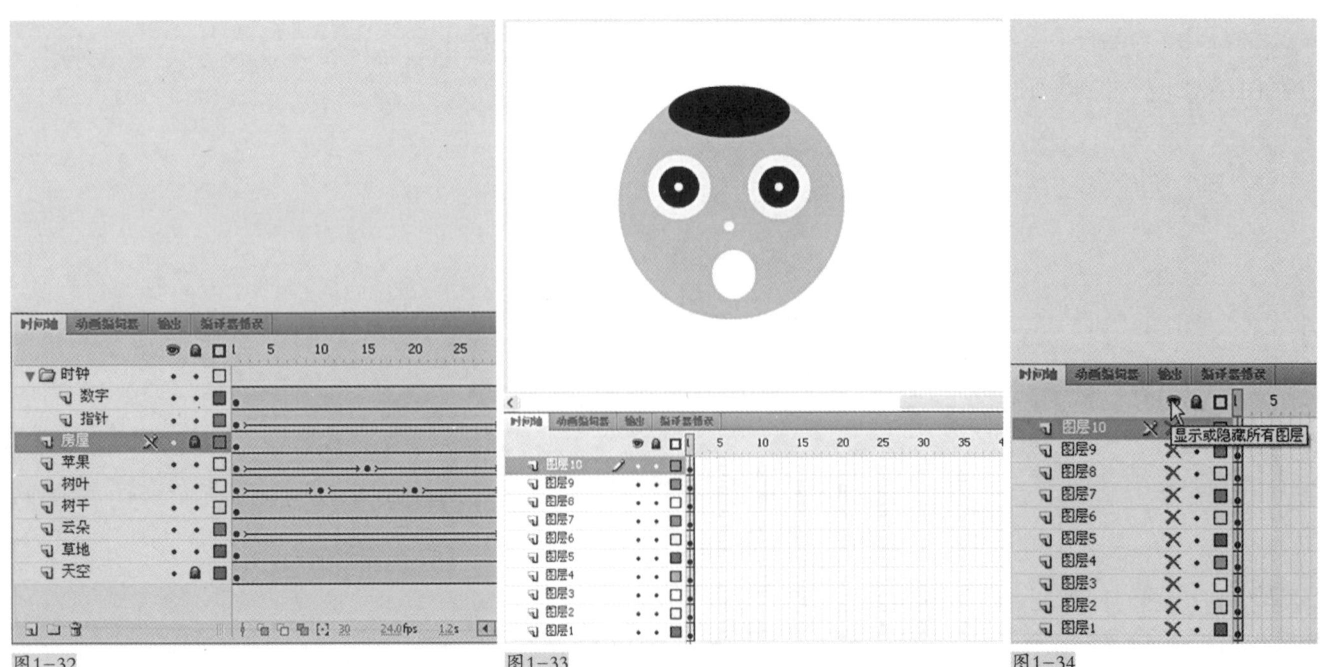

图1–32　图1–33　图1–34

Step 3　显示或隐藏单个或多个图层：点击“显示或隐藏所有图层”按钮下对应的图层1上的圆点，该图层被隐藏起来，舞台上人物的脸部消失（如图1–35）。

Step 4　命名图层：显示图层1，双击“图层1”，然后输入“脸”作为新的图层名，然后按【Enter】键（如图1–36）。

Step 5　锁定或解锁图层：点击图层“脸”所对应的“锁定或解锁”的圆点，将该图层锁定起来（如图1–37）。图层锁定后不可以在该图层上做任何操作。

Step 6　用同样的方式点击其他图层上“显示或隐藏所有图层”的圆点，以查看每个图层上的图形内容，然后根据内容重新命名各个图层（如图1–38）。

Step 7　新建图层：点击图层面板左下角的“新建图层”图标按钮（如图1–39），或执行菜单栏命令“插入”>“时间轴”>“图层”（如图1–40），得到一个新的图层。

Step 8　将新图层命名为“左耳”，在舞台上用椭圆形工具绘制一个椭圆形（如图1–41）。

Step 9　用同样的方式新建一个图层，命名为“右耳”。

Step 10　在舞台上选择左耳，执行菜单栏命令“编辑”>“复制”（如图1–42）或把鼠标移到舞台上的左耳上，点击鼠标右键，在弹出菜单中选择“复制”，也可以直接按快捷键【Ctrl+C】来复制该图圆形。

图1–35

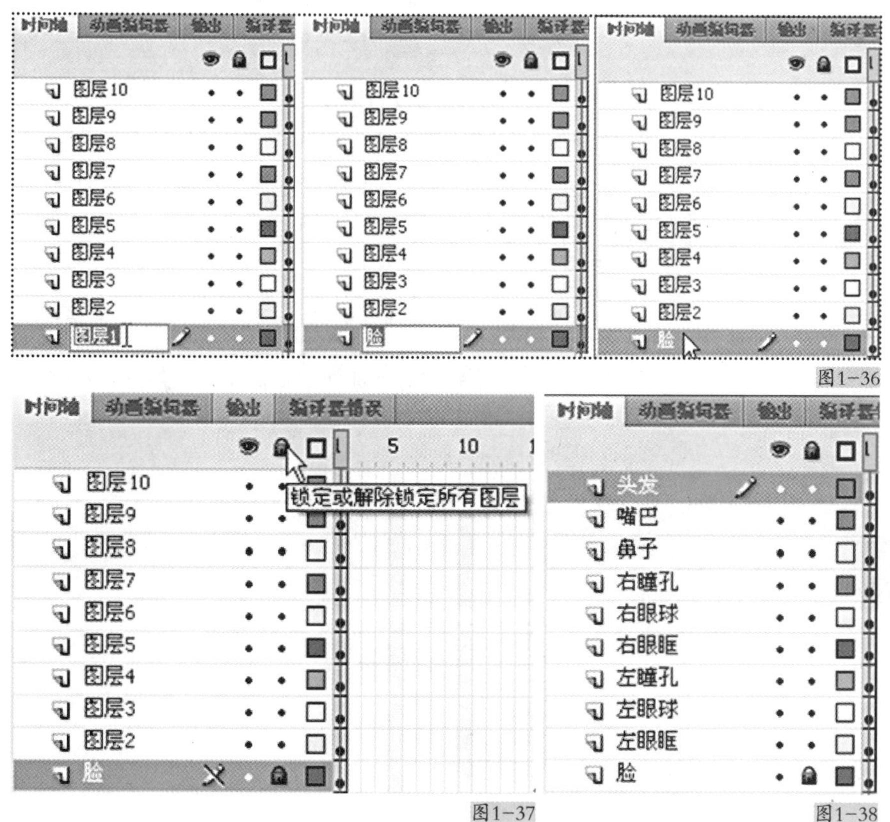

图1–36

图1–37

图1–38

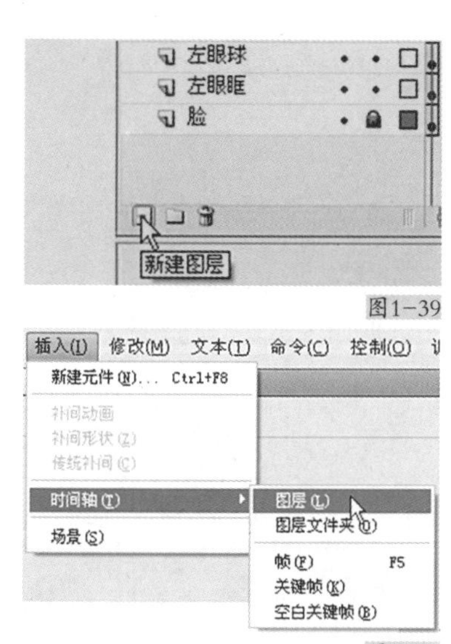

图1–39

图1–40

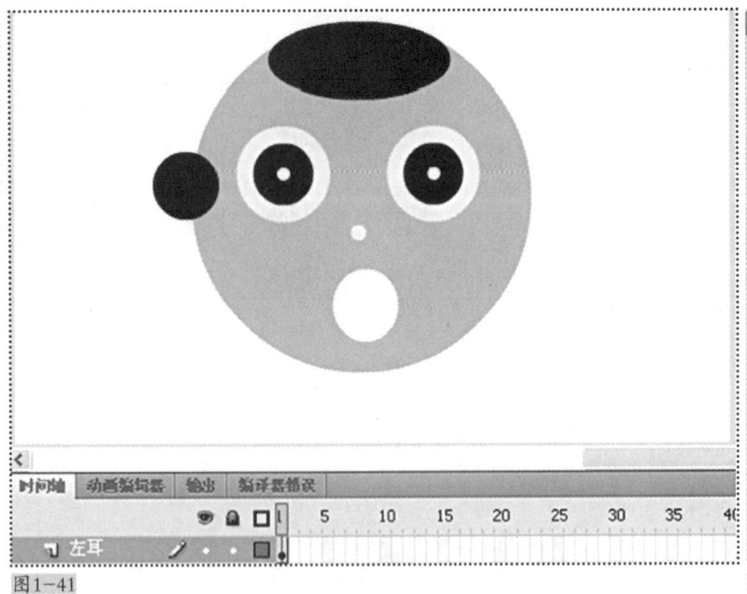

图1-41

编辑(E) 视图(V) 插入(I) 修改(M)
撤消(U) 选择帧 Ctrl+Z
重复(R) 层名称 Ctrl+Y
剪切(T) Ctrl+X
复制(C) Ctrl+C
粘贴到中心位置(J) Ctrl+V
粘贴到当前位置(P) Ctrl+Shift+V
选择性粘贴(O)...
清除(Q) Backspace
直接复制(D) Ctrl+D
全选(L) Ctrl+A
取消全选(V) Ctrl+Shift+A
查找和替换(F) Ctrl+F
查找下一个(N) F3
时间轴(M)
编辑元件(E) Ctrl+E
编辑所选项目(I)
在当前位置编辑(E)
全部编辑(A)
首选参数(S)... Ctrl+U
自定义工具面板(Z)...
字体映射(G)...
快捷键(K)...

创建补间动画
创建补间形状
剪切
复制
粘贴
复制动画
将动画复制为 ActionScript 3.0...
粘贴动画
选择性粘贴动画...
另存为动画预设...
全选
取消全选
任意变形
扭曲
封套
分散到图层
运动路径
转换为元件...

图1-42

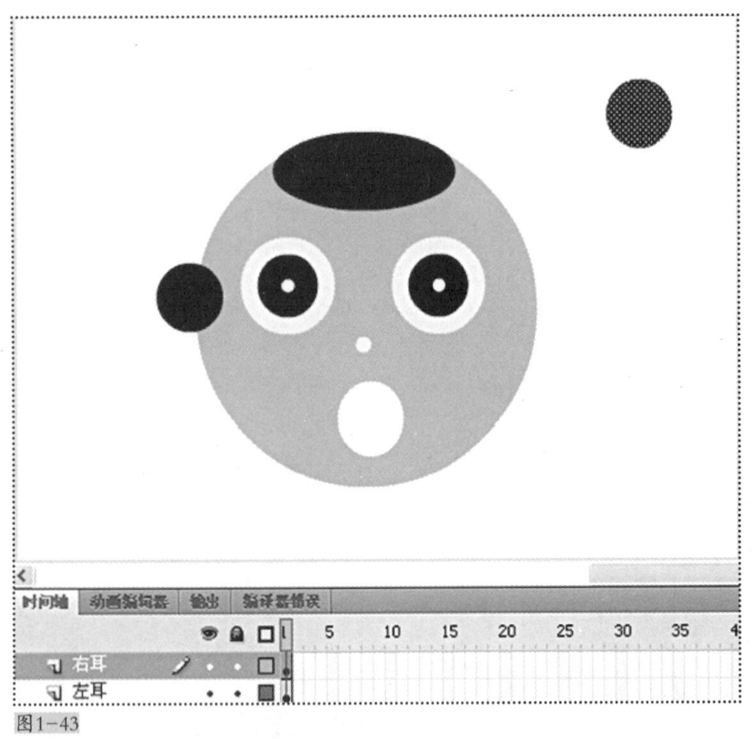

图1-43

Step 11　用鼠标点击图层“右耳”，执行菜单栏命令“编辑”>“粘贴到中心位置”或直接按快捷键【Ctrl+V】。将椭圆形粘贴到图层“右耳”上（如图1-43）。

Step 12　用选择工具将舞台上的右耳移动到对应的位置（如图1-44）。

Step 13　创建图层文件夹：在菜单栏中执行“插入”>“时间轴”>“图层文件夹”（如图1-45）命令，或在图层面板下面的图标中点击“新建文件夹”图标（如图1-46），得到一个新的图层文件夹。用命名图层的方法将图层文件夹命名为“左眼”。

Step 14　选择多个图层：按住【Shift】键点击图层“左瞳孔”、“左眼球”、“左眼眶”，同时选择这几个图层（如图1-47）。

Step 15　移动图层：用鼠标拖住这三个图层，把它们移到图层文件夹“左眼”之下（如图1-48）。

图1-44

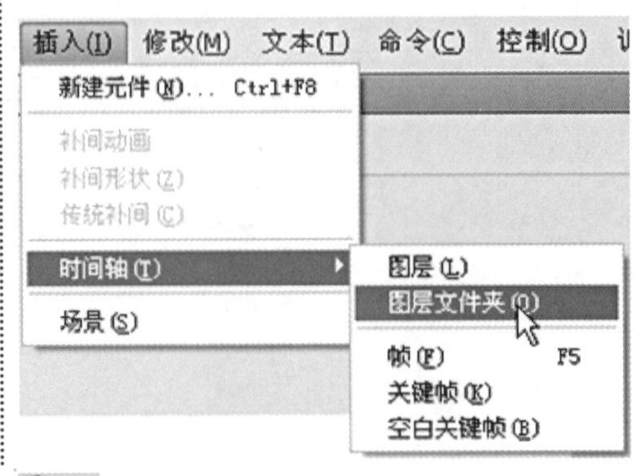

图1-45

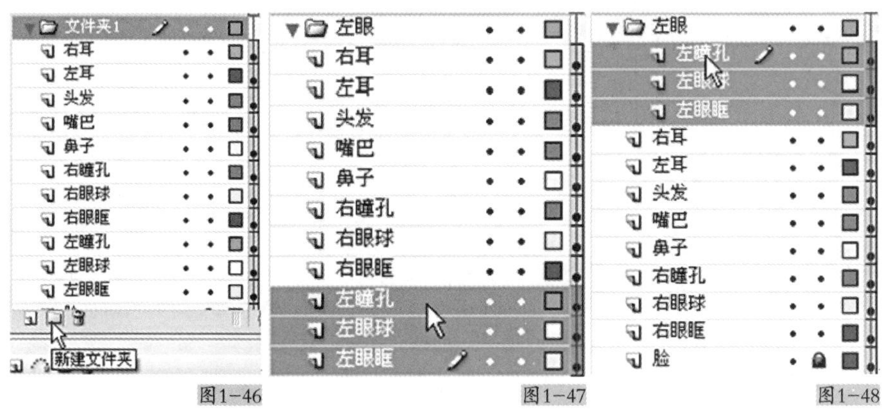

图1-46　图1-47　图1-48

图1-49　图1-50　图1-51

Step 16　点击图层文件夹“左眼”左边的三角形图标，可以将文件夹下的内容收起来，以节省图层面板的空间（如图1–49）。

Step 17　用同样的方式新建图层文件夹“右眼”并将图层“右瞳孔”、“右眼球”、“右眼眶”移入该文件夹内（如图1–50）。

Step 18　排序图层：舞台上人脸的耳朵在脸的前面，我们要将它们移到脸部下面。选择图层“左耳”，用鼠标按住将其拖到图层“脸”下面（如图1–51）。

Step 19　用同样的方式将图层“右耳”也拖到图层“脸”以下（如图1–52）。

Step 20　图层与图层文件夹的轮廓显示：舞台上作为耳朵的椭圆形的一部分并没有被删除，而是被脸遮住了，我们可以通过轮廓显示图层来查看组成人脸的所有图形。点击图层面板上面的“将所有图层显示为轮廓”图标按钮，舞台上的人脸以轮廓线显示出来（如图1–53）。再次点击该按钮恢复到正常显示。

Step 21　将文件保存起来。

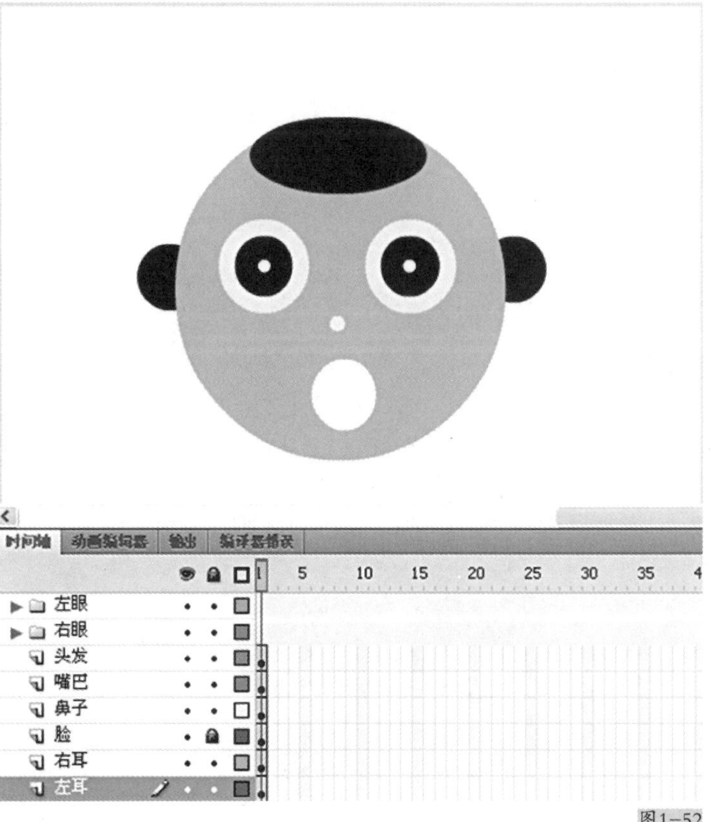

图1-52

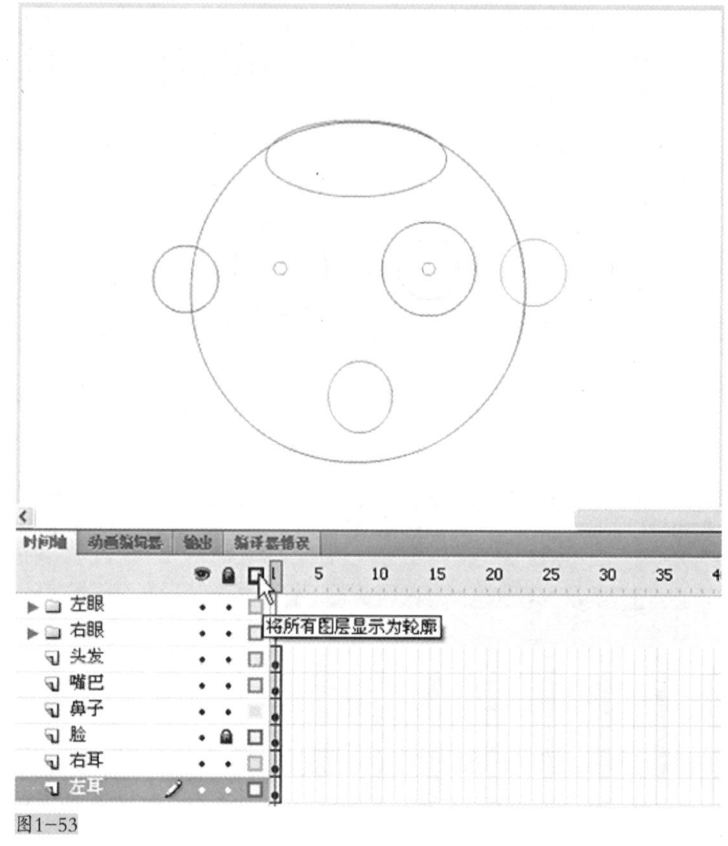

图1-53

小　结

通过本章的学习，我们了解了Flash动画的特点与应用领域。

通过实例的演示，我们初步熟悉了Flash的工作界面，并掌握了帧与图层的操作方法，为深入学习后面章节的知识打下了基础。

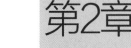

第2章 图形编辑及文本处理

学习要点

选择工具　绘图工具

填色工具　文本工具

3D工具、骨骼工具、Deco工具

学习目的

本章主要讲解Flash CS4的工具面板中选择工具、绘图工具、填充工具、文本工具以及CS4新增的3D、骨骼和Deco工具的使用方法。

2.1　线条与图形绘制工具

应用Flash软件制作的各种作品都是由基本图形组成的。Flash软件提供了各种工具来绘制线条、图形或者动画运动的路径。

2.1.1　线条工具

使用“线条工具”可以较容易地绘制出平滑的直线。单击工具箱中的“线条工具”按钮，这时鼠标变成一个十字形，表明此时鼠标已经激活工具（如图2-1）。

在绘制直线前需要设置属性，其中包含笔触的颜色、粗细、类型等。可以在属性面板中设置相关属性（如图2-2）。

- 笔触颜色：单击颜色框，打开调色板（如图2-3），可以通过单击不同的色块选择颜色，也可以通过单击右上角的按钮，打开颜色对话框（如图2-4），在该对话框中详细设置颜色值。
- 笔触高度：用来设置绘制线条的粗细，通过拖动滑块调节粗细值。
- 笔触样式：用来选择绘制线条的类型。在软件中已经预设了一些常用的类型，如实线、虚线、点状线、锯齿线、点刻线和斑马线等（如图2-5）。
- 端点：单击端点设置右边的小三角（如图2-6），可以设定直线端点的3种状态：无、圆角、方形。

图2-1

图2-2

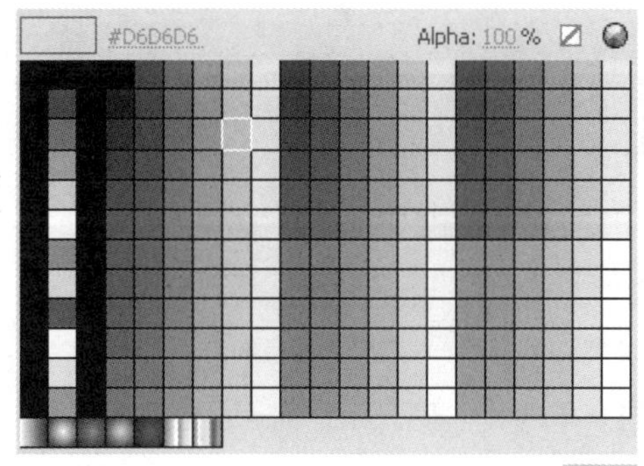

图2-3

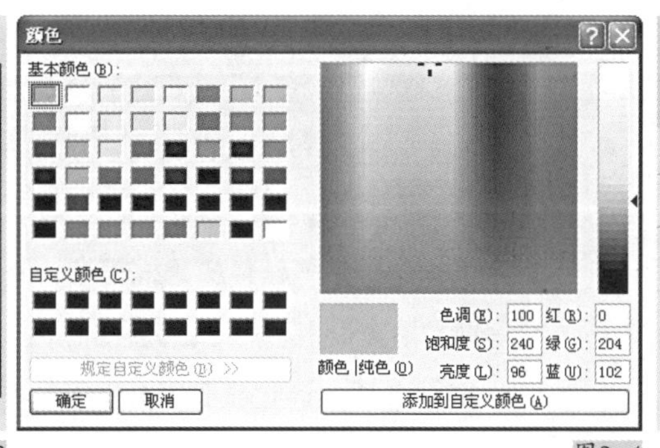

图2-4

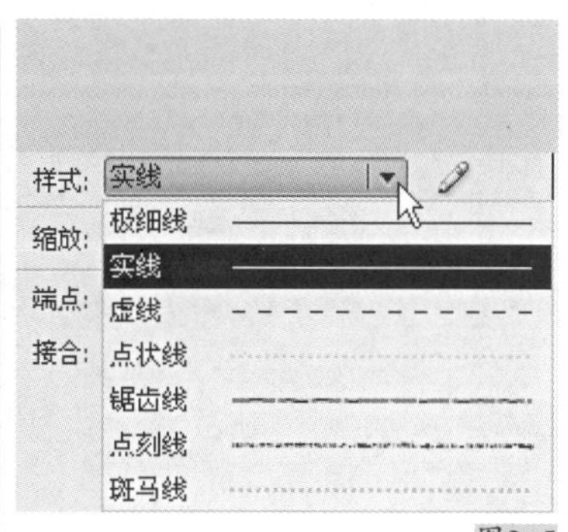

图2-5

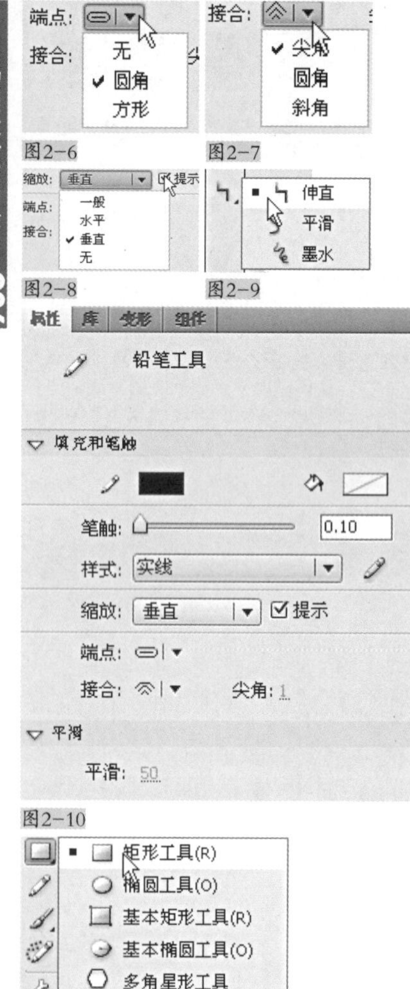

图2-6 图2-7 图2-8 图2-9 图2-10 图2-11

◆ 接合：单击端点设置右边的小三角（如图2-7），可以定义两个路径片段相连接方式：尖角、圆角和斜角。

◆ 缩放：单击端点设置右边的小三角（如图2-8），可以选择：一般、水平、垂直、无。

注意

在用线条工具绘制直线时，可以配合【Shift】键绘制出垂直直线或水平直线或45°斜线。按下【Ctrl】键可以暂时切换到箭头选择工具，实现对工作区中的对象进行选取，当放开【Ctrl】键时，又会自动换回到线条工具。线条工具的快捷键为【N】。

2.1.2 铅笔工具

“铅笔工具”主要用于绘制线条和形状，它的使用方法与真实的铅笔使用方法大致相同。当需要绘制平滑或伸直线条时，可以在工具栏的下面单击“铅笔模式”按钮，弹出三种模式：伸直、平滑、墨水。选择一种绘制模式（如图2-9）。

◆ 伸直：这种模式具有很强的线条形状识别能力，可以对绘制的线条形状进行自动校正，将画出的近似直线取直、平滑曲线、同化波浪线、自动识别椭圆、矩形和半圆等。

◆ 平滑：这种模式可以在绘制线条时自动平滑曲线。

◆ 墨水：这种模式绘制的线条就是绘制过程中鼠标所经过的实际轨迹。常用于不用修改的手绘线条。

可以通过铅笔工具的属性面板设置不同的线条颜色、线条粗细、类型等。与直线工具属性面板类似（如图2-10）。

注意

铅笔工具与线条工具的区别是铅笔工具可以绘制出比较柔和的曲线。在使用铅笔工具时配合【Shift】键，可以绘制出水平或垂直的直线；按下【Ctrl】键可以暂时切换到箭头选择工具，对工作区中的对象进行选取。铅笔工具的快捷键为【Y】。

2.1.3 矩形工具、椭圆工具及多角星形工具

在“矩形工具”按钮下包含了5种工具：“矩形工具”、“椭圆工具”、“基本矩形工具”、“基本椭圆工具”、“多角星形工具”（如图2-11）。

“矩形工具”与“基本矩形工具”主要用于绘制矩形或正方形图案。通过属性面板可以进行线框颜色，线框粗细、填充，角度设置（如图2-12）。属性面板上对线框颜色、粗细、样式、缩放、端点以及接合的设置与线条工具属性面板类似。

◆ 矩形选项：通过在线框中输入数值设置绘制矩形的四个角的度数。

例如：绘制一个圆角矩形，圆角角度为30°（如图2-13、图2-14）。

“椭圆工具”与“基本椭圆工具”主要用于绘制椭圆或圆形图案，可以通过属性面板进行线框颜色、相框粗细、椭圆开始角度和结束角度、内径等设置。其中笔触和填充设置与矩形工具中的属性设置功能类似（如图2-15）。

◆ 椭圆选项：通过设置开始角度、结束角度、内径大小和是否闭合路径可以制作出扇形、环形、圆环（如图2-16）。

"多角星形工具"多用于绘制五角星、星星等多角图形。可以通过属性面板进行相框、填充、相框粗细等设置。其中笔触和填充设置与矩形工具中的属性设置功能类似（如图2–17）。

◆ 工具设置：单击选项按钮，弹出窗口（如图2–18）。

样式：软件预设了两种样式：多边形、星形。

边数：设置绘制图形的边数。

星形顶点大小：设置星形顶点的大小（如图2–19）。

无论选择是"矩形工具"、"椭圆工具"还是"多角星形工具"，工具箱下面都将出现两个选项（如图2–20）：

绘制对象：单击该选项可以在舞台上绘制图形对象。如果需要，双击编辑绘制的对象可以进入绘制对象的编辑舞台窗口，或者选中该对象后按【Ctrl+B】打散对象。

紧贴至对象：当在舞台上移动对象时，可以自动查找最近的结合点。

注意

矩形工具、椭圆工具和多角星形工具绘制的是图形，具有自动融合作用，而基本矩形和基本椭圆工具绘制出的是对象，不具备融合作用。配合【Shift】键可以绘制正方形和正圆。按下【Ctrl】键可以暂时切换到箭头选择工具，对工作区中的对象进行选取。椭圆工具的快捷键为【O】，矩形工具的快捷键为【R】。

图2–12

图2–13

图2–14

图2–15

图2–16

图2–17

图2–18

多边形　　星形，半径为正值　　星形，半径为负值

图2–19

绘制对象 紧贴至对象

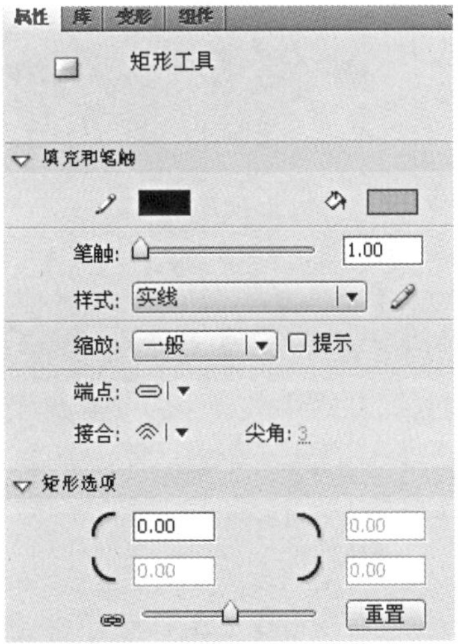

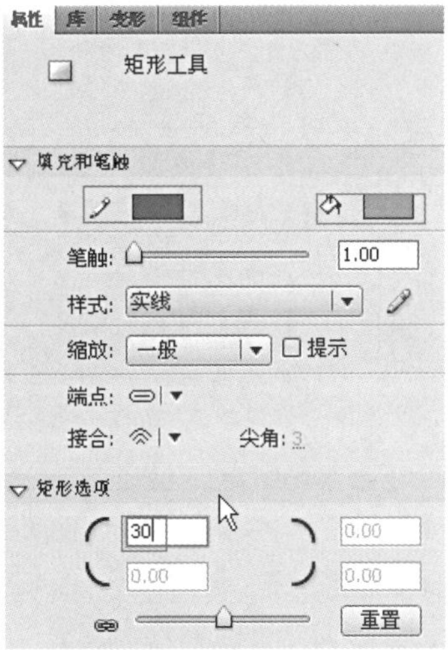

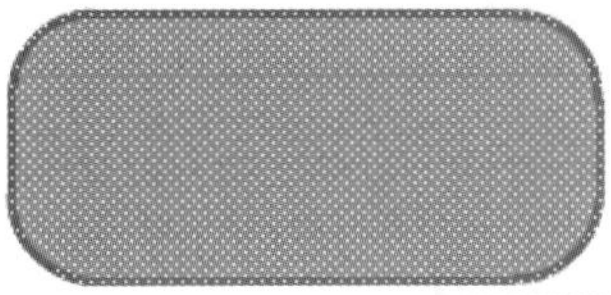

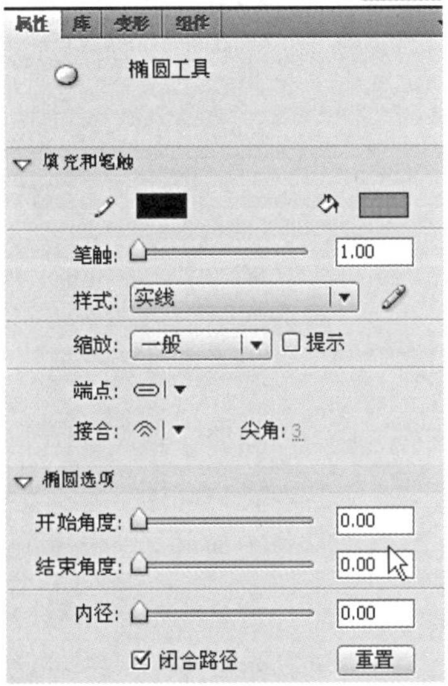

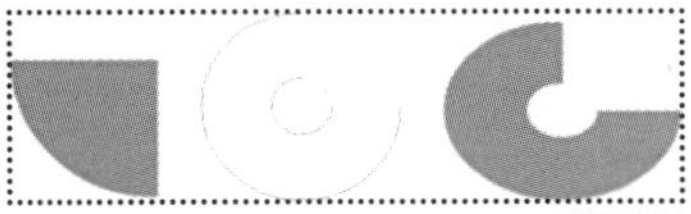

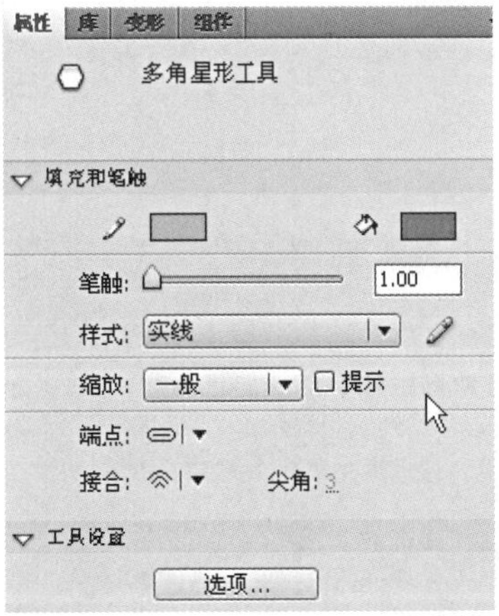

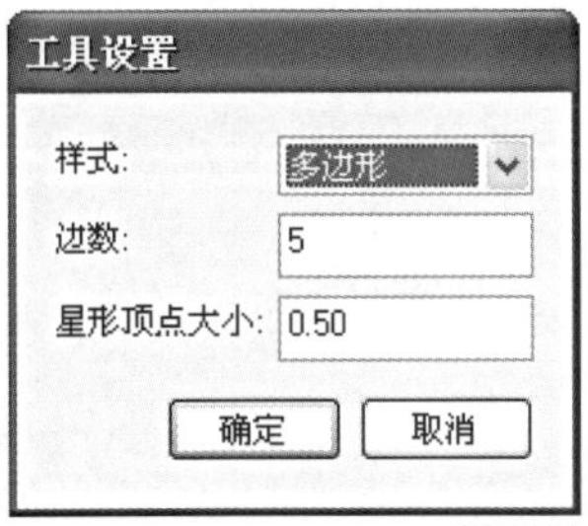

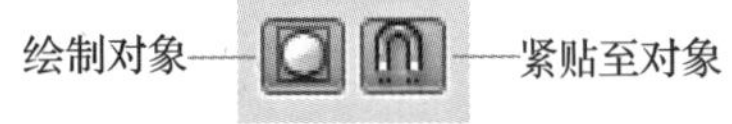

图2–20

图2-21

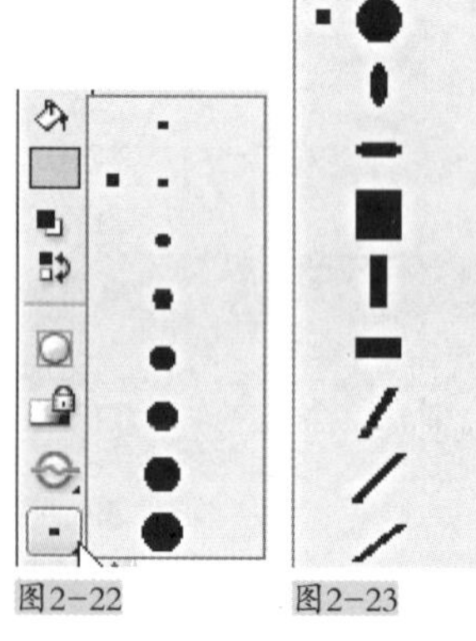

图2-22　图2-23

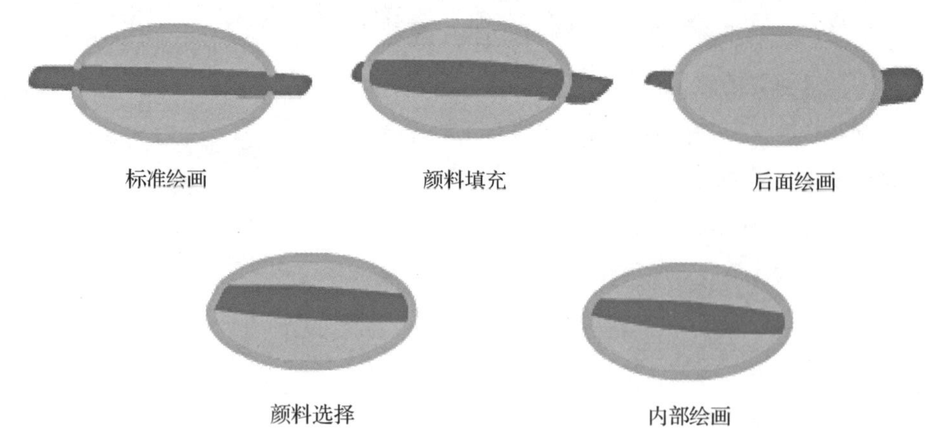

图2-24

2.1.4　刷子工具

“刷子工具”能绘制出像刷子般的笔触，它常用于绘制特殊效果，包括书法效果。可以通过笔刷工具功能键选择刷子的模式（如图2–21）、大小（如图2–22）和形状（如图2–23），如果配合压敏绘图板使用，可以通过改变笔上的压力来改变刷子笔触的宽度。

标准绘画：为笔刷的默认设置，可以涂改工作区的任意区域，能在同一图层的线条和填充上涂色。

颜料填充：涂改时不会对线条产生影响。

后面绘画：在同层舞台的空白区域涂色，不影响线条和填充。

颜料选择：只能在被预先选择的区域内保留，涂改时只涂改选定的对象。

内部绘画：只是涂改起始点所在封闭的内部区域。如果起始点在空白区域，那只能在这块空白区域内涂改；如果起始点在图形内部，则只能在图形内部进行涂改了（如图2–24）。

笔刷工具中包含“刷子工具”和“喷涂刷工具”（如图2–25）。

“刷子工具”通过属性面板可以设置笔刷的颜色以及平滑度（如图2–26）。

“喷涂刷工具”通过属性面板可以设置颜色、画笔宽度和高度等（如图2–27）。

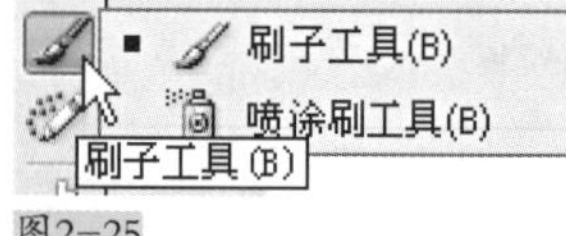

图2–25

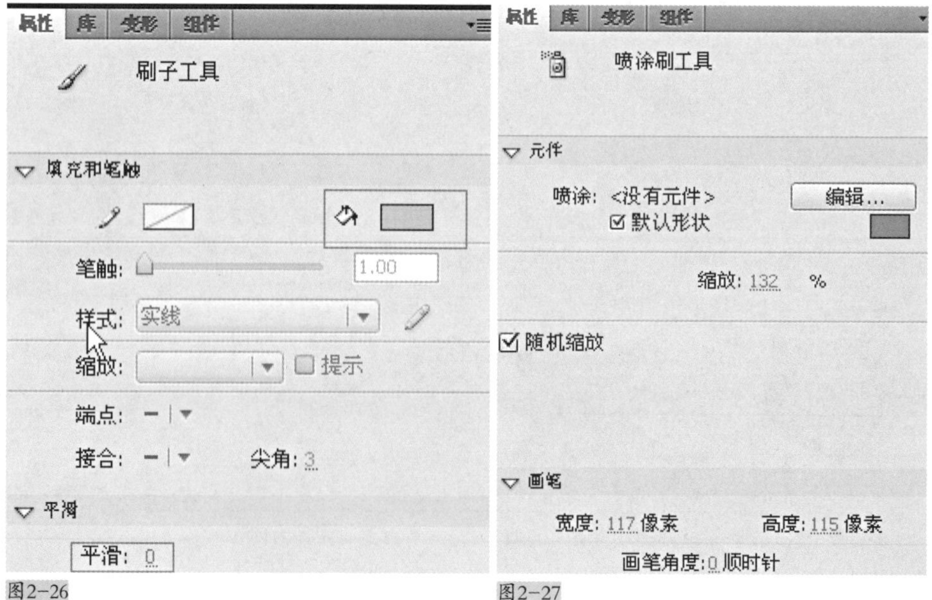

图2–26　图2–27

注意

刷子工具的快捷键为【B】。

2.1.5　钢笔工具

“钢笔工具”也叫绘制贝塞尔曲线工具，常用于绘制直线、平滑流动的曲线。单击工具箱中的“钢笔工具”，里面包含了“钢笔工具”、“添加锚点工具”、“删除锚点工具”、“转换锚点工具”（如图2–28）。

图2–28

“钢笔工具”：运用该工具可以在场景中绘制线条或不规则图形。

“添加锚点工具”：在场景中选中线条后，可以通过该工具添加锚点。

“删除锚点工具”：选择该工具后点击曲线上的锚点，可以删除曲线上的锚点（如图2–29）。

“转换锚点工具”：运用该工具，在曲线的锚点上拖动鼠标，会出现调节杆，拖动两个调节杆可以调节曲线的弧度（如图2–30）。

充电：

- 改变线条的弧度也可以使用“部分选取工具”。
- 通常锚点有两种类型，一是转角点（是指直线和曲线路径接合处的锚记点或直线的锚记点，如图2–31），另一个是曲线点。可以通过选择“转换锚点工具”来实现转角点和曲线点的转换。
- 删除锚记点：如果该点为转角点，则可运用钢笔工具单击该点一次；如果该点为曲线点，则可用钢笔工具单击该点两次（第一次为将该点转换为转角点，再单击一次删除该点）；还可以使用“部分选取工具”选中需要删除的点，按下【Del】键。

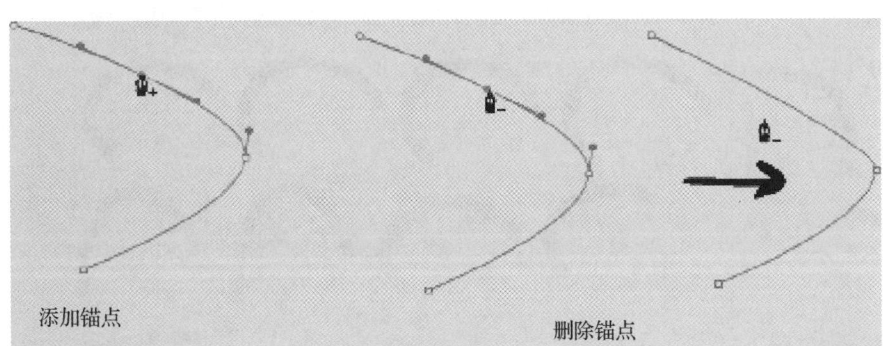

图2–29

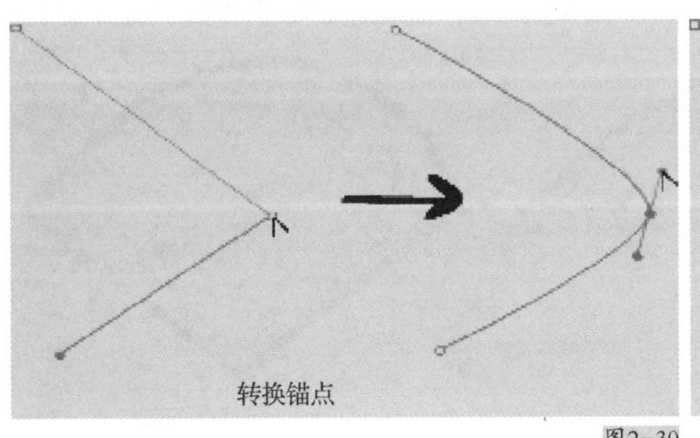

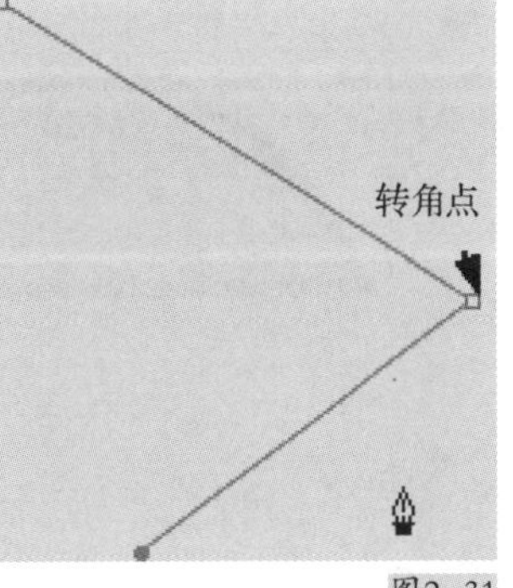

图2–30

图2–31

2.2 图形选择工具

如果要在舞台上修改图形对象，则需要先选择对象，再对其进行修改。Flash CS4中提供了几种选择对象的方法。

2.2.1 选择工具

“选择工具”可以用于完成选择、移动、复制、调整矢量线条或对象轮廓和色块的功能，是使用频率较高的工具之一。选择“选择工具”后，如果将鼠标移动到直线的端点处，指针右下角就变成直角状，这时拖动鼠标可以改变线条的方向和长短；如果将鼠标靠近直线中间，指针右下角就变成弧线状，这时拖动鼠标可以将直线变成曲线（如图2–32）。

“选择工具”下面包含了三个工具（如图2–33）：“贴紧至对象”、“平滑”、“伸直”。

“贴紧至对象”：自动将舞台上两个对象定位到一起。还可以用于将对象定位到网格上。

“平滑”：可以柔化选择的曲线条（如图2–34）。

“伸直”：可以锐化选择的曲线条（如图2–35）。

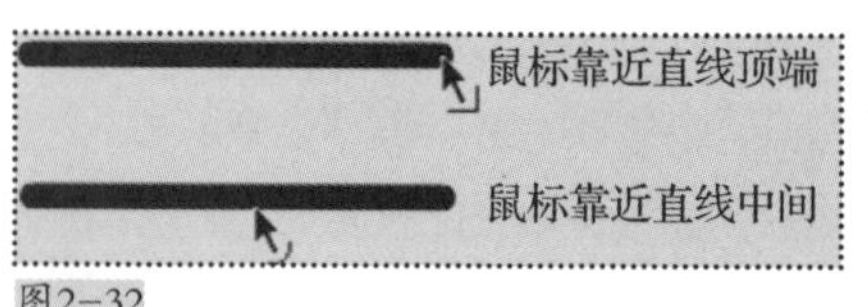

图2–32

图2–33

充电：

- 选择工具的快捷键为【V】。
- 在改变线条或形状时，可以配合【Ctrl】键拖动线条来创建一个新的转角点（如图2–36）。

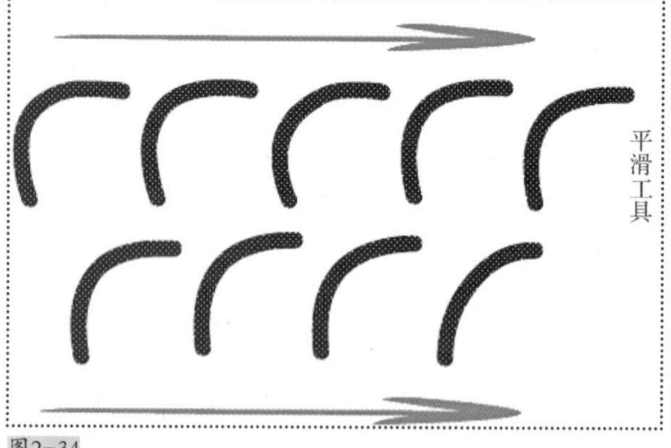

图2–34

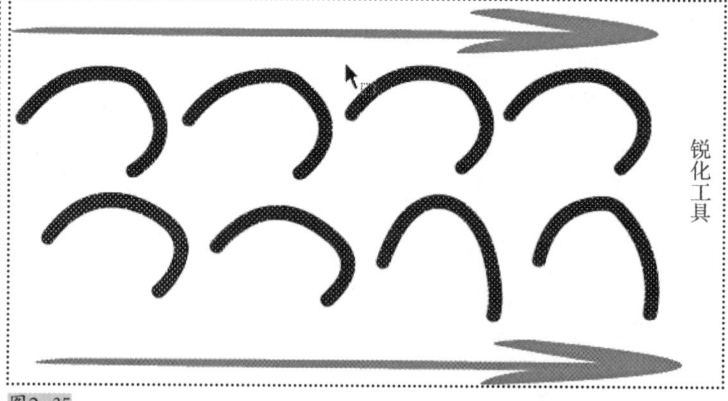

图2–35

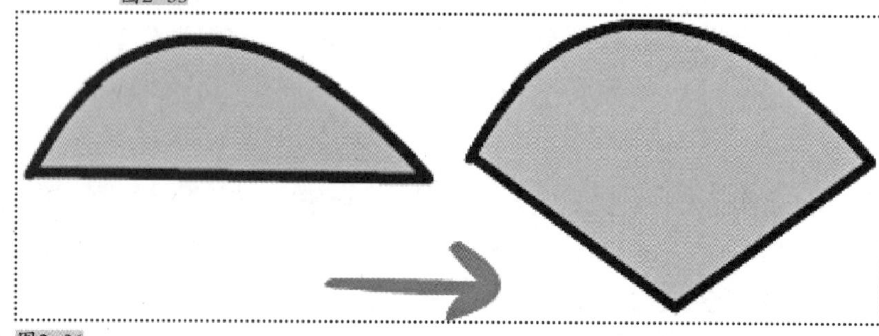
图2–36

2.2.2 部分选择工具

“部分选择工具”主要是对各对象的形状进行编辑。在使用该工具时，在对象的外边线上单击，对象上出现多个节点，可以通过拖动节点来调整控制线的长度和斜率从而改变对象的曲线形状。当鼠标选中节点时，指针右下方是空心的正方形，当鼠标在节点以外的线段上，指针右下方是实心正方形（如图2-37）。当鼠标的光标变成空心的三角形时，可以调节与该节点相连的线段的弯曲度。

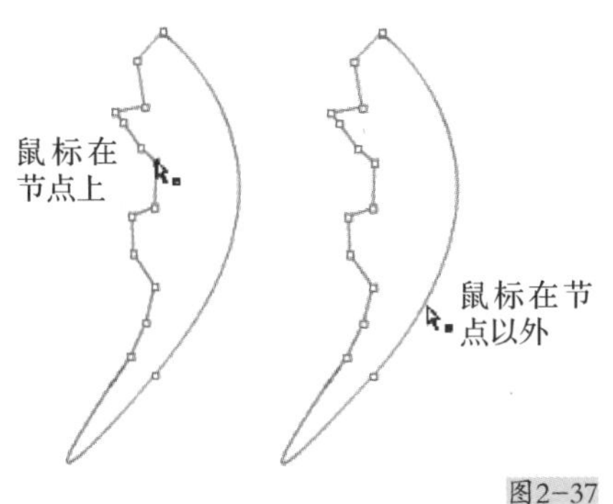

图2-37

充电：

- 部分选择工具的快捷键为【A】。
- 在调节节点的手柄时，如果只想调整其中的一个手柄，可以配合【Alt】键进行。
- 如果要增加节点的手柄，可以配合【Alt】键，用鼠标选中该节点向外拖拽，就可以给该节点添加两个调节手柄。

2.2.3 套索工具

“套索工具”可以按需要在对象上选取任意一部分不规则的图形。

如果在对位图进行套索选取时，必须先按下【Ctrl+B】打散位图，才能进行选择。在选择“套索工具”后，工具箱下方出现三个按钮：“魔术棒”、“魔术棒设置”、“多边形模式”（如图2-38）。

图2-38

“魔术棒”：以点选的方式选择位图中相似的颜色。

“魔术棒设置”：弹出对话框（如图2-39），阀值越大，魔术棒的容差范围也越大；平滑下有4种模式可选择，根据所选对应的所选图像区域也会略有不同。

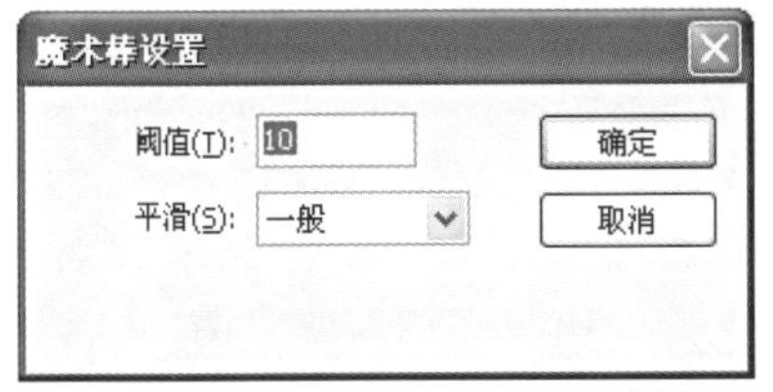

图2-39

“多边形模式”：可以用鼠标精确地勾勒出想要的图像。

> **注意**
> 套索工具的快捷键为【L】。

2.2.4 案例制作：树

本实例主要是运用“钢笔工具”、“选择工具”、“直线工具”来制作卡通树。

Step 1　选择“钢笔工具”勾勒出卡通树叶的大体形状（如图2-40）。

Step 2　选择“选择工具”将直线弯曲（如图2-41）。

Step 3　选择“颜料桶工具”给树叶分别填充明暗两种颜色：#009c00和#007300（如图2-42）。

Step 4　用“线条工具”以及“选取工具”绘制和修改树干（如图2-43）。

图2-40　图2-41　图2-42

图2-43 图2-44 图2-45

Step 5　选择“颜料桶工具”给树干分别填充明暗两种颜色：#733900和#AD5900（如图2-44）。

Step 6　删除部分线条（如图2-45）。

2.3　图形编辑及色彩调节工具

使用绘制工具创建矢量图比较单调，往往还需要结合编辑和色彩调节工具，用于改变图形的色彩、线条、形态等属性，从而创建出多样化的图形效果。

在软件中常用的编辑工具有：“墨水瓶工具”、“颜料桶工具”、“变形工具”、“手形工具”、“缩放工具”、“橡皮擦工具”。

2.3.1　墨水瓶工具

“墨水瓶工具”常用于给矢量图形添加边线。选择墨水瓶工具后，可参照属性面板各参数（如图2-46）。

图2-46

各参数说明请参照线条工具属性参数说明。

在给对象添加外边框时，仅需要单击图形的外边线即可（如图2-47），如果要修改添加外边线颜色，仅需要修改属性面板上笔触颜色。

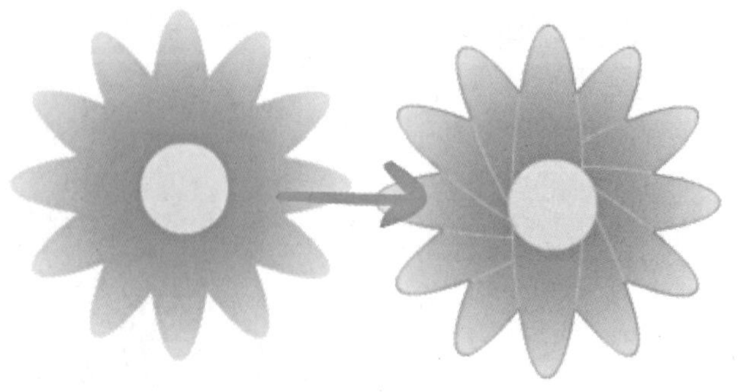
添加边线
图2-47

注意

墨水瓶工具快捷键为【S】。

2.3.2 颜料桶工具

“颜料桶工具”主要用于修改矢量图形的填充色（如图2-48）。选中该工具时，工具箱下面会出现四个选项（如图2-49）。每个选项只是设定了填充对象外部线框空隙的大小。

“不封闭空隙”：只有在完全封闭的区域才能允许填充颜色。

“封闭小空隙”：当边线上存在小空隙时允许填充颜色。

“封闭中等空隙”：当边线上存在中等空隙时，允许填充颜色。

“封闭大空隙”：当边线上存在大空隙时，允许填充颜色。当选中该模式时，无论是小空隙还是中等空隙都可以填充颜色。

在使用填充工具时，经常要配合各种类型的颜色面板，例如填充颜色面板、混色器面板。

“填充颜色”面板（如图2-50）。在填充颜色时，可以通过单击该面板上的颜色选择填充颜色。

如果要填充渐变色，可以通过单击“窗口”>“颜色”打开颜色面板（如图2-51）。各参数的说明如下。

“笔触颜色”：可以设定矢量线条的颜色。

“类型”：有纯色、放射状、线性、位图四种类型模式可以选择（如图2-52）。

“黑白”：单击该按钮，线条与填充色恢复为系统默认的状态。

“没有颜色”：用于取消矢量线条或填充色块。当选择椭圆工具或矩形工具时该按钮才可用。

“交换颜色”：用于将线条颜色和填充色进行交换。

“红、绿、蓝”：可以用于精确数值设定颜色。

“Alpha选项”：用于设定颜色的不透明度。

在设置渐变颜色时，当鼠标靠近色条时指针右下角有个+号，通过单击色条添加色块（如图2-53），而且双击色块可以打开颜色选择面板来选择颜色。

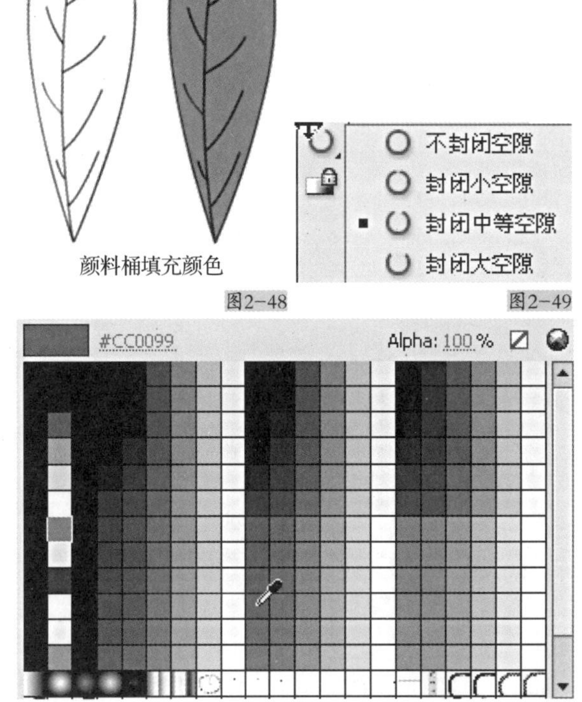

图2-48 图2-49

图2-50

图2-51

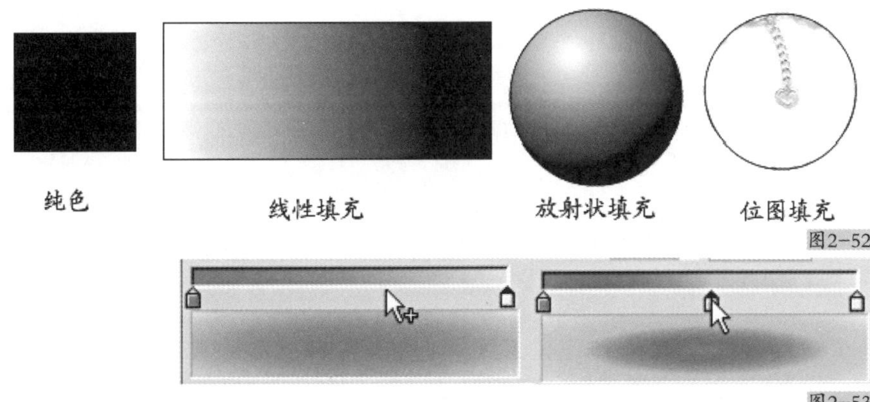

图2-52

图2-53

注意

颜料桶工具快捷键为【K】。

2.3.3 滴管工具

“滴管工具”常用于将一个对象的填充和笔触属性拷贝，并立即用于另一个对象上。还可以用于从位图图像取样做填充以及吸取文字的属性，如颜色、字体、字形、大小等。

案例：将位图填充到矩形线框中。

Step 1　导入位图到舞台，并绘制一个没有填充颜色的矩形线框（如图2-54）。

Step 2　选中位图，并按下【Ctrl+B】键打散位图。

Step 3　选择“滴管工具”并放于打散的位图上，鼠标变成了滴管工具的形状（如图2-55），在打散的位图上单击，这时“锁定填充”按钮自动开启，并且鼠标变成了填充工具标志（如图2-56），再在矩形线框中单击一下（如图2-57）。

案例：矢量图上的边框属性添加到位图上。

Step 1　用多边形工具绘制一个五边形，并添加虚线边框。

Step 2　导入位图，按下【Ctrl+B】键打散位图（如图2-58）。

Step 3　选择滴管工具，并将鼠标移动到五边形线框边，鼠标指针变成了滴管形状和一个铅笔形状（如图2-59）。单击鼠标吸取线框属性，鼠标变成了墨水瓶形状（如图2-60），再单击打散的位图，并将边框添加到位图上（如图2-61）。

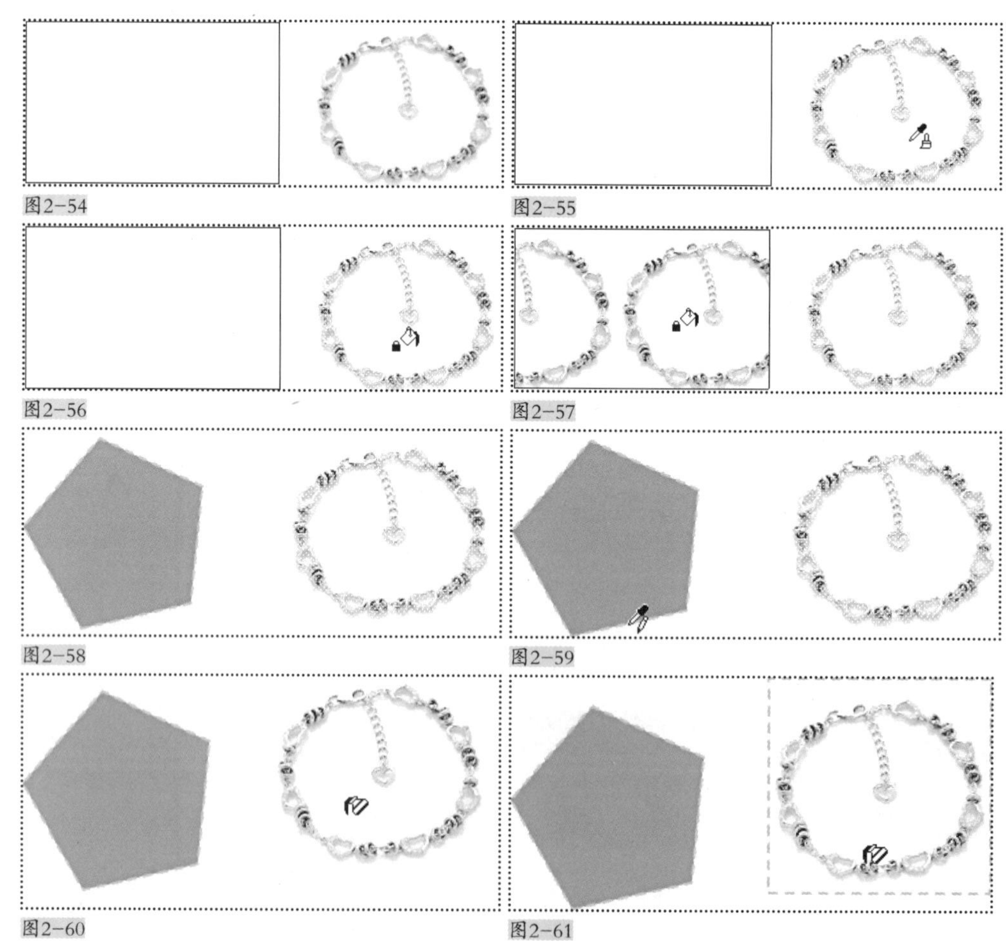

图2-54　图2-55　图2-56　图2-57　图2-58　图2-59　图2-60　图2-61

案例：修改目标文字的相关属性，使之与提供的文字属性相同。

Step 1　准备好一个已经设置了文字大小、类型、颜色和字号的文字："滴管工具"。

Step 2　用文字工具新建一个文本，输入文字为"文字属性设置"（如图2-62）。

Step 3　选择滴管工具，当放于源文字"滴管工具"上时，指针变成滴管形状且右下角有A字，单击一下，吸取其文字属性。这时目标文字属性变成了源文字的属性。

注意

滴管工具的快捷键为【I】。

滴管工具　文字属性设置

图2-62

2.3.4　任意变形及填充变形工具

变形工具主要有两种，一种是"任意变形工具"，常用于改变图形的大小、旋转图形等操作。另一种是"渐变变形工具"，常用于改变选中图形的填充渐变效果。

◆ **任意变形工具**

选择"任意变形工具"并选中要变形的图形，将光标移动到对象的4个角的控制点，当出现旋转标志（如图2-63）时可以旋转对象；当光标变成双向箭头（如图2-64）时可以改变图形的大小，如果配合【Shift】键再拖动控制点，可以按比例放大或缩小图形。

当选择"任意变形工具"时，在工具箱下方系统设置了4种变形模式："旋转与倾斜"、"缩放"、"扭曲"、"封套"（如图2-65）。

"旋转与倾斜"：选择该模式时，将光标放到图形上方，当光标出现两条平行线的单箭头图形时，按住鼠标不放，向左或右拖放控制点，可以将图形变为倾斜。

"缩放"：选择该模式后，将光标放在图形右上方的控制点上，当光标变成单线的双向箭头，按住鼠标不放向上或下拖放，可以放大或者缩小图形。

"扭曲"：将光标放在图形右上方的控制点上，当指针变成了空心三角，按住鼠标拖拽控制点可以扭曲图形（如图2-66）。

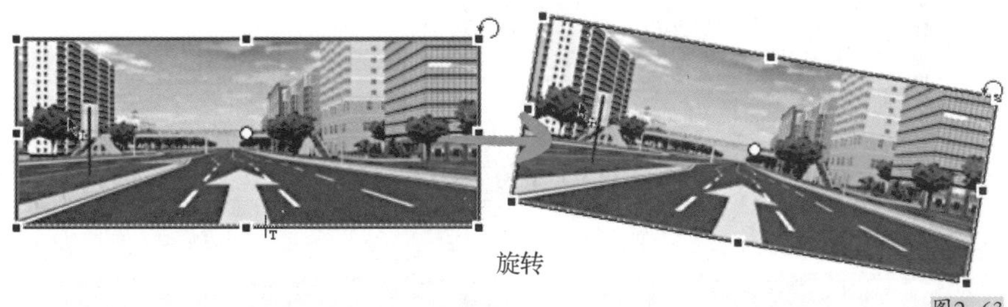

旋转

图2-63

配合【Shift】键缩小

图2-64

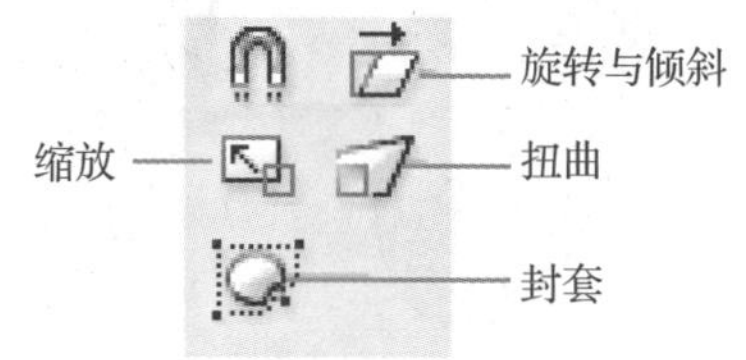

图2-65

图2-66

图2-67

“封套”：选中图形后出现一些节点，调节这些节点可以改变图形的形状（如图2-67）。

◆ **渐变变形工具**

当图形填充为线性渐变色时，选择“渐变变形工具”，用鼠标单击图形，将出现3个控制点和2条平行线，当光标放到圆形控制点上，指针将变成一个循环的箭头（如图2-68），通过旋转圆形控制点可以改变渐变的区域；通过拖动中间的方形控制点，可以改变渐变区域大小（如图2-69）。

注意

任意变形的快捷键为【Q】。渐变变形工具的快捷键为【F】。在运用渐变变形工具时，可以通过移动中心控制点来改变渐变区域的位置。

当图形填充色为放射状渐变色时，选择“渐变变形工具”，用鼠标单击图形，将出现4个控制点和1个圆形外框。通过水平拖动方形控制点可以水平改变渐变区域；将光标放于圆形边框中间的圆形控制点上，当指针变成圆形加箭头时，拖动鼠标可以改变渐变区域（如图2-70）；当光标放到紧挨着圆形边缘的方形控制点边的圆形控制点上，指针将变成一个循环的箭头（如图2-71），通过旋转控制点可以改变渐变的角度（如图2-72）。

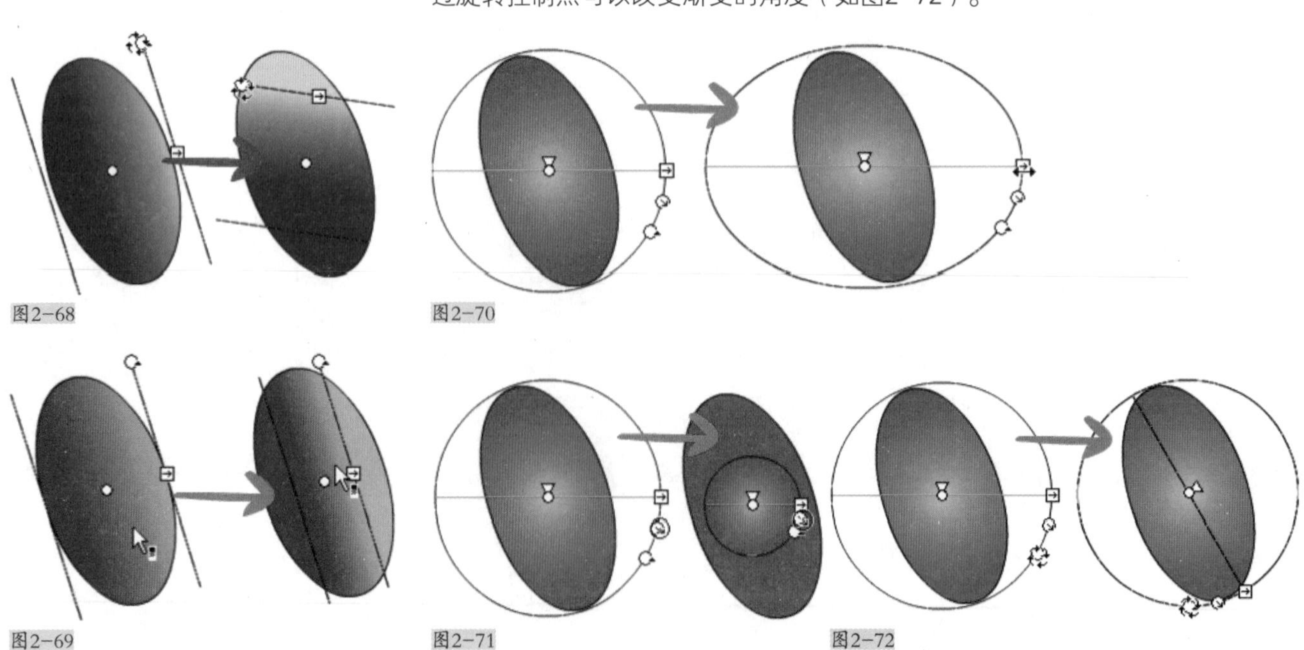

图2-68

图2-70

图2-69

图2-71

图2-72

2.3.5 手形及缩放工具

在进行绘图编辑时，经常用到一些辅助工具，例如“手形工具”和“缩放工具”都属于辅助工具，它们本身不能直接创建和修改图形，只能在创建和修改图形的过程中辅助用户进行操作。

◆ **手形工具**

“手形工具”在移动对象时，表面上看对象的位置发生了改变，实际上是工作区的显示空间改变了，即对象实际的坐标相对其他对象的坐标并没有改变。

操作时可以通过单击工具箱中的手形工具，也可以在任何时候按住键盘上的空格键，实现手形移动操作。这样的好处是可以方便地实现手形工具与当前工具的切换。

◆ **缩放工具**

“缩放工具”常用于放大和缩小舞台上的图形。在操作时如果只是想放大图像中的局部，只需要在图像上拖拽出一个矩形选取框。

在选择“缩放工具”后，工具箱下方出现两个按钮，一个为放大功能按钮，另一个为缩小功能按钮（如图2–73）。操作时可以选择不同的按钮功能实现放大缩小操作。

注意

手形工具的快捷键为【H】。缩放工具的快捷键为【M】或【Z】。

双击“手形工具”将自动调整图像大小以适应屏幕的显示范围。

当使用放大按钮时，按住【Alt】键可以实现缩小功能。用鼠标双击“缩放工具”，可以是场景恢复100%显示的比例。

2.3.6 橡皮擦工具

“橡皮擦工具”常用于擦除舞台上的矢量图形边框和填充颜色。当选择“橡皮擦工具”时，工具箱下方有三个选项（如图2–74），分别为“橡皮擦模式”、“水龙头”和“橡皮擦形状”。

◆ “橡皮擦模式”：该按钮下有五种模式选择（标准擦除、擦除填色、擦除线条、擦除所选填充、内部擦除）（如图2–75）。

标准擦除：擦除同一层的线条和填充。

擦除填色：仅擦除填充区域，边框线不受影响。

擦除线条：仅擦除图形的线条，图形内部填充部分不受影响。

擦除所选填充：仅擦除已经选择的填充部分，但不影响其他没有被选择的部分。

内部擦除：擦除起点所在的填充区域，不影响线条填充区域外的部分。

◆ “水龙头”：常用于大面积地擦除线条或者填充区域。

◆ “橡皮擦形状”：用于选择橡皮擦的形状和大小（如图2–76）。

注意

橡皮擦工具的快捷键为【E】。如果导入的是位图和文字，不是矢量图形，要实现擦除功能，必须先将他们打散（【Ctrl+B】），变成矢量图形才能实现其擦除操作。

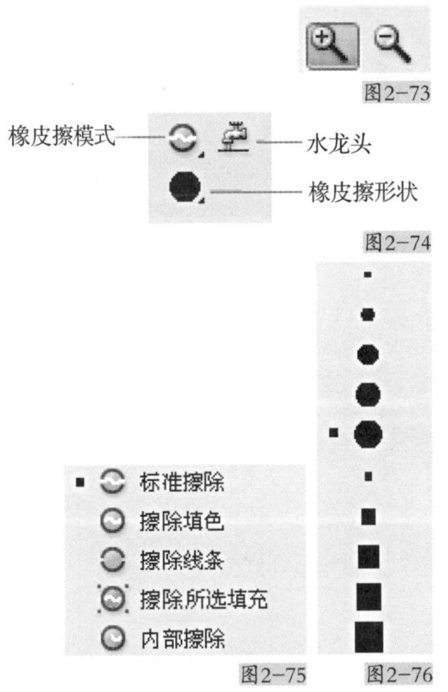

图2–73 图2–74 图2–75 图2–76

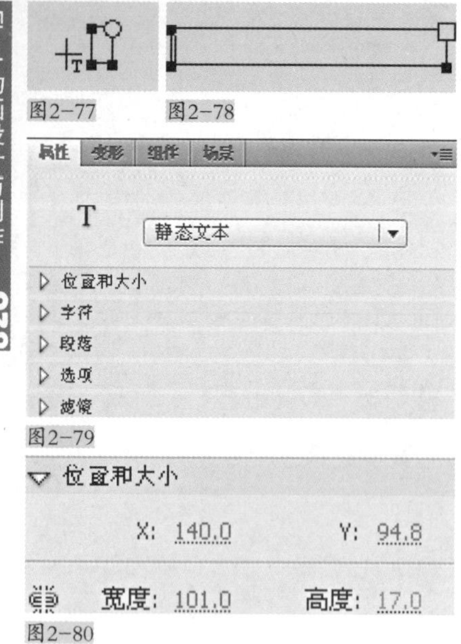

图2-77 图2-78

图2-79

图2-80

2.4 文本处理

Flash CS4具有强大的文本输入、编辑和处理功能。它能创建静态文本、动态文本和输入文本，还能对文本进行下列属性的设置：字体、磅值、样式、颜色、间距、字距调整、基线调整、对齐、页边距、缩进和行距。

2.4.1 文本类型及属性

选择工具面板中"文本工具"，在舞台上单击鼠标左键，出现文本输入光标（如图2-77），线框右上角有个圆形标志，表示当文本输入时自动向右移动。如果在舞台上按住鼠标左键向右拖拽出一个文本框，这时文本框右上方出现一个小正方形线框（如图2-78），表示文本输入的长度如果超出绘制的线框范围将自动换行。

选择"文本工具"后，对应的属性面板（如图2-79），可以设置三种类型的文本：静态文本、动态文本和输入文本。每种文本属性参数主要分为五个部分：位置和大小、字符、段落、选项、滤镜。

静态文本：

◆ 位置和大小（如图2-80）

X：文字在舞台上的x轴坐标。

Y：文字在舞台上的y轴坐标。

锁定：文本输入框的高宽锁定输入值。

宽度：文字输入框在舞台上的总体宽度。

高度：文字输入框的高度。通常只有当输入类型为动态文本或者是输入文本该项才可用。

◆ 字符（如图2-81）

系列：选择电脑中已有的字体。

样式：选择文字样式规则、下划线。

大小：设置文字字体的大小。

字母间距：设置各个文字之间的距离。

颜色：设置文字的颜色。

消除锯齿：消除文字锯齿效果，可以选择消除锯齿的方式。

单击"可选"按钮可以设置运行时为可选状态还是不可选状态；如果为动

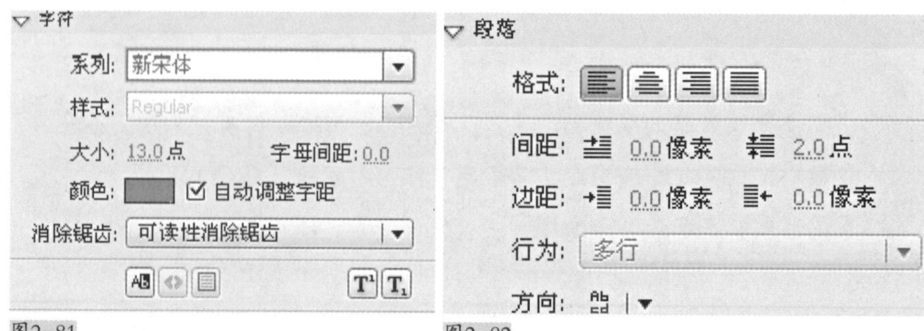

图2-81 图2-82

态文本还可以单击“将文本呈现为HTML”按钮将文本呈现方式设置为HTML方式；可以单击“文本边框”按钮为文本添加边框。还可以单击“上标”和“下标”按钮设置字符为上标、下标。

◆ “段落”（如图2-82）

格式：设置段落文字左对齐、居中对齐、右对齐、两端对齐。

间距：用于设置首行首字与右左边界的距离；用于设置行间距。

边距：分别用于设置左边界和右边界的间距。

方向：设置文字排列方向为水平、垂直从左向右、垂直从右向左（如图2-83）。

◆ “选项”（如图2-84）

链接：设置链接页地址。

目标：设置打开链接网页的窗口方式（如图2-85）。_blank在一个空白IE浏览器中打开；_parent在前一个父级留言IE中打开；_self在本身的IE浏览器打开；_top在顶部的IE浏览器中打开。

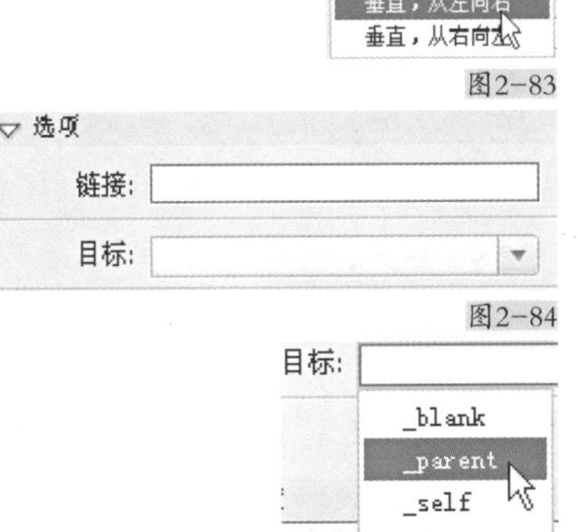

图2-83

图2-84

图2-85

◆ “滤镜”（如图2-86）

添加滤镜：单击该按钮可以打开滤镜选择面板。软件自带有7种滤镜，还可以删除、启用和禁用滤镜。

预设滤镜：可以将添加好的滤镜保存为预设滤镜，以供以后反复使用。

剪贴板：可以将当前滤镜复制，并粘贴到对应的文本上使用。

启用或禁用滤镜：启用或者禁止当前滤镜的使用。

重置滤镜：将当前滤镜的参数重置。

删除滤镜：删除当前选择的滤镜。

案例：给文字添加滤镜效果：

Step 1　用文本工具输入文字。

Step 2　选中文字，单击属性面板下滤镜分面板下的新建，在弹出的选择栏目中选择模糊。

Step 3　在滤镜属性窗口中调整属性参数（如图2-87）。

Step 4　完成效果对比（如图2-88）。

说明：同一个文本上可以同时使用多种滤镜效果。

动态文本：

动态文本常用于动态控制文本的制作，可以作为对象来应用。

对应的属性面板与静态文本不同之处主要有以下几个方面：

◆ “字符”：（如图2-89）

“将文本呈现为HTML”按钮为可用状态，单击该按钮可以将文本呈现方式设置为HTML方式。上标和下标设置按钮不可用。

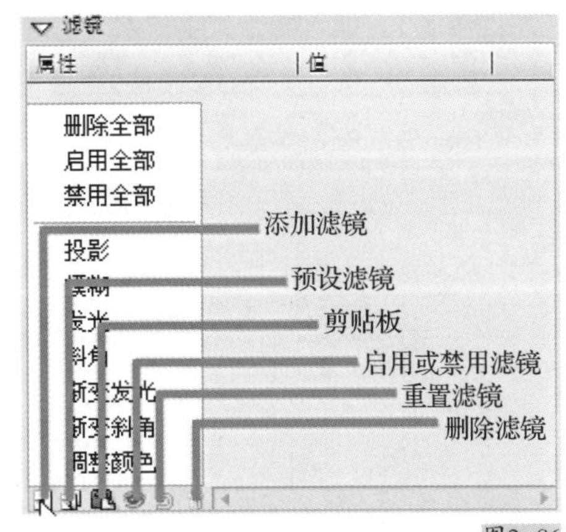

图2-86

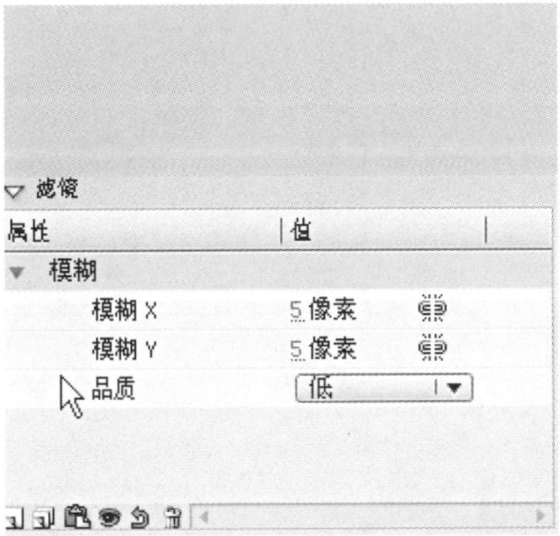

图2-87

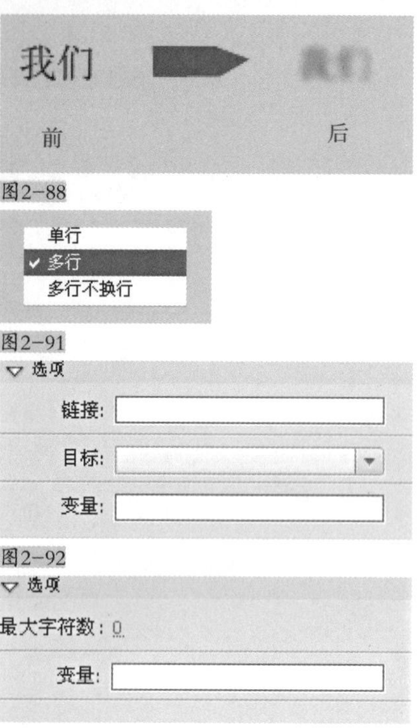

图2-88
图2-91
图2-92
图2-93

图2-89

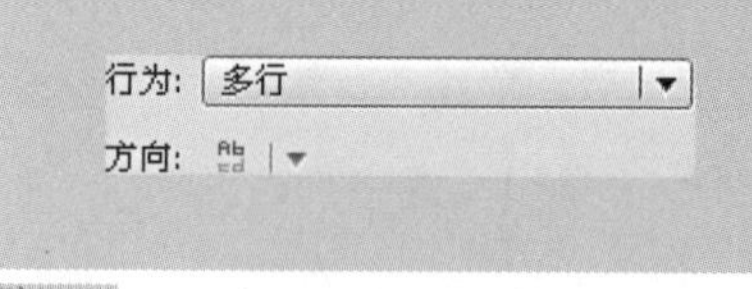

图2-90

“字符嵌入”按钮可以设置对输入或输出文字类型的限制。

◆ “段落”（如图2–90）

“行为”下的多行设置选项为可用状态（如图2–91），用于设置该文字为单行、多行、多行不换行。

◆ “选项”（如图2–92）

“链接”参数设置同静态文本属性。而“目标”文本框仅仅对ActionScript 3.0有效，使用方法同静态文本。

“变量”输入框只是对ActionScript1.0或ActionScript2.0有效，用于设置变量参数。

输入文本：

输入文本常用于人机交互文本的制作。

属性面板与静态文本和动态文本不同之处主要在“选项”中（如图2–93）。

最大字符数：用于限制输入文字的最多数值。默认值为0，即为不限制。

变量：该项只对ActionScript1.0或ActionScript2.0有效，用于输入变量来控制输入文本。

2.4.2 文本转换

在Flash CS4中输入文本后，可以根据制作的需要对文本进行编辑。如对文本进行变形处理或是对文本填充渐变颜色。

案例：变形文本

Step 1 输入静态文本“进行文本变形”（如图2–94）。

Step 2 选中文本，连续按2次快捷键【Ctrl+B】将文字打散（如图2–95）。

Step 3 选择工具【任意变形】按钮，再选择工具条下面的“封套”按钮，文字周围出现控制点，拖动控制点可以改变文字的形状（如图2–96）。

案例：填充渐变文本

Step 1 输入静态文本“阳光明媚的夏天”（如图2–97）。

Step 2 选中文本，连续按2次快捷键【Ctrl+B】将文字打散（如图2–98）。

Step 3 单击菜单“窗口”>“颜色”，在打开的面板中选择“线性”，设置颜色（如图2–99、图2–100）。

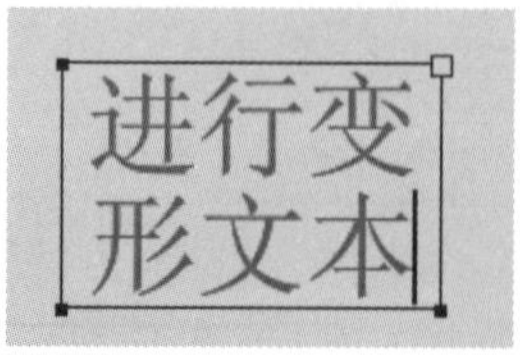

图2–94

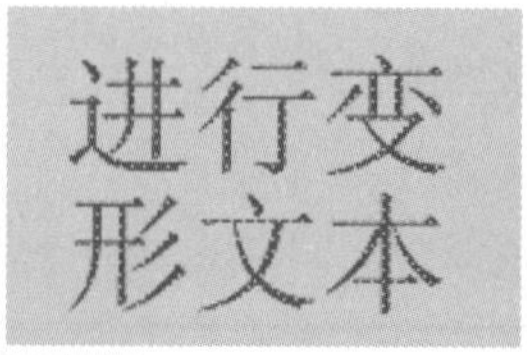

图2–95

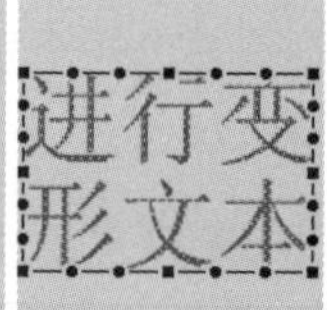

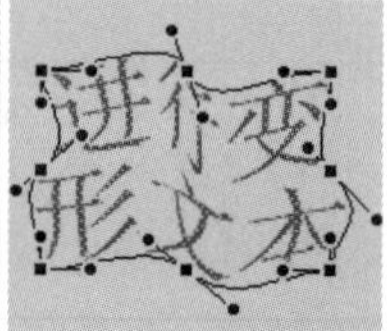

图2–96

阳光明媚的夏天

图2-97

阳光明媚的夏天

图2-98

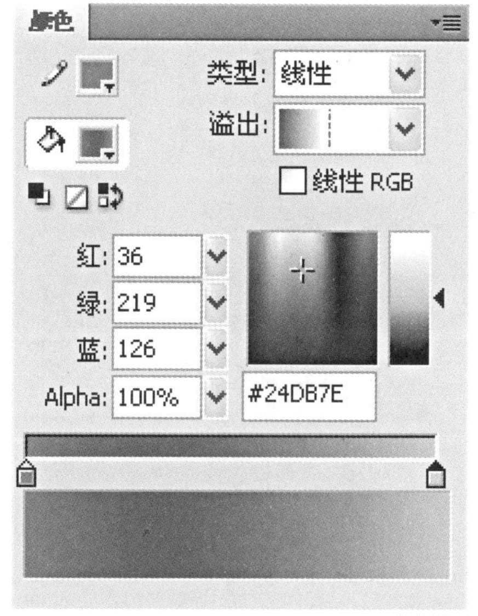

图2-99

阳光明媚的夏天

图2-100

2.4.3 综合案例

本案例使用文本面板的各种属性设置文本颜色、大小、样式等。

1. 背景制作

Step 1　新建一个Flash文件，单击属性面板，设置舞台大小为550×400（如图2-101）。

Step 2　修改层名称为“bg”，选择矩形工具，边框填充“无”，打开“颜色”填充面板，选择填充颜色为“渐变”，同时设置渐变颜色（如图2-102）。在舞台上绘制一个渐变的矩形作为背景。

2. 边框制作

Step 3　新建一个图层，命名为“kuang”，选择矩形工具，单击属性面板，设置颜色填充为“无”，笔触颜色为#24DB7E，笔触设置为“15”，矩形选项设置为“15”（如图2-103）。

Step 4　选择矩形工具，单击属性面板，设置颜色填充为“无”，笔触颜色为#24DB7E，笔触设置为“1”，样式为“虚线”，矩形选项设置为“0”。如图2-104。在舞台上绘制两个虚线框（如图2-105）。

Step 5　选择矩形工具在舞台左边绘制两个矩形框（如图2-106）。

图2-101

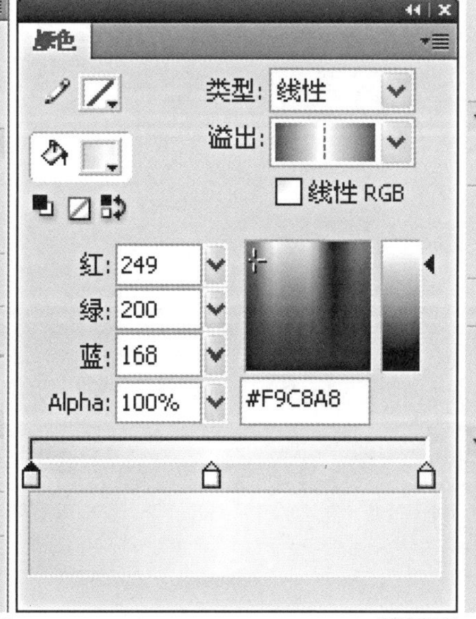

图2-102

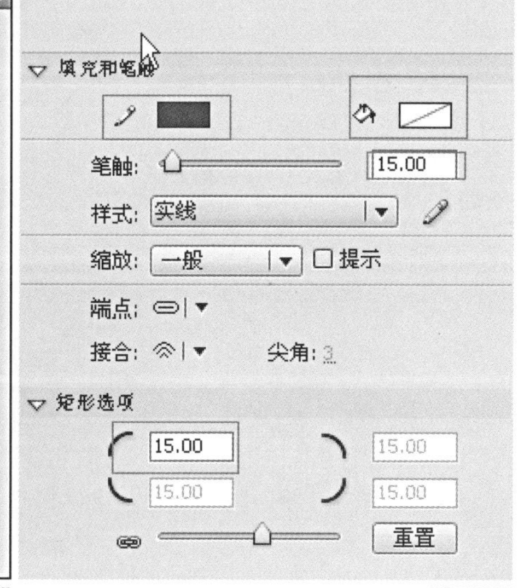

图2-103

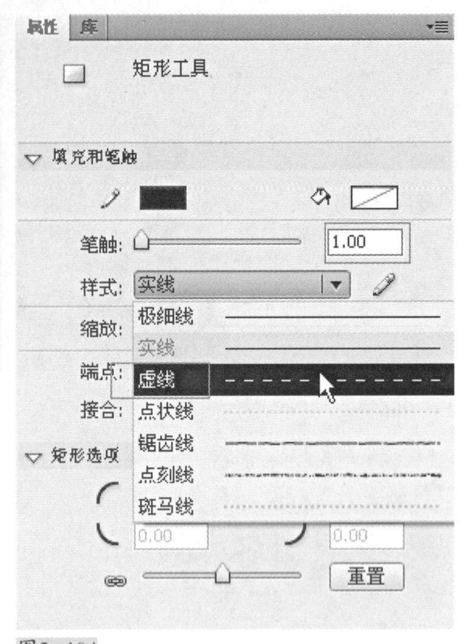

图2-104

3. 文本制作

Step 6　新建图层，命名为“word”。选择文本工具，输入文本，并按下【Ctrl+B】键打散文本（如图2-107）。

Step 7　分别选择每个文字，设置不同颜色、大小以及位置（如图2-108）。

Step 8　选择文本工具，在舞台上输入文本，并选择不同文字填充不同颜色（如图2-109）。

Step 9　制作文本（如图2-110），方法同Step 8。

4. 图片制作

Step 10　导入图片，分别拖入到舞台，选择“任意变形”工具，修改其大小，用选择工具将其调整到对应的位置，版面布局如图2-111。

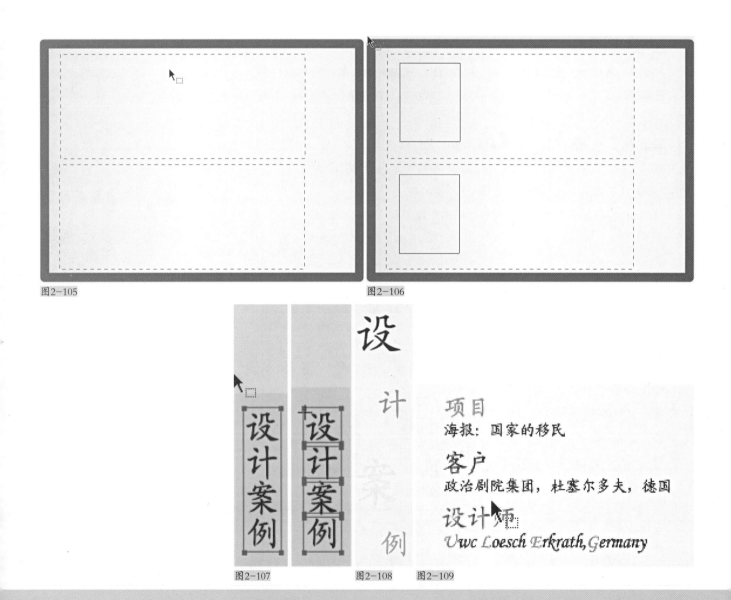

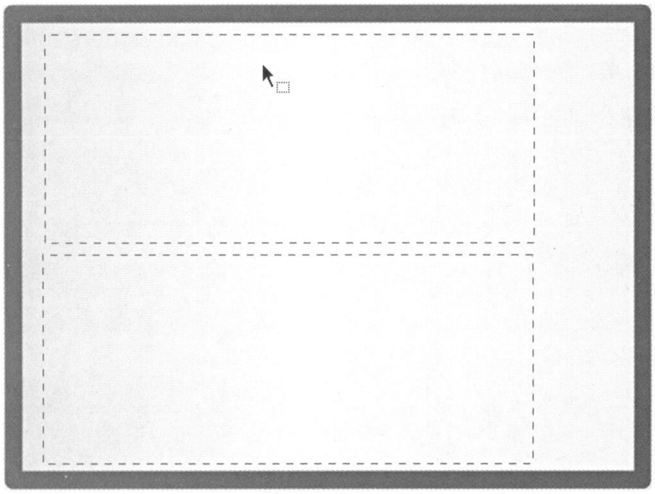

图2-105

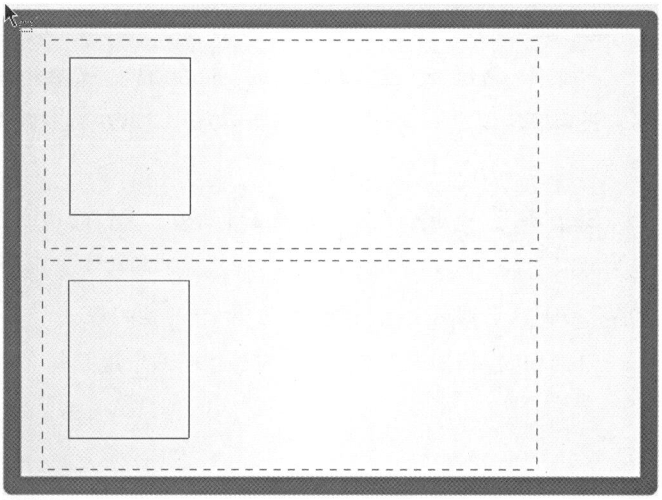

图2-106

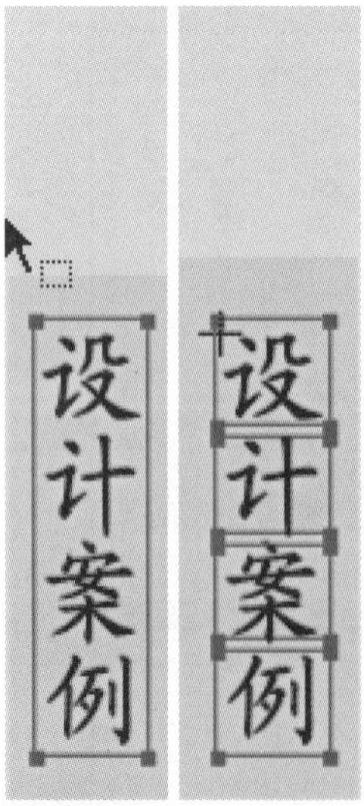

图2-107

图2-108

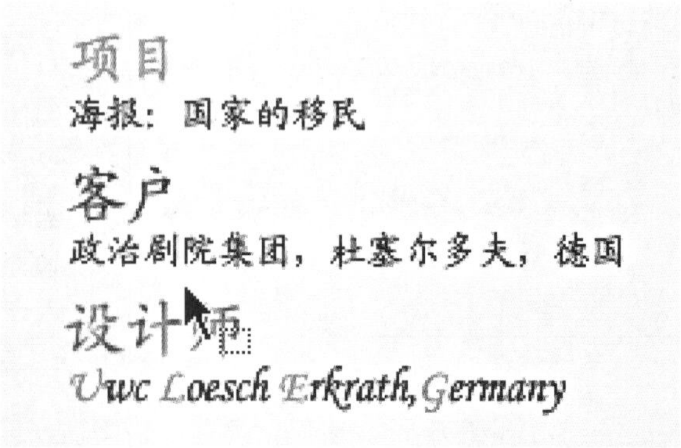

图2-109

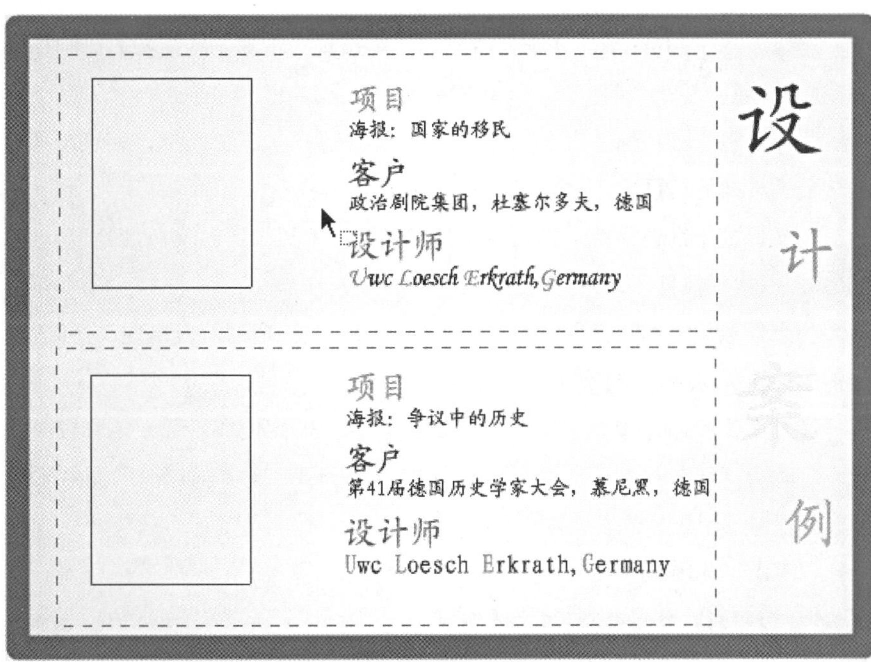

图2-110

图2-111

3D 旋转工具(W)
3D 平移工具(G)

图2-112

2.5　Flash CS4新增工具

2.5.1　3D工具

在工具面板中3D工具分为“3D旋转工具”和“3D平移工具”（如图2-112）。

“3D平移工具”仅仅对影片剪辑对象有效，可以在三维空间中任意移动影片剪辑对象。

选择“3D平移工具”单击影片剪辑，将出现三个颜色的箭头，分别指示方向X（红色）、Y（绿色）、Z（蓝色）轴（如图2–113）。

将光标放于红色箭头上，当光标变成黑色三角形，且出现X，即表示当前的移动是对X轴位置移动（如图2–114）。

用光标放于红色箭头上，当光标变成黑色三角形，且出现Y，即表示当前的移动是对Y轴位置移动（如图2–115）。

将光标放于中间黑色圆心处，当光标变成黑色三角形，且出现Z，即表示当前的移动是对Z轴向的移动（如图2–116）。

属性面板参数主要分为五类：位置和大小、3D定位和查看、色彩效果、显示、滤镜（如图2–117）。其中位置和大小不可用，影片剪辑的定位由3D定位和查看选项卡内参数设置。

◆ “3D定位和查看”

X：设置影片剪辑在X轴项上的位置

Y：设置影片剪辑在Y轴项上的位置

Z：设置影片剪辑在Z轴项上的位置

透视角度：用于控制透视的强度。

消失点：设置消失点X轴项的位置，设置消失点Y轴项的位置。

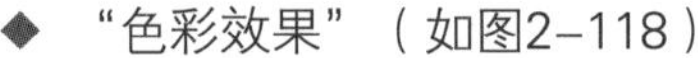

◆ “色彩效果”（如图2–118）

亮度：设置对象的亮度值。

色调：设置对象的色调、红、绿、蓝的值（如图2–119）。

Alpha：设置Alpha值，即透明度。

高级：详细设置Alpha、红、绿、蓝的值（如图2–120）。

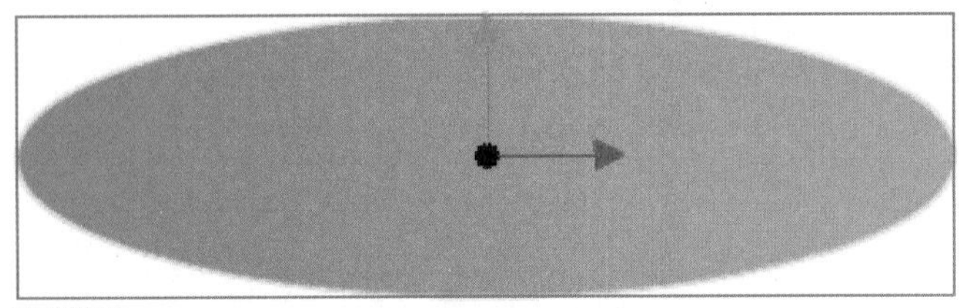

图2–113

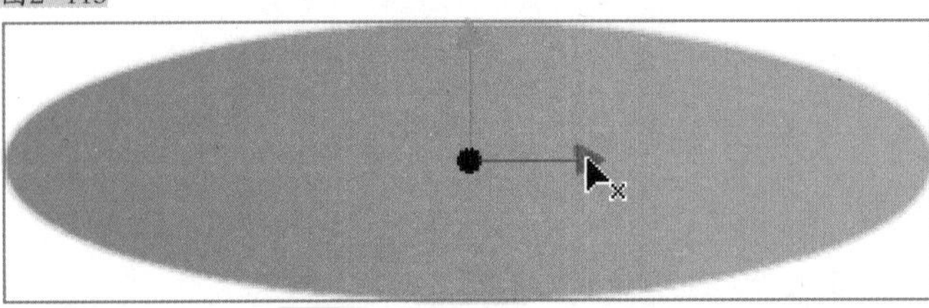

图2–114

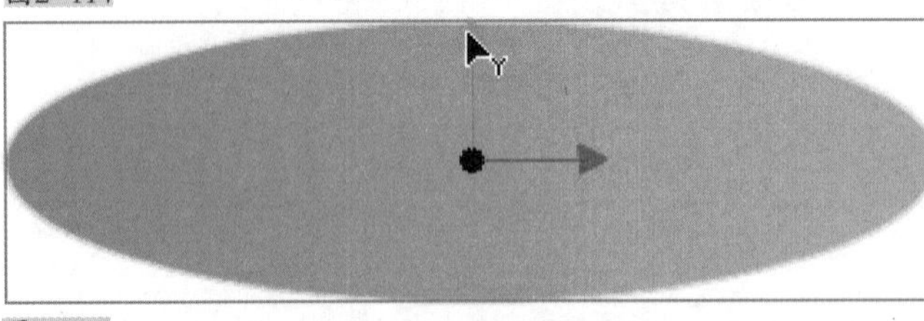

图2–115

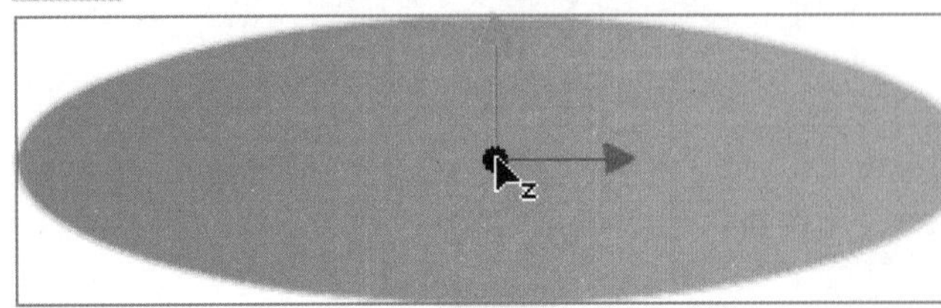

图2–116

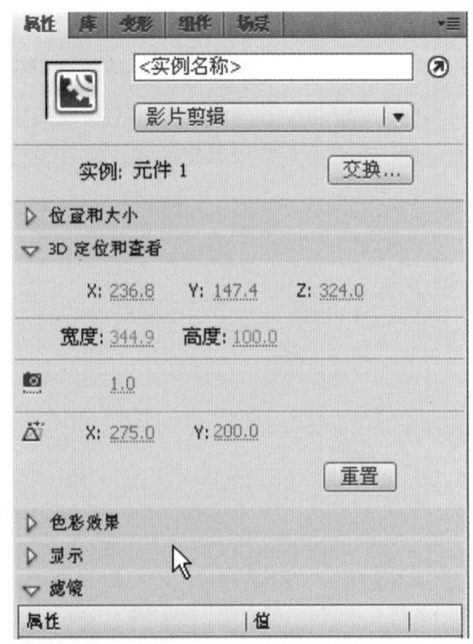

图2–117

◆ “显示”（如图2-121）

选择不同的对象显示模式，与Photoshop中的图层显示模式相同。

◆ “滤镜”，该选项卡设置与文字属性面板相同

“3D旋转工具”仅仅对影片剪辑对象有效，可以在3维空间中任意旋转影片剪辑对象。

选择“3D旋转工具”单击影片剪辑，将出现四种颜色的直线和圆圈，分别指示不同的方向，红色直线表示X轴、绿色直线表示Y轴、蓝色圆圈表示Z轴，橘红色圆圈表示可以向任意三个方向旋转（如图2-122）。

与“3D平移工具”类似，将光标放于不同颜色上，光标变成黑色三角形的同时显示对应的轴向提示，表示当前可以沿着该方向旋转。属性面板与“3D平移工具”相同（如图2-123）。

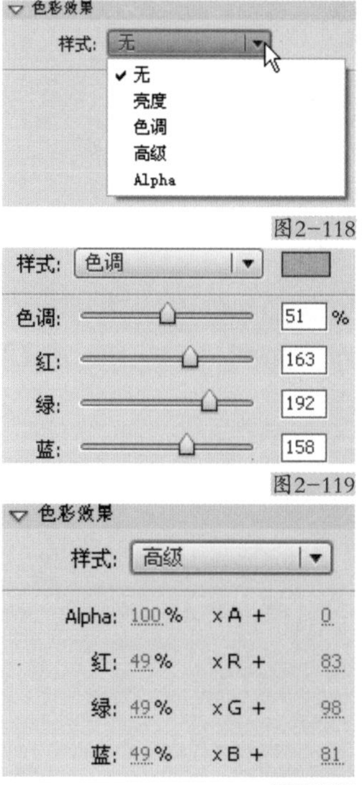

图2-118

图2-119

图2-120

2.5.2 骨骼工具和绑定工具

骨骼控制工具分为“骨骼工具”和“绑定工具”（如图2-124）。

“骨骼工具”能作用于影片剪辑元件、图形元件以及图形对象。

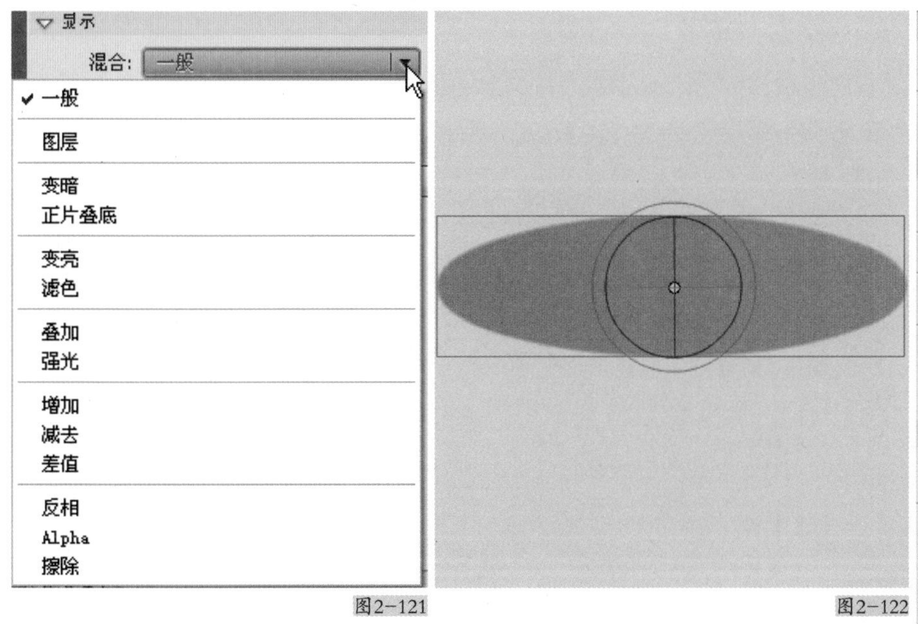

图2-121

图2-122

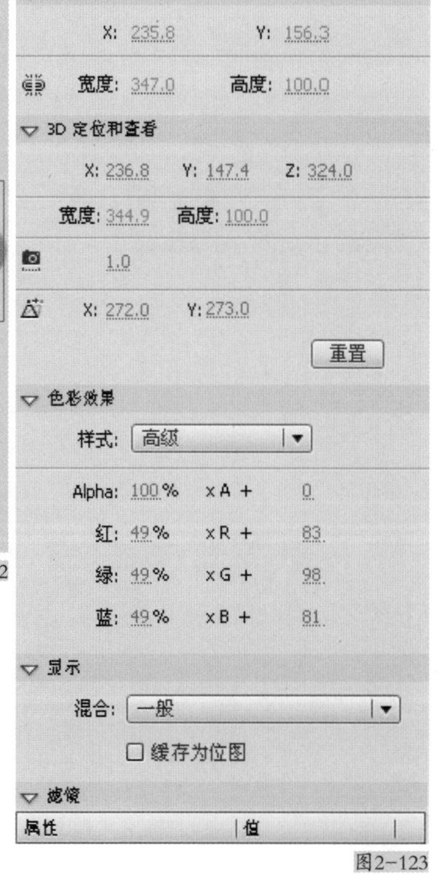

图2-123

图2-124

具体运用：

Step 1　将两个影片剪辑对象分别拖放到舞台的不同图层（如图2-125）。

Step 2　用“骨骼工具”在两个影片剪辑之间拖动，将产生一个骨骼，同时两个图层上的影片剪辑将合并到一个新的图层“骨架”图层上（如图2-126）。

选中设置好的骨骼后，可以通过属性面板设置其参数，主要分为：位置、联接：旋转、联接：X平移、联接：Y平移（如图2-127）。

其中位置选项卡下只有“速度”参数可以设置，该参数设置骨骼运动的快慢，其他的不能设置。

◆ 联接：旋转

勾选“启用”和“约束”后，“最小”为设置父级的旋转最小角度；“最大”为设置父级的旋转最大角度。设置后在骨骼图像上将显示角度范围（如图2–128）。

◆ 联接：X平移

勾选“启用”和“约束”后，“最小”为设置父级在X轴向最小位移；“最大”为设置父级在x轴向最大位移。设置后在骨骼图像上将显示X轴向上的位移范围（如图2–129）。

◆ 联接：Y平移

勾选“启用”和“约束”后，“最小”为设置父级在Y轴向最小位移；“最大”为设置父级在Y轴向最大位移。设置后在骨骼图像上将显示Y轴向上的位移范围（如图2–130）。

“绑定工具”仅仅针对于单一的图形对象上添加骨骼对应的绑定点。

2.5.3 Deco工具

“Deco工具”的作用是通过在舞台上单击鼠标使图案出现。它可以使用库中的元件作为图案，图案的出现方式有三种：平铺、对称和藤蔓。属性面板参数设置分两类：绘制效果、高级选项（如图2–131）。

◆ 绘制效果

可以选择藤蔓式填充、网格填充、对称刷子填充（如图2–132）。

“叶”或者“花”：

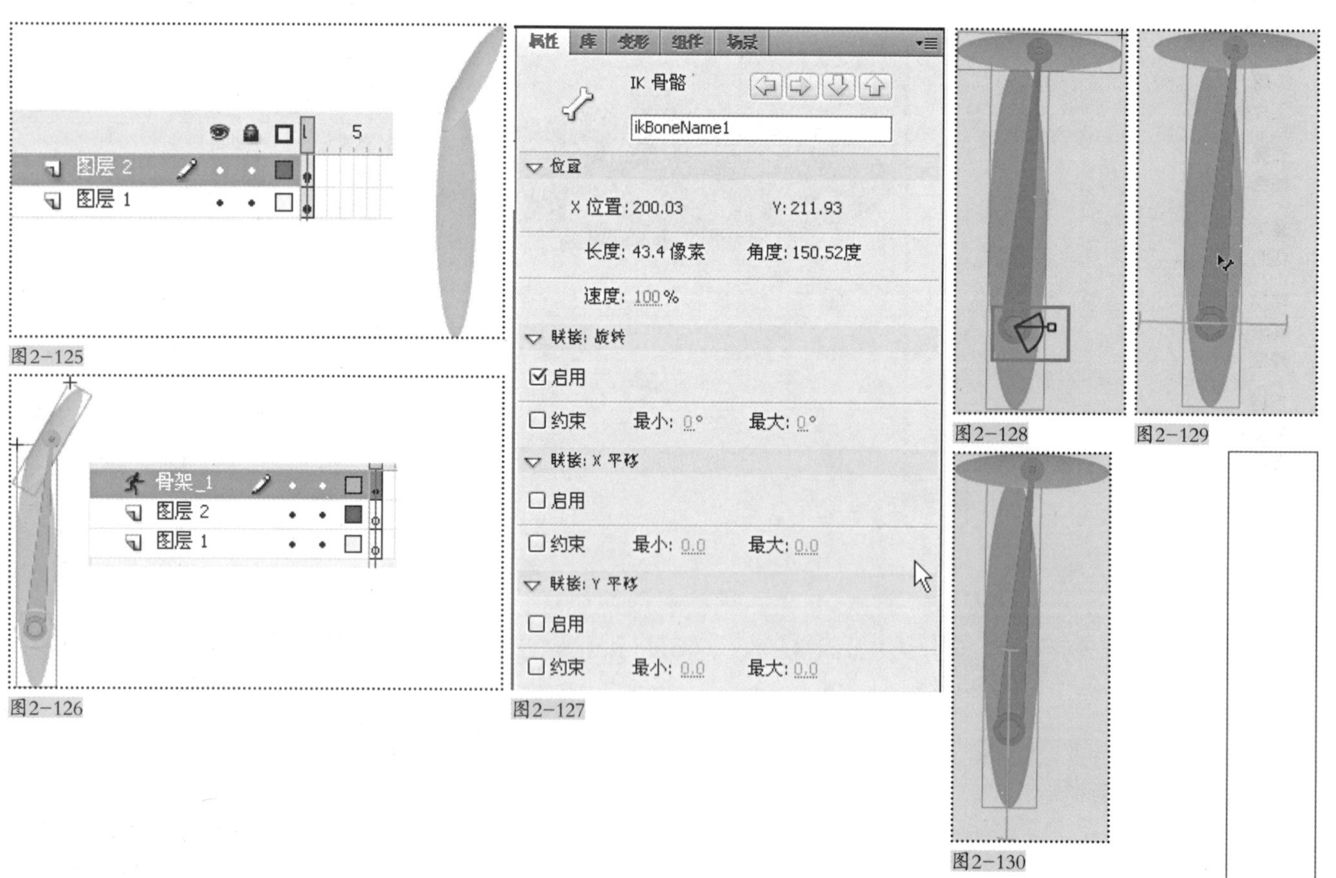

图2–125

图2–126

图2–127

图2–128

图2–129

图2–130

编辑：可以选择填充的图形为哪个元件（如图2–133）。或者勾选“默认形状”。

藤蔓式填充的默认形状如图2–134。

藤蔓式填充的高级选项如图2–135：

- ◆ 分支角度：设置分支蔓延的方向。
- ◆ 图案缩放：设置分支上图案的大小。
- ◆ 段长度：设置藤蔓每段的长度。
- ◆ 动画图案：勾选该选项，则制作藤蔓动画。
- ◆ 帧Step ：用于设置动画帧Step 。

网格填充的默认形状如图2–136。

网格填充的高级选项如图2–137：

- ◆ 水平间距：设置网格图案水平方向的间距。
- ◆ 垂直间距：设置网格图案垂直方向的间距（如图2–137）。
- ◆ 图案缩放：设置填充网格图像的大小。

对称刷子的默认形状如图2–138，其中两个线条为对称分布方式，默认为绕点旋转。可以通过高级选项面板选择。

对称刷子的高级选项如图2–139。通过下拉列表可以选择四种不同的对称方式：

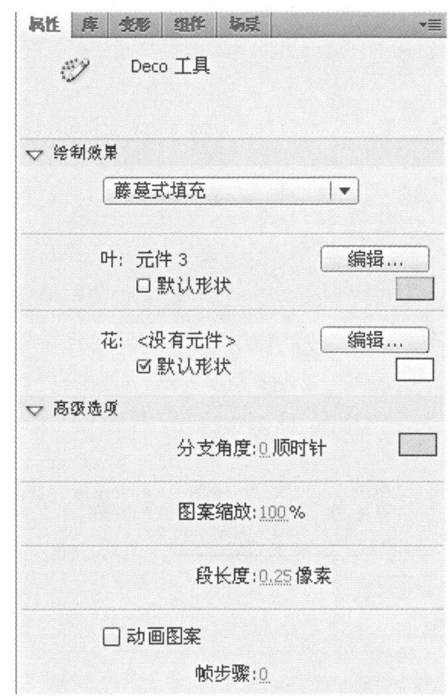

图2–131

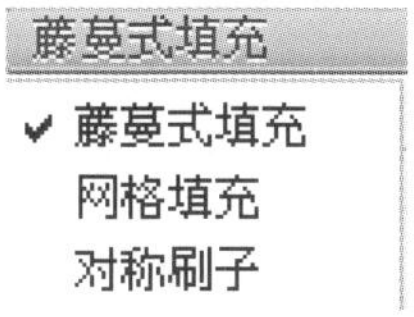

藤蔓式填充
藤蔓式填充
网格填充
对称刷子

图2–132

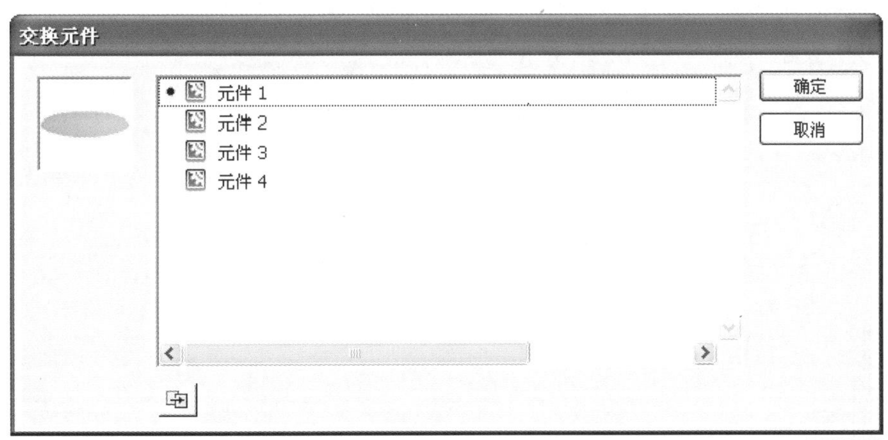

图2–133

图2–134

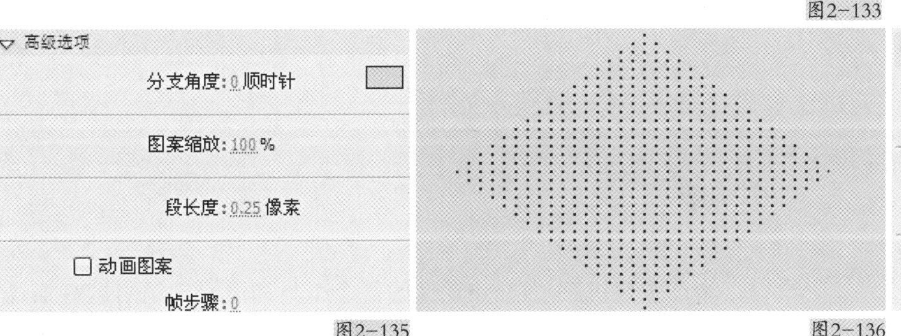

图2–135

图2–136

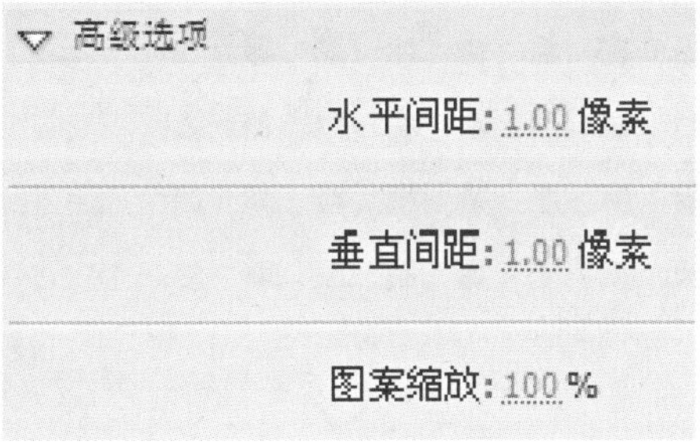

高级选项
水平间距：1.00 像素
垂直间距：1.00 像素
图案缩放：100 %

图2–137

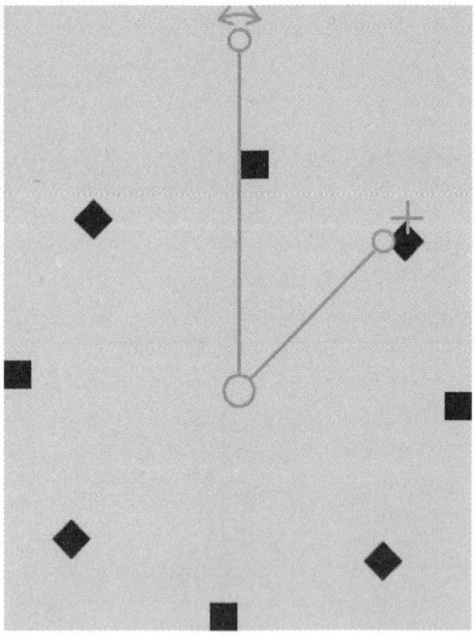

跨线反射：以中间线为对称分布（如图2-140）。

跨点反射：以中心点为对称分布（如图2-141）。

绕点旋转：以中心点以及对应的两条线的角度为环绕旋转方向分布图像（如图2-142）。

网格平移：以对应的坐标轴分布网格（如图2-143）。

图2-138

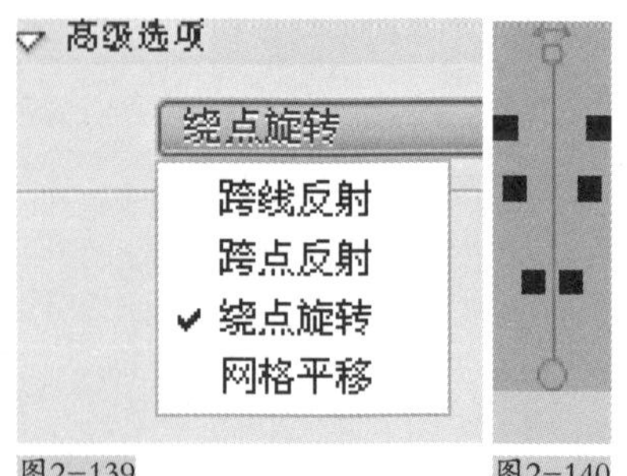

图2-139

图2-140

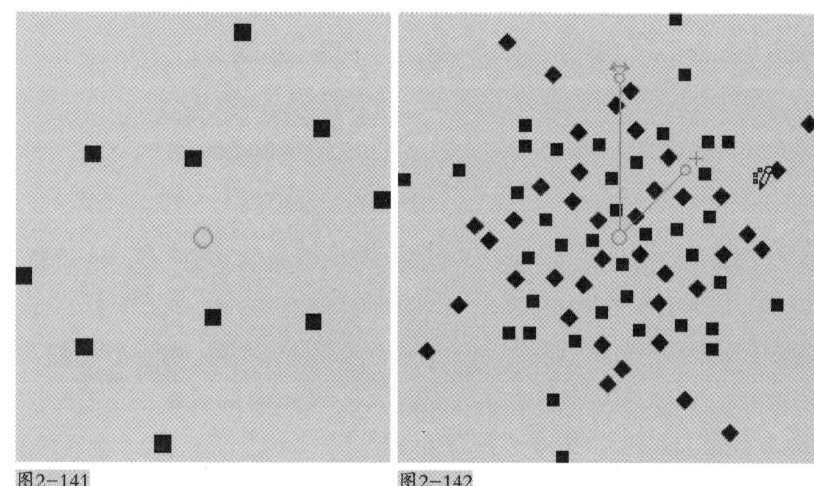

图2-141

图2-142

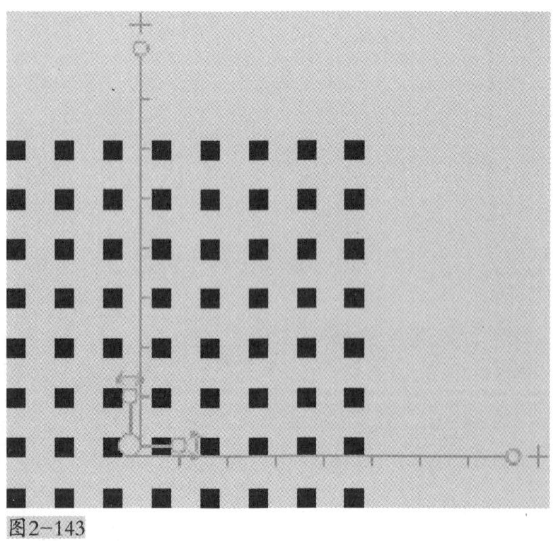

图2-143

小 结

本章主要讲解了Flash软件的各个工具和面板，运用这些工具可以实现对各个对象的修改操作。其中重点讲解了线条和图形的绘制、文本的制作、选择工具、填充工具以及Flash CS4新增的各项工具的运用（3D工具、骨骼工具、Deco工具）。

第3章 Flash动画素材资源的编辑及使用

学习要点

形状　群组　元件　位图　视频　音频　库面板的使用

学习目的

本章将着重讲解Flash中各种素材资源的种类、特点、创建方法以及各自适用的范围。同时还将讲述如何使用库面板来组织管理这些资源对象。

3.1 资源库管理

库是Flash中放置各种素材资源的地方。存储在库中的资源包括从外部导入的位图、矢量图、视频、音频和在Flash中直接创建的图形元件、影片剪辑和按钮元件。这些素材资源存储在库中，可以随时被调用。在库面板中还可以对各个素材资源进行组织、命名、删除等管理（如图3–1）。

"预览窗口"：用于显示所选的资源对象。

"右键菜单"：点击该处或用右键点击所选对象，可以弹出菜单选项。

"固定当前库"：点击该按钮后，原来的图标 变成 ，表示当前的库已被固定，即便切换到其他文档时，显示的仍是该库的内容。

"新建库面板"：单击该按钮后会创建一个与当前库相同的库面板。用户可以用新的库面板打开其他文档的库面板（如图3–2），这样可以将库面板中的对象拖入到其他库面板中以进行库之间的素材资源交换。要注意的是，如果在其他库面板中选用的对象与目标库面板中的对象同名时，会弹出一个"解决库冲突"对话框（如图3–3），选择"不

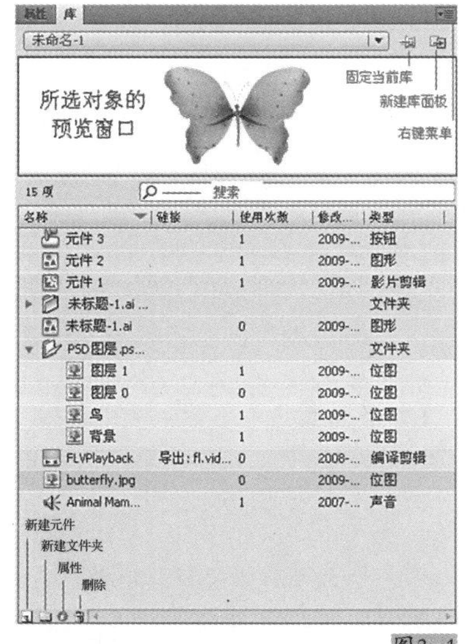

图3–1

图3–2

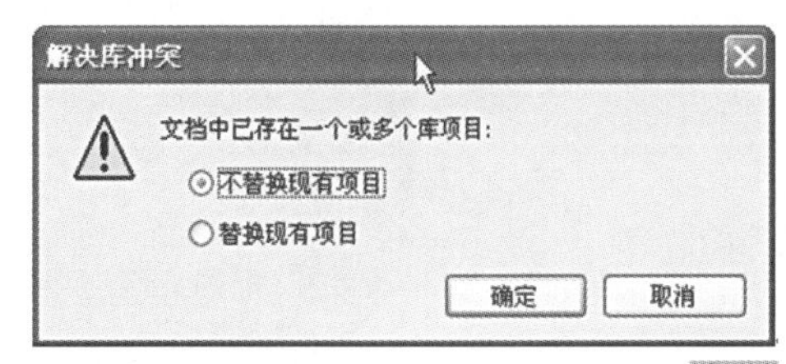

图3–3

替换现有项目”，该对象不能被应用到目标库中；选择“替换现有项目”，该对象将替换目标库中的同名对象。

“搜索”：当库中的素材资源太多时，可用直接在此输入所找对象的名称，从而快速查找到对象。

“新建元件”：点击该按钮，可以弹出“创建新元件”对话框来新建元件。

“新建文件夹”：点击该按钮，可以创建文件夹。使用文件夹可以对不同类型的资源对象进行有序的整理。

“属性”：点击该按钮，弹出所选对象的属性对话框，可以在对话框中编辑该对象。

“删除”：点击该按钮，可以删除所选对象。

另外，Flash 中还提供了一个“公用库”，其中包括了“声音”、“按钮”和“类”三种类型的多个素材资源，可供用户使用。“公用库”面板通过执行菜单命令“窗口”＞“公用库”调出（如图 3–4）。

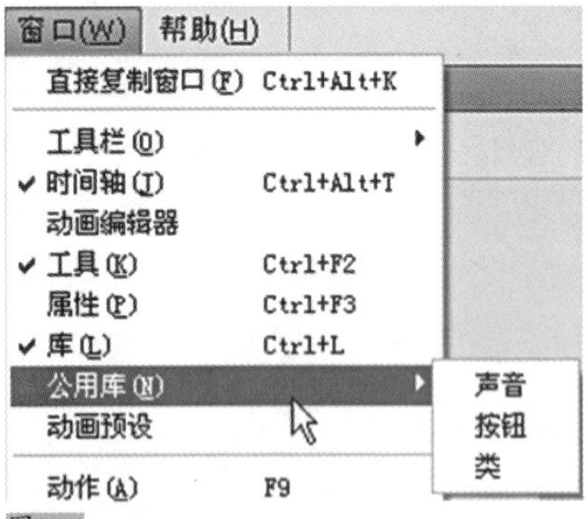

窗口(W) 帮助(H)
直接复制窗口(F) Ctrl+Alt+K
工具栏(O)
✔ 时间轴(T) Ctrl+Alt+T
动画编辑器
✔ 工具(K) Ctrl+F2
属性(P) Ctrl+F3
✔ 库(L) Ctrl+L
公用库(N) 声音 按钮 类
动画预设
动作(A) F9

图3–4

3.2 元件

Flash中的元件分为图形元件、影片剪辑元件和按钮元件三种。元件是Flash动画中基本的图形类型，也是构成动画片的基础。当用户绘制好或导入所需的图形后，可用根据图形在动画片中的用途把它们转换成不同类型的元件。比如，作为静态的背景可以转换成图形元件。元件创建后都被存储在库中。创建好的元件在整个文档中可以重复使用，重复使用的元件被称为元件的实例。

元件的使用可以大大提高工作效率。在一个动画片中如果需要大量使用相同的图形或动画片段，用户可以将该图形或动画片段作为元件存储在库中，然后多次调用该元件的实例。由于每个元件都有属于自己的时间轴、舞台和图层，并可以通过用鼠标双击元件的方式进入其时间轴进行编辑修改，那么元件在其时间轴内进行修改后，该元件的所有实例都会被更新，这样就不需要逐一地更改每一个图形，从而大大地减少了重复性工作，提高了工作效率。除了可以在元件的时间轴内修改元件本身外，也可以在主时间轴上对元件的实例进行编辑，在主时间轴上对元件实例的修改不会影响到该元件的其他实例。

使用元件可以显著减小文件的大小。保存元件的多个实例要比保存同样内容的多个形状或群组占用更少的存储空间。因此我们可以将同样的静态形状转换成元件后，重复使用该元件以缩减文件的大小。同时，使用元件还可以在网络播放中加快下载速度。由于相同的实例在浏览中仅需要下载一次，这样减少了需要重复下载的内容，大大提高了影片的下载速度。

创建元件的方法有两种，一种是以直接插入的方式新建元件；另一种是将已有的图形转换成元件。下面我们通过实例具体说明元件创建的方法。

Step 1　打开本书教学资源“第三章/项目文件”目录下的Flash文档“练习3-1-创建元件.fla”。

Step 2　直接创建新元件：执行菜单栏命令“插入”>“新建元件”，或直接按快捷键【Ctrl+F8】，弹出“创建新元件”对话框（如图3-5）。

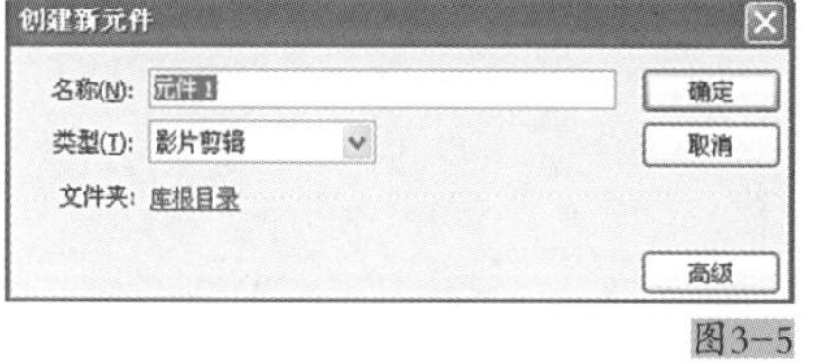

图3-5

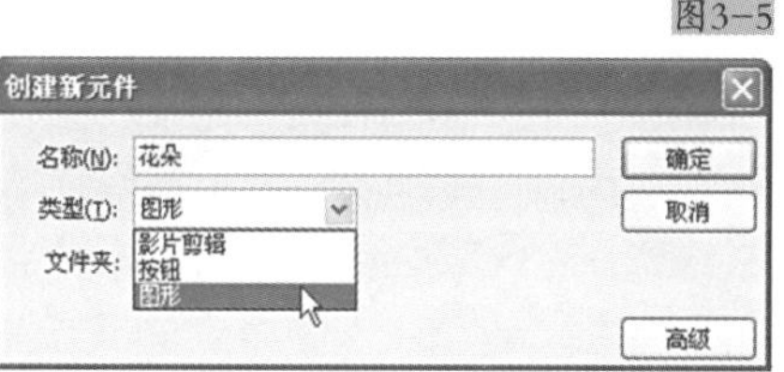

图3-6

Step 3　在对话框中输入元件的名称，选择元件的类型（如图3-6），然后点击“确定”按钮，进入元件的时间轴与舞台。

Step 4　在“花朵”元件的舞台上绘制图形（如图3-7），元件创建完成。

Step 5　单击舞台左上角的场景 1按钮，或单击最左侧的⇦按钮回到场景的主时间轴窗口。舞台上没有任何对象。

Step 6　展开库面板（如图3-8），在库面板中查看元件“花朵”，并将“花朵”拖至舞台上。这样舞台上有了一个“花朵”元件的实例。

Step 7　将库面板中的位图“蝴蝶”拖入舞台（如图3-9）。

Step 8　执行菜单栏命令“修改”>“分离”，打散该位图。

Step 9　用套索工具及其魔术棒选项选取蝴蝶的背景并删除（如图3-10）。

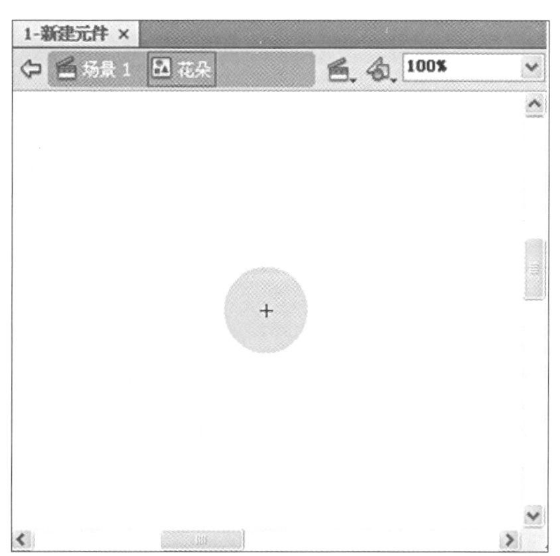

图3-7

图3-9

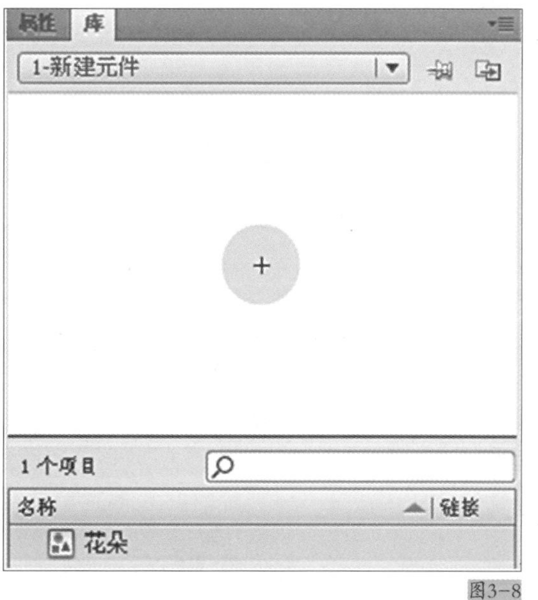

图3-8

图3-10

Step 10　转换已有图形为元件：选择蝴蝶图形，然后执行“修改”>“转换为元件”命令，在弹出的“转换元件”对话中，设置好对话框后点击“确定”按钮（如图3-11）。蝴蝶图形被转换成图形元件。

Step 11　从库面板中拖出多个元件实例或直接复制舞台上的元件实例（如图3-12）。

Step 12　编辑元件：编辑元件可以在当前窗口编辑也可以在新窗口编辑。需要在当前窗口编辑时，直接双击舞台上的元件实例；若要在新窗口中编辑，双击库面板中的元件标志；或者在舞台上选择元件实例，右点击鼠标，在弹出的上下文菜单中选择“在当前位置编辑”或“在新窗口中编辑”（如图3-13）。

Step 13　进入“花朵”实例的新窗口舞台下，用绘图工具为花朵添加枝叶（如图3-14）。

Step 14　回到场景的舞台，舞台上所有的“花朵”实例都被更新（如图3-15）。

Step 15　编辑元件实例：在舞台上选择任何一只“蝴蝶”实例，在属性面板中调整其色彩效果（如图3-16），该“蝴蝶”实例的色彩被改变，但其他“蝴蝶”实例的色彩保持不变（如图3-17）。

Step 16　保存文件。

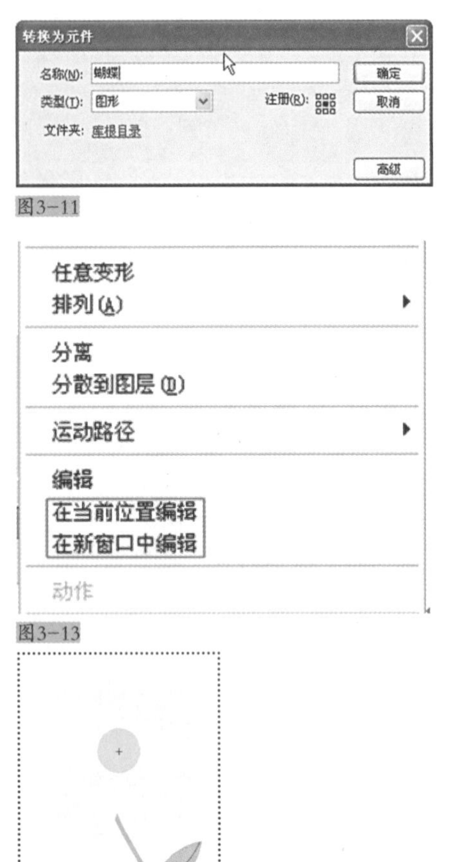

图3-11

图3-13

图3-14

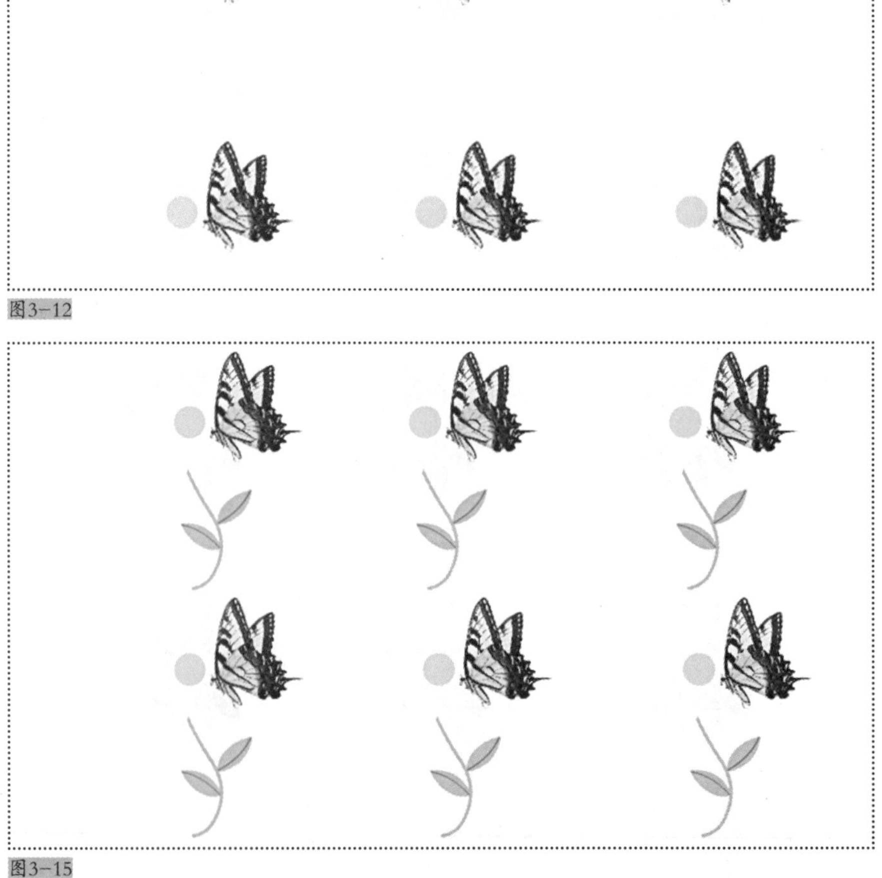
图3-12

图3-15

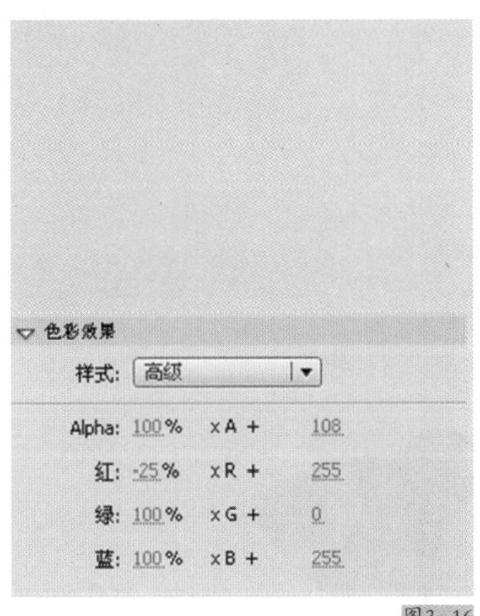

图3-16

图3-17

3.2.1 图形元件

图形元件一般可用于静态图像，也可以用来在主时间轴上创建动画片段。交互式控件和声音在图形元件的动画序列中不起作用。图形元件与主时间轴同步运行。

图形元件内也可以制作动画序列。包含动画的图形元件使用与主文档相同的时间轴，在文档编辑模式下显示它们的动画。图形元件内的动画播放形式分为循环、播放一次和单帧。下面我们通过实例来演示图形元件的作用及其使用方法。

Step 1 打开本书教学资源“第三章/项目文件”目录下的Flash文档“练习3-2-元件类型.fla”。画面是一幅海底景象。用鼠标点击画面上每个图层上的每一个图形，查看每个图形的类型（如图3-18）。

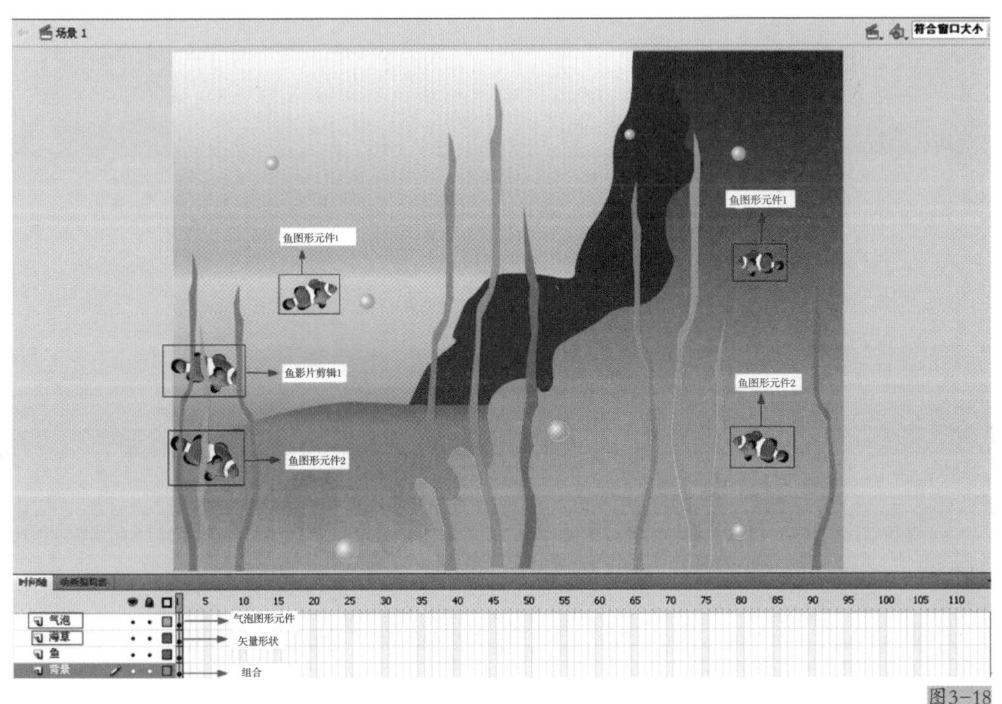

图3-18

Step 2　在库面板中双击元件“鱼图形元件1”，进入其时间轴查看，其舞台上包含一个鱼的矢量图形（如图3–19）。

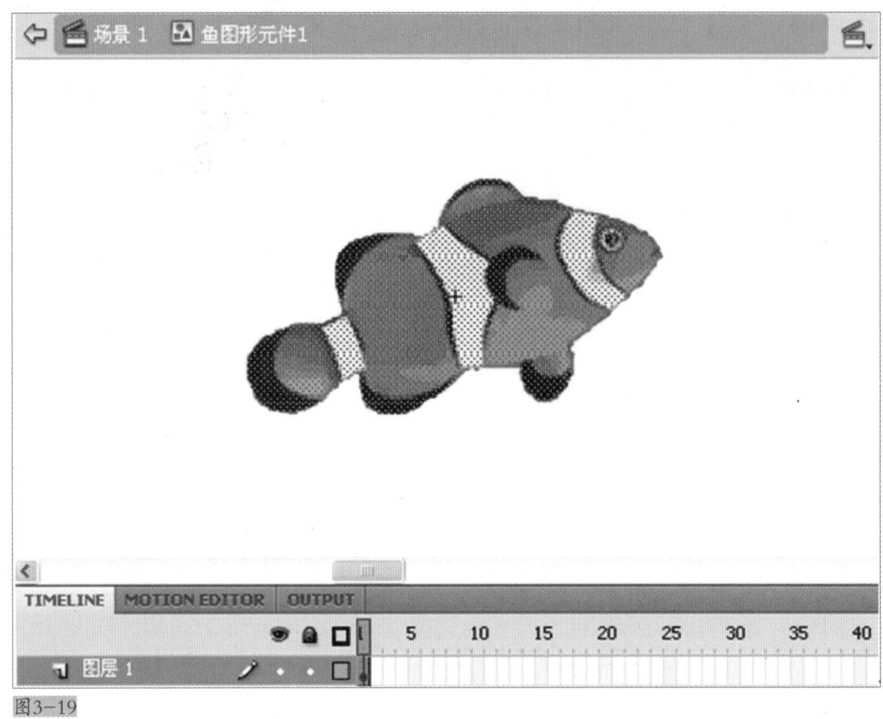

图3–19

Step 3　在库面板中双击元件“鱼图形元件2”，进入其时间轴查看，其舞台上包含一个“鱼图形元件1”的实例，并且为该实例制作了包含100帧的运动引导层动画（如图3–20）。按【Enter】键预览动画。

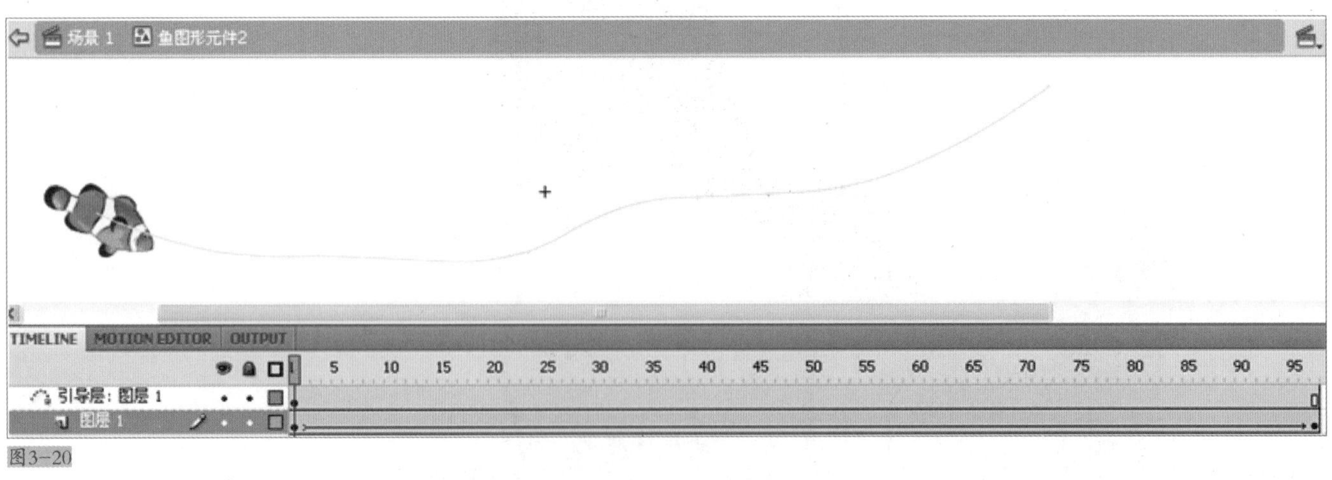

图3–20

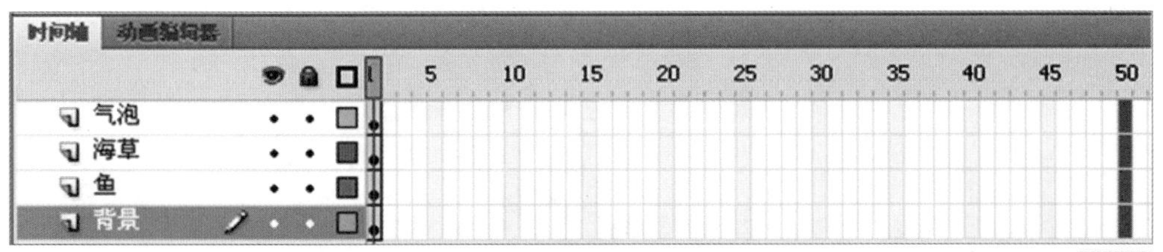

图3-21

图3-22

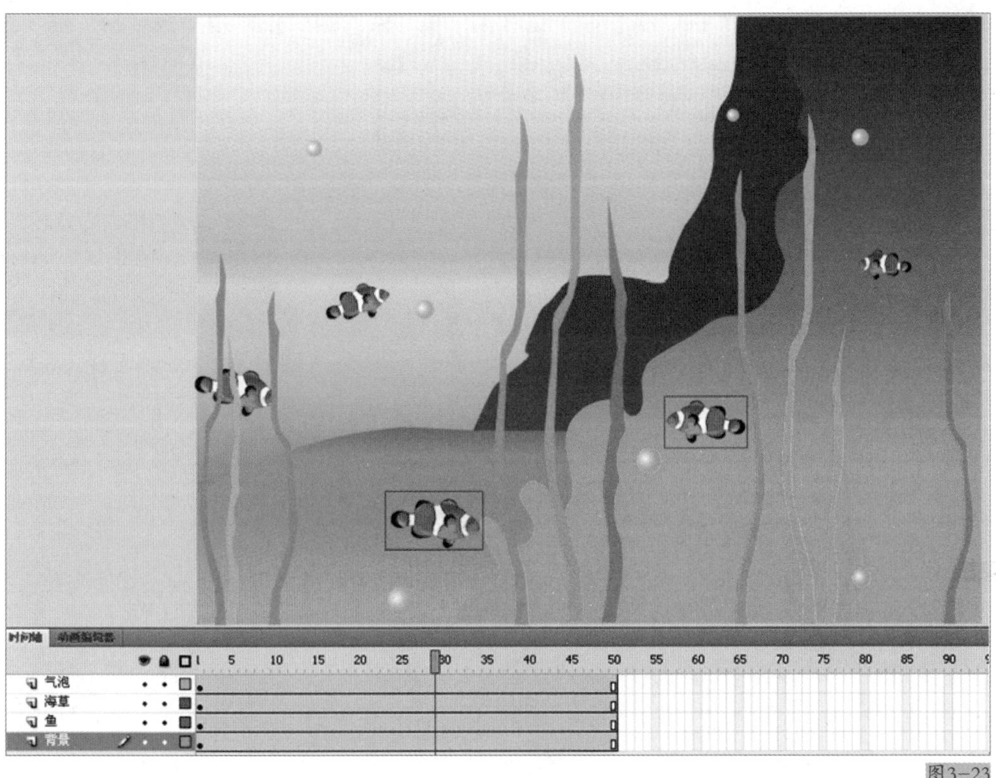

图3-23

Step 4 回到主场景的时间轴，在50帧处按住【Shift】键从上至下或从下至上点击每个图层上的第50帧选择它们（如图3-21），然后按【F5】键添加帧（如图3-22）。

Step 5 按【Enter】键预览动画，舞台上“鱼图形元件2”的两个实例从第一帧处开始游动（如图3-23），在50帧处停止。虽然“鱼图形元件2”的动画有100帧，但图形元件的动画播放依赖于主场景的时间轴，因此只能播放50帧的动画。

Step 6 为每个图层的100帧处加帧，这样舞台上“鱼图形元件2”的两个实例可以播放完其包含的动画片段。

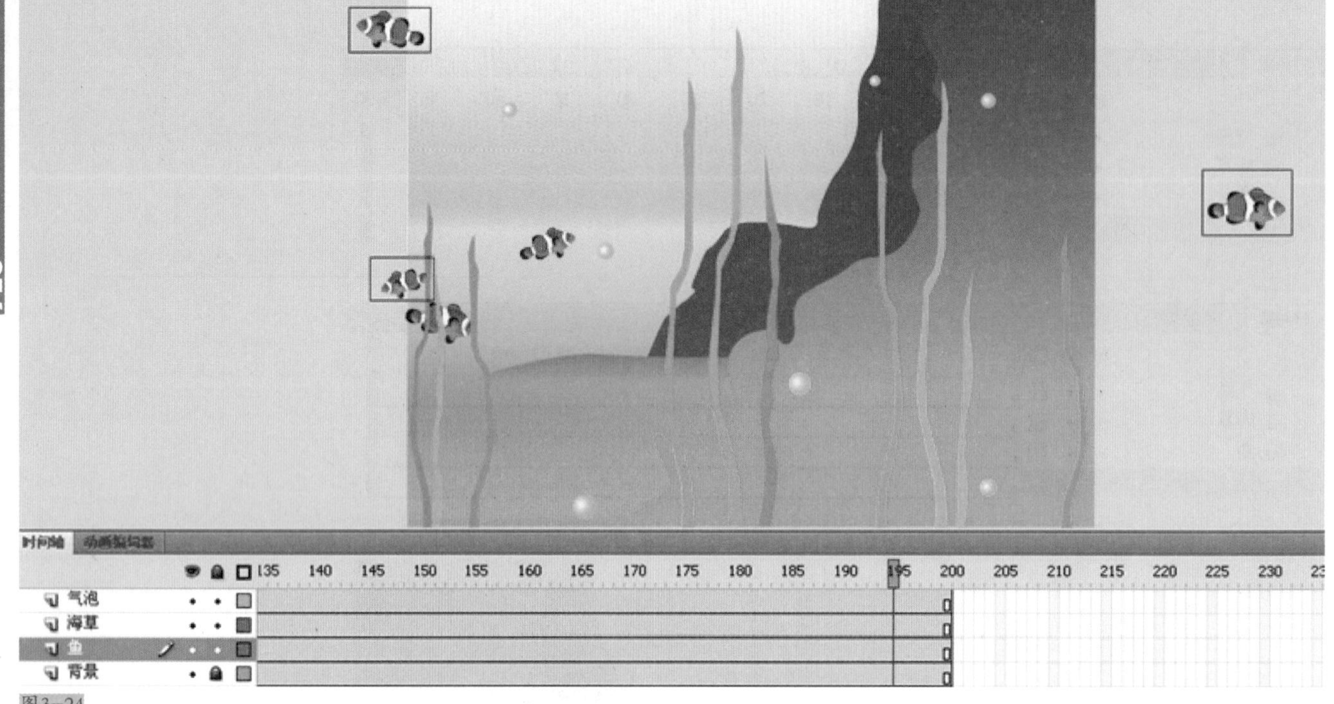

图3-24

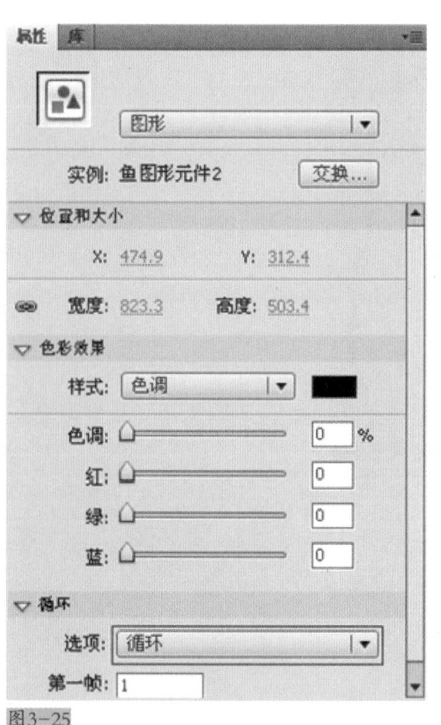

图3-25

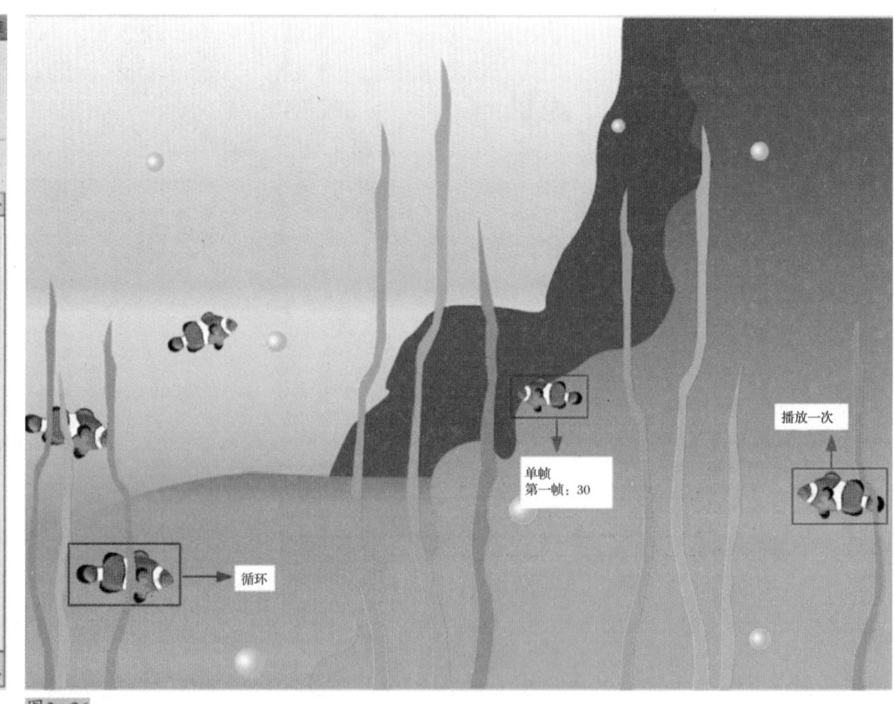

图3-26

Step 7　删除位于右上方的“鱼图形元件1”的实例，并添加一个“鱼图形元件2”的实例到该位置上。将所有图层加至200帧（如图3–24）。预览动画，舞台上的三个 “鱼图形元件2”实例的动画片段播放两次。这是因为在属性面板中三个实例的循环选项都为默认设置“循环”（如图3–25）。

Step 8　将三个实例的循环选项分别用不同的设置（如图3–26），预览动画。

“循环”：在时间轴所有帧的范围内，循环播放动画片段，到舞台上的最后一帧处停止。

“播放一次”：动画片段只播放一次就停止。

“单帧”：实例停留在所设定的帧处不动。

3.2.2 影片剪辑元件

影片剪辑元件是可以重复使用的动画片段。动画片段在属于影片剪辑元件自己的时间轴内设置。因为影片剪辑元件的时间轴独立于主场景时间轴，因此影片剪辑元件在场景舞台上显示为一个静态对象，在主时间轴的场景上无法预览。要浏览影片剪辑的动画效果需要进入影片剪辑的时间轴内观看，或点击库中相应的影片剪辑在库面板的预览窗口中观看；或将影片导出进行浏览。

影片剪辑的时间轴除了可以制作动画外，还可以添加声音、交互式控件和其他影片剪辑元件。

影片剪辑的使用可以大大提高工作效率。比如，要制作一个群鸟飞翔的动画，我们不必将所有鸟的动画都制作出来。可以把制作好的一只鸟飞翔的动画创建为一个影片剪辑，然后将这个影片剪辑复制多次，得到群鸟飞翔的动画。

创建影片剪辑元件的方式与创建图形元件的方法类似。可以将舞台上已有的图形转换成影片剪辑元件，也可以执行“插入”命令直接新建一个影片剪辑元件。下面我们接着上一个实例来举例说明。

Step 9　在舞台上双击左边的“鱼影片剪辑1”的实例，进入其时间轴及舞台窗口，舞台上包含一个“鱼图形元件1”的实例，并且为该实例制作了包含100帧的运动引导层动画（如图3-27）。按【Enter】键预览动画。

Step 10　回到主场景的时间轴，按【Enter】键，该影片剪辑实例的动画片段不被播放，这是因为影片剪辑元件的时间轴独立于主场景时间轴，因此影片剪辑元件在场景舞台上只显示为一个静态图形。若要预览，必须导出影片。

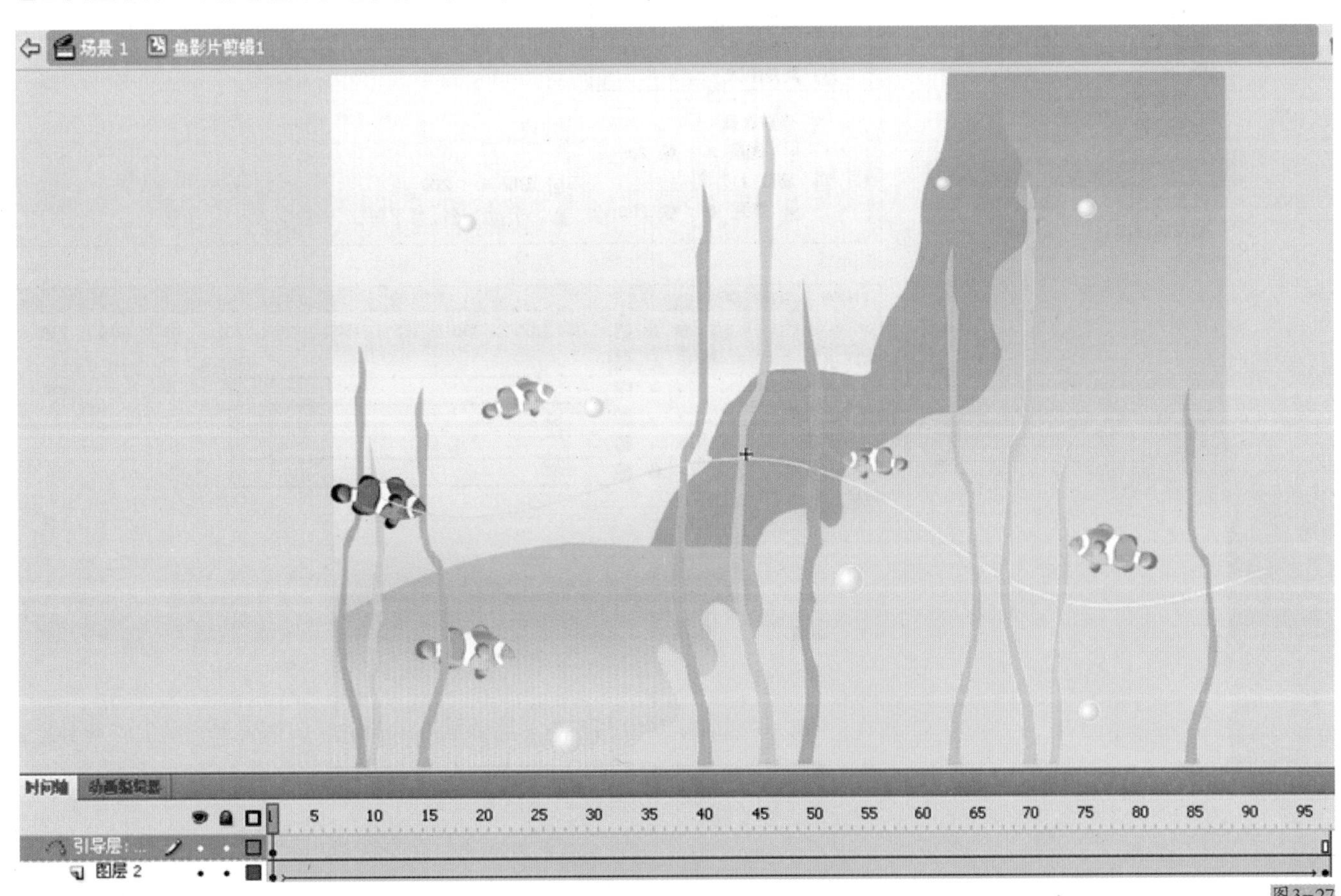

图3-27

Step 11　新建一个图层，并在该图层的200帧处按【F6】添加一个空白关键帧。从窗口菜单栏中调出动作面板（如图3–28）。

Step 12　用鼠标点击新图层中的第200帧选择它，在动作面板中的脚本选项框中选择“ActionScript 1.0 & 2.0”,用鼠标点击“全局函数”，然后点击“时间轴控制”，最后双击“stop”（如图3–29）。这样，该脚本语句被添加到第200帧处（如图3–30），表示导出的影片播放完后停止在此，不要循环播放。按【Ctrl+Enter】键预览导出的动画。影片剪辑元件不受主时间轴的控制循环播放。

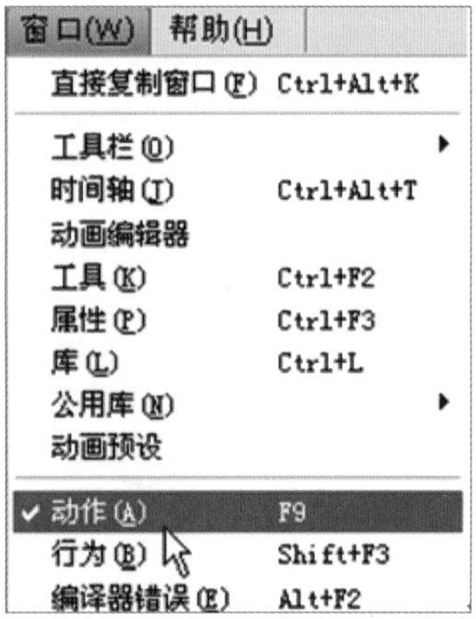

图3–28

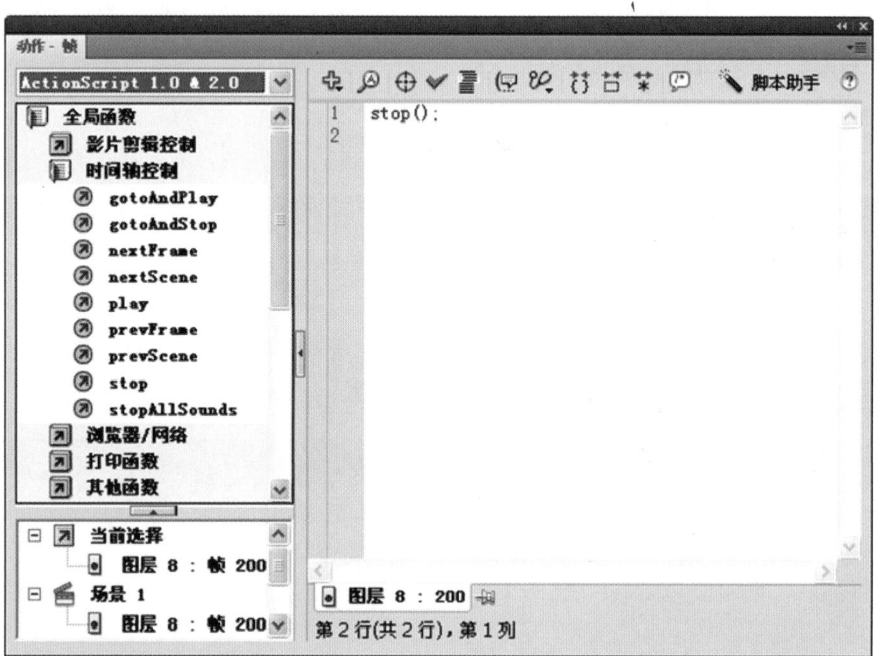

图3–29

图3–30

Step 13　将舞台上位于上面的两条鱼都用“鱼影片剪辑1”的实例取代（如图3–31）。

Step 14　删除舞台上的水草形状对象，并从库面板中拖出多个“海草1”和“海草2”影片剪辑元件的实例到舞台上。

Step 15 “色彩效果”选项：下面我们通过属性面板中的“色彩效果”选项来更改舞台上水草实例的颜色，使它们的颜色更多样化。选择舞台上的一根水草，在属性面板中，选择“色彩效果”选项栏下“样式”下拉菜单中的“亮度”选项，然后左右滑动“亮度”的指标（如图3–32）。水草的颜色得到调整（如图3–33）。

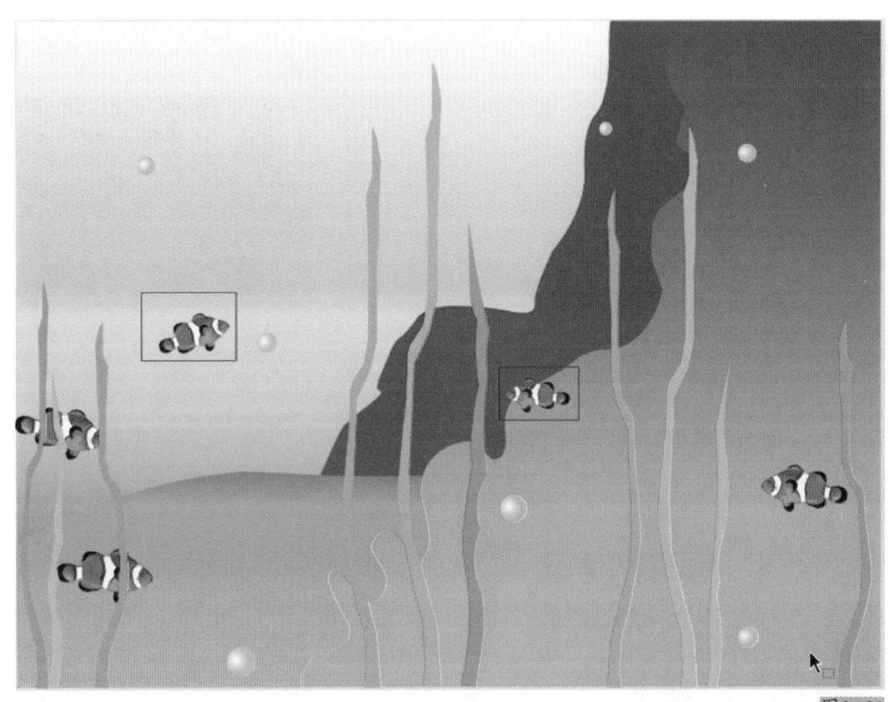

图3–31

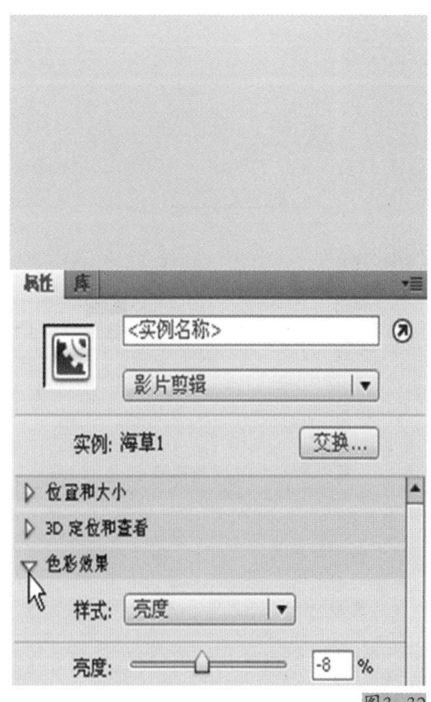

图3–32

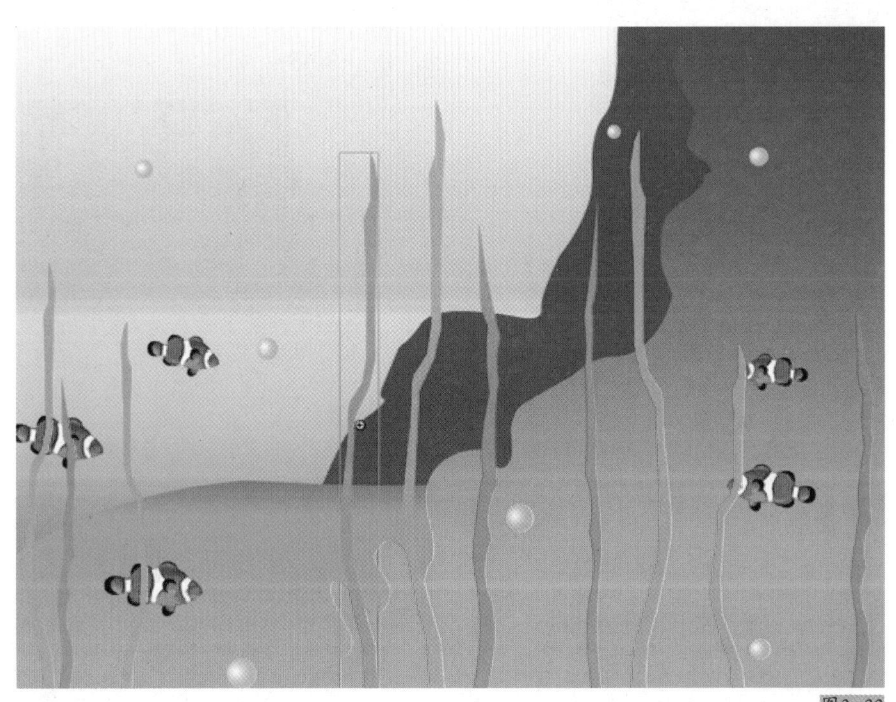

图3–33

Step 16 再选择一根水草，在属性面板中，选择“色彩效果”选项栏下“样式”下拉菜单中的“色调”选项，用鼠标点击“色调”右边的色块，从颜色面板中选择所需的色块，然后左右滑动“色调”、“红”、“绿”、“蓝”的指标（如图3–34）。水草的颜色得到调整（如图3–35）。

Step 17 再选择一根水草，在属性面板中，选择“色彩效果”选项栏下“样式”下拉菜单中的“高级”选项，然后左右滑动“红”、“绿”、“蓝”的指标（如图3–36）。水草的颜色得到调整。Alpha表示透明度，调整该值可以使所选对象变得透明或半透明（如图3–37）。

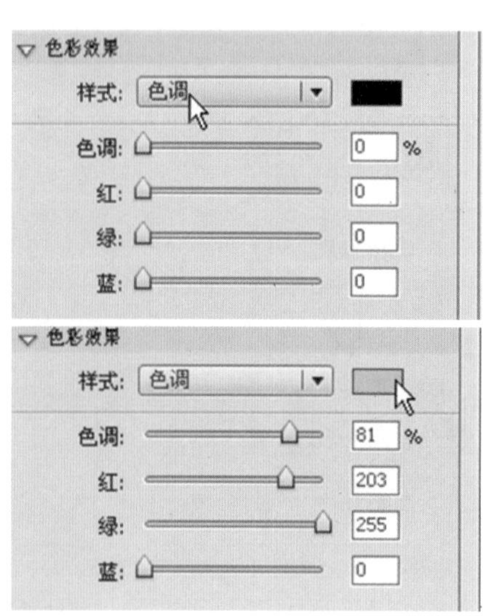

图3–34

图3–35

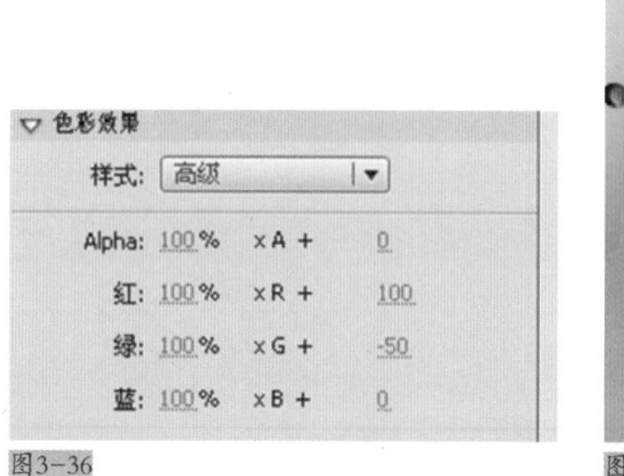

图3–36

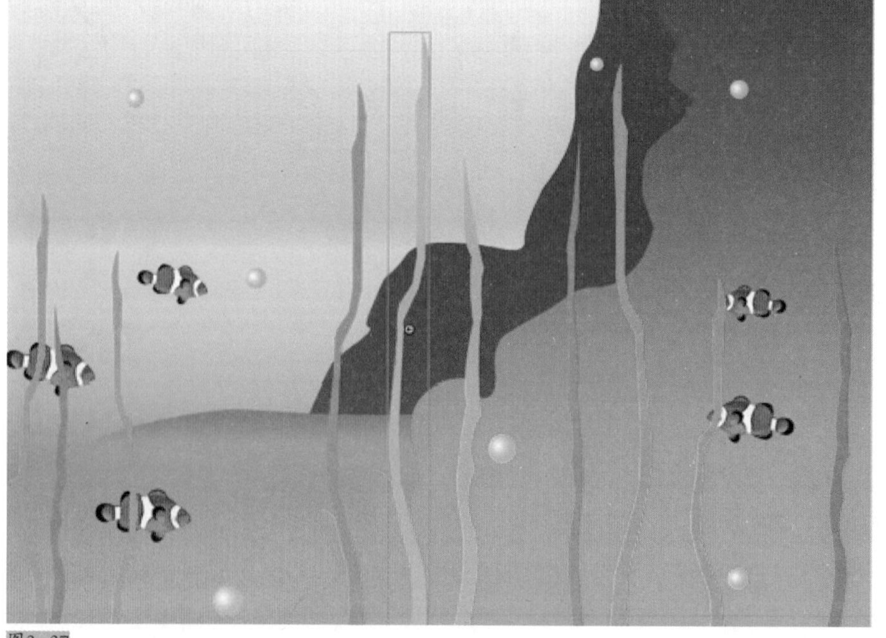
图3–37

Step 18 用同样的方法调整水草的颜色，使它们的颜色多样化（如图3-38），测试动画效果。

Step 19 将舞台上的气泡删除，并将库面板中的“气泡”影片剪辑拖入多个到舞台，改变气泡实例在舞台上的大小和位置（如图3-39），测试动画。

Step 20 选择舞台上的一些气泡，在属性面板中选择“色彩效果”选项栏下“样式”下拉菜单中的“Alpha”选项，然后左右滑动“Alpha”的指标，让气泡有不同的透明度，以使画面有空间感（如图3-40）。测试影片。

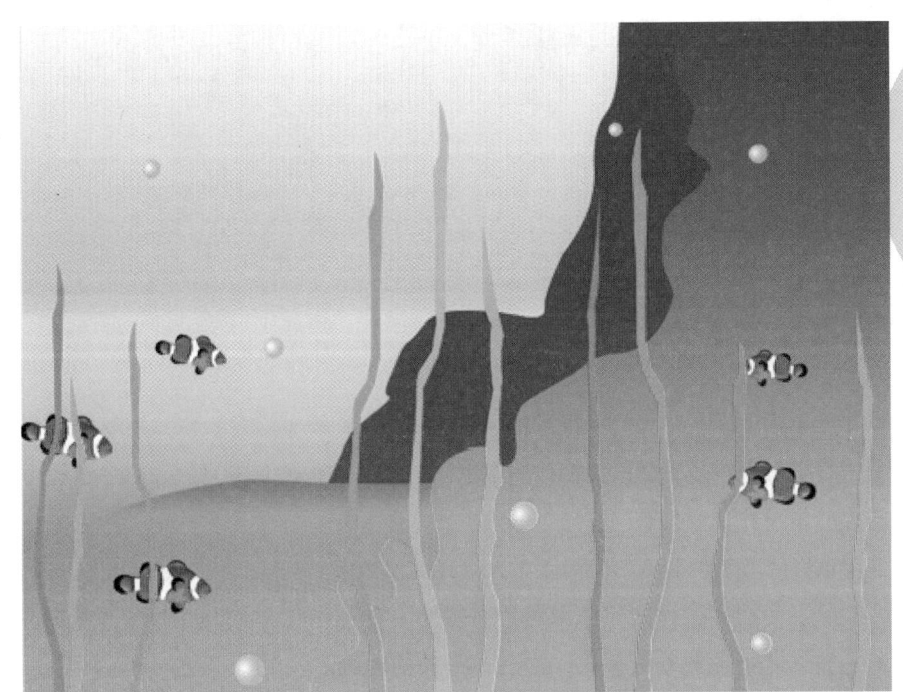

图3-38

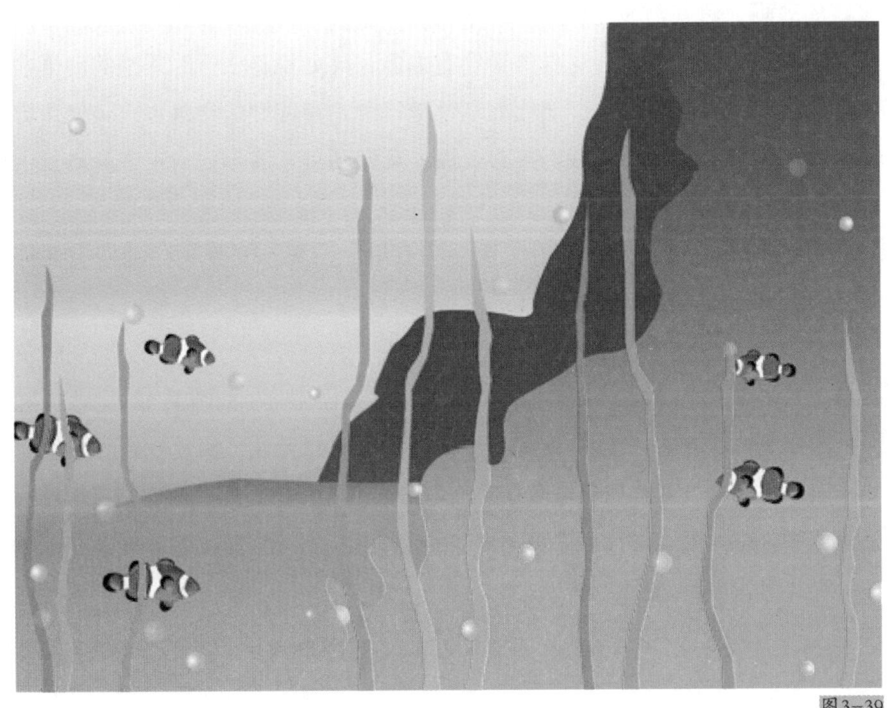

图3-39

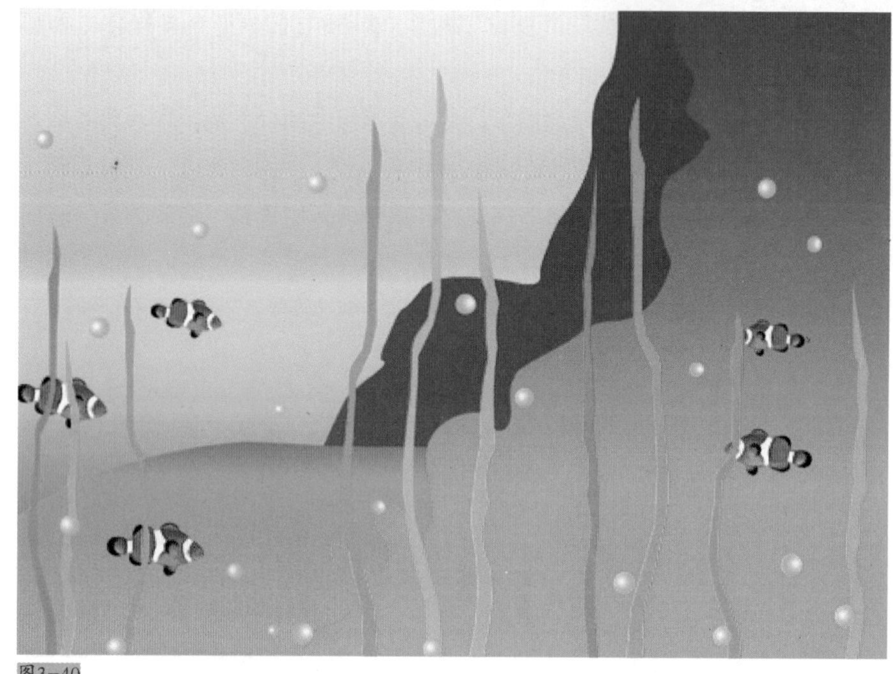

图3-40

Step 21　保存文件。

在以上实例中，同类图形对象的动画形式是基本相同的，如果要给每条鱼、每根海草或是每个气泡制作一个动画，那么工作量将非常大。而通过使用影片剪辑元件，为具有同样动画的同类图形对象制作一个影片剪辑，然后重复使用该影片剪辑的实例，就可以大大提高工作效率。

除了为提高工作效率使用影片剪辑外，在一些嵌套的动画中也必须使用影片剪辑才能完成动画效果，如汽车行驶的动画。在汽车行驶的过程中，车身和车轮都是同步行驶的，但车轮除了要与车身同步行驶外，它本身还要有转动的动画。这就需要先将车轮的动画制作成一个影片剪辑元件，然后再制作它与车身行驶的动画。这样的实例有很多，比如说鸟飞行时翅膀的动画需要嵌套在一个影片剪辑中；还比如乌龟爬行时，其四肢的动画也应该使用影片剪辑来制作完成。下面我们接着上面的实例项目来演示如何在嵌套动画中使用影片剪辑。

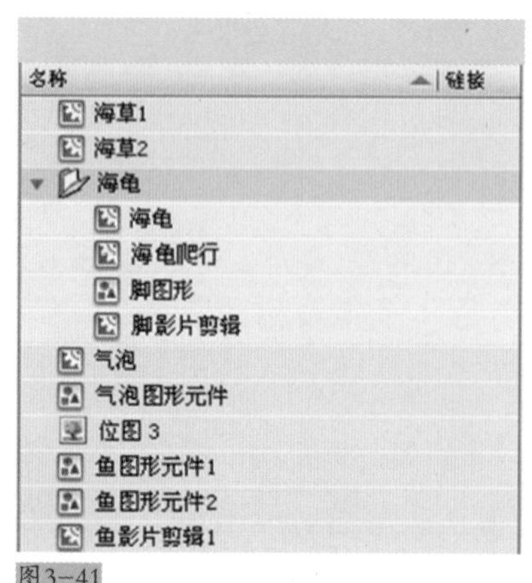

图3-41

Step 22　在库面板中双击文件夹“海龟”，显示文件夹中的所有元件（如图3-41）。

Step 23　双击库面板中的影片剪辑元件“海龟爬行”，打开其时间轴及舞台。点击【Enter】键，舞台上的海龟沿运动路径爬行（如图3-42）。

Step 24　双击舞台上的海龟，进入到影片剪辑元件“海龟”的时间轴窗口，表示“海龟”影片剪辑嵌套在“海龟爬行”影片剪辑中。再次双击舞台上海龟的脚，进入到图形元件“脚图形”的窗口中，表示“脚图形”嵌套在“海龟”影片剪辑中（如图3-43）。

Step 25　回到主场景的时间轴及舞台，新建一个命名为“海龟”的图层，将影片剪辑“海龟爬行”拖入到舞台上。测试影片，海龟在场景中爬行，但是其四肢没有动作（如图3–44）。

Step 26　在库面板中点击影片剪辑“脚影片剪辑”，在库面板预览窗口的右上角点击“播放”按钮。预览该影片剪辑的动画（如图3–45）。

图3–42

图3–43

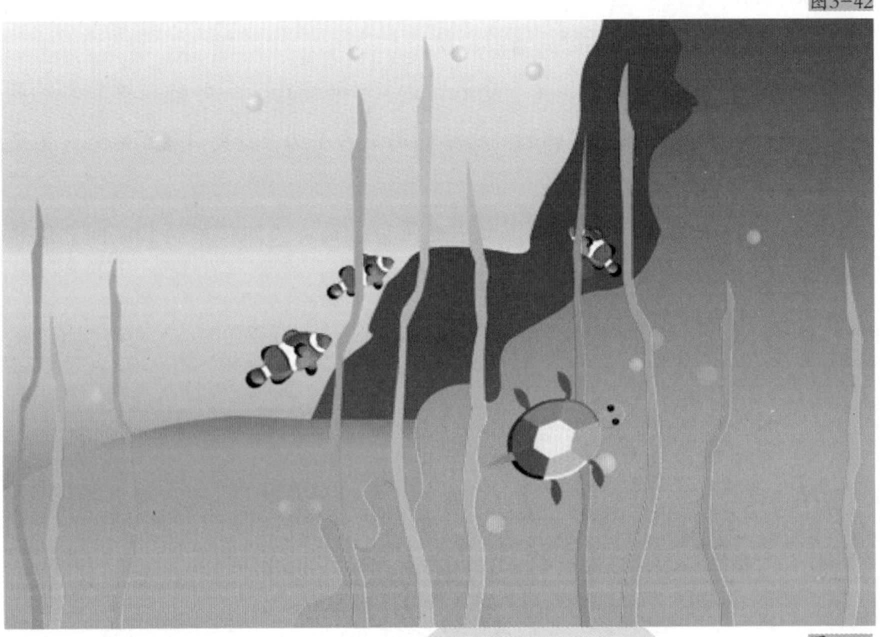
图3–44

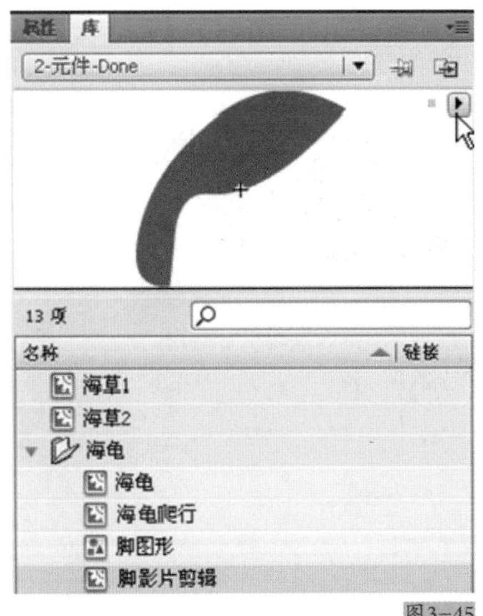

图3–45

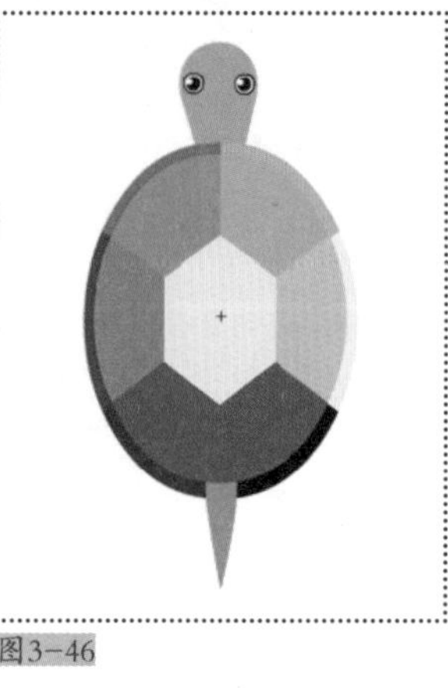
图3-46

图3-47

图3-48

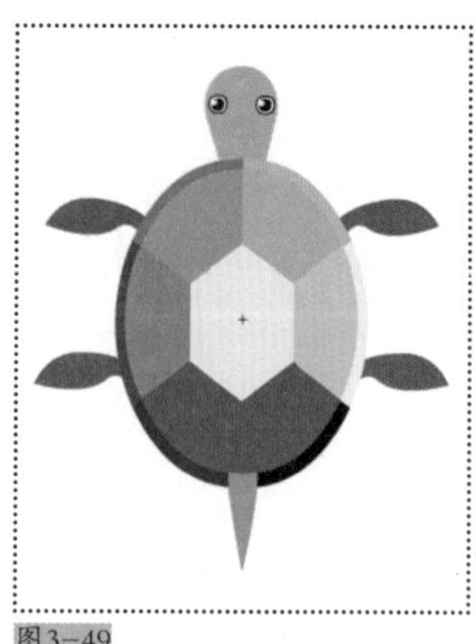
图3-49

Step 27 下面需要把“海龟”影片剪辑中的“脚图形”替换成“脚影片剪辑”。在库面板中双击影片剪辑“海龟”进入其时间轴，在舞台上选择海龟的四肢，按【Delete】键将其删除（如图3-46）。

Step 28 从库面板中将影片剪辑“脚影片剪辑”拖入到舞台，并复制该实例（如图3-47）。选择两只脚，然后执行“修改”>“排列”>“移至底层”，或按快捷键【Ctrl+Shift+↓】，将脚放到身体之下（如图3-48）。

Step 29 选择右边的两只脚，按快捷键【Ctrl+C】复制它们，然后按快捷键【Ctrl+Shift+V】将其粘贴到当前位置。

Step 30 执行“修改”>“变形”>“水平翻转”命令翻转被复制的两只脚。按住【Shift】键将翻转后的脚移到海龟的左边，并将其移至底层（如图3-49）。

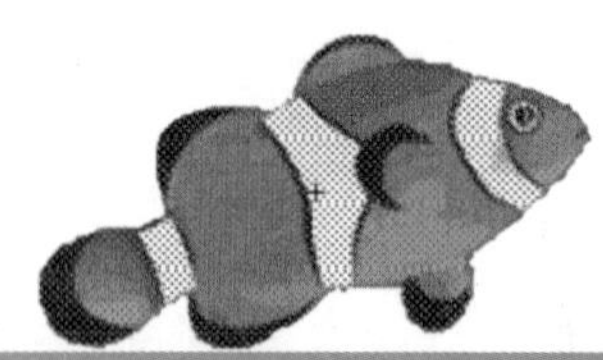

Step 31 回到场景时间轴，导出动画，海龟在沿路径前行的同时四肢也在游动。这样动画效果更为完整逼真（如图3-50）。

图3-50

Step 32　“显示”选项：“显示”选项用来使两个重叠的影片剪辑或按钮对象产生特殊的颜色混合效果，“显示”选项置于属性面板中（如图3–51）。将背景图层上的几个色块转换成影片剪辑元件，然后在舞台上选择各个色块，并在属性面板的“显示”选项栏中更改其设置，效果如图3–52。还可以更改一些气泡实例的显示选项，使它们和游过的鱼或海龟产生色彩混合的特殊效果。

图3–52

图3–51

“一般”：系统默认的选项模式，表示对象的颜色相互没有关系。

“图层”：该选项使对象层叠，但不影响各自的颜色。

“变暗”：该选项使重叠对象的亮色区域变暗，暗色区域不变，变暗的程度取决于原对象中的暗色部分。

“正片叠底”：该选项使重叠对象的基准颜色复合，从而产生较暗的颜色。

“变亮”：该选项与变暗正好相反，使重叠对象的暗色区域变亮，亮色区域不变，变亮的程度取决于原对象中的亮色部分。

“滤色”：该选项使重叠对象的基准色与反相色混合，产生漂白的效果。

“叠加”：该选项用于复合或过滤颜色，其混合效果取决于基准色。

“强光”：该选项用于复合或过滤颜色，产生的效果类似于点光源照射对象时的效果。

“增加”：该选项使混合后的颜色与混合颜色相加。

“减去”：该选项使混合后的颜色与混合颜色相减。

“差值”：该选项使混合后的颜色减去混合颜色，或使混合颜色减去混合后的颜色，具体取决于哪个的亮度值较大，从而产生类似于彩色胶片的效果。

“反相”：该选项用于翻转基准颜色。

“Alpha”：该选项使对象作为Alpha遮罩层，该对象将是不可见的。

“擦除”：该选项用于删除所有基准颜色像素，包括背景中的颜色。

Step 33　添加滤镜：属性面板中的滤镜选项（如图3-53）可以为影片剪辑、按钮或文本对象添加一些投影、发光等特殊效果。选择舞台上的一条鱼，在属性面板的滤镜栏中点击“添加滤镜”按钮，在弹出的菜单中选择“发光”选项（如图3-54），然后设置“发光”选项中的其他参数（如图3-55）。舞台上该鱼实例被添加了发光效果（如图3-56）。

Step 34　复制、粘贴滤镜：选择滤镜栏下的“发光”选项，点击“剪贴板”按钮，在弹出的菜单中选择“复制所选”选项（如图3-57）。在舞台上选择另外一条鱼，再次点击“剪贴板”按钮，在弹出的菜单中选择“粘贴”选项。所选的鱼实例被添加上同样的发光效果（如图3-58）。用同样的方法为其他的“鱼影片剪辑”的实例添加同样的“发光”效果。

Step 35　选择舞台上的一根海草实例，为其添加“斜角”效果，并设置“斜角”选项的参数（如图3-59）。所选海菜被添加了“斜角”效果（如图3-60）。

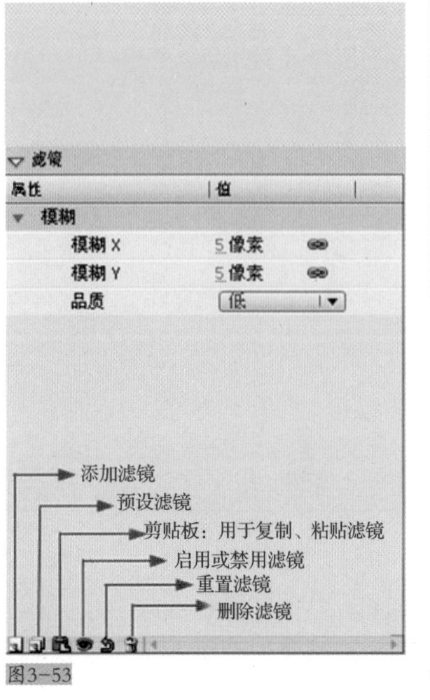

图3-53

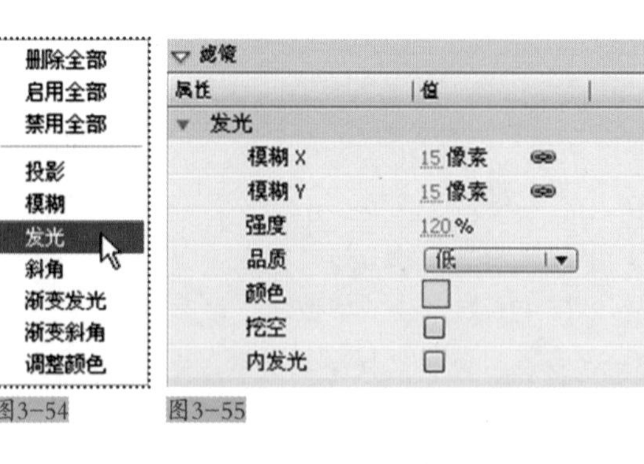

图3-54　图3-55

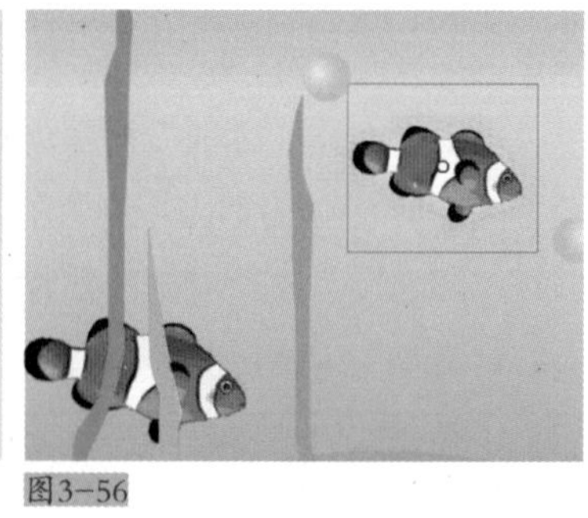
图3-56

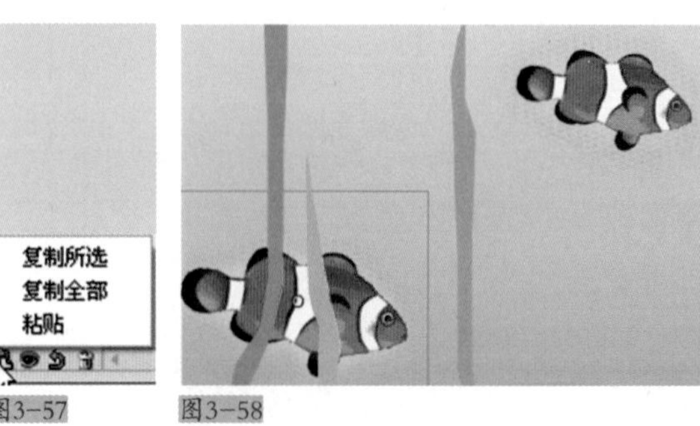

图3-57　图3-58

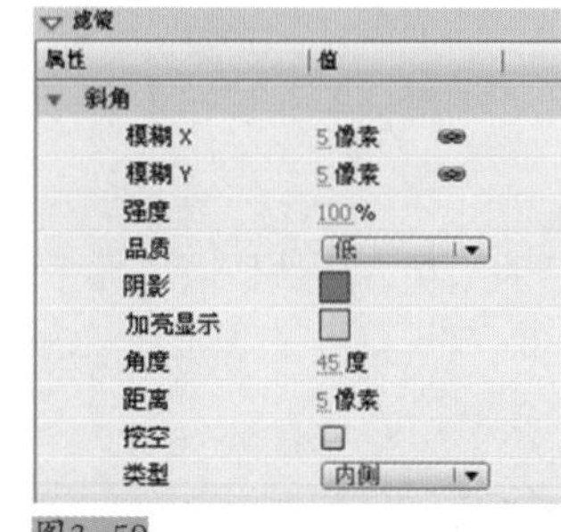

图3-59

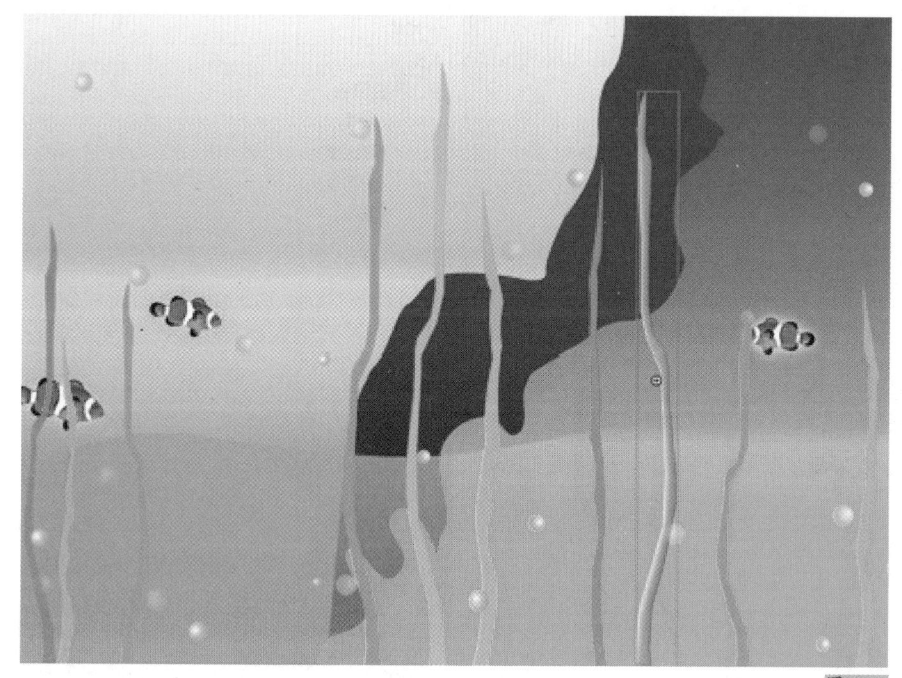

图3-60

图3-61

图3-62

Step 36　启用或禁用滤镜：选择滤镜栏下的“斜角”选项，点击“启用或禁用滤镜”按钮（如图3-61），比较滤镜前后的效果，最后启用该效果。

Step 37　添加预设滤镜：选择滤镜栏下的“斜角”选项，点击“预设”按钮，在弹出的菜单中选择“另存为”（如图3-62），然后在弹出的对话框中输入预设的名称为“海草斜角效果”（如图3-63），最后点击“确定”按钮。

图3-63

Step 38　使用预设滤镜：在舞台上选择另外一根海草，在滤镜栏下点击“预设”按钮，在弹出的菜单中选择“海草斜角效果”（如图3-64），所选海草实例被添加了“斜角”效果，可以根据海草原有的颜色来调整一下（如图3-65）。

图3-64

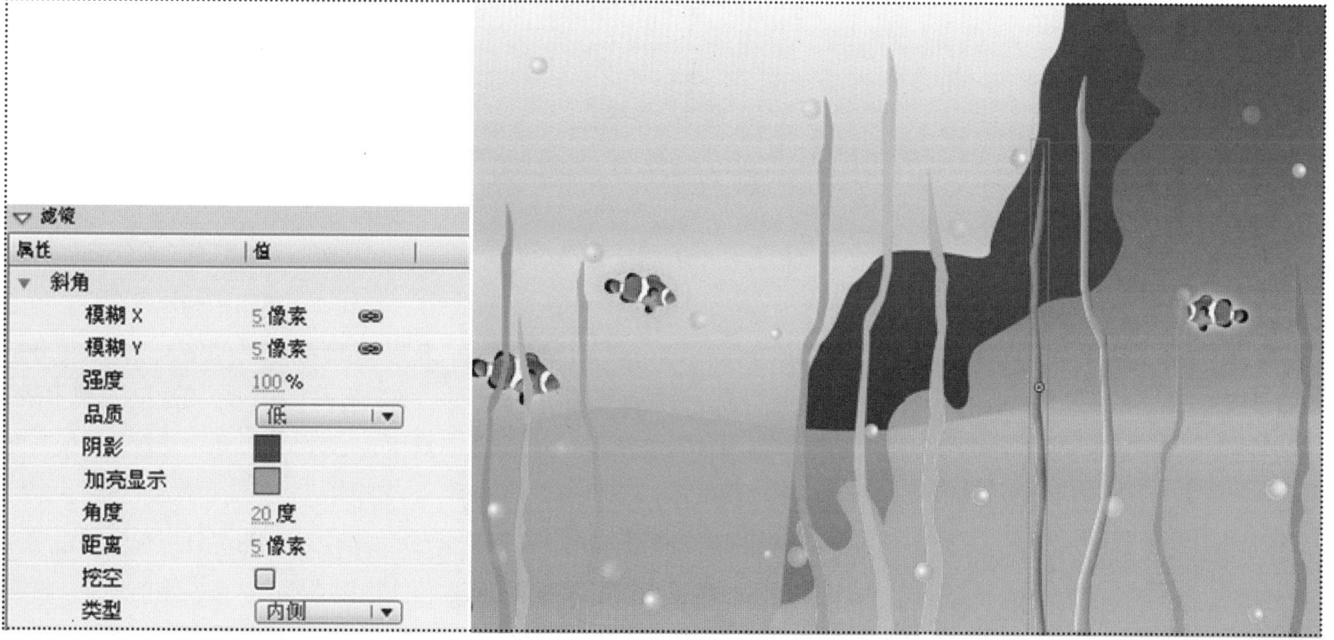

图3-65

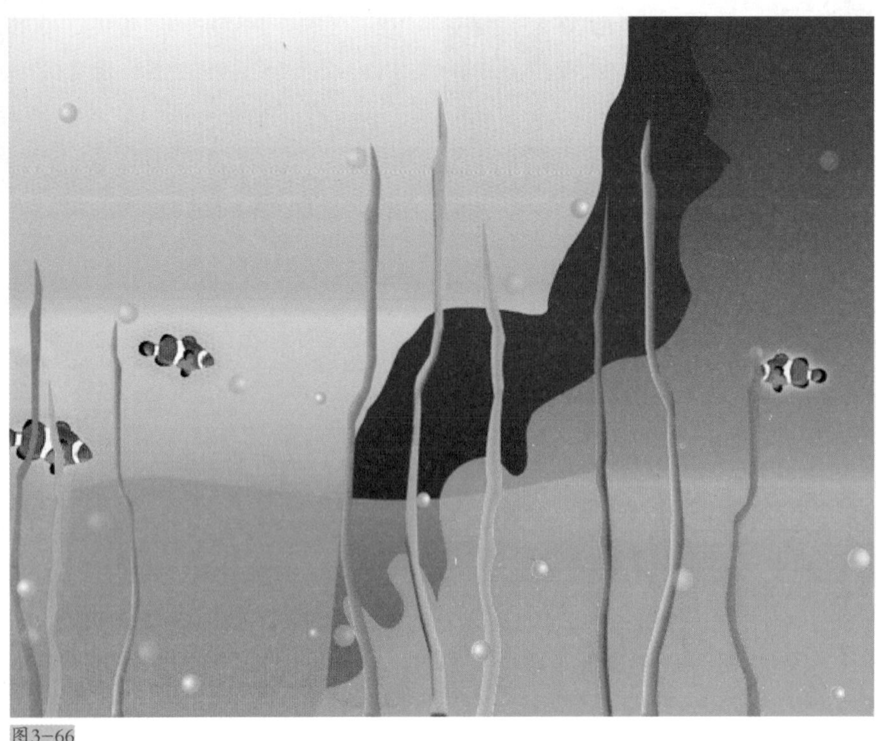
图3-66

▽ 滤镜

属性	值
▼ 调整颜色	
亮度	20
对比度	15
饱和度	25
色相	-15

图3-67

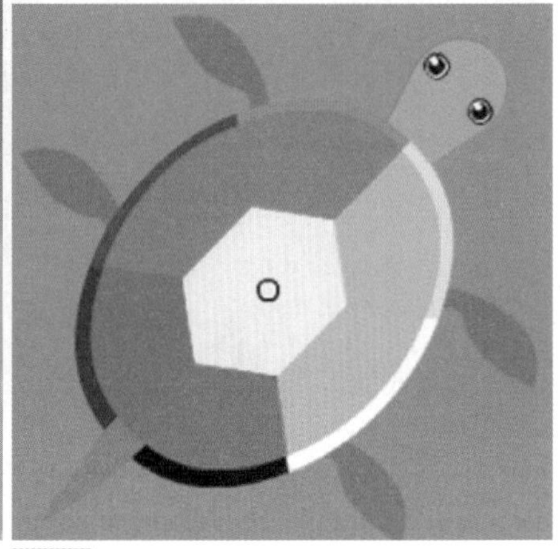
图3-68

Step 39　用同样的方法为其他的海草实例也添加上“斜角”效果（如图3-66）。

Step 40　为海龟添加一个“调整颜色”的滤镜效果，更改其设置（如图3-67）。海龟实例的颜色变得更鲜亮（如图3-68）。

Step 41　测试动画效果，保存文件。

3.2.3　按钮元件

按钮元件是一种与ActionScript脚本连接的元件。通过给按钮元件添加脚本语句，可以使按钮元件响应鼠标的滑过、点击等动作。

按钮元件也有属于自己的时间轴，与其他的时间轴不同，按钮元件的时间轴只有四帧。前三帧显示按钮的三种可能性外观，第四帧的外观不会显示出来，它的作用是定义按钮的活动区域，并响应鼠标点击的动作。这四个帧分别为：弹起状态，也就是按钮的初始状态；指针经过状态，也就是鼠标滑到按钮上时的状态；按下状态，也就是点击下鼠标键时的状态；点击状态，即松开鼠标后的动作状态。

在按钮元件的时间轴内，可以包含形状、群组、图形元件、影片剪辑元件等任何图形对象。这些图形对象都可以作为按钮的外观状态。除此之外，按钮元件内还可以添加声音特效。下面我们来制作一个按钮元件来具体说明。

Step 1 打开本书教学资源“第三章/项目文件”目录下的Flash文档“练习3-3-按钮元件.fla”。时间轴有两帧，两帧的画面有不同（如图3-69）。

Step 2 把播放头放在第一帧处，选择中间大花的圆，执行菜单栏命令“修改”>“转换为元件”，在弹出的对话框中进行设置（如图3-70），按“确定”进入按钮元件“face-BTN”的时间轴（如图3-71）。

Step 3 用鼠标点击“指针”状态对应的帧，按【F6】为其添加关键帧。在舞台上用鼠标选择该圆形，然后在属性面板中更改其“色彩效果”（如图3-72）。

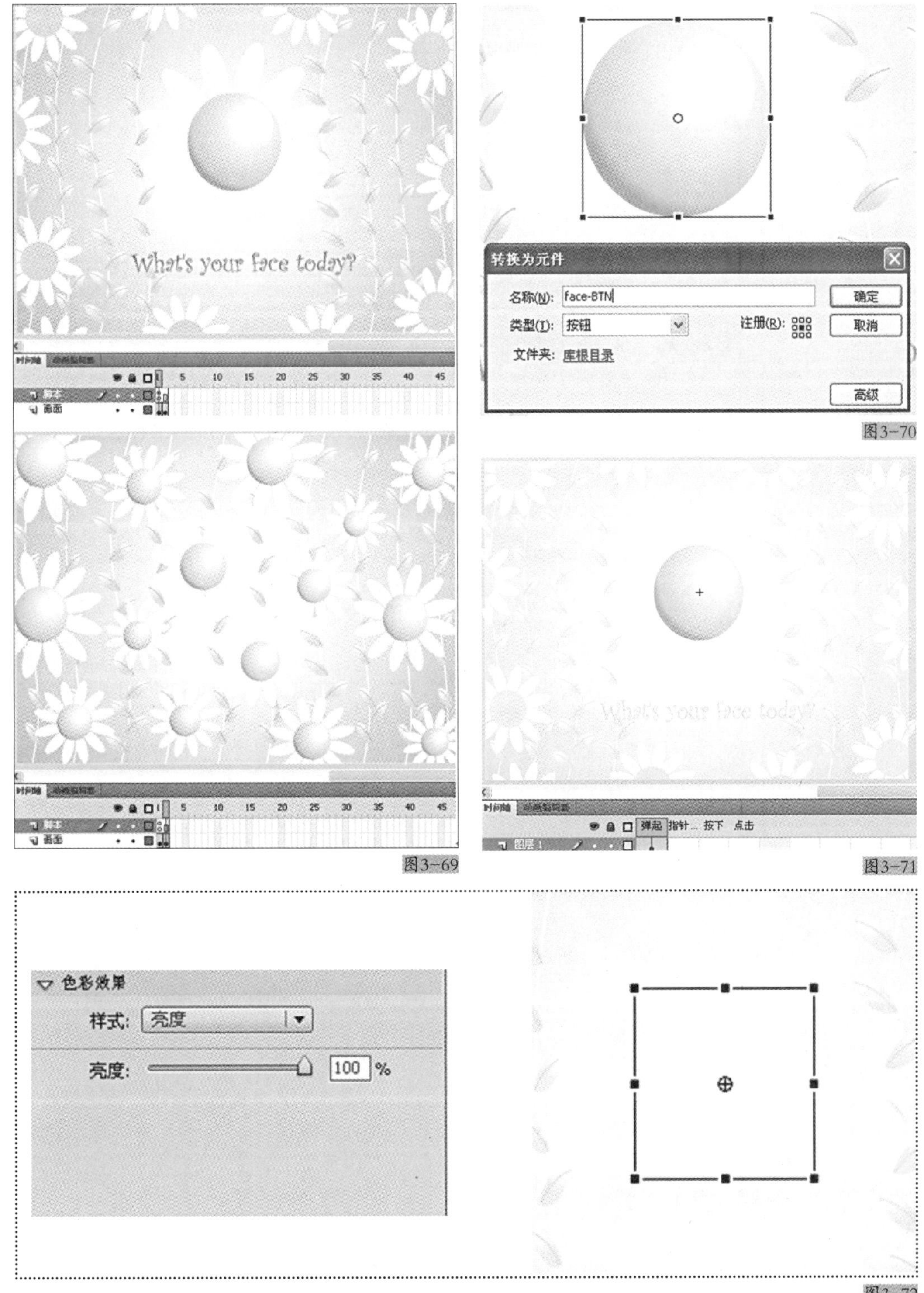

图3-69

图3-70

图3-71

图3-72

Step 4　用鼠标点击“按下”状态对应的帧，按【F6】为其添加关键帧。在舞台上用鼠标选择该圆形，然后在属性面板中更改其色彩效果为无，舞台上的圆回到和弹起状态同样的效果（如图3-73）。

Step 5　用鼠标点击“按下”状态对应的帧，按【F6】为其添加关键帧。不需要更改舞台上的图形。

Step 6　导出影片，将鼠标滑过按钮上，鼠标的图标将变为可点击的手的形状，按下按钮，按钮的形状会有变化（如图3-74）。

Step 7　我们需要为按钮添加ActionScript脚本语句后才能使按钮响应一定命令。选择舞台上的按钮，执行菜单栏命令“窗口”>“动作”跳出动作面板。在动作面板中双击“影片剪辑控制”下的语句“on”，在弹出的选项中双击“release”,然后在“时间轴控制”下双击“gotoAndStop”,在括号中输入“2”（如图3-75）。表示当点击并松开鼠标后，时间轴将跳到第2帧并且停留在第2帧处。

Step 8　测试影片，用鼠标点击按钮，画面会跳到第二帧。

Step 9　执行“插入”>“新建元件”，设置好弹出窗口（如图3-76）。按“确定”后进入到影片剪辑元件“faces”的时间轴。

Step 10　从库面板中将图形元件“face”拖入到舞台上，将元件的中心点与舞台的注册点对齐（如图3-77）。

Step 11　执行“视图”>“标尺”命令来显示标尺，然后从标尺中拖出辅助线，与舞台上元件的四条边对齐（如图3-78）。

Step 12　在时间轴的第4帧处按【F7】插入空白关键帧，然后从库面板中将图形元件“face-angry”拖到舞台上，让元件的四条边与辅助线对齐（如图3-79）。

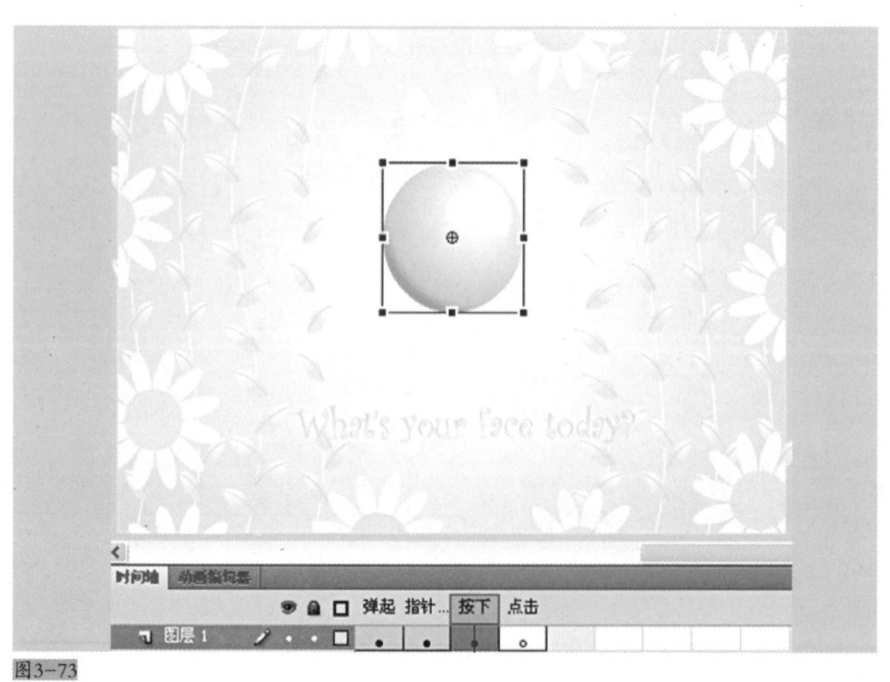

图3-73

图3-74

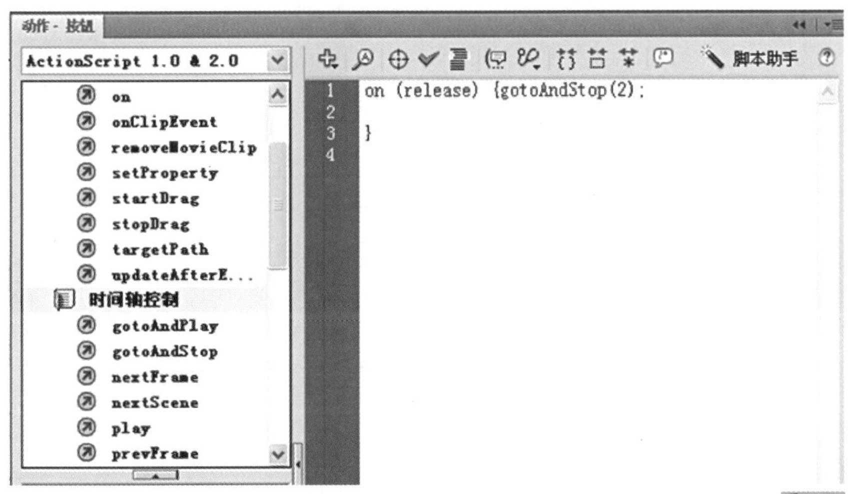

图3-75

图3-76

图3-77

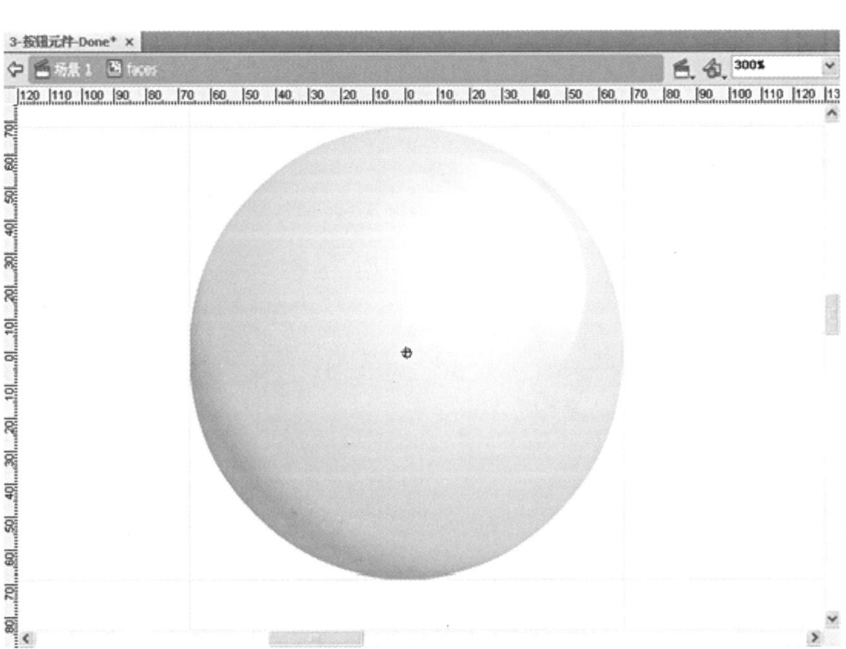

图3-78

图3-79

Step 13　重复以上步骤，将库面板中其他的图形元件表情每隔二帧添加在舞台上（如图3-80）。

Step 14　回到场景的舞台，并把播放头放在第二帧上。

Step 15　选择舞台左上角的花芯，执行“修改”>“转换为元件”，设置弹出窗口（如图3-81）。按钮元件“angry”被建立，并存储在库中。

Step 16　双击库面板中的“angry”按钮元件进入其舞台窗口。以同样的方式从标尺中拖出辅助线对齐元件的四条边。

Step 17　在时间轴的“指针”状态帧上按【F7】添加空白关键帧，然后从库面板中将影片剪辑元件“faces”拖入到舞台，并与辅助线对齐（如图3-82）。有必要的话激活绘图纸外观以更好地对齐画面。

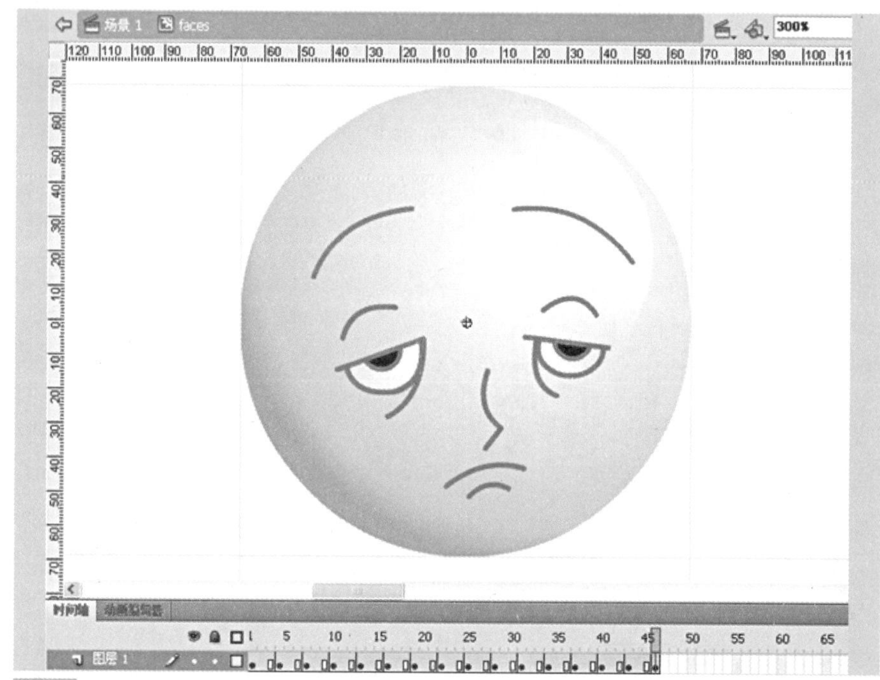

图3-80

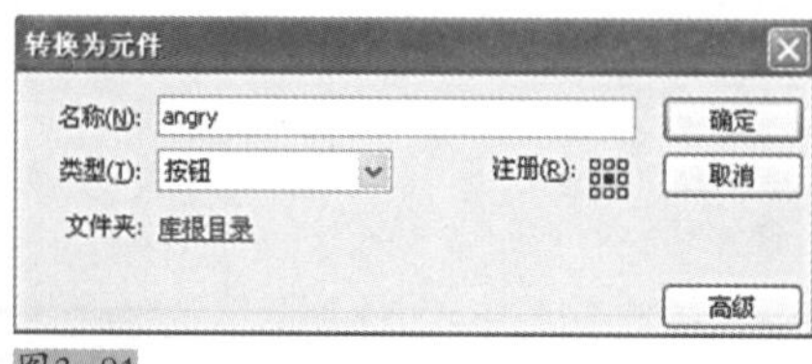

图3-81

图3-82

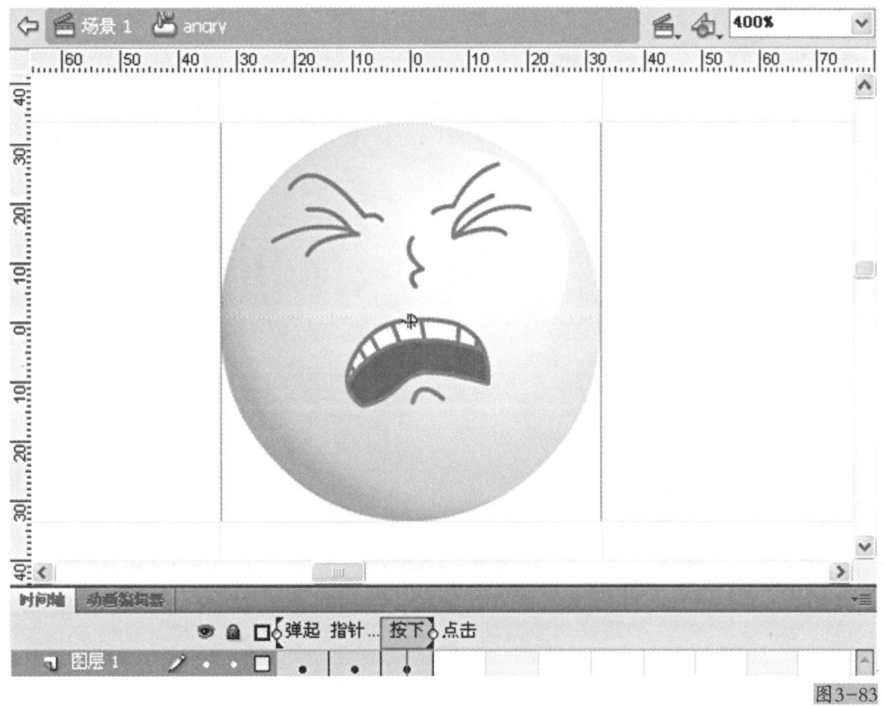

图3-83

Step 18　在时间轴的“按下”状态帧上按【F7】添加空白关键帧，然后从库面板中将图形元件“face-angry”拖入到舞台，并与辅助线对齐（如图3-83）。

Step 19　在时间轴的“点击”状态帧上按【F6】添加关键帧，不做任何修改。

Step 20　回到场景的舞台，导出影片，测试按钮。

Step 21　在场景的舞台上选择其他的花芯，重复以上的Step15～19，将其他的花芯转换成按钮元件并为它们添加不同的表情。

Step 22　保存文件，测试影片。

3.3　插图

对于绘图能力不是太强的用户来说，直接将外部插图导入Flash，然后对插图进行编辑、修改，是一种很有效的制作方式。除了可以导入插图外，还可以在其他应用软件中复制插图，然后直接粘贴在Flash中。在Flash中一般可以导入以下格式的矢量图和位图（如表3-1）。

表3-1

文件类型	扩展名	Windows	Macintosh
Adobe Illustrator	.ai	·	·
Adobe Photoshop	.psd	·	·
AutoCAD® DXF	.dxf	·	·
位图	.bmp	·	·

续表

文件类型	扩展名	Windows	Macintosh
增强的 Windows 源文件	.emf	·	
FreeHand	.fh7、.fh8、.fh9、.fh10、.fh11	·	·
FutureSplash Player	.spl	·	·
GIF 和 GIF 动画	.gif	·	·
JPEG	.jpg	·	·
PNG	.png	·	·
Flash Player 6/7	.swf	·	·
Windows 源文件	.wmf	·	·

如果电脑中安装了 QuickTime 4 或更高版本，还可以将以下位图文件格式导入 Flash（如表3-2）。

表3-2

文件类型	扩展名	Windows	Macintosh
MacPaint	.pntg	·	·
PICT	.pct、.pic	·（作为位图）	·
QuickTime 图像	.qtif	·	·
Silicon Graphics 图像	.sgi	·	·
TGA	.tga	·	·
TIFF	.tif	·	·

图3-84

导入外部文件可以通过执行菜单栏命令“文件”>“导入”>“导入到舞台”或“导入到库”，然后在弹出的对话框中查找到所需的文件，最后按打开按钮来完成（如图3-84）。导入的外部插图文件都会出现在Flash的库面板中，并可以重复使用。

3.3.1 导入Photoshop文件

Photoshop是一个功能强大的图像处理软件，其psd文件格式可以保存Photoshop的图层、通道、路径等信息，被广泛应用于各种设计领域。导入 psd 文件时，Flash 可以保留许多在 Photoshop 中应用的属性，并提供保持图像的视觉保真度以及进一步修改图像的选项。在将 psd 文件导入 Flash 时，可以选择将每个 Photoshop 图层表示为 Flash 图层、单个的关键帧，或是单独一个平面化图像。还可以将 psd 文件封装为影片剪辑。

导入psd文件和导入常用的位图jpg、gif、png等文件的方法一样，只不过在导入psd文件时会弹出一个对话框（如图3-85），在对话框中进行相应的设置后才可以将psd文件导入Flash。在对话框中，我们可以进行以下的设置。

“检查要导入的Photoshop图层”：这一选项栏用来勾选需要导入的图层，还可以双击图层名后，再输入新的图层名。

“图层导入选项”：在该栏中可以为所选择的图层进行选项设置。可以将所选图层设置为拼合的位图或可编辑图层样式的位图；可以为所选图层创建影片剪辑；可以将图层的发布设置为有损或无损压缩等。

“将图层转换为”：该栏中有两个选项，如果选择“Flash图层”选项，那么psd文件中的所有图层将以对应的图层形式导入到Flash中（如图3-86）；如果选择“关键帧”选项，那么每个图层都以关键帧的形式转换到Flash中。点击图层下面的“编辑多个帧”图标按钮可以显示每个帧上的内容。（如图3-87）。

图3-85

图3-86

图3-87

“将图层置于原始位置”：在默认状态下，这一选项处于被勾选状态，导入的psd文件将保留原有的位置；如果不勾选该选项，导入的文件将位于整个舞台的中间位置。

“将舞台大小设置为与Photoshop画布大小相同”：勾选该选项后，Flash文件的大小将调整为与psd文件的大小一样。

下面我们通过两个实例来讲解如何具体导入并编辑外部的位图。第一个实例导入的是一般位图。

Step 1 新建一个Flash文档，将文件的大小在属性面板中设置为800X600（如图3-88）。

Step 2 执行“文件”>“导入”>“导入到舞台”，从本书教学资源“第三章/素材”目标文件夹中找到“butterfly.jpg”并按“确定”打开文件（如图3-89）。如果有必要的话，还可以在属性面板中对导入的位图进行编辑（如图3-90）。

图3-88

图3-89

图3-90

“编辑”：点击该按钮后可以打开创建位图所用的软件，然后直接在该软件中编辑位图。

“交换”：点击该按钮后可以在弹出的对话框中选择新的文件。

“位置和大小”：可更改图形的位置和大小比例。

Step 3　分离图形：分离对象可以将整体图形对象打散成为一个可编辑的图形对象。舞台上的位图被分离后，该图形对象将与其库项目分离，并从位图实例转换为矢量形状。在舞台上选择蝴蝶位图，执行“修改”＞“分离”或按快捷键【Ctrl+B】。舞台上的图形被打散为形状（如图3-91）。

Step 4　取消图形的选择状态。在工具栏中选择套索工具，并在套索工具的选项栏中点击魔术棒工具设置按钮，在弹出的对话框中进行设置（如图3-92）。

Step 5　用魔术棒工具在舞台上选择背景区域，并按Delete键删除它（如图3-93）。

Step 6　在工具栏多次点击选择工具的平滑选项，将图形进行平滑处理（如图3-94）。

Step 7　蝴蝶的左右两边不对称，我们用选择工具框选左边的一半，并删除它（如图3-95）。

Step 8　选择并复制剩下的一半，然后将其执行“修改”＞“变形”＞“水平翻转”，然后将其放置在左边。（如图3-96）

Step 9　选择蝴蝶图形，为其填充一个渐变色（如图3-97）。

图3-91

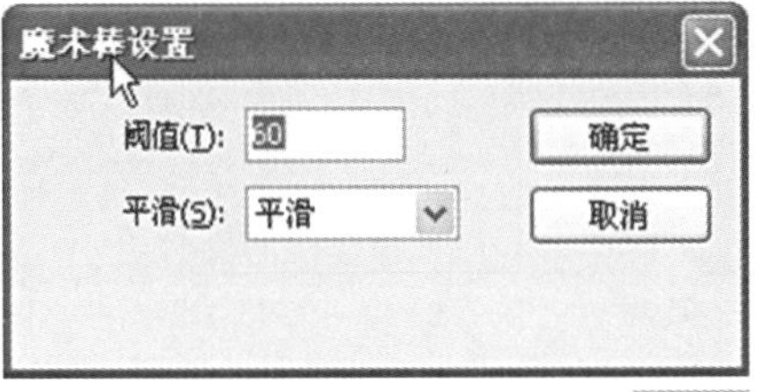

图3-92

图3-93

图3-94

图3-97

图3-95

图3-96

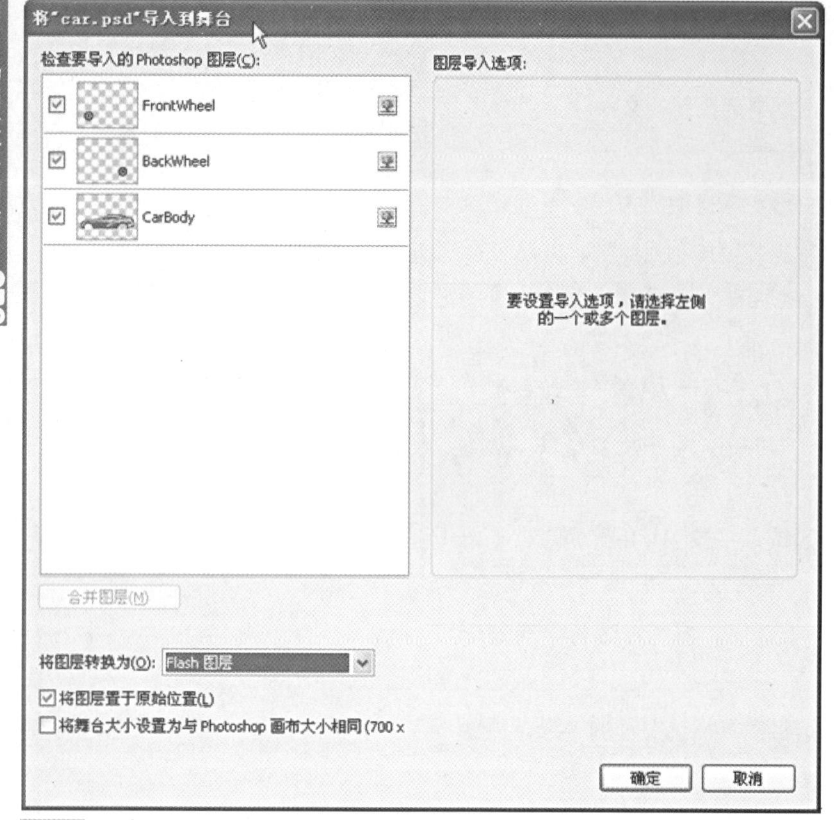

图3-98

Step 10 保存文档。

下面的实例将导入一个Photoshop文档，并将导入的位图转换成矢量图。

Step 1 新建一个大小为800x600的Flash文档。

Step 2 执行"文件">"导入">"导入到舞台"，从本书教学资源"第三章/素材"目标文件夹中找到"car.psd"，在弹出的对话框中设置参数（如图3-98）。这是一个有三个图层的Photoshop文档。默认选项将保留原有的图层（如图3-99）。

Step 3 将位图转换成矢量图：选择车身，执行"修改">"位图">"转换位图为矢量图"，弹出一个对话框。对话框中有如下设置项目：

"颜色阈值"：参数范围在1~500，当两个像素进行比较后，如果它们在 RGB 颜色值上的差异低于该颜色阈值，则认为这两个像素颜色相同。阈值越大，颜色数量越少。

"最小区域"：参数范围在1~1000，输入一个值来设置为某个像素指定颜色时需要考虑的周围像素的数量。

"曲线拟合"：确定绘制轮廓所用的平滑程度。

"角阈值"：确定保留锐边还是进行平滑处理。

若要创建最接近原始位图的矢量图形，则按图3-100所示设置参数。

Step 4 我们需要得到一个比较平滑的图形，因此设置参数如下（如图3-101）。舞台上的像素图转换成了矢量图（如图3-102）。

Step 5 用选择工具选择不同的色块，然后用滴管工具更改其颜色。然后用选择工具及其平滑选项修改图形（如图3-103）。

图3-99

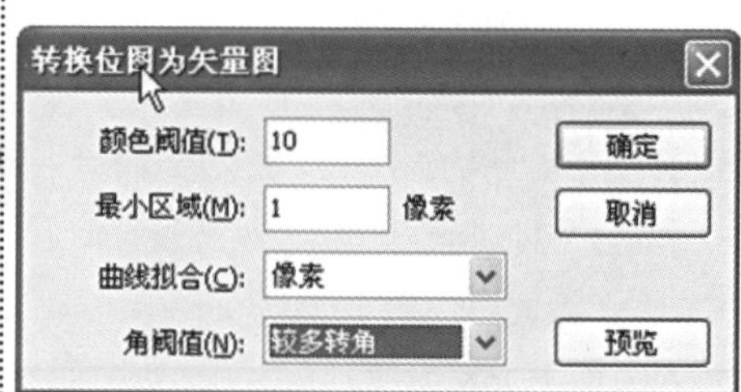

图3-100

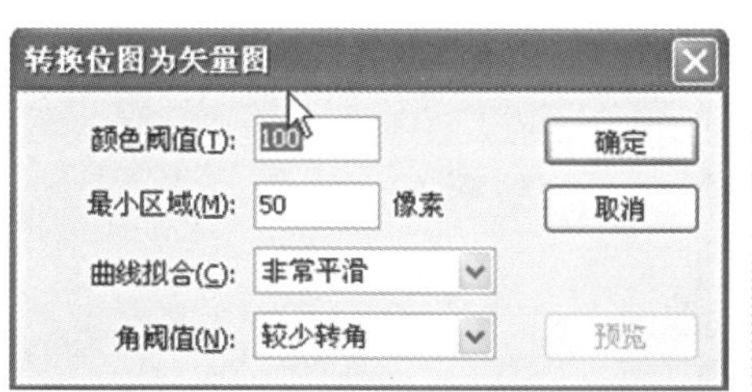

图3-101

图3-102

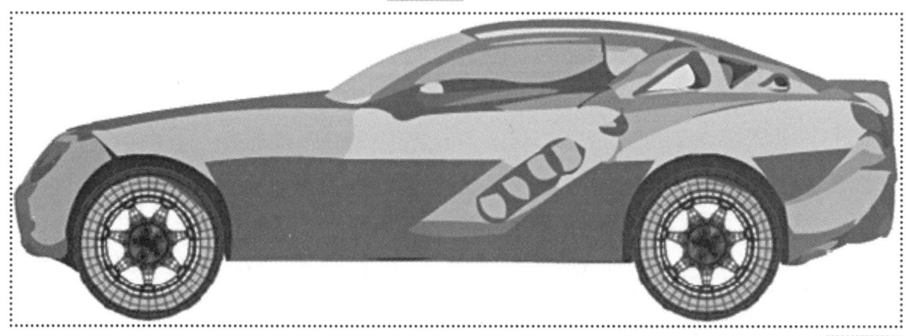
图3-103

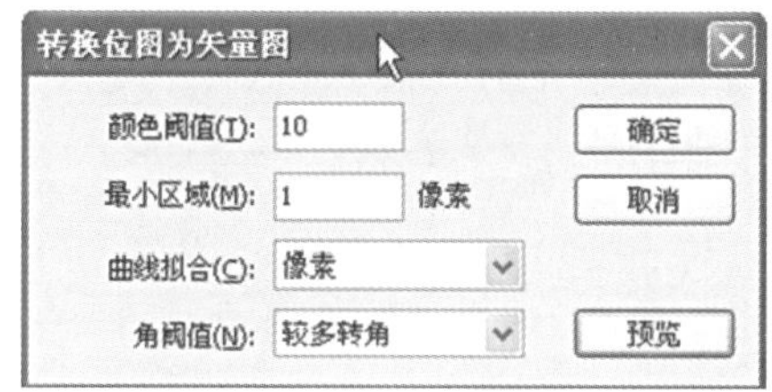

图3-104

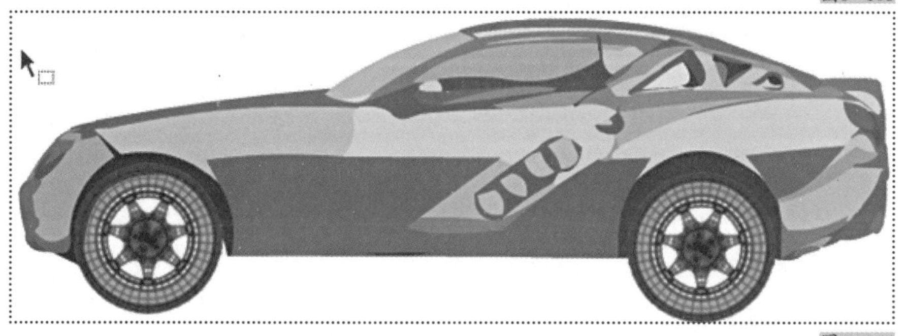
图3-105

Step 6　用同样的方法将两个车轮转换成矢量图，使用图3–104所示转换参数。整个汽车图形转换成了矢量图（如图3–105）。用部分选择工具拉出选框，选择整个车辆图形，从锚点的状态可以看出，越接近原始位图的设置的矢量图锚点越多，这样大大增加了Flash文件的大小，处理时会占用相当多的内存，使操作速度变慢。

Step 7　保存文件。

3.3.2　导入Illustrator文件

Illustrator和Photoshop、Flash一样都属于Adobe公司旗下的软件。与Photoshop不同的是，Illustrator是一款矢量图形绘制与编辑的软件，其生成的文件格式为“.ai”。与psd文件一样，ai文件也可以直接导入到Flash CS4中。导入ai文档的步骤与导入其他文档的步骤一样，只不过在导入对话框中的选项有一些变化（如图3–106）。

“检查要导入的Illustrator图层”：这一选项栏用来检查或勾选需要导入的图层，还可以重新命名图层。

“图层导入选项”：在“检查要导入的Illustrator图层”选项栏中选择一个

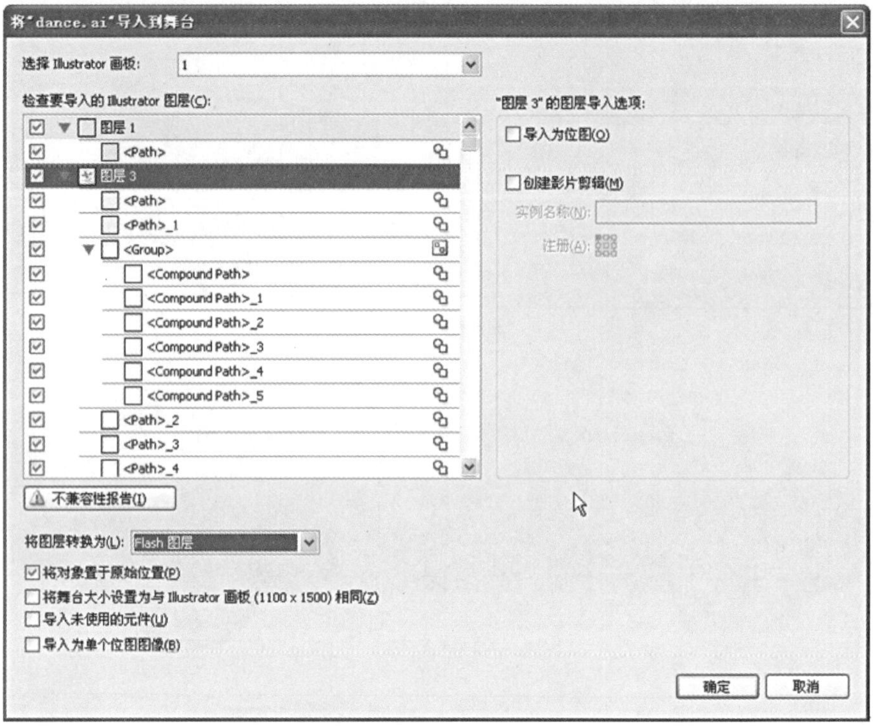

图3-106

图层后，可以在“图层导入选项”中对图层进行导入设置。可以将该图层作为位图导入，或为该图层创建影片剪辑。

“将图层转换为”：该栏中有三个选项。选择“Flash图层”选项，ai文件中的图层将转换为相对应的Flash图层；选择“关键帧”选项，ai文件中的每个图层将转换为相对应的一个关键帧；选择“单一Flash图层”选项，ai文件中的所有图层将合并为一个图层导入到Flash中。

“将图像置于原始位置”：勾选该选项，导入的ai文件将保留原有的位置；如果不勾选该选项，导入的文件将位于整个舞台的中间位置。

“将舞台大小设置为与Illustrator画板相同”：勾选该选项后，Flash文件的大小将调整为与ai文件的大小一样。

“导入为使用的元件”：勾选该选项后，可以将Illustrator文件的画板上没有使用的符号作为元件导入到Flash的库中。

“导入为单个位图图像”：勾选该选项后，整个ai文件将作为单个位图导入到Flash中。而且，当该选项被勾选后，上面的“检查要导入的Illustrator图层”和“导入选项”栏会变为不可编辑状态。

小　结

通过本章的学习，我们了解了Flash中所能应用的各种资源素材，以及各种资源的特点、应用范围、制作方法以及编辑方法。只有掌握如何制作和编辑各类型的资源素材，我们才能进一步研究动画的制作方法。

此外，我们还掌握了资源库的使用方法，通过资源库的管理使我们更有条理地组织各种资源素材。

第4章 Flash动画制作和运动规律

学习要点

动画运动规律　补间动画　传统补间动画　补间形状动画

逐帧动画　反向运动（IK）动画　遮罩层动画

学习目的

本章着重讲解Flash动画的五种类型，包括逐帧动画、传统补间动画、补间形状动画、补间动画和反向运动动画的制作方法及其应用范围。同时，还会详细讲解如何将运动规律应用在不同类型的Flash动画当中。

4.1 Flash动画的制作方法

根据动画制作的方法，我们可以把Flash动画分为五种不同的类型，分别是逐帧动画、补间动画、传统补间动画、补间形状动画和反向运动动画。

4.1.1 逐帧动画

逐帧动画是最传统的动画制作类型，它与传统二维动画的制作方法类似，也就是通过连续的关键帧来分解动画。逐帧动画在每一帧中都会有不同的内容，它最适合于图像在每一帧中都在变化的复杂动画。

由于每一帧的内容都需要制作，这使得制作逐帧动画的工作量极大，同时也对制作人员绘图功底的要求极高。逐帧动画的制作过程虽然复杂，但它可以使动画表现得更加细腻、平滑。尤其是在表现一些复杂动画时，如转面、行走等，它的优势更加明显。

在逐帧动画中，Flash 会存储每个完整帧的值，这样使得逐帧动画的文件大小比补间动画要大得多。

1. 通过导入外部文件的方式创建逐帧动画

从外部导入文件的方式是创建逐帧动画最常用的方法。把在其他软件中创作的文件按一定的序列储存起来，这样可以直接将图像序列导入到Flash中成为逐帧动画。下面我们将花开过程中的几个序列图像导入到Flash中来创建动画。

Step 1　新建一个Flash文档。

Step 2　执行菜单栏命令“文件”>“导入”>“导入到舞台”，在弹出的对话框中选择本书教学资源“第四章/素材/Flower”目录下的文件“flower01”（如图4–1）。

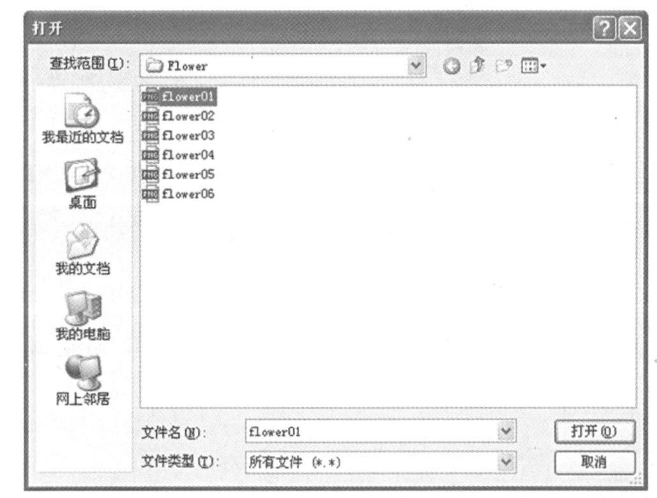

图4–1

Step 3 由于该文件夹中的所有文件是以序列号的形式命名的，点击打开后系统会弹出一个是否导入所有序列中的所有图像的信息提示（如图4-2）。

"是"：表示导入所有序列图像。

"否"：表示只导入所选的当前图像。

"取消"：表示不导入任何图像，取消该操作。

Step 4 点击"是"按钮，Flash将按顺序导入所有序列图像（如图4-3）。库中也会存储所有导入的图像序列（如图4-4）。

Step 5 在每一个关键帧后按【F5】添加一帧，按【Ctrl+Enter】预览动画效果，保存文件。

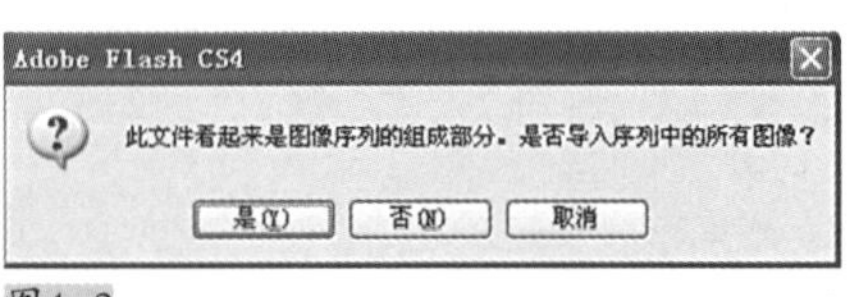

图4-2

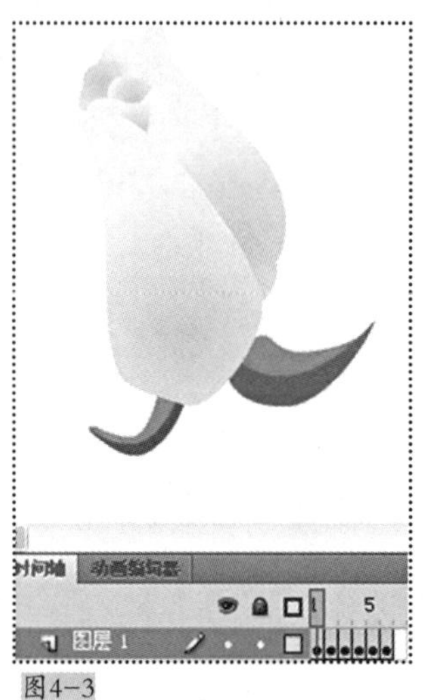

图4-3

图4-4

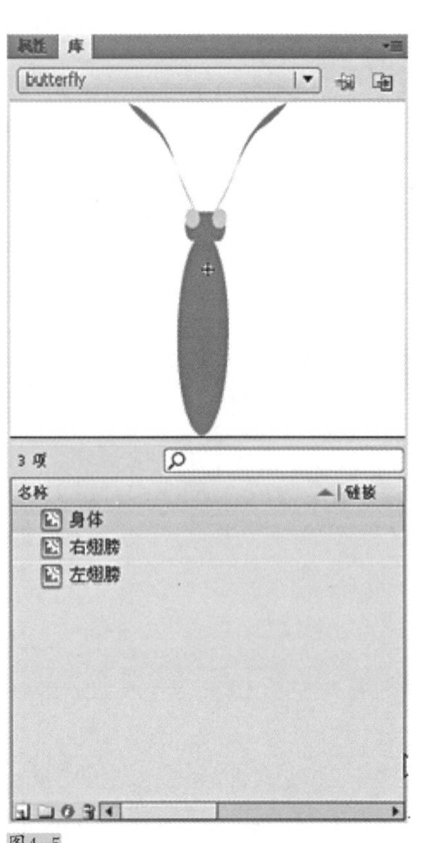

图4-5

2. 直接在Flash中制作逐帧动画

除了使用外部导入的文件方式来制作逐帧动画外，还可以直接在Flash中制作每一个关键帧来创建逐帧动画。创建逐帧动画的过程比较复杂，需要足够的耐心与细心。

Step 1 打开本书教学资源"第四章/项目文件"目录文件夹下的文件"练习4-2-蝴蝶帧帧动画.fla"，库中有组成蝴蝶的各个肢体元件（如图4-5）。

Step 2 将库中的元件拖入到舞台上，组成蝴蝶飞舞的一个姿势（如图4-6）。

Step 3 启动绘图纸外观按钮。按【F6】插入关键帧，更改蝴蝶飞舞的姿势（如图4-7）。

Step 4 重复以上步骤，得到所有蝴蝶飞舞的关键帧（如图4-8）。

Step 5 预览动画，保存文件。

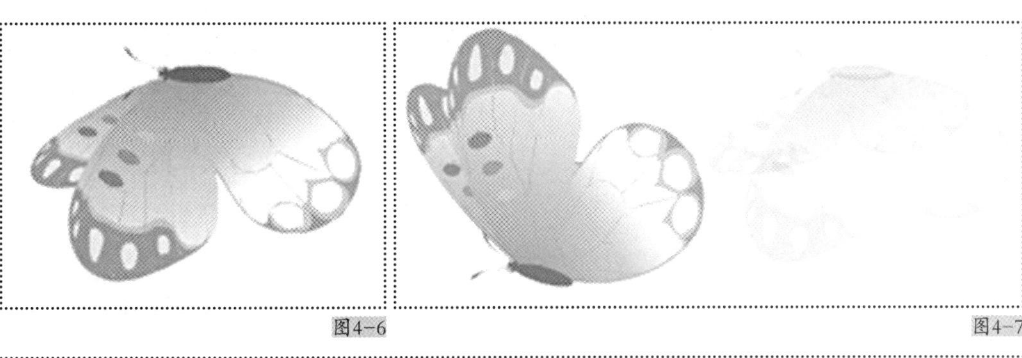
图4-6　图4-7

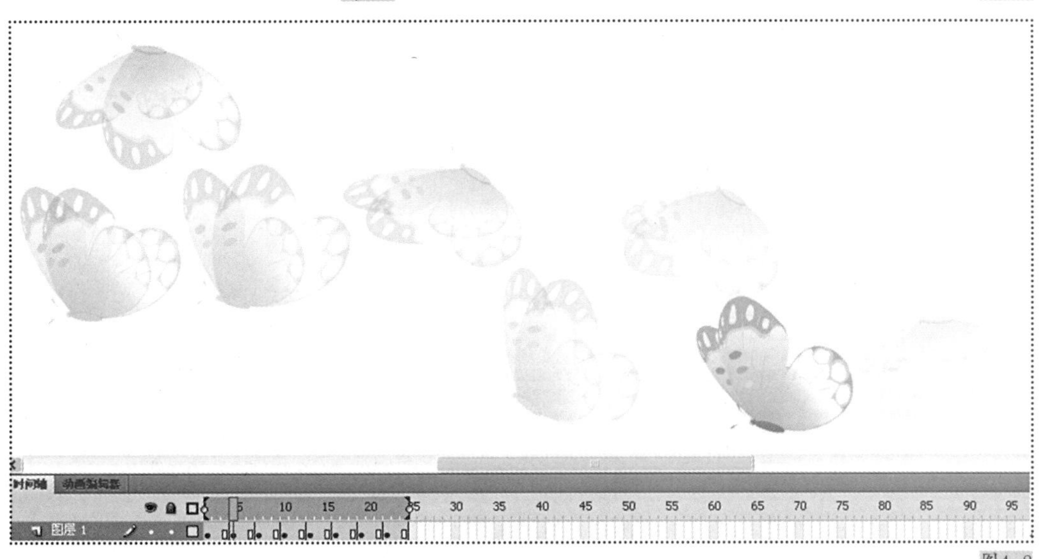
图4-8

4.1.2　补间动画

补间动画是通过给目标对象在一个帧上设置一个属性值，并在另一个帧中设置该属性的不同值，然后Flash通过计算自动生成这两个帧之间的中间值，使对象产生连续运动或变形的动画效果。补间动画功能强大，易于创建。

在时间轴上补间动画以一段具有蓝色背景的连续帧的形式来显示。范围的第一帧中的黑点表示补间范围分配有目标对象；黑色菱形表示该对象的其他属性关键帧。属性关键帧是Flash CS4中新增的术语，它与关键帧不同。关键帧是指时间轴中图形对象首次出现在舞台上的帧。而属性关键帧是指在补间动画中定义相同图形对象的不同属性值的帧。在默认情况下，Flash 显示所有类型的属性关键帧。用户也可以通过在补间范围内点击鼠标右键，然后从上下文菜单中“查看关键帧”>“类型”中选择自定义的属性类型。

补间动画只允许对元件进行补间，在创建补间时会将所有不允许的对象类型直接转换为影片剪辑。

1.　动画预设

动画在Flash CS4中新增了动画预设功能，也就是将现成的动画设置应用于选定的目标对象中。动画预设面板在窗口菜单栏下。下面我们来讲解如何为选定的对象添加动画预设。

Step 1　新建一Flash文档，大小为800x600。

Step 2　执行菜单栏命令“文件”>“导入到舞台”，从本书的教学资源“第四章/素材”目录下找到文件“car.psd”。在弹出的对话框中使用默认设置（如图4-9）。

Step 3　目前车身和车轮分布在不同的图层上，我们需要将它们放在一个图层中。按住【Shift】键再用选择工具在舞台上点击两个车轮选择它们，按【Ctrl+X】将其剪切，然后用鼠标选择车身所在的图层，按【Ctrl+Shift+V】原位粘贴车轮。

Step 4　保留车的图层，将其他的空白图层拖到图层面板下的垃圾桶标识中将其删除。

Step 5　选择舞台上的整个车，按【F8】，在弹出的对话框中选择影片剪辑，将图像转换成影片剪辑元件。

将"car.psd"导入到舞台
检查要导入的 Photoshop 图层(C):
FrontWheel
BackWheel
CarBody
图层导入选项:
要设置导入选项，请选择左侧的一个或多个图层。
合并图层(M)
将图层转换为(O): Flash 图层
将图层置于原始位置(L)
将舞台大小设置为与 Photoshop 画布大小相同 (700 x
确定 取消

图4-9

图4-10

Step 6　将车缩小，并将其放在舞台的右边（如图4-10）。

Step 7　预览动画设置：从"窗口"菜单中打开"动画预设"面板（如图4-11）。从列表中选择一个动画预设，将会在面板的上面窗口中播放它。在"动画预设"面板外单击鼠标，可以停止播放预览。

Step 8　应用动画预设：从"动画预设"面板中选择"从右边模糊飞入"（如图4-12），然后点击面板右下角的"应用"按钮，将动画预设添加给舞台上的车。

Step 9　现在舞台上的车从舞台右边飞速行驶到舞台左边。如果要更好的动画效果，就将车的比例放大，并将第一帧处的车拖出舞台以外。

Step 10　预览动画，并保存文件。

在"动画预设"面板中除了有一些自带的动画设置外，用户还可以创建一些自定义的动画预设，比如一些常用的动画效果。通过使用这些预设动画，可以大大节省重复制作的时间。使用"动画预设"面板还可导入和导出预设。这样可以使用户之间进行预设共享。要注意的是，动画预设只能包含补间动画，传统补间不能保存为动画预设。

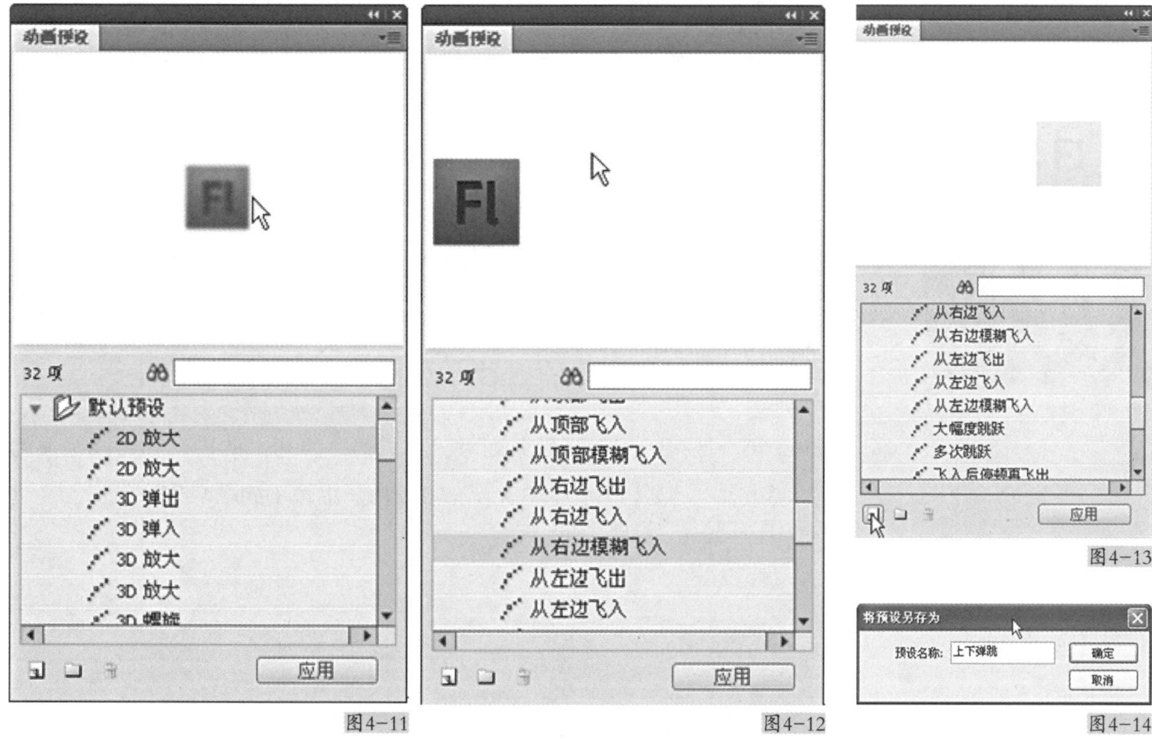

图4-11 图4-12 图4-13 图4-14

Step 1 从本书的教学资源“第四章/项目文件”目录下找到文件“练习4-6-球-自定义动画预设.fla”，打开该文件。

Step 2 在舞台上选中要保存为自定义补间的对象或在时间轴上选中补间范围。

Step 3 将补间动画保存为动画预设：单击“动画预设”面板中的“将选区另存为预设”按钮（如图4-13），或单击鼠标右键并从选定内容的上下文菜单中选择“另存为动画预设”。

Step 4 在弹出的对话框中为动画预设输入名称“上下弹跳”（如图4-14）。

Step 5 “上下弹跳”出现在“动画预设”面板的自定义文件夹中，但是无法预览该动画。Flash将预设以 XML的文件格式存储在“Windows：<硬盘>\Documents and Settings\<用户>\Local Settings\Application Data\Adobe\Flash CS4\<语言>\Configuration\Motion Preset”文件夹中。

Step 6 创建自定义预设预览：保存文件，按【Ctrl+Enter】键导出swf文件，并将swf文件的名称改为与自定义预设动画相同的名称“上下弹跳”。

Step 7 将“上下弹跳.swf”文件保存在“Windows：<硬盘>\Documents and Settings\<用户>\LocalSettings\Application Data\Adobe\Flash CS4\<语言>\Configuration\Motion Preset”文件夹中。

Step 8 现在可以在“动画预设”面板中预览“上下弹跳.swf”自定义动画。

Step 9 新建一图层，并删除原有的图层。从本书的教学资源“第四章/素材”目录下找到文件“弹簧.jpg”，并将该位图导入到舞台上（如图4-15）。

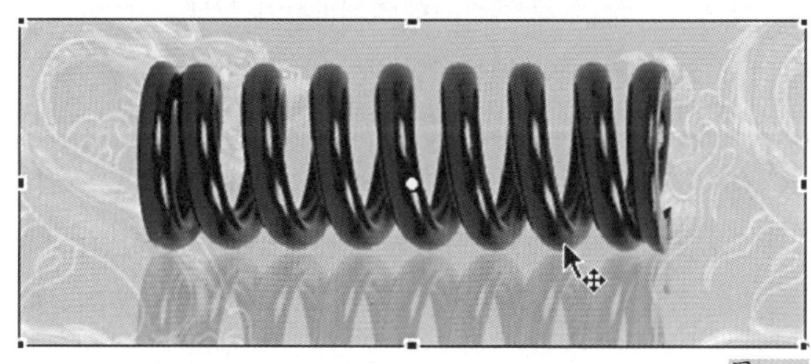

图4-15

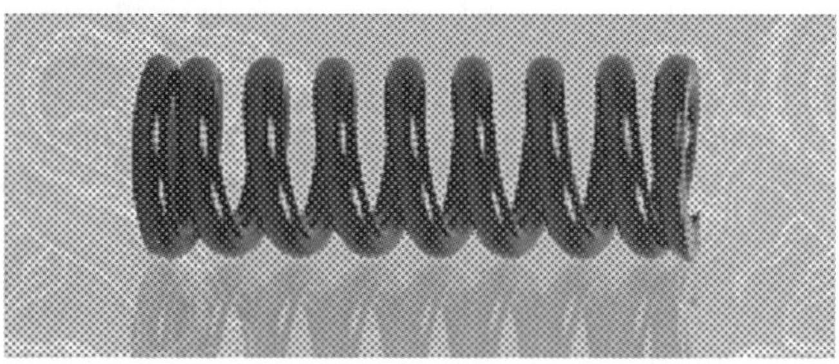

图4-16

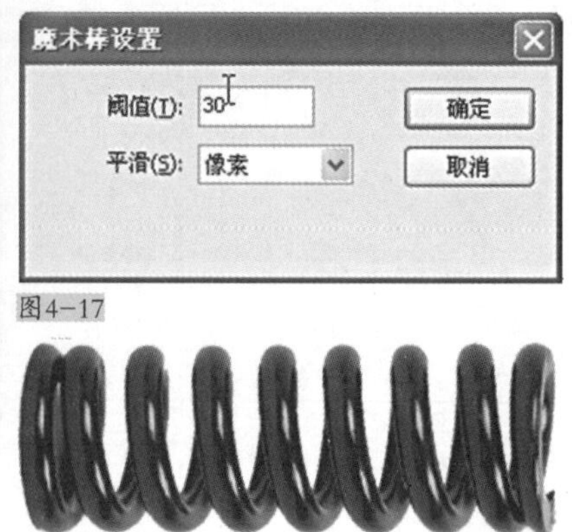

图4-17

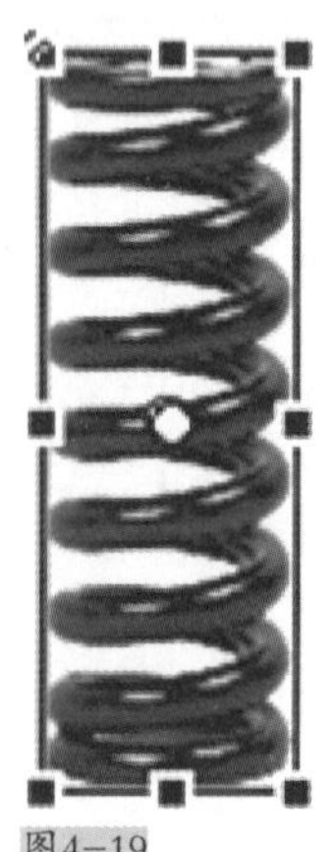
图4-18

Step 10　执行菜单栏命令“修改” > “分离”打散位图（如图4-16）。

Step 11　使用套索工具的魔术棒选项，并设置魔术棒选项（如图4-17）。

Step 12　用魔术棒去掉弹簧的背景（如图4-18）。

Step 13　用任意变形工具旋转并缩放弹簧（如图4-19）。

Step 14　将弹簧转换为图形元件，并将“上下弹跳”自定义动画预设添加给弹簧元件。 预览动画。由于弹簧过长，弹簧下落后的部分动画不自然。

Step 15　将时间轴移到第11帧处，用任意变形工具将弹簧压得更短一些（如图4-20）。

Step 16　保持时间轴移到第11帧处，并确定舞台上的图形和时间轴上的帧都没有被选中。按【F5】键多次，在11帧后添加帧（如图4-21）。

Step 17　预览动画，保存文件。

图4-19

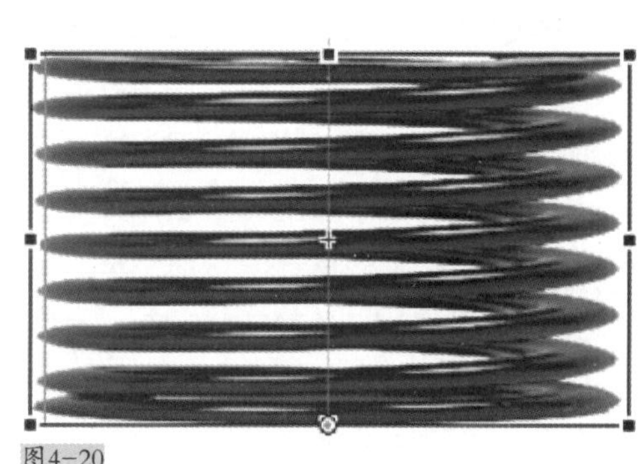
图4-20

图4-21

2. 创建补间动画

补间动画的对象包括图形元件、影片剪辑元件、按钮元件和文本字段。在一个补间图层中只能包含一个补间对象。将其他元件从库拖到时间轴中的补间范围上，将替换原有的补间对象。在补间图层上删除补间对象后补间范围依然保留。这时，可以为补间范围添加新的对象。

可补间的对象属性包括位移、旋转、缩放、色彩、滤镜。其中，包含三维空间和滤镜属性的动画只能应用于影片剪辑元件，而且3D 动画要求 fla 文件在发布设置中面向 ActionScript 3.0 和 Flash Player 10。颜色效果动画不能应用于文本字段。如果要给文本添加补间颜色效果，首先要将文本转换为元件。

对各属性关键帧的编辑可以在舞台、属性面板或动画编辑器面板中完成。

创建补间动画的步骤一般如下：首先在空白关键帧处添加可补间的对象实例；接下来插入补间动画；然后在后面的帧处更改对象实例的属性参数得到属性关键帧。下面我们通过实例来讲解如何创建补间动画。

Step 1　从本书的教学资源“第四章/项目文件”目录下找到文件“练习4-3-汽车.fla”，打开该文件，舞台上包含三个图层，每个图层上有一个可补间的元件实例对象（如图4-22）。将文件另存为“练习4-7-汽车-创建补间动画.fla”。

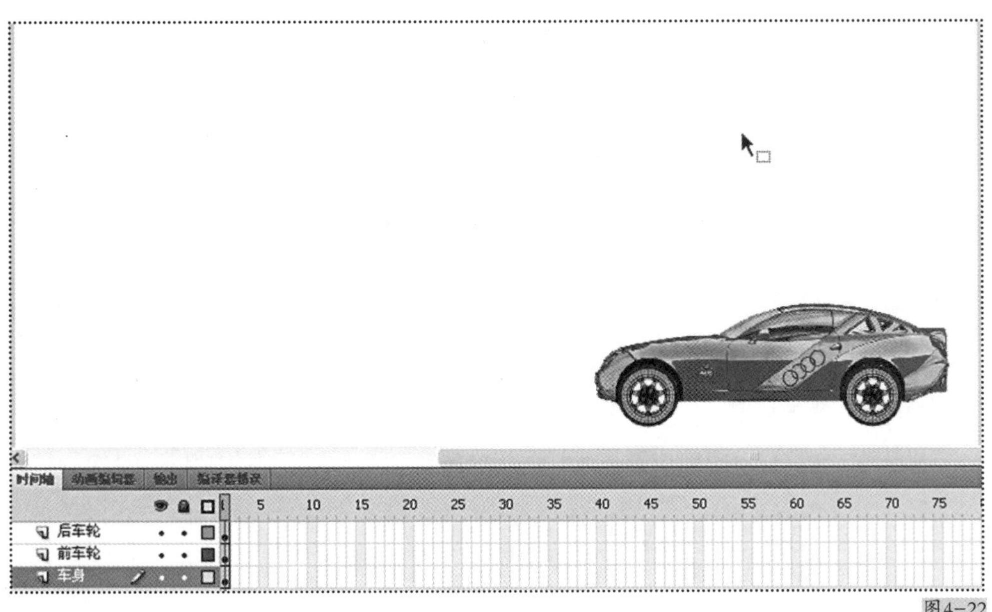

图4-22

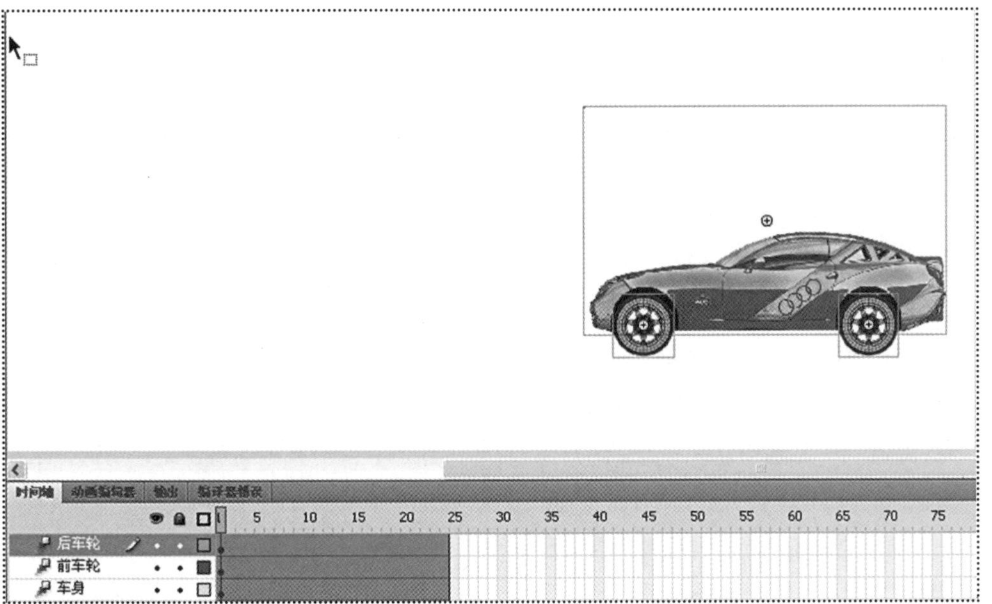

图4-23

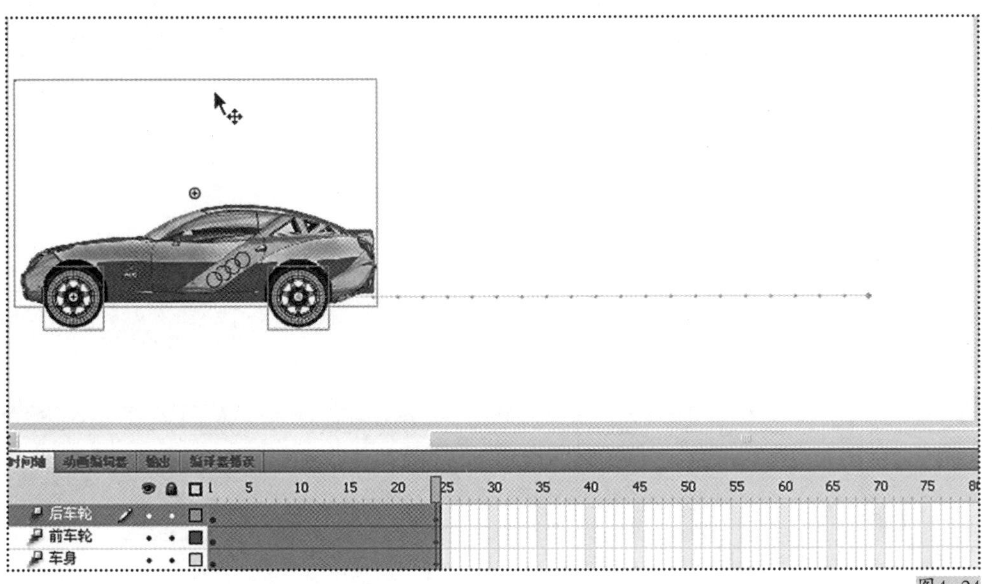

图4-24

Step 2 在舞台上选择要补间的所有对象。

Step 3 创建补间动画：在菜单栏中选择“插入”>“补间动画”；或把鼠标移到舞台上的所选内容上，单击鼠标右键，从上下文菜单中选择“创建补间动画”。三个图层上将会添加一定长度的补间范围（如图4-23）。

Step 4 把播放头移到补间范围的最后一帧上，然后将舞台上的三个对象拖移到舞台的左边。补间范围的最后一帧上会各自生成一个属性关键帧（如图4-24）。预览动画。

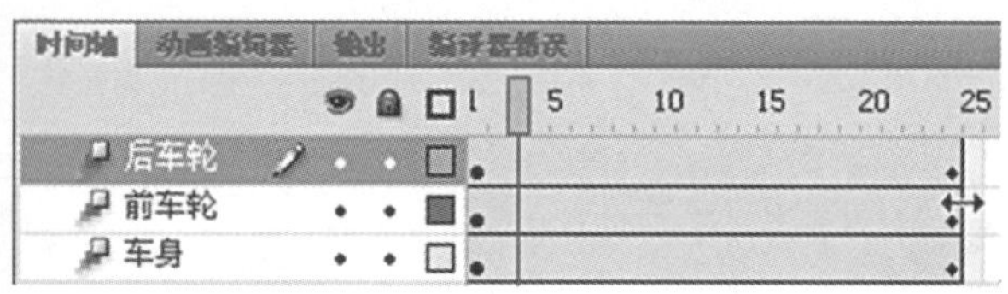

图4-25

Step 5　缩放补间范围：在时间轴中拖动补间范围的一端，可以缩短或延长范围（如图4-25），这一操作只能缩放一个图层的补间范围。如果要同时缩放所有图层的补间范围，将播放头放在补间范围内的任意地方，连续按【F5】或【Shift+F5】来延长或缩短补间范围（如图4-26）。

Step 6　为了让动画效果更自然，我们将帧速改为36（如图4-27）。按【Ctrl+Enter】预览动画，车轮没有旋转。下面在车轮影片剪辑元件内为车轮添加旋转动画。

Step 7　双击舞台上或库中的“车轮”影片剪辑元件，进入其时间轴。

Step 8　选择车轮，执行菜单栏命令“插入”>“补间动画”。

Step 9　在属性检查器中设置属性值：在属性面板中，将旋转参数改为1次（如图4-28）。按【Ctrl+Enter】预览动画。

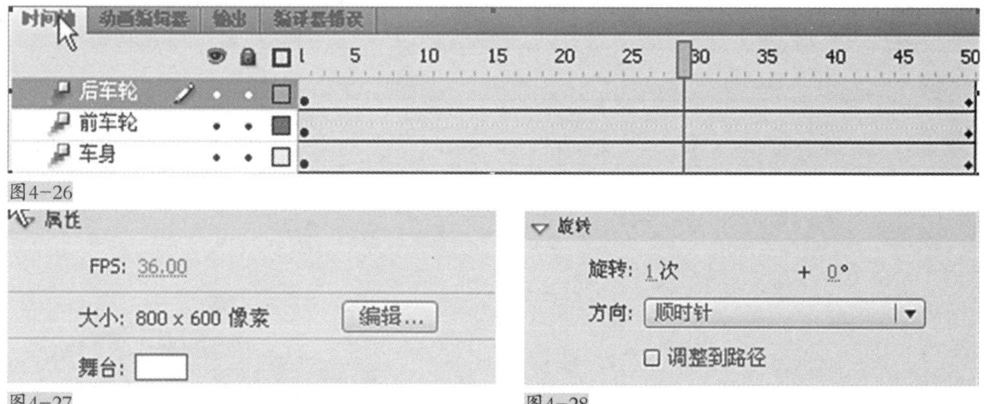

图4-26

属性
FPS: 36.00
大小: 800 x 600 像素
编辑...
舞台:

图4-27

旋转
旋转: 1次　+ 0°
方向: 顺时针
调整到路径

图4-28

Step 10　替换补间对象：选择舞台上的车身1，按【Delete】键删除它。“车身”图层的时间轴上，已没有补间对象，但补间范围和关键帧仍然保留（如图4-29）。

Step 11　从库中将“车身2”图形元件作为新的补间对象拖到舞台上，用选择工具和自由变形工具调整车身与车轮的位置（如图4-30）。

Step 12　预览动画，保存文件。

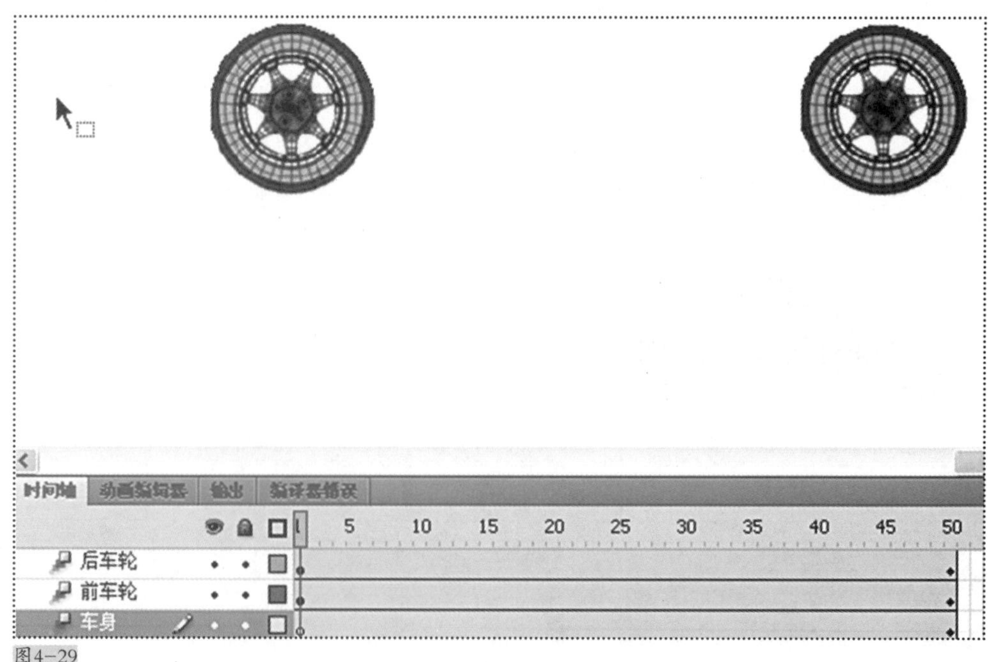

图4-29

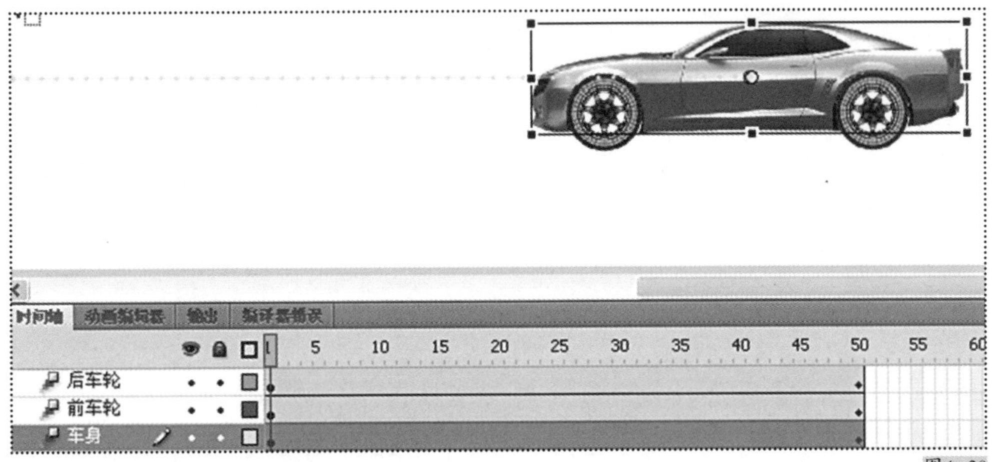

图4-30

3. 编辑补间动画的运动路径

作为位移的补间动画，舞台上会出现补间对象的运动路径。在Flash中可以通过不同的方式对运动路径进行修改来编辑补间动画。下面我们用实例来进行说明。

Step 1　从本书的教学资源“第四章/项目文件”目录下找到文件“练习4-8-汽车-编辑补间动画运动路径.fla”，打开该文件，舞台上有一个“汽车”影片剪辑元件的实例（如图4-31）。

Step 2　选择舞台上的车，执行“修改”>“变形”>“水平翻转”命令，将车头朝右（如图4-32）。

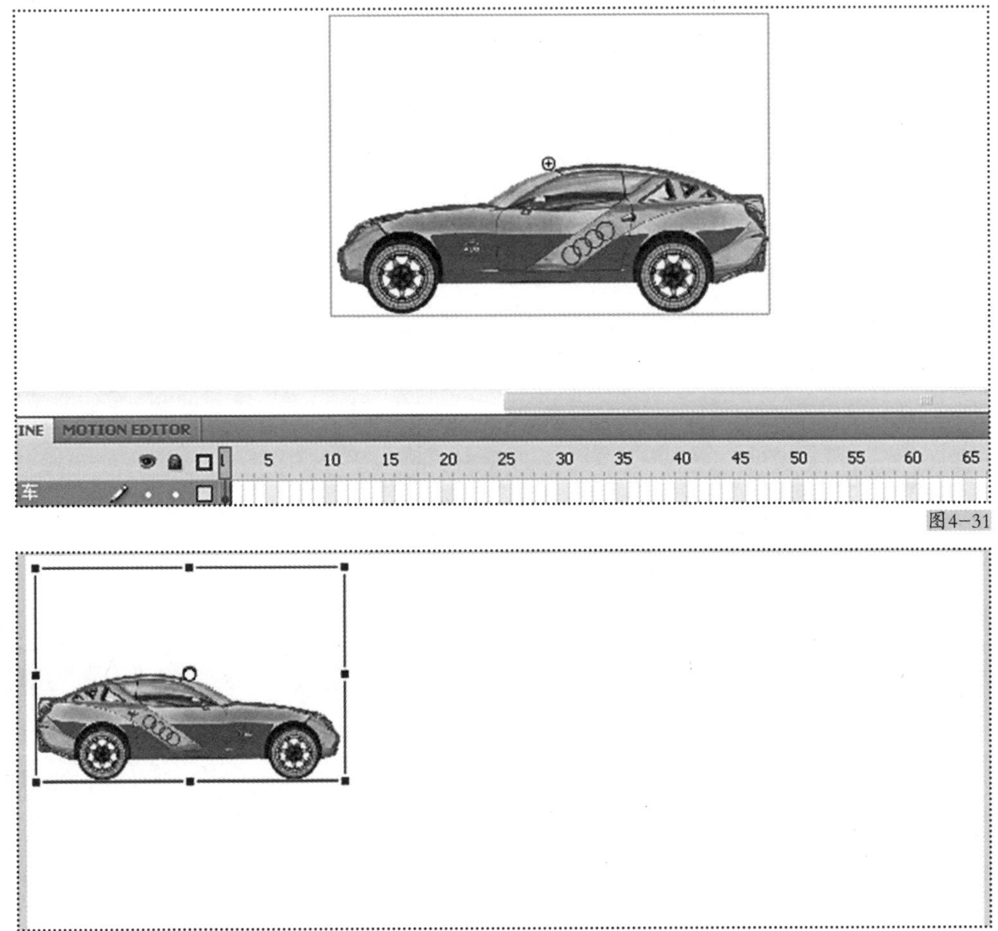

图4-31

图4-32

Step 3　以同样的方式为“车”图层创建一个水平位移的动画。预览动画（如图4-33）。

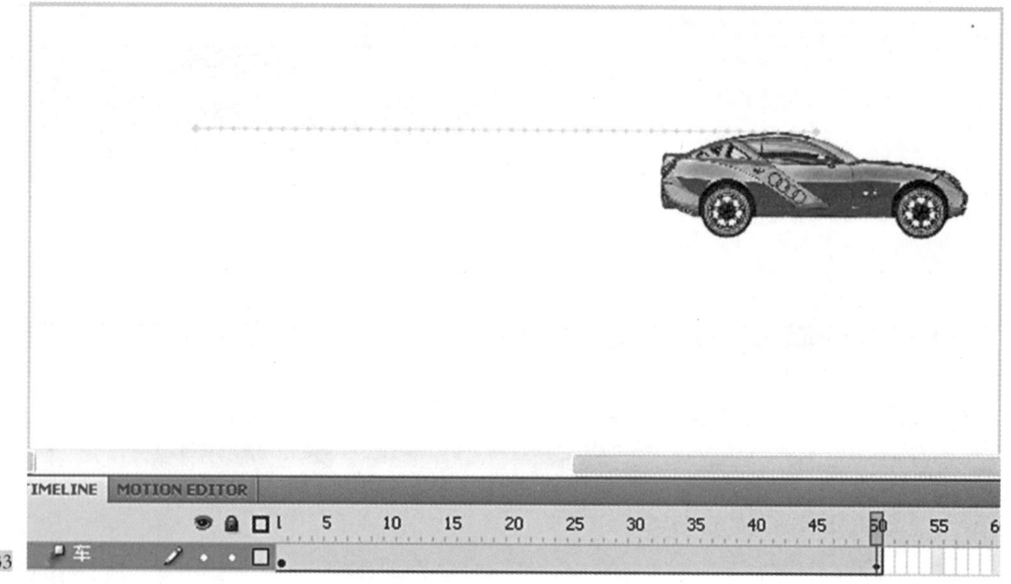

图4-33

Step 4　在舞台上更改运动路径：把播放头放在第1帧处。用选择工具点击车，将其移到舞台的另外位置。运动路径被修改（如图4-34）。预览动画。

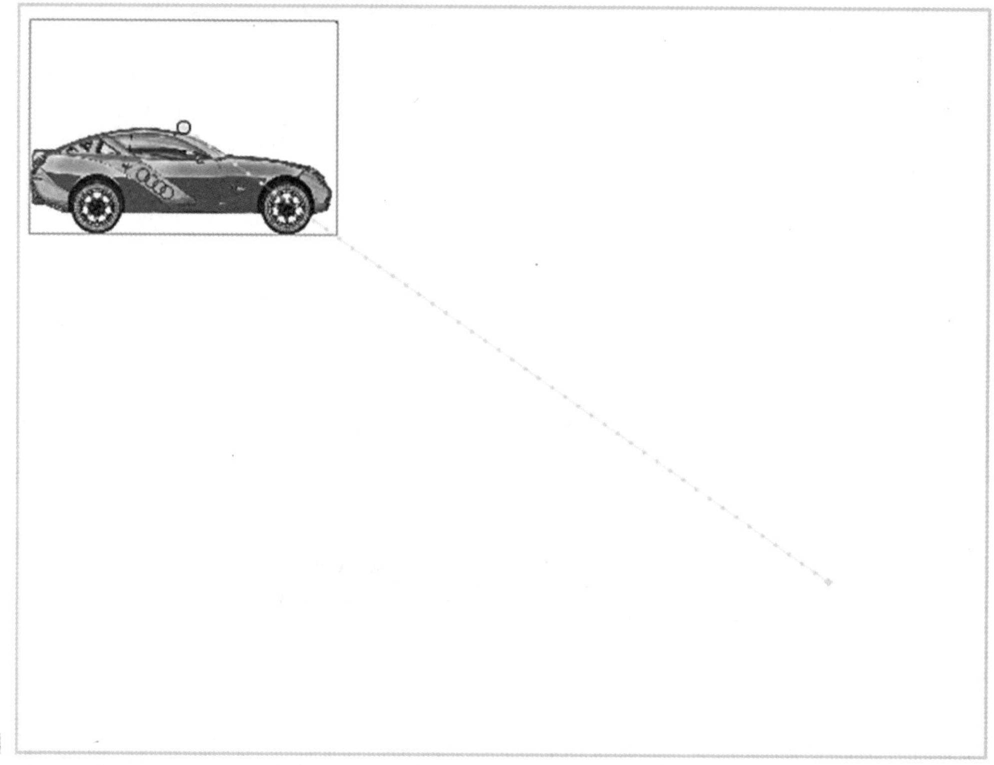

图4-34

Step 5　使用部分选取工具编辑路径的形状：在工具栏上单击部分选取工具，在舞台上点击运动路径上的第一个关键帧圆点，然后按住【Alt】键拖出方向线。用同样的方式将最后一个关键帧圆点拖出方向线。这样运动路径变成曲线（如图4-35）。预览动画。

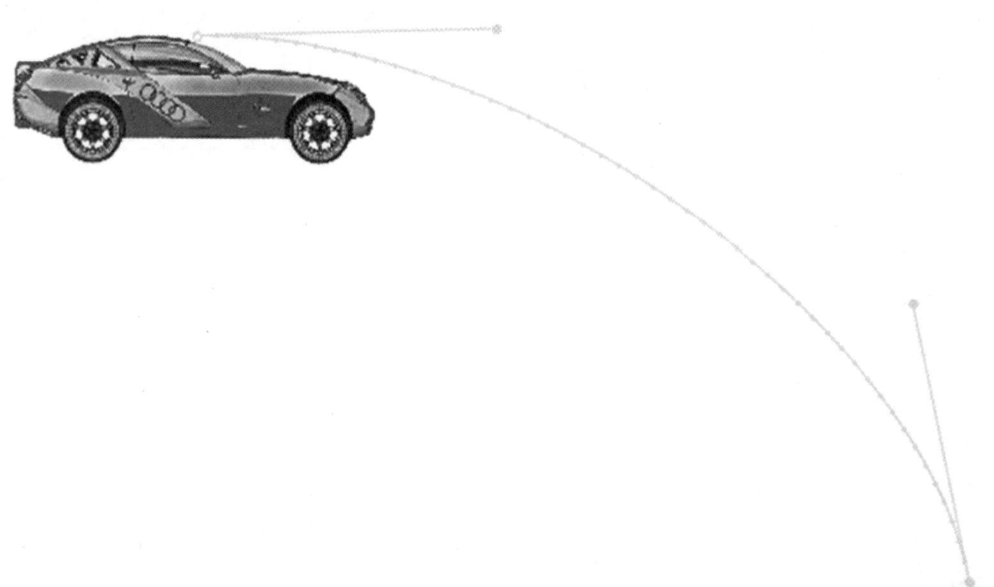

图4-35

Step 6　将对象调整到路径：在时间轴中点击“车”图层以选择整个补间范围，在属性面板中勾选“调整到路径”（如图4–36）。这样车将沿着路径的方向进行旋转，以保持与路径的方向一致。预览动画（如图4–37）。

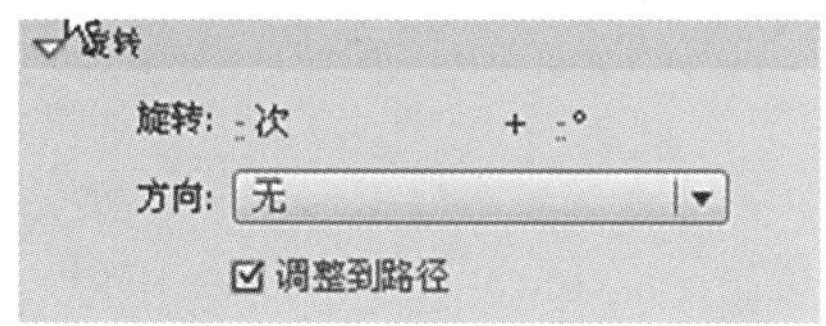

图4–36

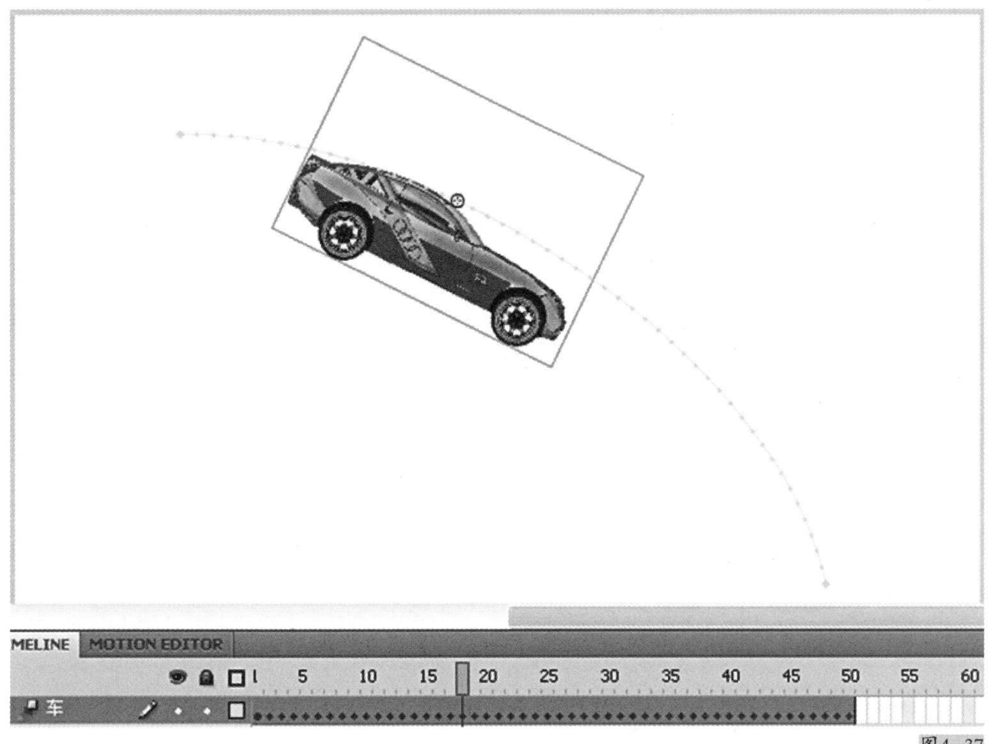

图4–37

Step 7　删除运动路径：用选择工具点击舞台上的路径将其选取，按【Delete】键将路径删除。现在图层“车”已没有动画效果。

Step 8　将自定义笔触作为运动路径进行应用：新建一个图层命名为“路径线条1”，用铅笔工具或其他工具在舞台上绘制线条（如图4–38）。复制该线条，并将其粘贴到图层“车”上，线条已转换成车的运动路径（如图4–39）。

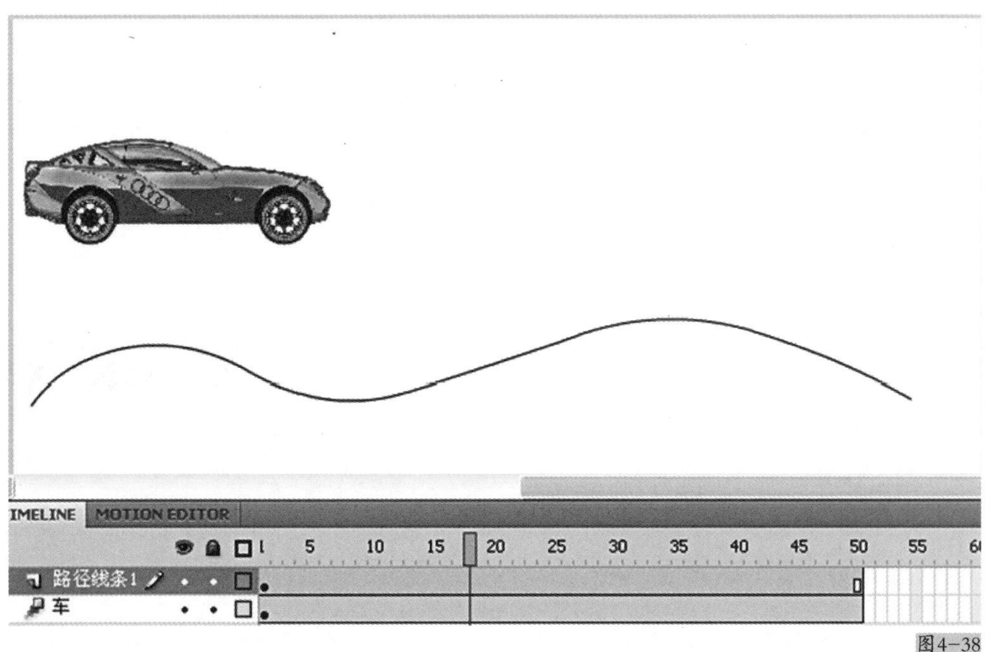

图4–38

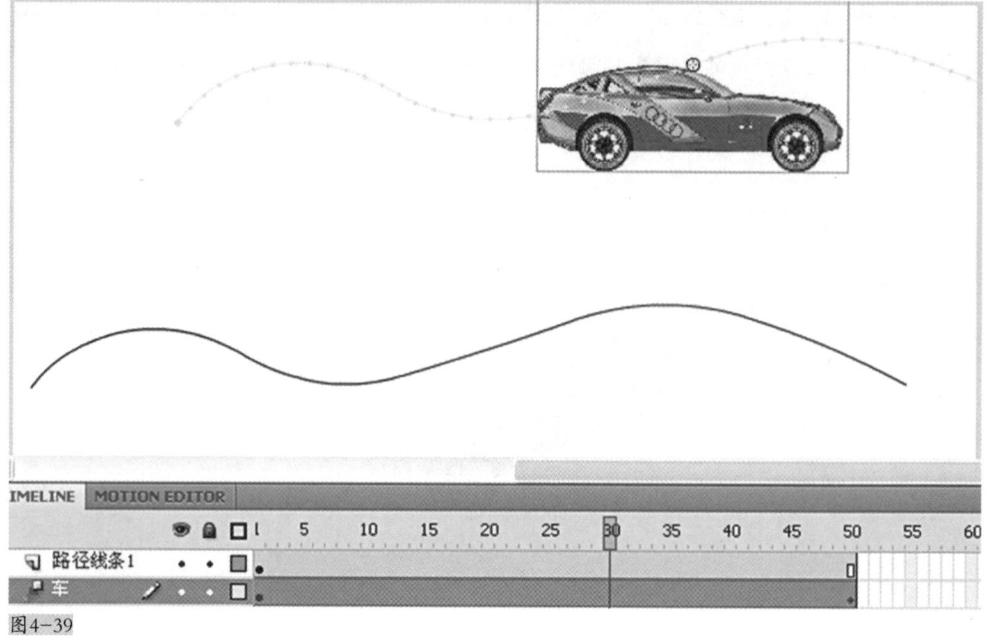

图4-39

图4-40

Step 9　预览动画，车将沿着这条路径行驶。我们可以隐藏“路径线条1”图层，然后用直接选择工具和删除锚点工具对运动路径进行调整（如图4-40）。预览动画。

Step 10　反向路径：选择舞台上的路径或图层上的补间范围，点击鼠标右键，在弹出的上下文菜单中选择“运动路径”>“翻转路径”。这样可以翻转运动路径的起始点和结束点的方向（如图4-41）。预览完动画后，撤销翻转路径的操作。

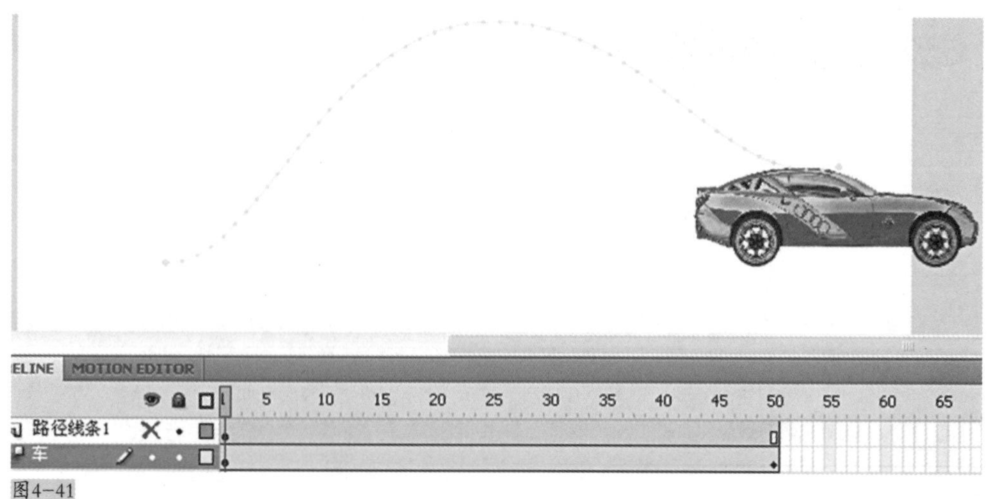

图4-41

Step 11　使用浮动属性关键帧：新建一图层命名为“路径线条2”，用钢笔工具绘制一条线（如图4–42）。将线段作为运动路径粘贴给图层“车”，预览动画。隐藏图层“运动路径2”。

Step 12　用直接选择工具修改运动路径（如图4–43），预览动画，车辆变速行驶。运动路径上的点分布不均匀，密集处表示慢速，稀疏处表示快速。

Step 13　为了使车能匀速运动，我们可以使用关键帧的浮动属性。在舞台上选择运动路径，点击鼠标右键，然后在上下文菜单中选择“运动路径”>“将关键帧切换为浮动”。运动路径上的点分布均匀（如图4–44）。预览动画，车辆变为匀速行驶。

Step 14　预览动画，保存文件。

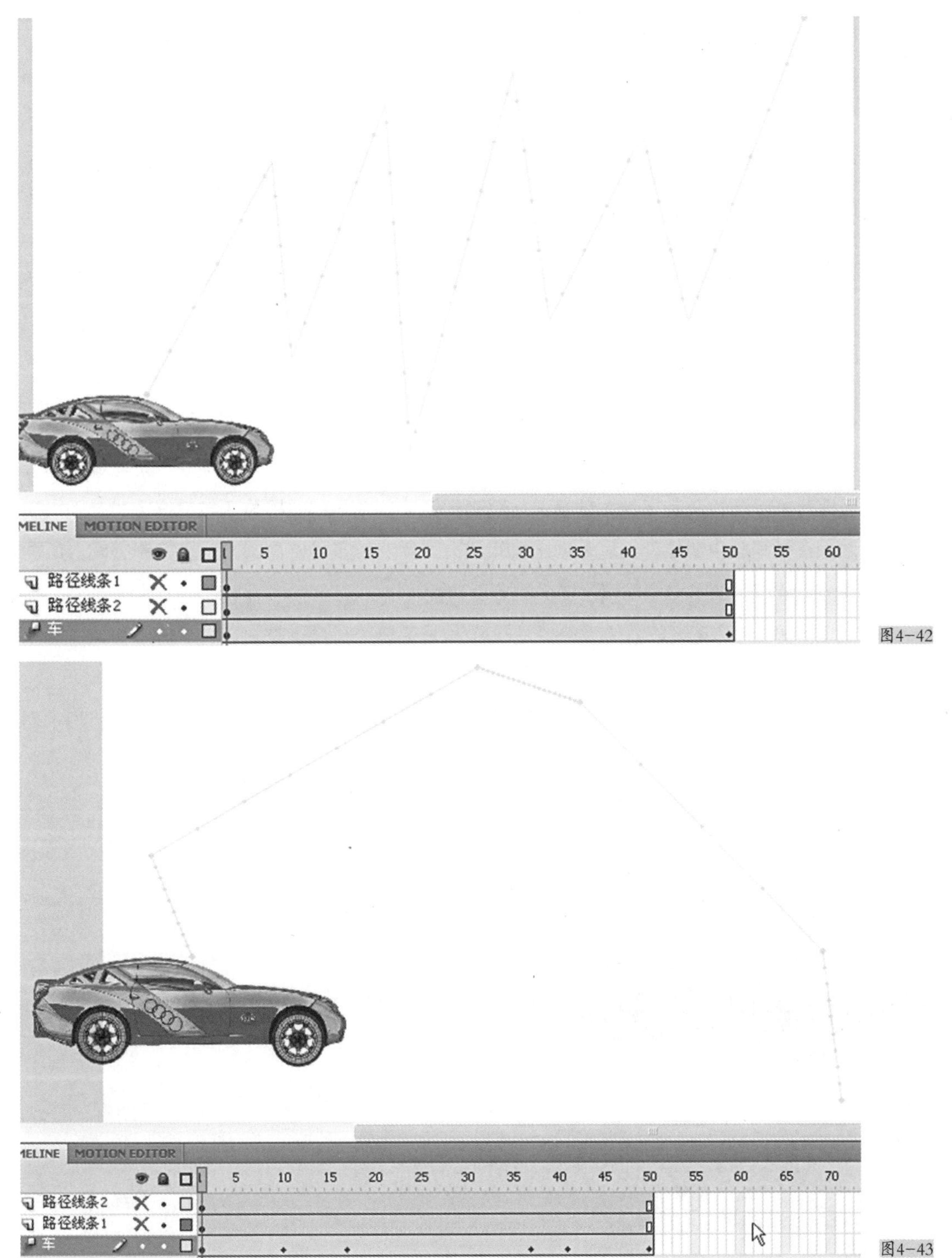

图4–42

图4–43

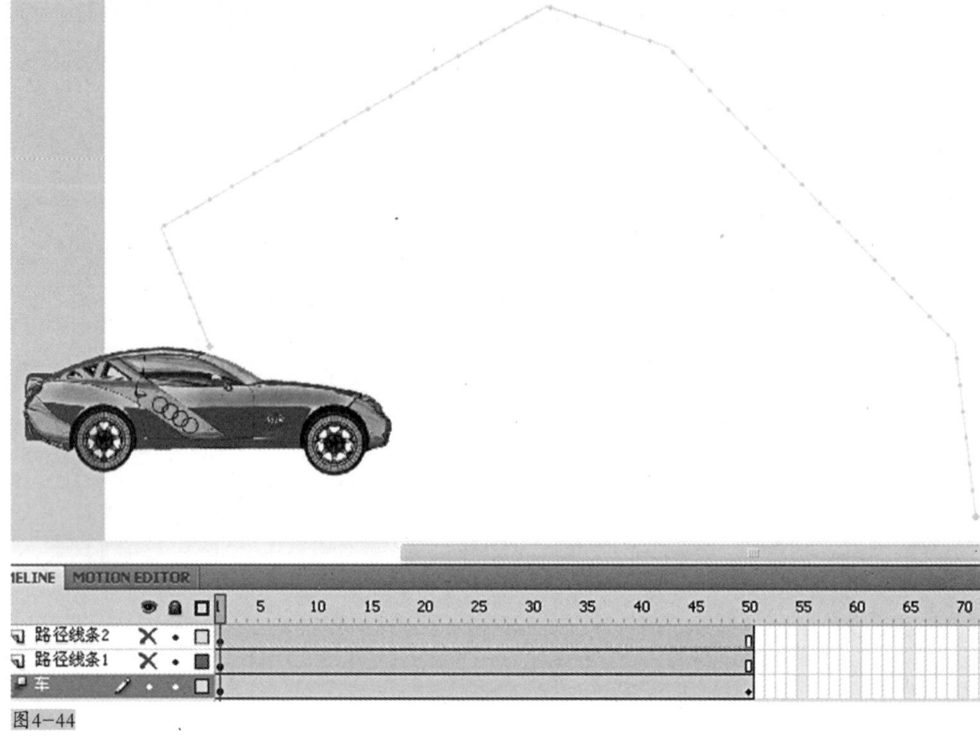

图4-44

4. 使用动画编辑器编辑曲线

在Flash中除了可以通过修改运动曲线来编辑动画外，还可以通过“动画编辑器”面板对补间属性及其属性关键帧进行精确的调整。动画编辑器显示当前选定的补间的属性。在时间轴中创建补间后，动画编辑器允许用户以多种不同的方式来控制补间。下面我们以实例来演示动画编辑器面板的各项功能。

Step 1　从本书的教学资源“第四章/项目文件”目录下找到文件“练习4-9-汽车-动画编辑器”。

Step 2　将影片剪辑“车”拖到舞台上，并为其创建从右到左的水平位移动画（如图4-45）。

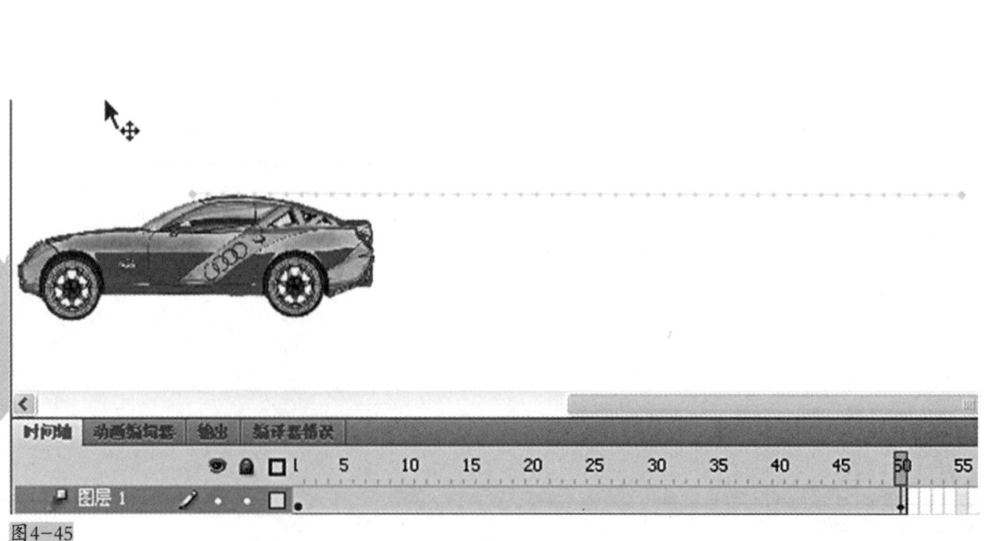

图4-45

Step 3 显示“动画编辑器”面板：在舞台上选择车身，然后在时间轴面板的右边点击动画编辑器面板（如图4–46）。动画编辑器将在网格上显示车身补间动画的属性曲线，该网格表示选定补间对象在时间轴上的各个帧。播放头在时间轴和动画编辑器中，始终出现在同一编号的帧中。每个属性都有一个曲线图，水平方向表示时间（从左到右），垂直方向表示对属性值的更改。A：属性值；B：“重置值”按钮；C：播放头；D：属性曲线区域；E：“上一关键帧”按钮；F：“添加或删除关键帧”按钮；G：“下一关键帧”按钮。

Step 4 控制动画编辑器的显示：单击属性类别旁边的三角形以展开或折叠该类别。请在动画编辑器底部的“可查看的帧”字段中输入要显示的帧数。最大帧数是选定补间范围内的总帧数。使用动画编辑器底部的“图形大小”和“展开图形大小”字段可以调整展开视图和折叠视图的大小（如图4–47）。

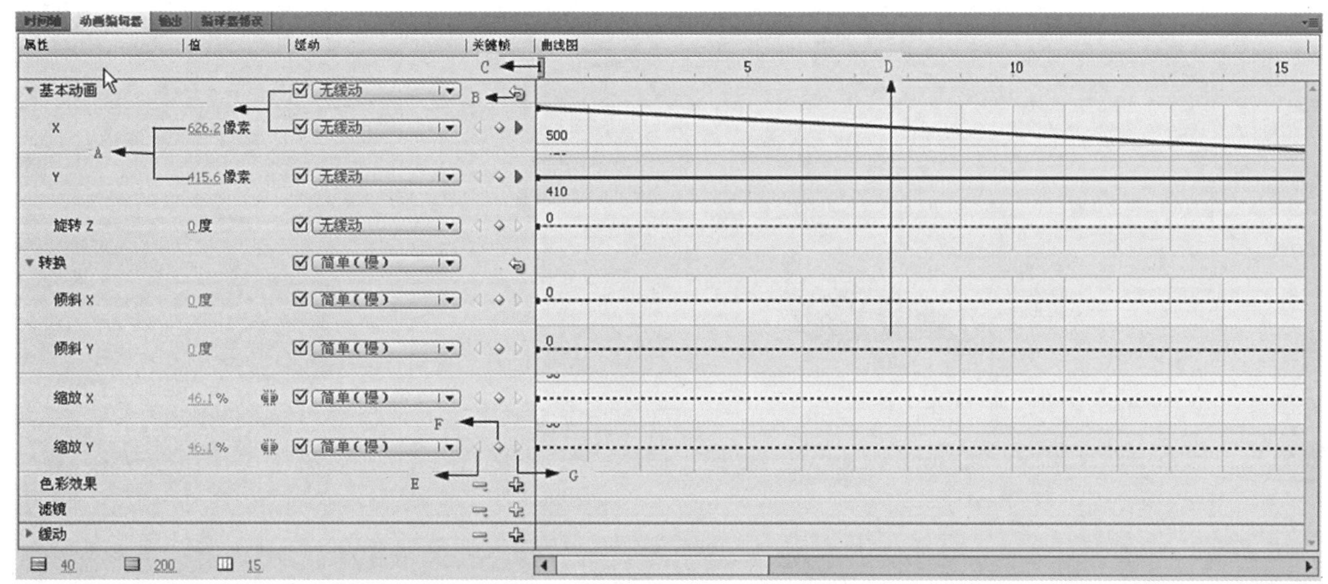

图4–46

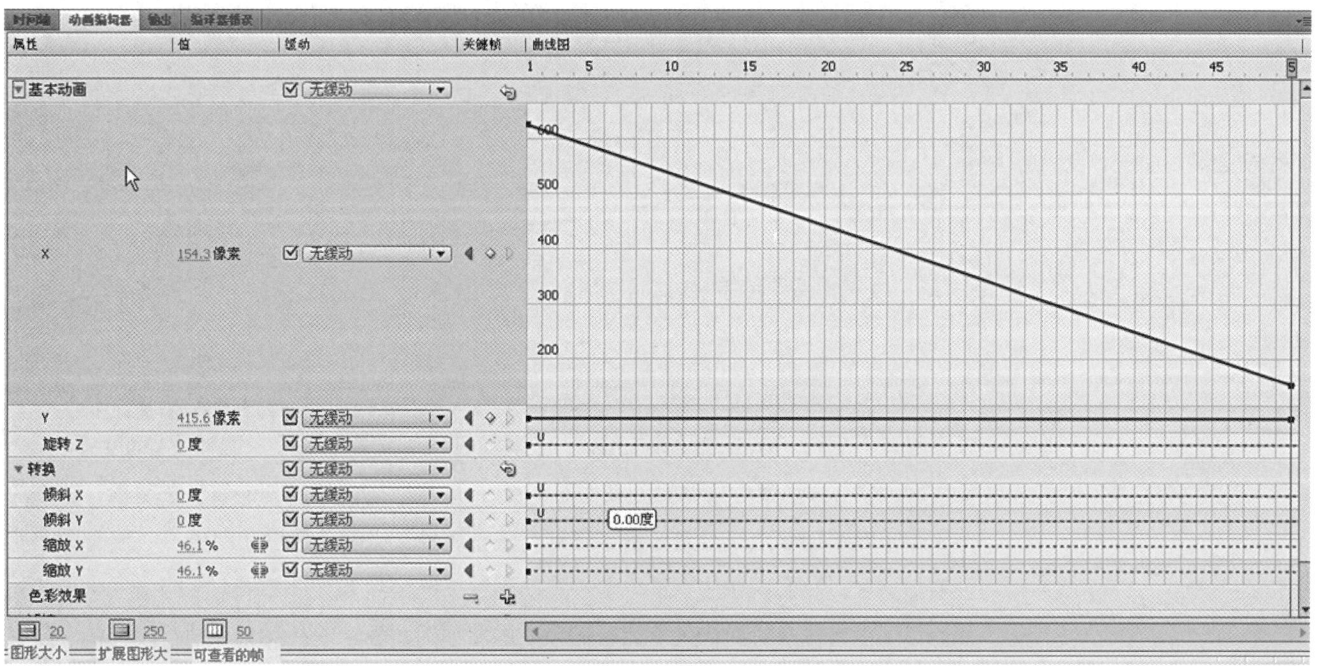

图4–47

Step 5　在动画编辑器面板中设置关键帧的值：点击X属性的曲线图选择它。曲线两端的方形点表示第1帧和50帧处的属性关键帧。将鼠标移到第1帧处，点击并拖住方形点向上移动。这时，基本动画项目栏下的X值发生变化，舞台上的车往右移动（如图4-48）。用同样的方法移动50帧处的关键帧，将车往左移动一些（如图4-49）。

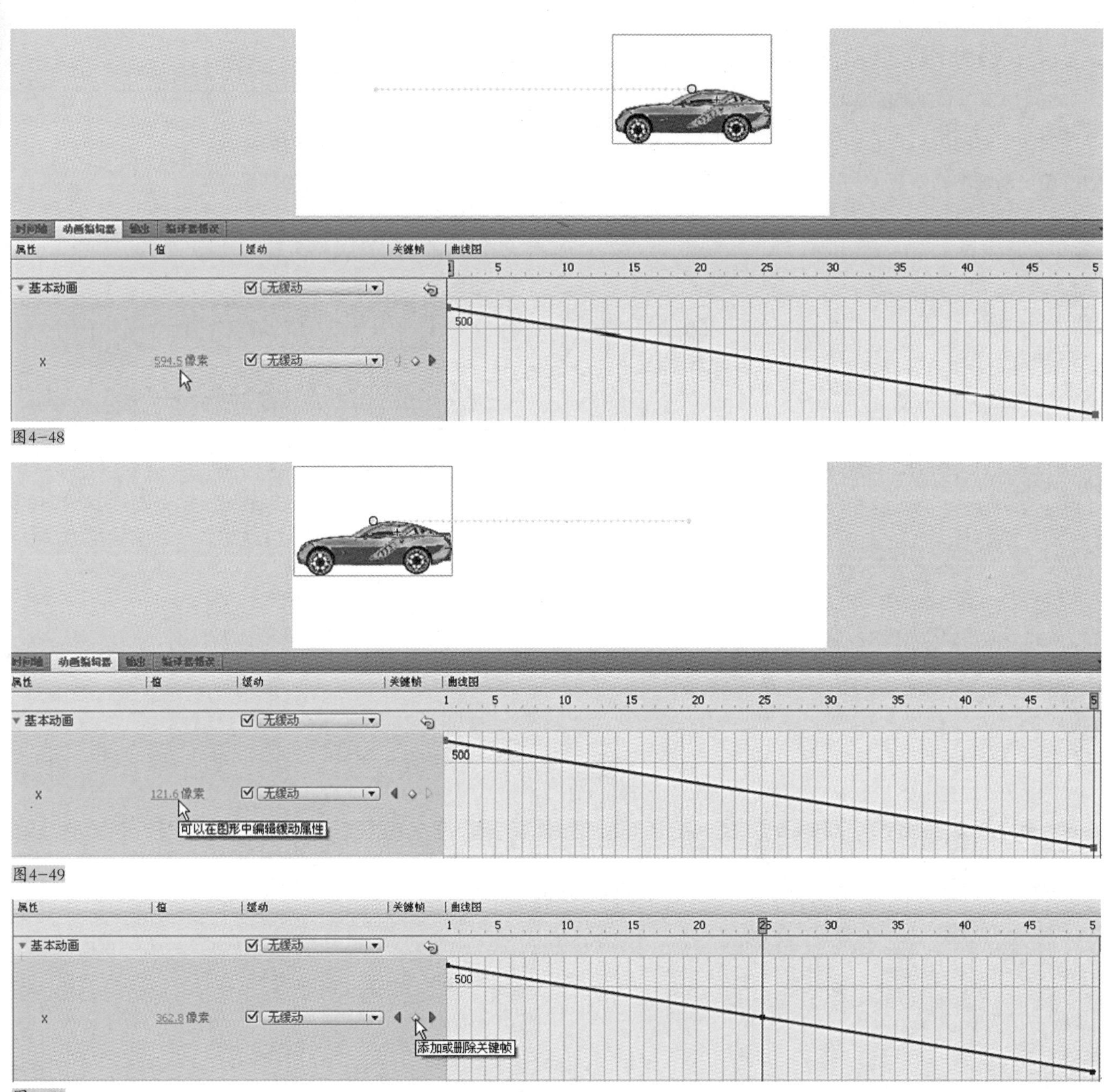

图4-48

图4-49

图4-50

Step 6　添加属性关键帧：把鼠标移到第25帧处，按住【Ctrl】键点击该帧或在关键帧项目栏下点击“添加或删除关键帧”图标，在该帧上添加一个关键帧（如图4-50）。

Step 7　移动属性关键帧到其他时间点：用鼠标按住25帧处的属性关键帧，若按住【Shift】键移动该点，点只会水平移动，表示属性关键帧只改变了时间点，没有改变属性值。这里，我们不按住【Shift】，拖动属性关键帧到30处（如图4-51）。1~30帧处的曲线图垂直方向的变化大于30~50帧处的曲线图，表示车在30帧以前行驶较快，而在30帧以后行驶变慢。预览动画。

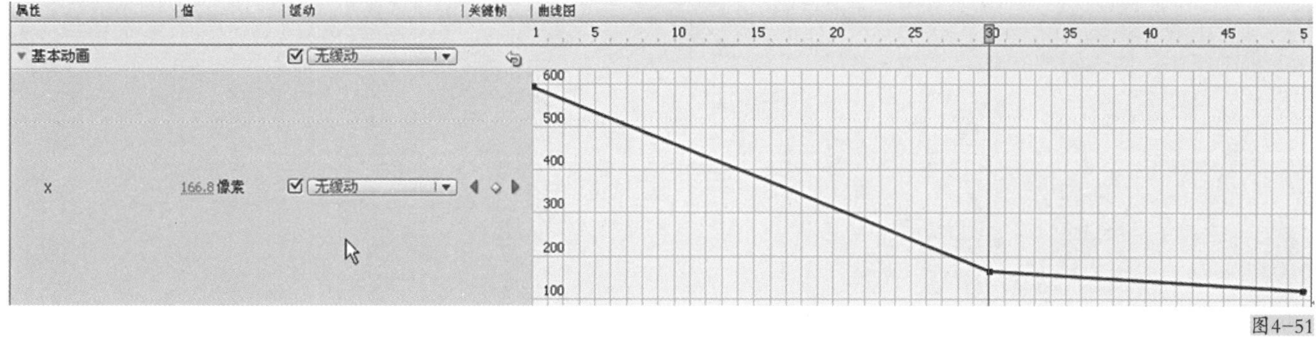

图4-51

Step 8　接着以同样的方式添加并移动属性关键帧，使车在1～10帧处于起动时的慢行状态；10～25帧处于较快的行驶状态；25～30帧处于停车前的慢行状态；35～40帧处于缓冲状态，40～50帧是最终停止状态。如果需要微调属性关键帧的值，可以在基本动画项目栏下的X参数后左右划动鼠标或点击后直接输入一个值（如图4-52）。预览动画。

Step 9　为了让动画效果更好一些，可以根据“车”动画中属性关键帧的时间点，将影片剪辑“车轮”的动画在其时间轴中进行调整。在库中双击影片剪辑“车轮”进入其时间轴。在35帧处添加一个属性关键帧旋转值为-360（如图4-53）。

Step 10　编辑曲线图：在Flash中我们可以通过贝塞尔控制对属性曲线进行精确控制（X、Y、Z位移属性除外）。因此，车轮的旋转属性只用了三个关键帧，而加速、减速和缓冲都通过调整曲线的贝塞尔控制来完成。用鼠标点击第1个关键帧，按下【Alt】键，当图标变成转换点工具时向右拖动鼠标，拉出方向线。这样关键帧点从转角点变为平滑点。用同样的方法，调整其他两个属性关键帧（如图4-54）。1～10帧的垂直方向的变化少，表示车辆启动时车轮缓慢加速，25～35帧处则是汽车停止前车轮缓慢地减速，顺时针旋转，35～40帧是汽车在最终停止前车轮缓冲，逆时针旋转，最后一段是汽车最终停止前车轮缓冲，顺时针旋转。预览动画。

Step 11　保存文件。

注意

作为位移的X、Y、Z属性，不能对它们的曲线使用贝塞尔控制进行精确调整，只能通过添加或删除锚点来进行控制。

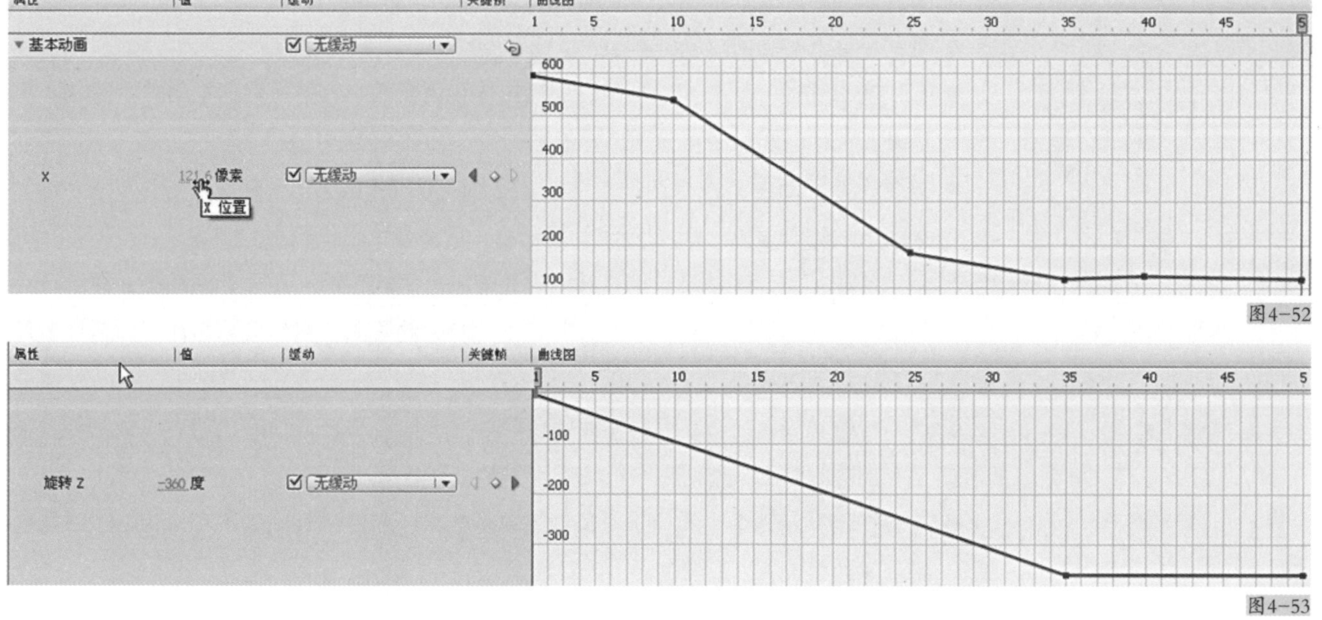

图4-52

图4-53

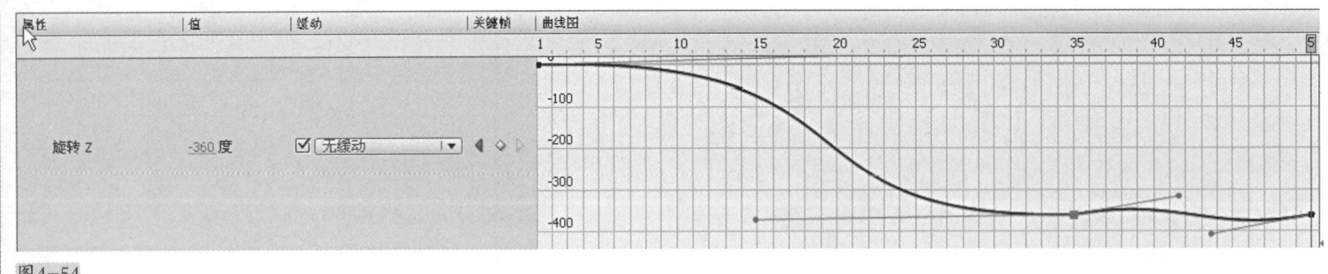

图4-54

4.1.3 传统补间动画

Flash CS4版本以前的动画都是以传统补间的方法来制作的。传统补间与补间动画类似，但是创建起来更复杂，而且在CS4中，有些动画效果使用传统补间无法实现。在时间轴上传统补间由黑色箭头和紫色背景来表示。黑色圆点表示传统补间中的关键帧，关键帧上包含着目标对象的新实例和其属性。黑色箭头线表示该动画是完整的。虚线表示传统补间是断开或不完整的，例如，在最后的关键帧已丢失。

- ◆ 虽然传统补间动画的创建方式相对复杂些，但是传统补间所具有的某些类型的动画控制功能是补间动画所不具备的。具体比较如下：
- ◆ 传统补间动画使用多个关键帧来创建补间，每个关键帧中都包含对象的新实例；而补间动画中只能使用一个包含对象实例的关键帧，而其他的属性关键帧中只包含该实例属性的不同参数。
- ◆ 补间动画和传统补间都只允许对特定类型的对象进行补间。若应用补间动画，则在创建补间时会将所有不允许的对象类型转换为影片剪辑。而应用传统补间会将这些对象类型转换为图形元件。
- ◆ 补间动画会将文本视为可补间的类型，而不会将文本对象转换为影片剪辑。传统补间会将文本对象转换为图形元件。
- ◆ 在补间动画范围上不允许帧脚本。传统补间允许帧脚本。
- ◆ 补间目标上的任何对象脚本都无法在补间动画范围的过程中更改。
- ◆ 可以在时间轴中对补间动画范围进行拉伸和调整大小，并将它们视为单个对象。传统补间包括时间轴中可分别选择的帧的组。
- ◆ 若要在补间动画范围中选择单个帧，必须按住【Ctrl】(Windows) 或 Command (Macintosh) 单击帧；而在传统补间动画，只需要单击帧即可。
- ◆ 对于传统补间，缓动可应用于补间内关键帧之间的帧组。对于补间动画，缓动可应用于补间动画范围的整个长度。若要仅对补间动画的特定帧应用缓动，则需要创建自定义缓动曲线。
- ◆ 利用传统补间，可以在两种不同的色彩效果（如色调和 Alpha 透明度）之间创建动画；而补间动画只能对每个补间应用一种色彩效果。
- ◆ 可以使用补间动画来为 3D 对象创建动画效果；而传统补间则不可以为 3D 对象创建动画效果。

- ◆ 只有补间动画才能保存为动画预设。
- ◆ 对于补间动画，无法交换元件或设置属性关键帧中显示的图形元件的帧数。应用了这些技术的动画要求使用传统补间。

补间动画的步骤一般是先在空白关键帧上添加或创建元件；然后在时间轴的后面帧上插入关键帧，接下来在新关键帧的位置更改新元件实例的属性；最后在起始的关键帧处设置传统补间。下面我们通过传统补间动画来制作同样的车辆动画。

Step 1　打开本书教学资源“第四章/项目文件”目录下的文件“练习4–3–汽车.fla”，把它另存为“练习4–3–汽车–创建传统补间动画”。

Step 2　选择单个帧：在“后车轮”图层上的第50帧处点击鼠标选择该帧（如图4–55）。

Step 3　添加关键帧：执行菜单栏命令“插入”>“时间轴”>“关键帧”菜单命令；或直接按【F6】键，在50帧处添加一个关键帧（如图4–56）。

Step 4　选择多个帧：若要在不同图层上选择多个连续帧，按住【Shift】键点击最上面图层的第一帧和最下面图层的最后一帧；若要选择非连续帧，按住【Ctrl】键点击需要选择的多个帧。我们现在选择图层“前车轮”和“车身”上的第50帧，并按【F6】为其添加关键帧（如图4–57）。

Step 5　选择所有图层的第50帧，然后在舞台上平移对象实例的位置（如图4–58）。

Step 6　插入传统补间：选择所有图层的第1帧，执行菜单栏命令“插入”>“传统补间”菜单命令。传统补间动画生成（如图4–59）。预览动画。

Step 7　更改补间的长度：若要在关键帧之间添加帧以加长补间范围，把播放头放在第一个关键帧或中间的任何时间点上，按【F5】，每按一次添加一个帧。反之，要删除帧，则按【Shift+F5】。也可以选择开始或结束关键帧，然后把它们拖到新的时间点上。

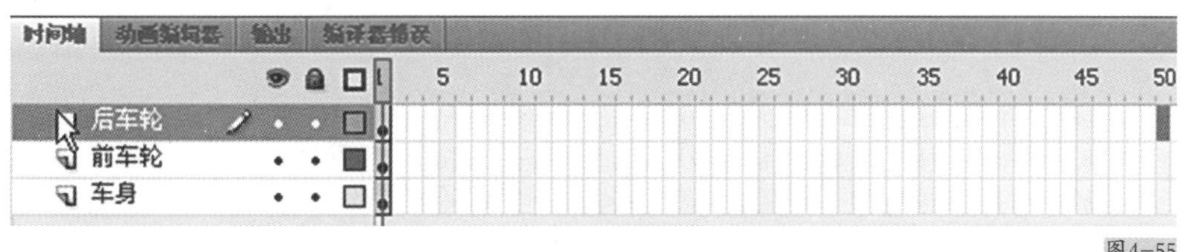

图4–55

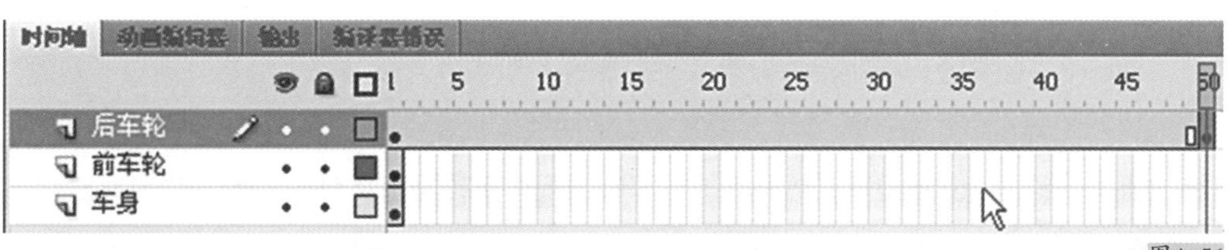

图4–56

图4–57

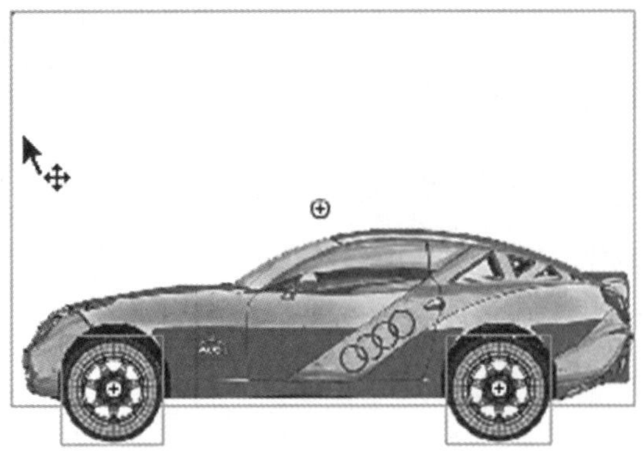

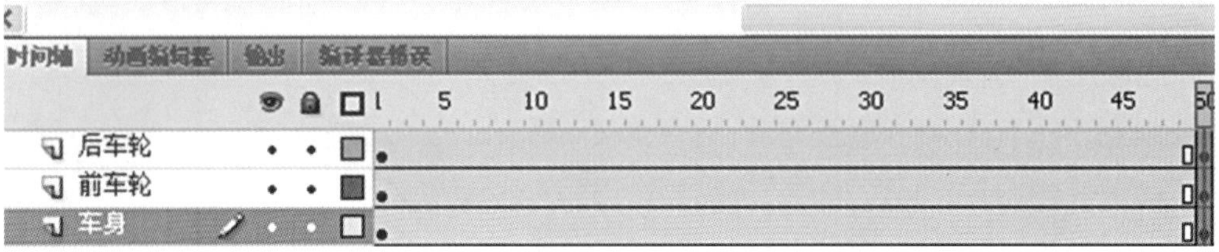

图4-58

图4-59

图4-60

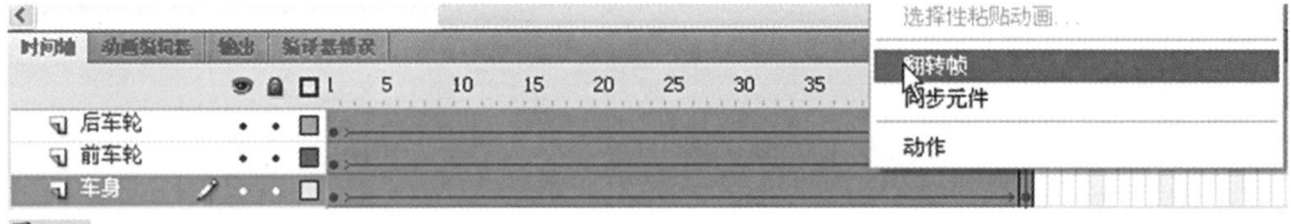

图4-61

Step 8　在属性面板中更改对象实例的属性：双击舞台上或库中的影片剪辑“车轮”进入其时间轴窗口，在50帧处插入关键帧。把播放头放在中间任意一帧上，执行菜单栏命令“插入”>“传统补间”菜单命令。在属性面板中更改旋转属性的参数（如图4-60）。回到主场景时间轴，预览动画。

Step 9　翻转动画：选择舞台上所有图层的所有帧，在补间范围内点击鼠标右键，在上下文菜单中选择“翻转帧”（如图4-61）。预览动画，车辆反向行驶。

Step 10　按【Ctrl+Z】撤销“翻转帧”的命令。按【Ctrl+F8】新建一个影片剪辑元件，命名为“车”。

Step 11　在影片剪辑元件“车”的时间轴中，将“车身”图形元件和“车轮”影片剪辑拖到舞台上（如图4-62）。

Step 12　在场景时间轴上新建一个图层“车”，把影片剪辑“车”拖到舞台的左上角，并水平翻转车辆（如图4–63）。

Step 13　沿路径创建传统补间动画（引导层动画）：选择图层“车”，点击鼠标右键，从上下文菜单中选择“添加传统运动引导层”（如图4–64）。在图层“车”之上，多了一个“引导层：车”的运动引导层。在该图层上用铅笔或其他工具绘制一条曲线作为运动路径（如图4–65）。选择“车”图层，在舞台上用选择工具拖动车，当车的中心点吸附到路径的起始端点时放开鼠标（如图4–66）。在50帧处按【F6】添加关键帧，并把车拖到路径的另一个端点处（如图4–67）。选择第1个关键帧，执行“插入”>“传统补间”。预览动画，车辆沿着运动路径行驶。如有必要，可对路径进行修改（如图4–68）。

Step 14　调整到路径：点击“车”图层上的任何一帧，在属性面板中勾选“调整到路径”。预览动画，车头随着路径的方向进行旋转（如图4–69）。

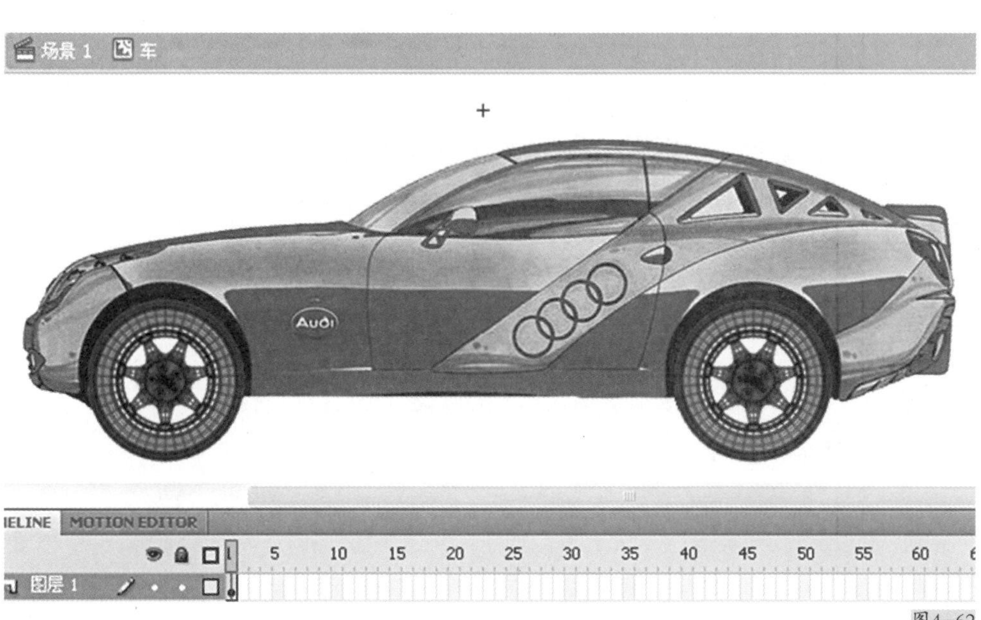

图4–62

图4–63

显示全部
锁定其他图层
隐藏其他图层
插入图层
删除图层
引导层
添加传统运动引导层
遮罩层
显示遮罩

图4–64

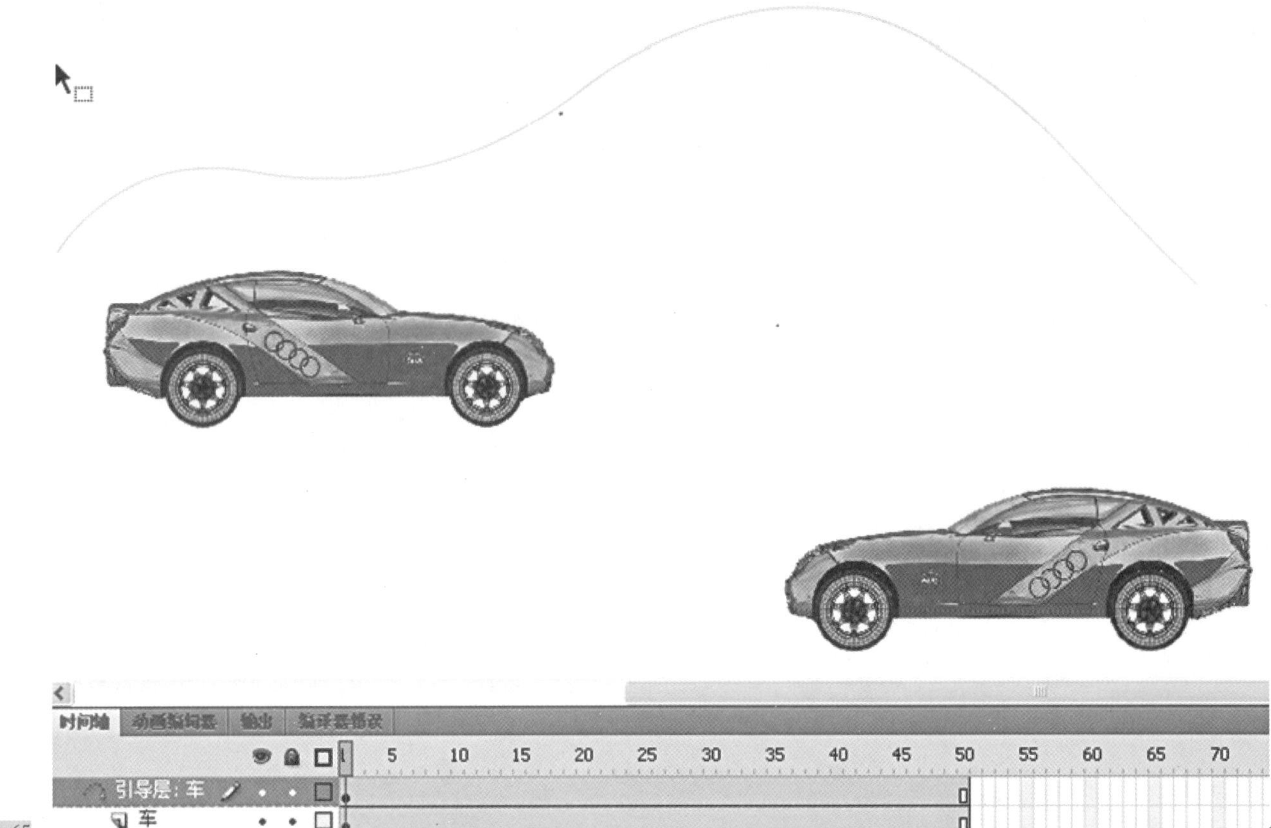

图4-65

图4-66

图4-67

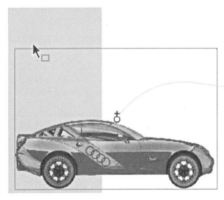

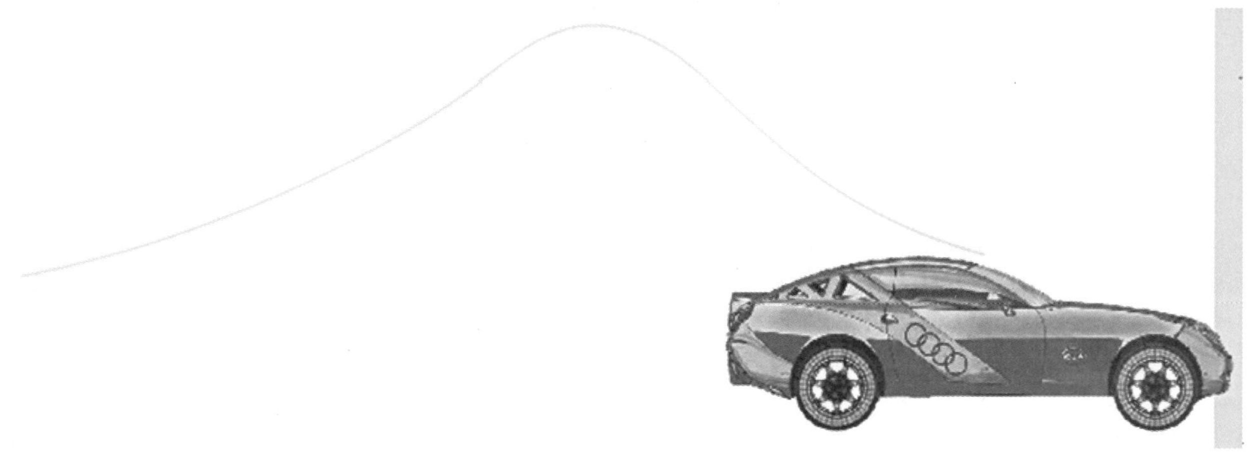

图4-68

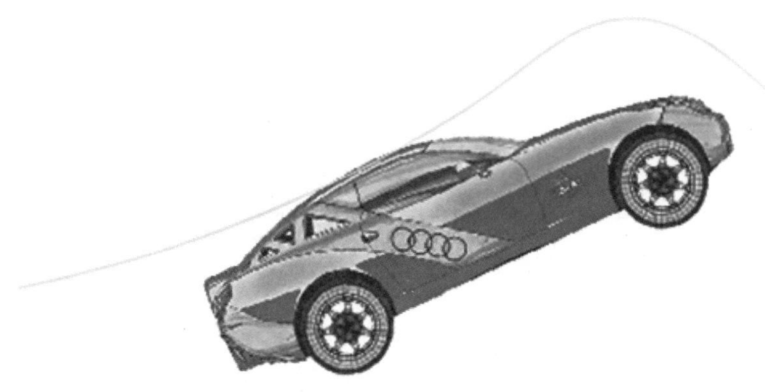

图4-69

Step 15　断开被引导图层与引导层的链接：拖动图层“车”到引导层之上，或选择引导层，执行“插入”>“时间轴”>“图层属性”，在弹出的对话框中勾选“一般”（如图4-70）。

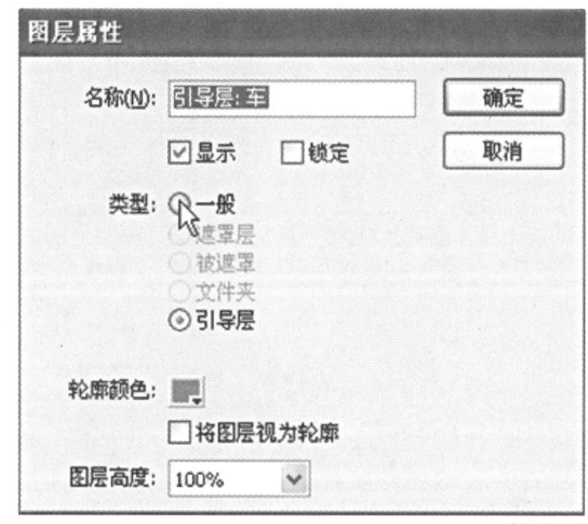

图4-70

Step 16　添加缓动：用鼠标点击图层“车”上的第一个关键帧或补间帧，在属性面板的缓动值上左右滑动鼠标，正值表示缓入，车辆将全速驶出，减速至停止；负值表示缓出，车辆将缓慢地加速驶出，全速时突然停止。测试完后将缓动值改回到默认值0。

Step 17　添加自定义缓动：点击“车”图层上的任何一帧，在属性面板中点击“编辑缓动”按钮，弹出“自定义缓入/缓出”曲线（如图4-71）。水平轴表示帧，垂直轴表示变化的百分比。第一个关键帧表示为0%，最后一个关键帧表示为100%。图形曲线的斜率表示对象的变化速率。曲线水平时，变化速率为零；曲线垂直时，变化速率最大，一瞬间完成变化。

Step 18　编辑自定义缓动曲线：在“自定义缓入/缓出”面板，取消“为所有属性使用一种设置”的勾选状态，确保属性下拉框中选

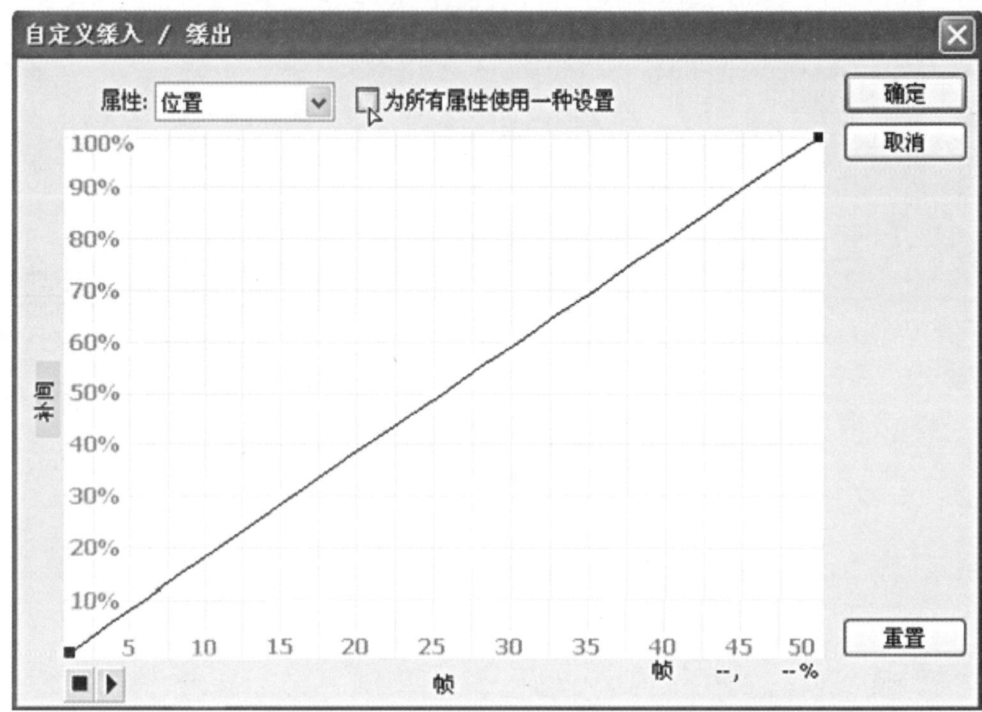

图4-71

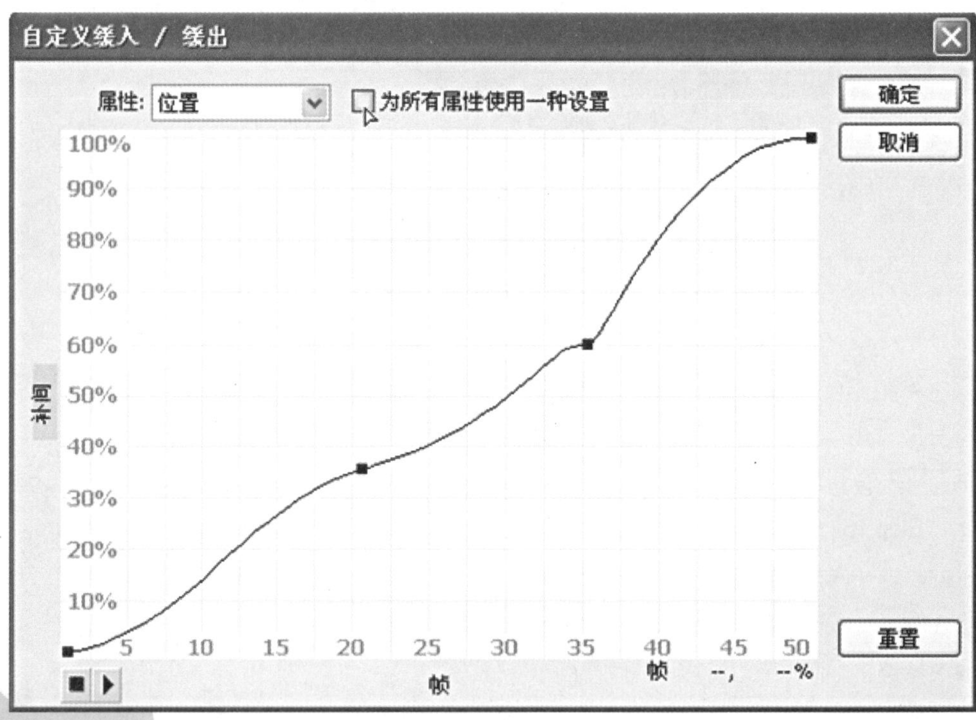

图4-72

择了“位置”，在曲线上添加锚点，并拖动方向线修改曲线，点击左下角的“播放”按钮预览动画，满意动画效果后按“确定”按钮（如图4–72）。

Step 19　可以按【Ctrl+C】和【Ctrl+V】在不同的“自定义缓入/缓出”曲线面板中相互复制并粘贴不同的缓动曲线。

Step 20　预览动画并保存文件。

4.1.4 补间形状动画

在补间形状中，可在时间轴中的关键帧上绘制一个形状，然后更改该形状或在另一个关键帧上绘制另一个形状。 然后，Flash 在两个关键帧之间插入中间形状，创建一个变形动画。带有黑色箭头和淡绿色背景的起始关键帧处的黑色圆点表示补间形状。

补间形状最适合于简单形状。避免使用有一部分被镂空的形状。在变形过程中可以使用形状提示来告诉 Flash 起始形状上的哪些点应与结束形状上的特定点对应。补间形状不能应用于群组、元件或位图图像。若要对这些图像使用补间形状，首先要将这些图像分离为矢量形状。若要对文本应用补间形状，要将文本分离两次，从而将文本转换为矢量形状。

创建补间形状动画的步骤一般是：先将不同的形状对象放置在不同的关键帧中；然后在关键帧之间插入补间形状；如果形状比较复杂则需要借助形状提示来保证变形过程的自然平稳。

下面我们以实例来说明如何创建补间形状动画。

Step 1 打开本书教学资源“第四章/项目文件”目录下的文件“练习4–4–补间形状.fla”。

Step 2 从库面板中把位图“蝴蝶”拖入舞台。

Step 3 执行菜单命令“修改”>“分离”把位图“蝴蝶”转换成矢量形状。

Step 4 用套索工具的魔术棒选项去掉蝴蝶的白色背景。

Step 5 用自由变形工具旋转图形（如图4–73）。

Step 6 在20帧处按【F7】插入一个空白关键帧，并把位图“蜻蜓”从库中拖入到舞台。

Step 7 用同样的方法把位图“蜻蜓”转换成形状对象，并去掉其背景（如图4–74）。

Step 8 在时间轴面板的底部一行图标中点击“绘图纸外观”图标（如图4–75），这样舞台上在显示蜻蜓的同时，以半透明状态显示蝴蝶。用任意变形工具将蜻蜓的位置与蝴蝶重叠，大小也相似。

Step 9 把播放头放在第1帧上，执行菜单命令“插入”>“补间形状”。

Step 10 再次点击“绘图纸外观”禁用该功能。

Step 11 预览动画，虽然已有变形动画，但形状变化的过程不合逻辑（如图4–76）。

图4–73

图4–74

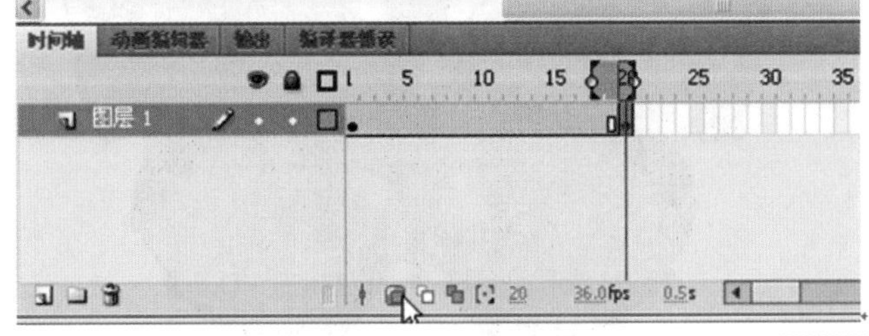

图4–75

图4-76

Step 12　添加形状提示：把时间轴播放头放在第1帧处，执行“修改”>“形状”>“添加形状提示”舞台中心多了一个红色圆点（如图4-77），把该点拖到蝴蝶的翅膀上（如图4-78），把播放头放在第20帧处，把相应的圆点拖到蜻蜓的翅膀上，红色圆点变为绿色（如图4-79），回到第1帧，原有的红色圆点变为黄色（如图4-80）。

Step 13　添加或删除形状提示：用同样的方法添加多个形状提示，移动形状提示的位置，以确保合乎逻辑的变形效果（如图4-81）。如果需要删除形状提示，在该提示上点击鼠标右键，在上下文菜单中选择“删除提示”或直接将形状提示拖出舞台以外。

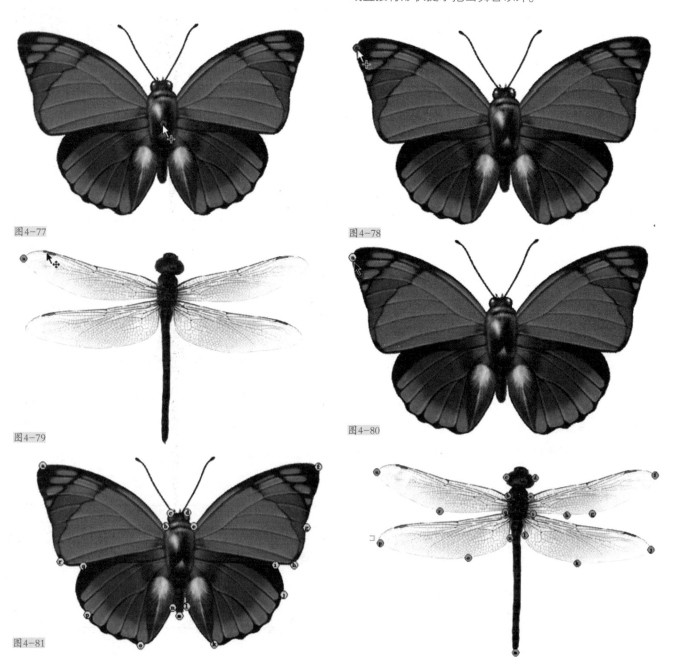

图4-77

图4-78

图4-79

图4-80

图4-81

Step 14　显示形状提示：如果在制作过程中，所有形状提示都消失了，可以执行菜单栏命令“视图”>“显示形状提示”。

Step 15　预览动画（如图4–82），保存文件。

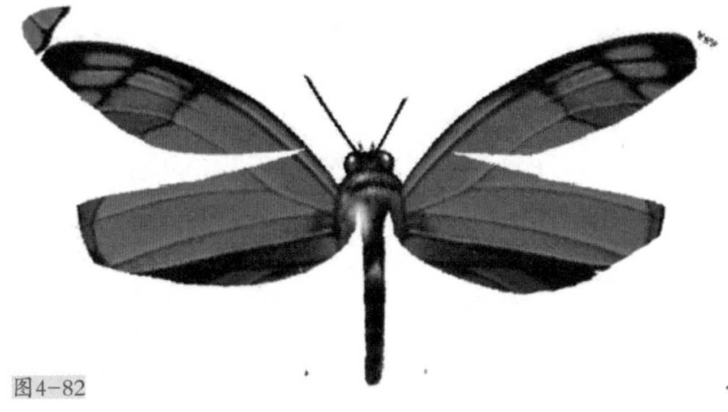
图4–82

5. 缓动补间

Flash 计算补间动画中属性关键帧之间的属性值时，使值的更改在每一帧中都相同。缓动则是修改属性关键帧之间属性值的一种技术。如果使用缓动，Flash 在计算这些值时，则可以调整对每个值的更改程度，从而实现更自然、更复杂的动画。缓动是应用于补间属性值的数学曲线。补间的最终效果是补间和缓动曲线中属性值范围组合的结果。使用缓动可以在舞台上创建复杂的动画而无须在舞台上创建复杂的运动路径。

比如上一个实例，汽车在舞台上从启动到停止的动画中，由于X、Y、Z的位移属性值不能通过贝塞尔控制对曲线进行精确调整，所以没有一个缓慢加速和缓慢减速的过程。虽然通过添加多个关键帧来控制行驶的速度，但不同的速度之间没有一个过渡的过程。因此动画效果还是不够自然。如果使用缓动，则可以使汽车缓慢加速驶出，缓慢减速停止。

缓动可以在属性检查器或动画编辑器中添加。在属性检查器中应用的缓动将影响补间中包括的所有属性。在动画编辑器中应用的缓动可以影响补间的单个属性、一组属性或所有属性。缓动可以简单，也可以复杂。Flash 包含一系列的预设缓动，适用于简单或复杂的效果。在动画编辑器中，还可以创建自己的自定义缓动曲线。缓动的常见用法之一是在舞台上编辑运动路径并启用浮动关键帧以使每段路径中的运行速度保持一致。然后可以使用缓动在路径的两端添加更为逼真的加速或减速。在向属性曲线应用缓动曲线时，属性曲线图形区域中将显示缓动曲线的可视叠加。叠加将属性曲线和缓动曲线显示在同一图形区域中，使得在测试动画时了解舞台上所显示的最终补间效果更为方便。

下面我们再次通过汽车行驶的实例来演示缓动补间的制作方法。

Step 1　从本书的教学资源“第四章/项目文件”目录下找到文件 “练习4–10–汽车–缓动补间.swf”。

Step 2　重置属性关键帧：点击舞台上的车，打开动画编辑器面板，在曲线图内点击鼠标右键，然后从上下文菜单中选择“重置属性”（如图4–83）。这样所有曲线变成虚线状态（如图4–84），汽车的属性关键帧被删除，动画效果也被取消。

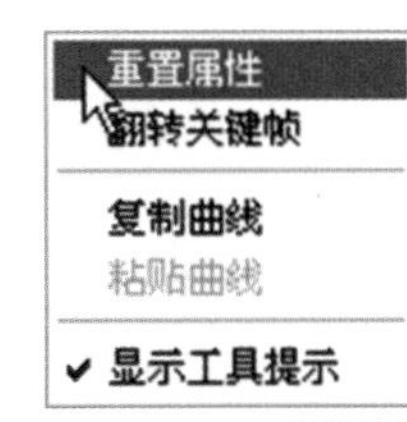

图4–83

图4–84

Step 3　删除关键帧：双击库面板中的影片剪辑“车轮”，在动画编辑器中选择旋转Z属性，在第二个关键帧处，点击鼠标右键，在上下文菜单中选择“删除关键帧”（如图4-85）。

Step 4　将平滑点转换为转角点：按住【Alt】键用鼠标点击第1个关键帧和最后一个关键帧，或在这两个关键帧处点击鼠标右键，在上下文菜单中选择转角点。这样，车轮的动画又回到了以前的状态。

删除关键帧
浮动
角点
平滑点
线性左
线性右

图4-85

Step 5　回到场景时间轴，为车添加一个从右到左行驶的动画（如图4-86）。在默认状态下，所有的属性都是“无缓动”状态。

Step 6　因为在该动画中，只有X轴位移有变化，我们将X属性的缓动改为预设的“简单（慢）”（如图4-87）。预览动画，车辆的行驶没有什么变化。这是因为“简单（慢）”的缓动值为0。该值为0时，缓动曲线为直线，表示为匀速状态（如图4-88）。

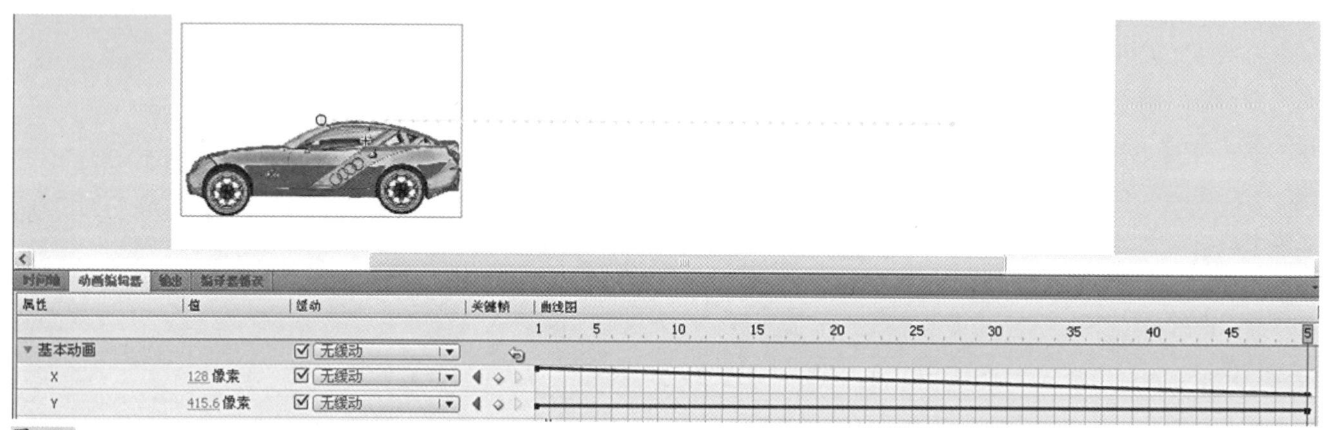

图4-86

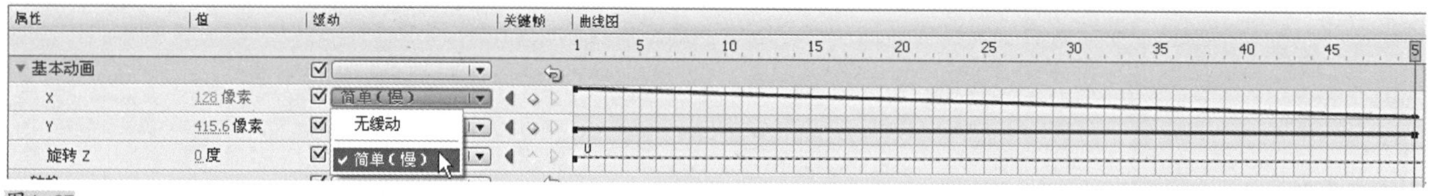

图4-87

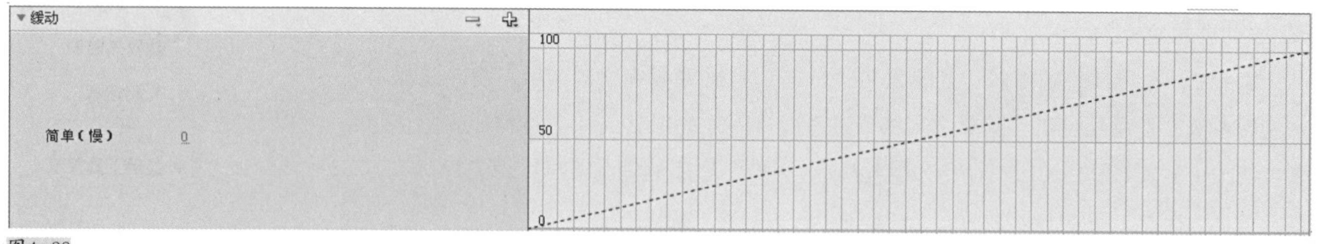

图4-88

Step 7　编辑预设的缓动曲线：在“简单（慢）”缓动右边的值上左右拖移鼠标，可改变其值（如图4-89）。当值为100时，无论是从缓动曲线还是舞台上的运动路径都可以看出，车辆以最快的速度驶出，然后逐渐减速行驶直到50帧处完全停止（如图4-90），预览动画。当值为-100时，缓动曲线和路径都显示车辆以最慢的速度驶出，逐渐加速行驶，直到50帧处，突然停止（如图4-91），预览动画。

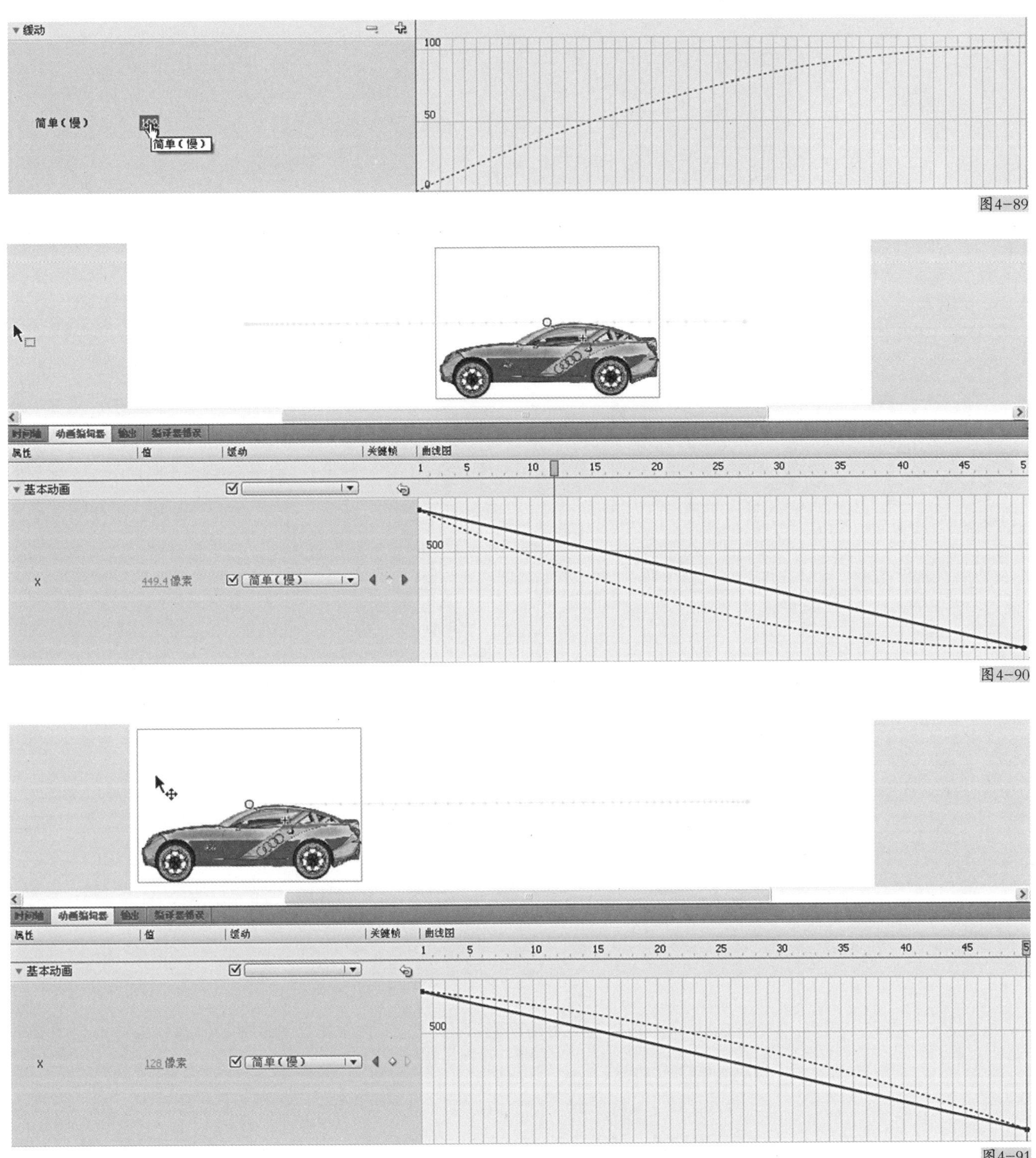

图4-89

图4-90

图4-91

Step 8　启动禁用缓动：如果需要比较添加缓动和无缓动的动画效果，我们可以通过单击该属性或属性类别的“启用或禁用缓动”复选框后（如图4-92），再按【Enter】键预览动画。

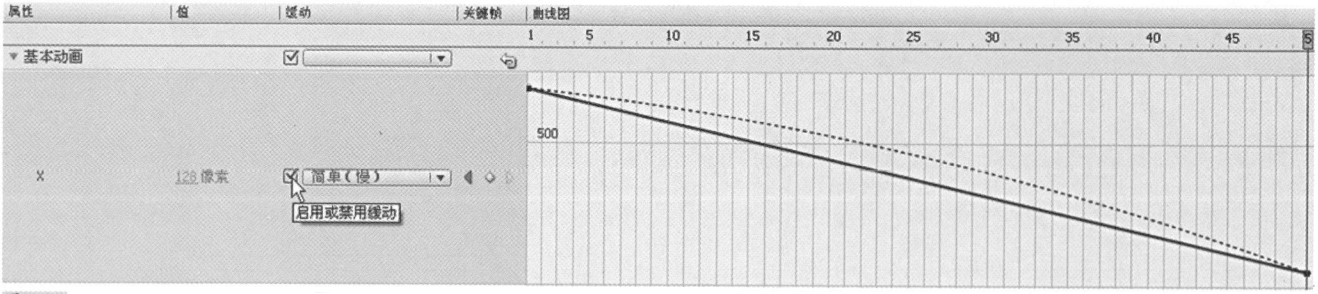

图4-92

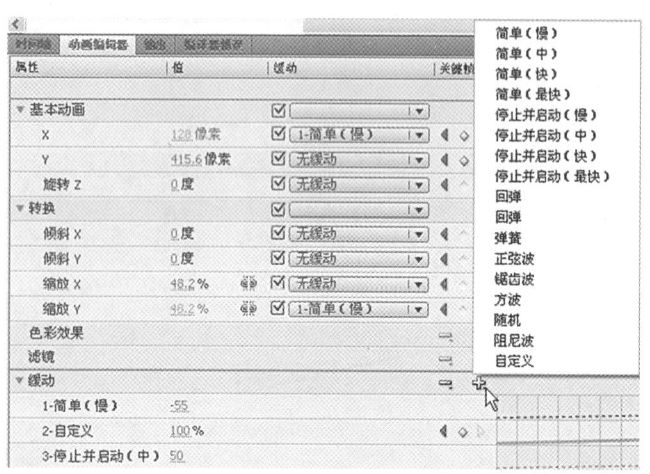

图4-93

Step 9　添加预设缓动：在默认状态下，各个属性的缓动只有“简单（慢）”，但Flash中还有很多其他的预设缓动。单击动画编辑器的“缓动”部分中的“添加”按钮，然后选择要添加的缓动，如“停止并启动（中）”（如图4-93），然后在X属性的缓动选项栏中选择刚添加的缓动（如图4-94）。预览动画，车辆以最快的速度驶出，在中间缓慢减速至停止，然后又缓慢加速至最快速度后突然停止。

Step 10　更改缓动参数为100，将加快加速和减速的过程，而中间的停顿也会稍微加长（如图4-95）。

图4-94

Step 11　相反，将缓动参数改为-100，汽车将会加速驶出至最快速度然后减速至停止（如图4-96）。

Step 12　删除缓动：如果添加了太多缓动预设，但又不需要使用那么多，可以将它们从缓动预设列表中删除以节省动画编辑器的空间。单击动画编辑器的“缓动”部分中的“删除缓动”按钮，然后从弹出菜单中选择需要删除的缓动或所有缓动（如图4-97）。“简单（慢）”缓动是作为默认缓动始终出现在面板中无法删除的。缓动选项从列表中删除后，使用该缓动的属性也会丢失掉该缓动的信息，回到无缓动的状态。

Step 13　添加自定义缓动：在Flash中除了可以为属性添加缓动预设外，还可以将自定义缓动曲线添加到缓动列表中，然后使用与编辑 Flash 中任何其他贝塞尔曲线相同的方法编辑该曲线。在缓动列表中选择“自定义”（如图4-98），缓动列表中出现了一个未经编辑的自定义缓动曲线。将X属性的缓动改为自定义，这样在编辑自定义缓动曲线时能及时地看到X属性曲线和舞台上运动路径的更新。

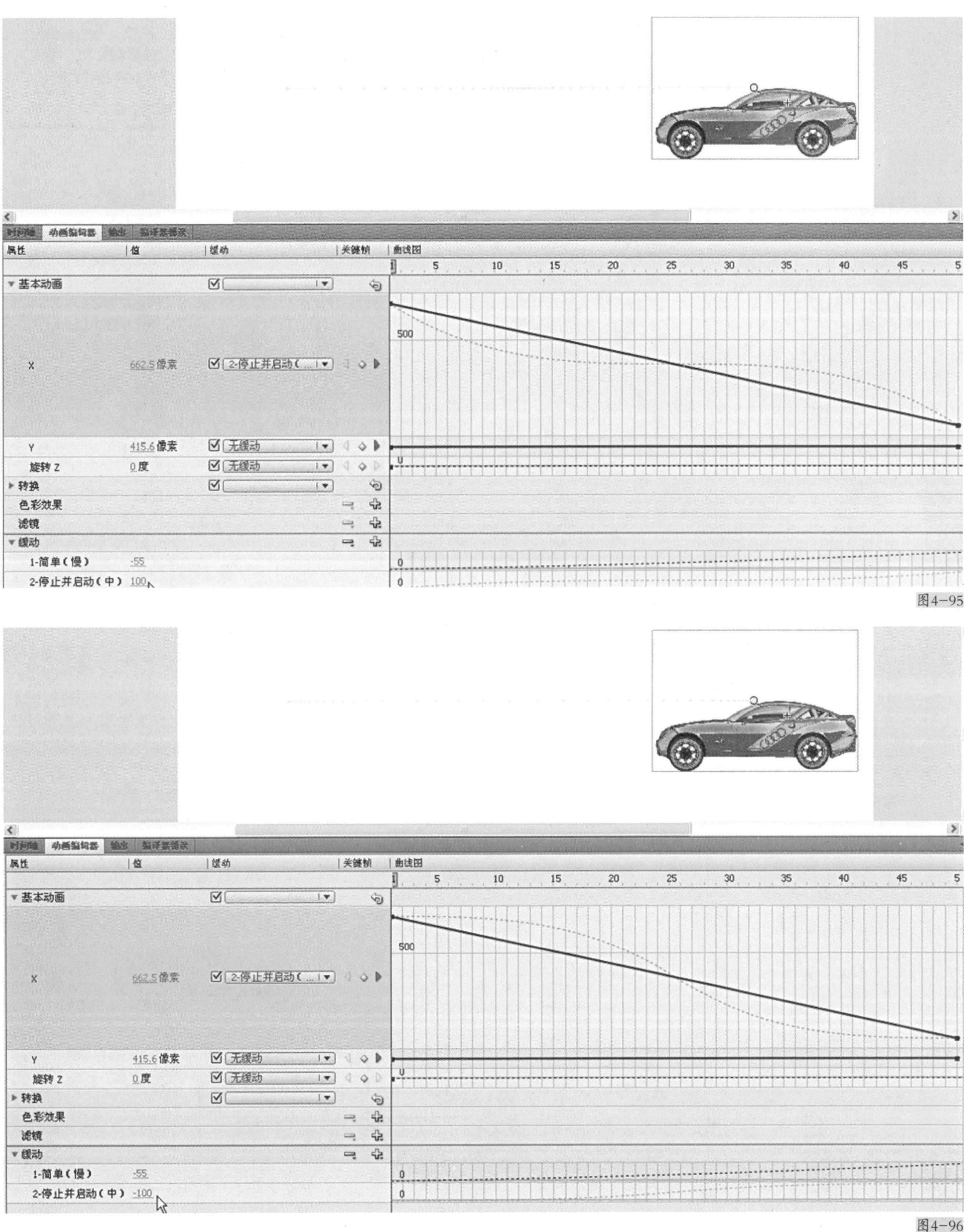

时间轴
动画编辑器
输出
编译器错误
属性
值
缓动
关键帧
曲线图
基本动画
X
662.5 像素
2-停止并启动(...
500
Y
415.6 像素
无缓动
旋转 Z
0 度
无缓动
转换
色彩效果
滤镜
缓动
1-简单(慢)
-55
2-停止并启动(中)
100
时间轴
动画编辑器
输出
编译器错误
属性
值
缓动
关键帧
曲线图
基本动画
X
662.5 像素
2-停止并启动(...
500
Y
415.6 像素
无缓动
旋转 Z
0 度
无缓动
转换
色彩效果
滤镜
缓动
1-简单(慢)
-55
2-停止并启动(中)
-100

图4-95

图4-96

▼缓动
1-简单（慢） -55
2-停止并启动（中） -100
1-简单（慢）
2-停止并启动（中）
删除全部

图4-97

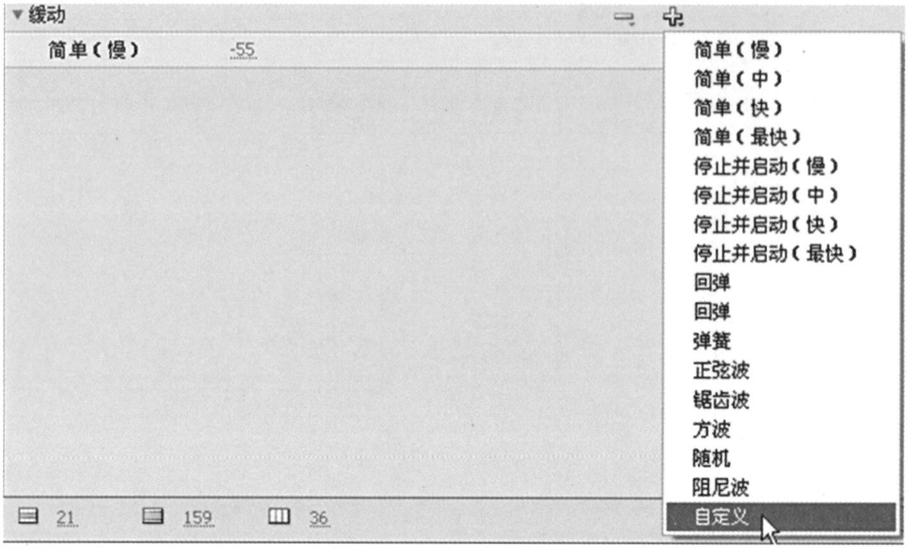

▼缓动
简单（慢） -55
简单（慢）
简单（中）
简单（快）
简单（最快）
停止并启动（慢）
停止并启动（中）
停止并启动（快）
停止并启动（最快）
回弹
回弹
弹簧
正弦波
锯齿波
方波
随机
阻尼波
自定义
21 159 36

图4-98

Step 14　编辑自定义缓动曲线：点击自定义缓动曲线选择它，按住第一个关键帧的方向线往下拖一点，这样车辆驶出时有了一个缓慢的加速过程。如果想加速的过程更长一些，可以将该方向线往水平的方向拖得更长一些。以同样的方法将最后一个关键帧的方向线往上拖，使车辆有一个缓慢减速至停止的过程（如图4-99）。

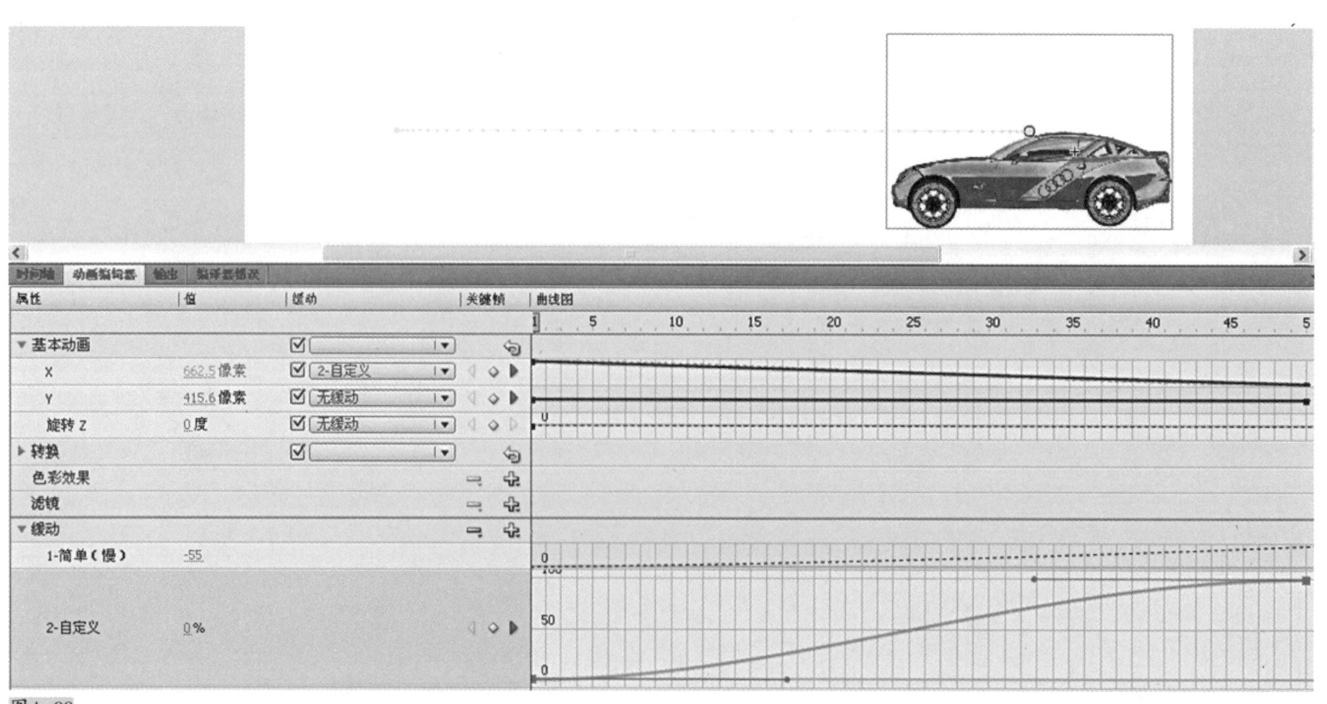

图4-99

Step 15　在自定义缓动曲线上添加关键帧：现在我们在车辆停止前制作一个缓冲效果。把播放头移到40帧的位置，点击“添加或删除关键帧”按钮，在40帧处添加一个关键帧（如图4-100）。把该关键帧往上拖至100%的位置，然后将左边的方向线往左拖，使车辆有一个减速至停的效果（如图4-101）。

Step 16　编辑自定义缓动曲线：车辆的缓冲需要车辆往后一点点然后往前停止。现在只需要改变40帧处关键帧的右边方向线。按住【Alt】键将该关键帧右边的方向线往下拖一点点，再将最后一个关键帧左边的方向线往下拖一点点（如图4-102）。如有必要，缩短或拉长方向线。

Step 17　预览动画，会发现缓动时间长了一点点，可以将40帧处的关键帧移到44帧的位置（如图4-103）。预览动画。

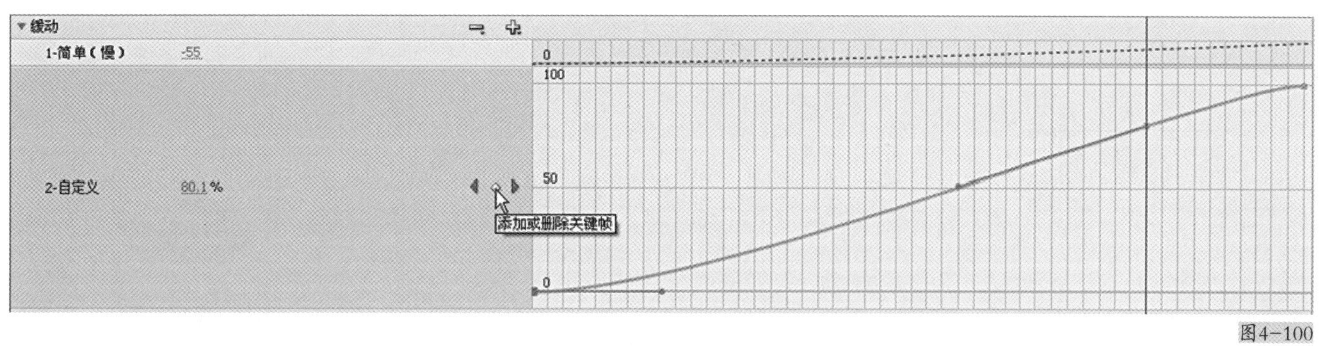

图4-100

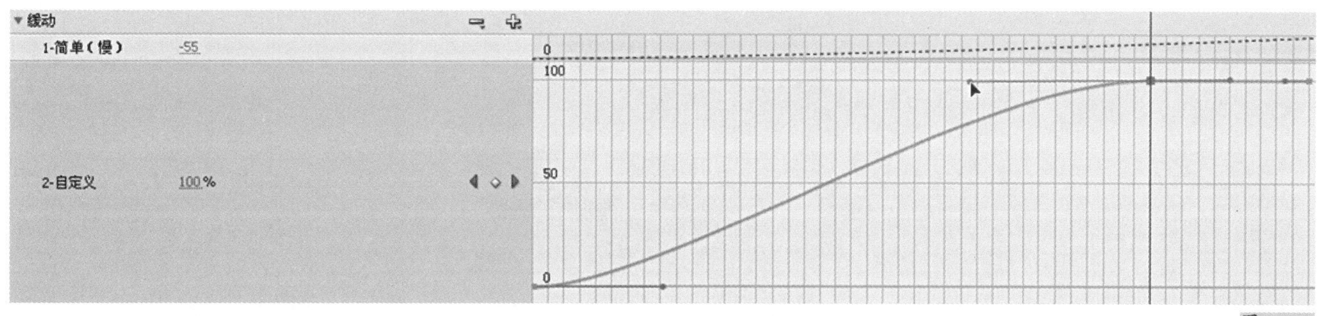

图4-101

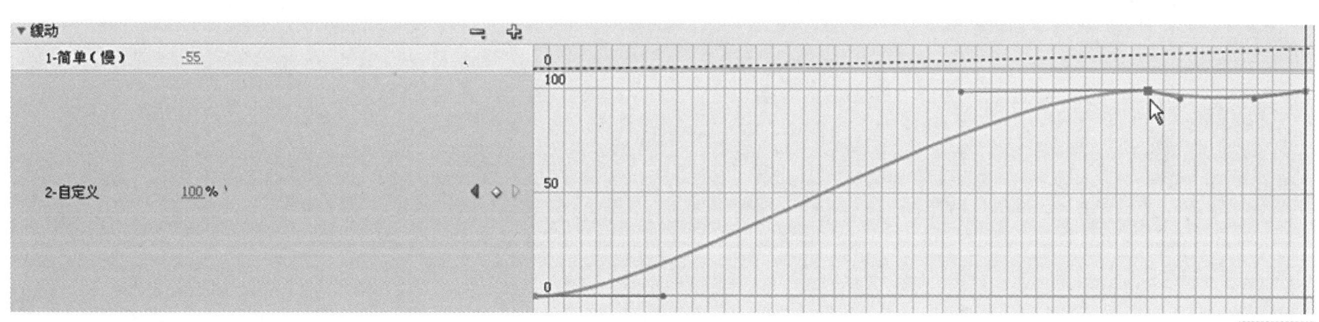

图4-102

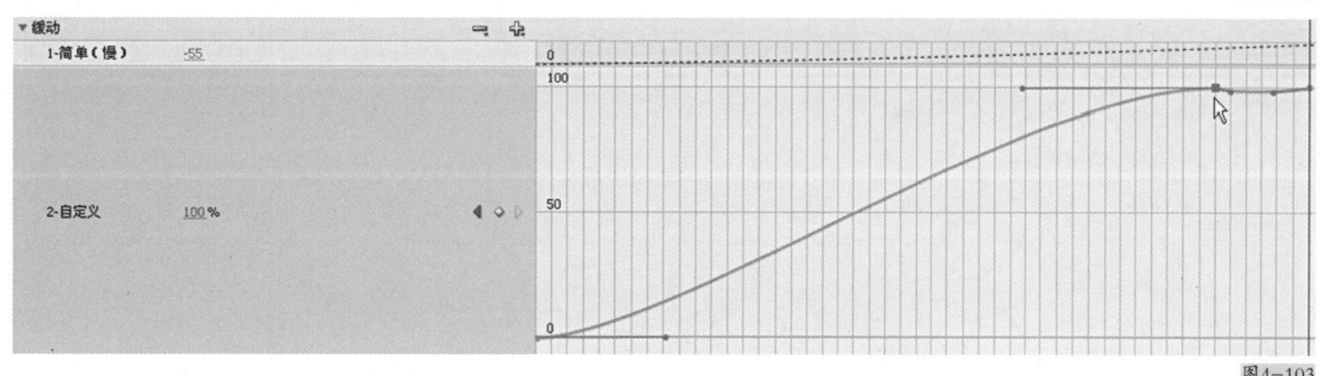

图4-103

Step 18　复制粘贴自定义缓动曲线：舞台上的影片剪辑“车”的动画已经制作完成，但“车轮”动画还需要根据车的运动有待更新。这里，我们可以直接将“车”的自定义缓动曲线复制给“车轮”。在自定义缓动的曲线图内点击鼠标右键，在上下文菜单中选择“复制曲线”（如图4-104）。在库面板中双击“车轮”影片剪辑，选择舞台上的车轮，动画编辑器面板中出现车轮的属性。在缓动列表中添加“自定义”，然后在自定义缓动的曲线图内右点击鼠标，在上下文菜单中选择“粘贴曲线”（如图4-105）。车轮的自定义缓动曲线变得和车的自定义缓动曲线一样（如图4-106）。

Step 19　预览动画，保存文件。

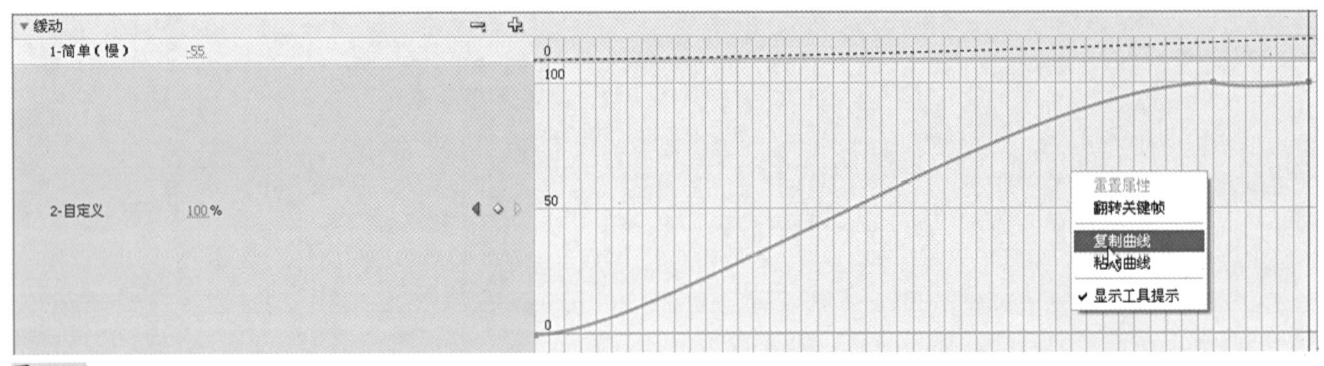

图4-104

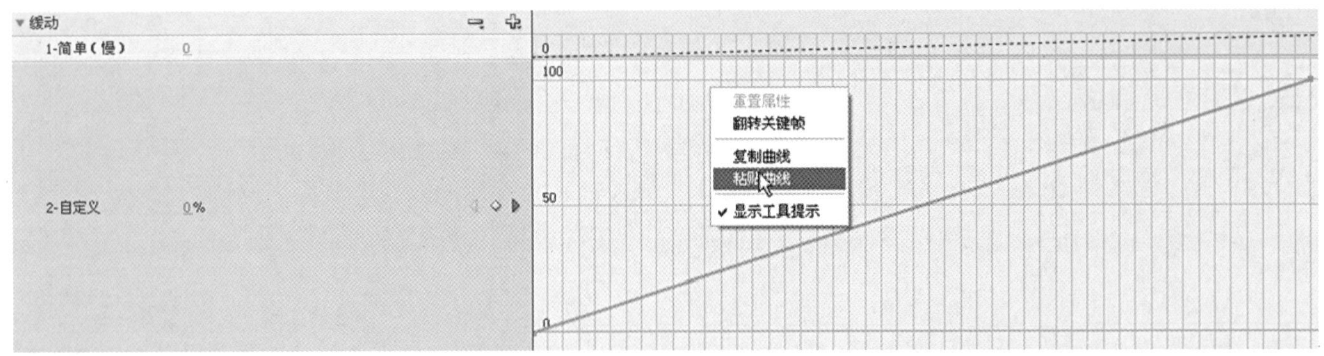

图4-105

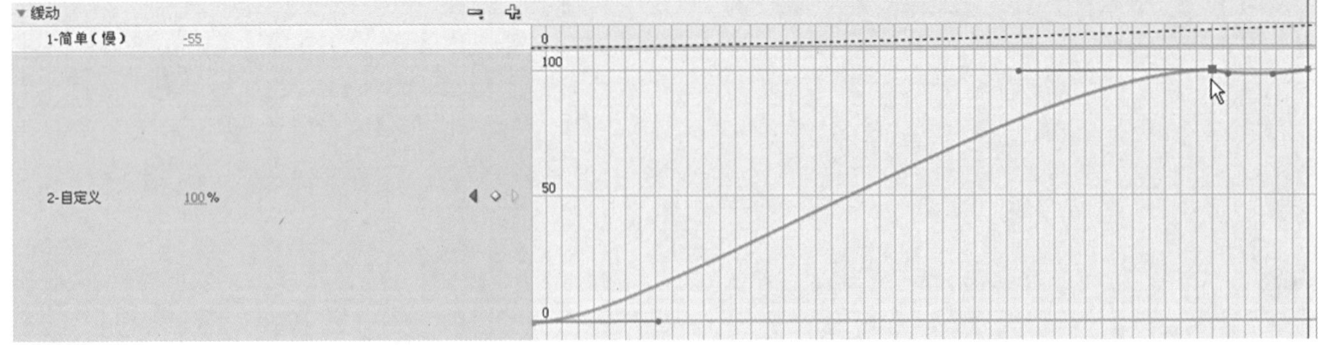

图4-106

4.1.5 骨骼动画

反向运动 (Inverse Kinetics)动画，简称IK动画，又称为骨骼动画，是一种使用有关节结构的骨骼对一个对象或彼此相关的一组对象进行动画处理的方法。使用骨骼，元件实例和形状对象可以按复杂而自然的方式移动，只需做很少的设计工作。通过反向运动可以更加轻松地创建人物动画，如胳膊、腿和面部表情。在向元件实例或形状添加骨骼时，Flash 将实例或形状以及关联的骨架移动到时间轴中的新图层，此新图层称为姿势图层。每个姿势图层只能包含一个骨架及其关联的实例或形状。一段具有绿色背景的帧表示反向运动姿势图层。姿势图层包含 IK 骨架和姿势。每个姿势在时间轴中显示为黑色菱形。

骨骼链称为骨架。在父子层次结构中，骨架中的骨骼彼此相连。骨架可以是线性的或分支的。源于同一骨骼的骨架分支称为同级。骨骼之间的连接点称为关节。Flash 包括两个处理 IK 的工具。使用骨骼工具可以向元件实例和形状添加骨骼。使用绑定工具可以调整形状对象的各个骨骼和控制点之间的关系。

1. 向元件添加骨骼

在Flash中可以向图形元件、影片剪辑和按钮元件添加骨骼。如果要给文字添加骨骼，首先将文字转换成元件或将文字分离为形状。向元件实例添加骨骼时，会创建一个链接实例链。根据动画的需要，元件实例的链接链可以是一个简单的线性链或分支结构。比如，毛毛虫的爬行仅需要线性链，而人体动画则需要包含四肢分支的结构。

下面我们以实例来说明如何向元件添加一条线形骨骼链。

Step 1 从本书的教学资源“第四章/项目文件”目录下找到文件 “练习4-11-毛毛虫-反向运动-元件.fla”，打开该文件。库面板中有两个图形元件“身子”和“头”。

Step 2 把库中的两个图形元件拖入舞台，复制元件“身子”将它们排列成一个毛毛虫（如图4-107）。

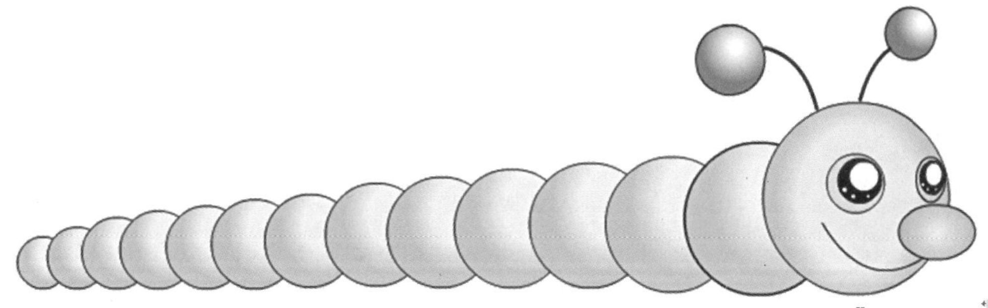

图4-107

Step 3 向元件添加骨骼：在工具栏中选择骨架工具。在舞台上点击毛毛虫最末尾的圆形，并拖动到下一个圆形，放开鼠标得到一个骨骼（如图4-108）。

图4-108

Step 4　用骨骼工具点击末尾的第二个圆，拖到末尾第三个圆时放开鼠标，得到第二个骨骼。反复操作直到连接到头部，得到一条线形骨骼链。图层1上的毛毛虫元件实例和骨骼全部被移入到一个新的反向姿势图层“骨架_1”上（如图4-109）。

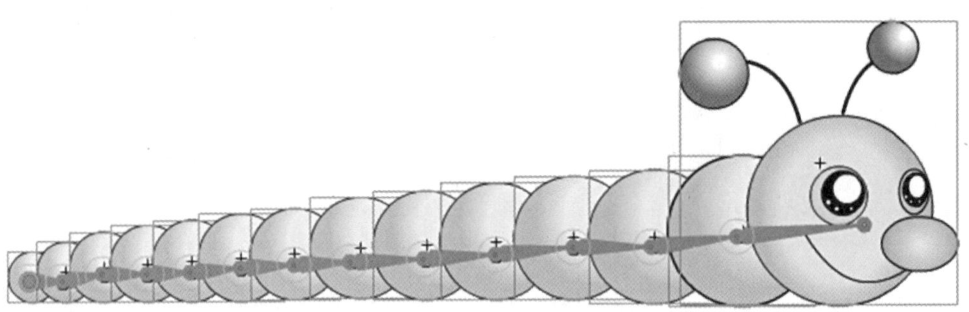

图4-109

Step 5　用选择工具选择毛毛虫的头部或身体的任何一部分，然后拖移，毛毛虫的姿势将会随着拖移改变（如图4-110）。

Step 6　将毛毛虫缩小，并移到舞台的左边，更改其姿势（如图4-111）。

Step 7　为骨骼添加动画：用鼠标点击20帧处，按【F5】添加帧，更改毛毛虫的姿势，第20帧变为关键帧（如图4-112）。

Step 8　复制姿势：按下【Ctrl】键，点击第1帧选择该帧。点击鼠标右键，在上下文菜单中选择“复制姿势”。

Step 9　粘贴姿势：用鼠标点击40帧处，按【F5】添加帧，按下【Ctrl】键，点击第40帧选择该帧，点击鼠标右键，在上下文菜单中选择“粘贴姿势”。40帧处的姿势和第1帧的姿势相同。

Step 10　在舞台上选择整个毛毛虫，在属性面板中更改X轴位置（如图4-113），将毛毛虫往右移一点。

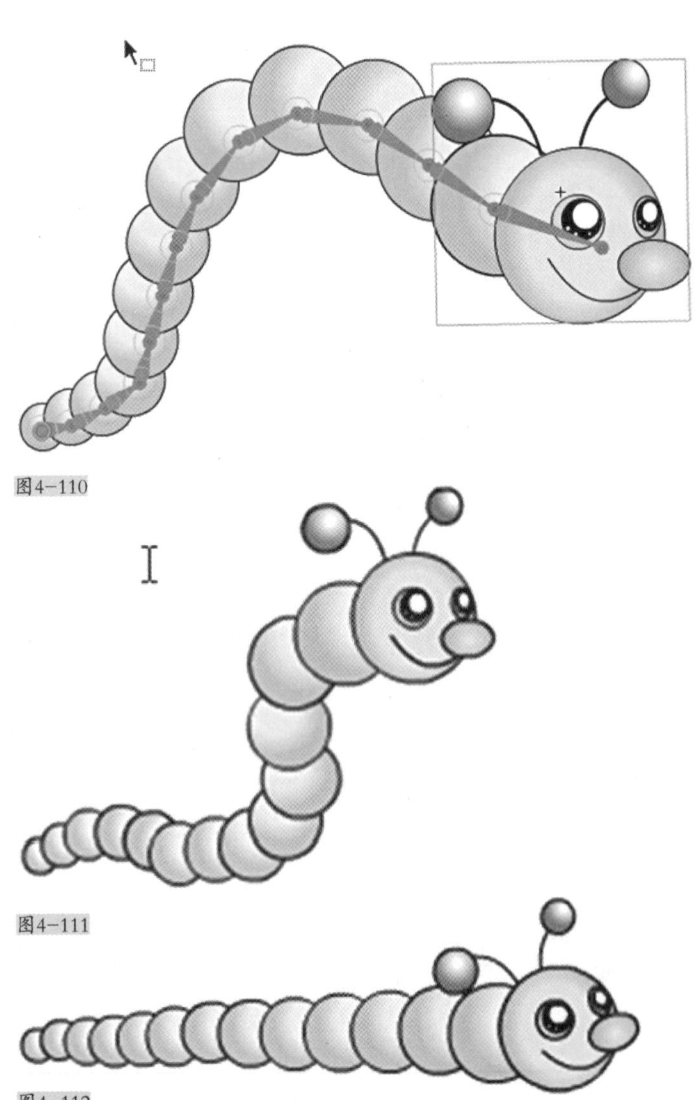

图4-110

图4-111

图4-112

位置和大小

X: 89.0　Y: 216.1

图4-113

Step 11　用同样的方式复制20帧的姿势，将其粘贴到第60帧处。如此反复，直到毛毛虫爬行到舞台的右边。

Step 12　预览动画，保存文件。

当对象是无四肢的爬行动物时，一条简单的线性骨骼链就可以控制它们的运动，当物体是有四肢或翅膀时，我们就需要分支的骨骼结构来控制对象的运动。下一个实例，我们使用分支结构的骨骼来制作。

Step 1　从本书的教学资源“第四章/项目文件”目录下找到文件 “练习4-12-木偶-反向运动-元件.fla”，打开该文件。库中有一系列图形元件。

Step 2　将库面板中的图形元件拖入舞台，将它们组织成一个小木偶（如图4-114）。

Step 3　选择骨骼工具，从木偶的衣领中间开始点击，往左拖拉到左大臂，然后继续点击，拖拉到左小臂，然后点击并拖拉到手，得到一条骨骼链（如图4-115）。

Step 4　用同样的方法，从木偶的衣领中间开始，往右拉出一条骨骼链（如图4-116）。

图4-114　图4-115　图4-116

Step 5　用同样的方法，从木偶的衣领中间开始，往上连接脖子和头（如图4-117）。

Step 6　用同样的方法，从木偶的衣领中间开始，往下连接左臀、左大腿、左小腿和左脚（如图4-118）。

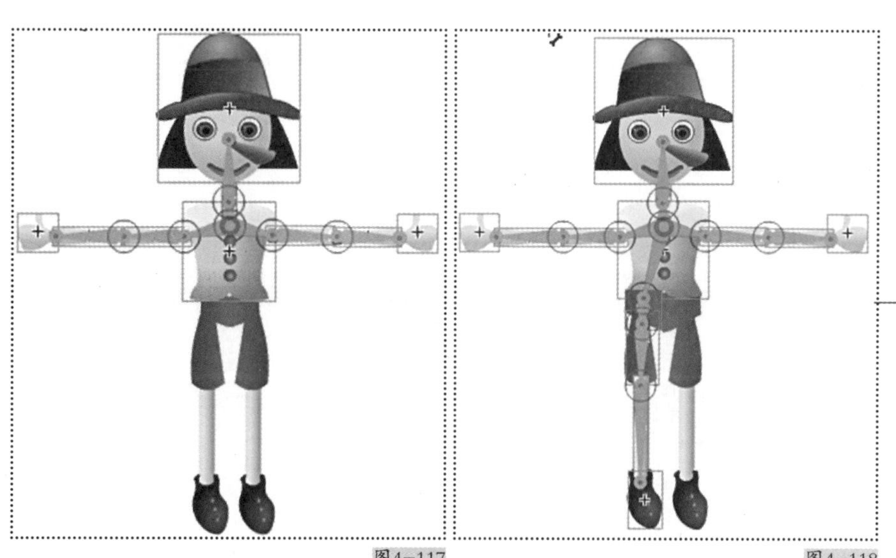

图4-117　图4-118

图4-119

Step 7　用同样的方法，从木偶的衣领中间开始，往下连接右臂、右大腿、右小腿和右脚（如图4-119）。整个分支结构的骨骼搭建完毕。

Step 8　用选择工具拖到四肢和头部，可以更改木偶的姿势（如图4-120）。

Step 9　把木偶的手调整为自然下垂的姿势（如图4-121）。

Step 10　在10帧处插入帧，更改木偶的姿势（如图4-122）。

Step 11　在20帧处插入帧，更改木偶的姿势（如图4-123）。

Step 12　在30帧处插入帧，复制20帧的姿势，将其粘贴到30帧处。

Step 13　在40帧处插入帧，复制1帧的姿势，将其粘贴到40帧处。

Step 14　在50帧处插入帧，更改木偶的姿势（如图4-124）。

Step 15　在60帧处插入帧，更改木偶的姿势（如图4-125）。

Step 16　在70帧处插入帧，复制60帧的姿势，将其粘贴到70帧处。

Step 17　在80帧处插入帧，复制1帧的姿势，将其粘贴到80帧处。

Step 18　预览动画，保存文件。

图4-120　图4-121　图4-122

图4-123　图4-124　图4-125

2. 向形状添加骨骼

向形状添加骨骼是使用IK骨架的第二种方法。在给元件实例添加骨骼时，每个实例只能具有一个骨骼。而在给形状添加骨骼时，可以向单个形状的内部添加多个骨骼。向单个形状或一组形状添加骨骼之前必须选择所有形状。在将骨骼添加到所选内容后，Flash 将所有的形状和骨骼转换为 IK 形状对象，并将该对象移动到新的姿势图层。当形状被转换为 IK 形状后，就无法再与IK形状以外的其他形状合并。

下面我们通过实例来演示IK形状的制作方法。

Step 1　从本书的教学资源“第四章/项目文件”目录下找到文件 “练习4–13–猫–反向运动–形状.fla”，打开该文件。舞台上是一个猫的图形。猫分为“猫尾”图层和“猫身”图层（如图4–126）。

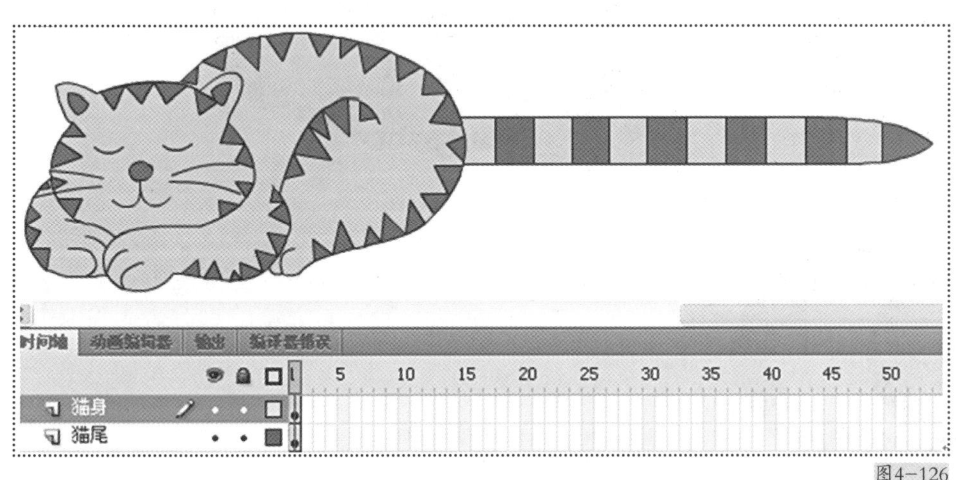

图4–126

Step 2　隐藏猫身以更好地向猫尾添加骨骼。

Step 3　向形状添加骨骼：用选择工具选取整个猫的图形，然后用骨骼工具从猫尾巴的根部点击拖动（如图4–127），然后从第一个骨骼的尾部点击拖动，直到尾巴的尖部（如图4–128）。“猫尾”图层的形状和骨骼都被移入“骨架_1”姿势图层上。

Step 4　在形状不变的情况下更改骨骼：图4–128的线性骨架不够直，下面修改骨骼。在工具栏中选择部分选择工具，点击骨骼的根部或尾部拖移（如图4–129）。重复该操作，直到整条骨骼变直（如图4–130）。显示猫身。

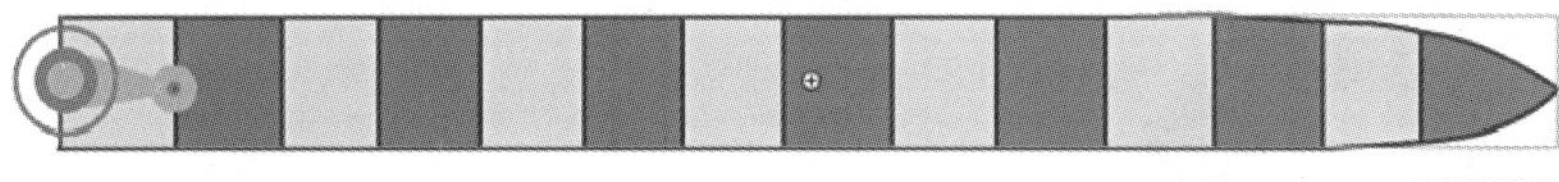
图4–127

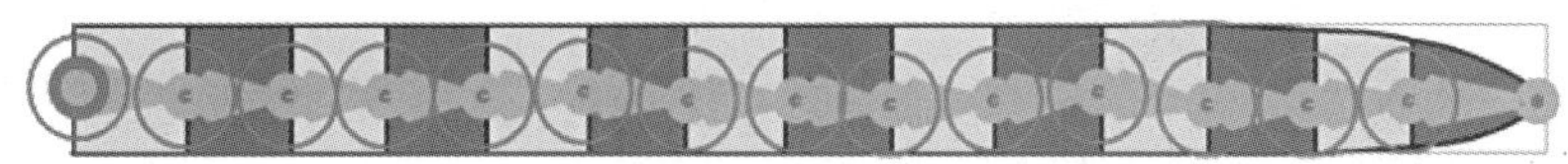
图4–128

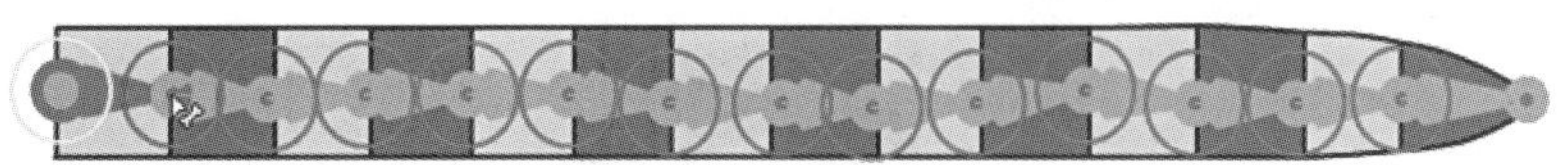
图4–129

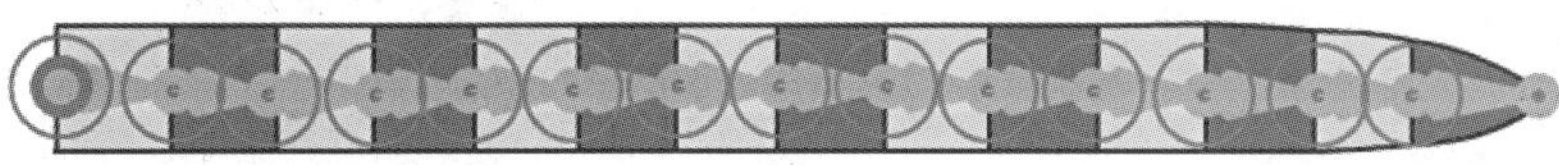
图4–130

Step 5　用选择工具拖住尾巴的尖端移动，若要拖动某一骨骼以下的骨骼，而不影响上级骨骼时，选择该骨骼，按住【Shift】键拖动。将猫尾重新定位（如图4–131）。

Step 6　在20帧处为"猫身"和"骨架_1"图层加帧。

Step 7　把播放头放在20帧处，重新定位猫尾（如图4–132）。按【Enter】键预览动画。

Step 8　在40帧处为"猫身"和"骨架_1"图层加帧。

图4–131

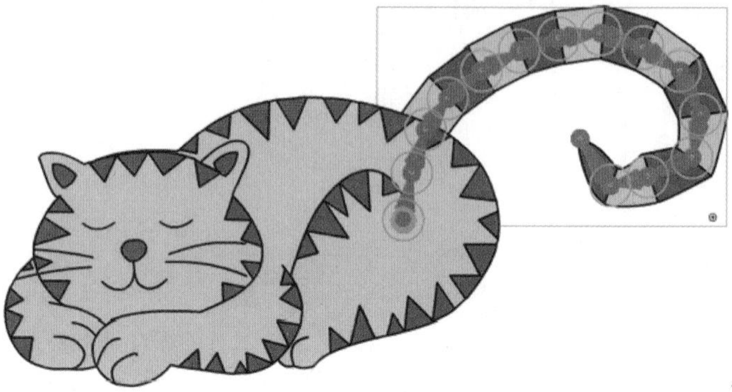

图4–132

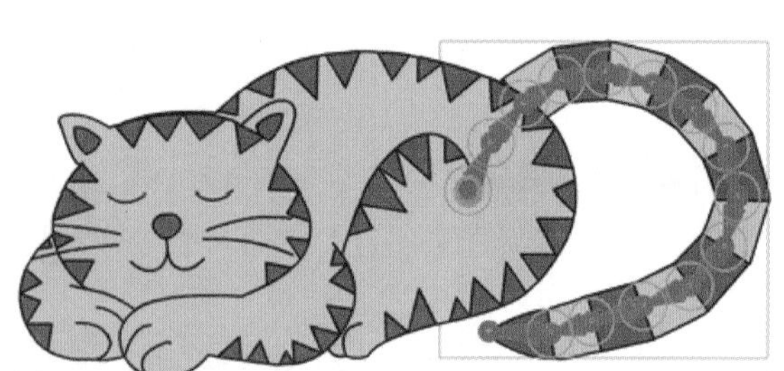

图4–133

Step 9　按【Ctrl】键点击"骨架_1"图层上的第一帧选择该帧，点击鼠标右键，在上下文菜单中选择"复制姿势"，然后选择第40帧，在上下文菜单选择"粘贴姿势"。按【Ctrl+Enter】键预览动画。

Step 10　在70帧处为"猫身"和"骨架_1"图层加帧。

Step 11　重新定位尾巴的姿势（如图4–133），预览动画。

Step 12　猫尾的动画制作完成。锁住"猫尾"图层。

Step 13　用选择工具选取整个猫身。

Step 14　用骨骼工具从猫的臀部拖到猫的背部，得到一条骨骼（如图4–134）。

Step 15　用骨骼工具从猫的臀部拖到猫的后腿部，得到一条骨骼（如图4–135）。

Step 16　用骨骼工具再从猫的臀部拖到头部（如图4–136）。骨骼和猫身都被移到姿势图层"骨架_2"中。下面我们来制作猫呼吸时身体的起伏动画。

图4–134

图4–135

图4–136

Step 17　把鼠标移到30帧处，将连接到背部和头部的骨骼往上拖一点，将连接到臀部的骨骼往下拖一点（如图4–137）。猫的前肢随着头部骨骼往上抬，同时右边的前肢又随着臀部骨骼往下拉，这样使得右前肢有点变形。

Step 18　用鼠标点击骨骼工具不放，在下拉工具中选择绑定工具。猫身上呈现出蓝色的形状点（如图4–138）。

Step 19　显示骨骼上连接的形状点：用绑定工具点击连接到头部的骨骼。被连接到该骨骼的形状点以黄色方形显示（如图4–139）。再点击臀部的骨骼，显示连接到该骨骼的形状点（如图4–140）。可以看出右前肢的形状点分别连接在这两个骨骼上，因此拖到骨骼时容易扭曲。解决的方法是在右前腿上添加一条骨骼。

Step 20　删除姿势：把播放头放在第30帧处，右点击鼠标，在上下文菜单中选择“删除姿势”。

Step 21　把播放头放在第1帧处，用骨骼工具添加一条骨骼连接到前腿（如图4–141）。

Step 22　为了有更好的效果，还可以再添加一个骨骼（如图4–142）。

图4–137

图4–138

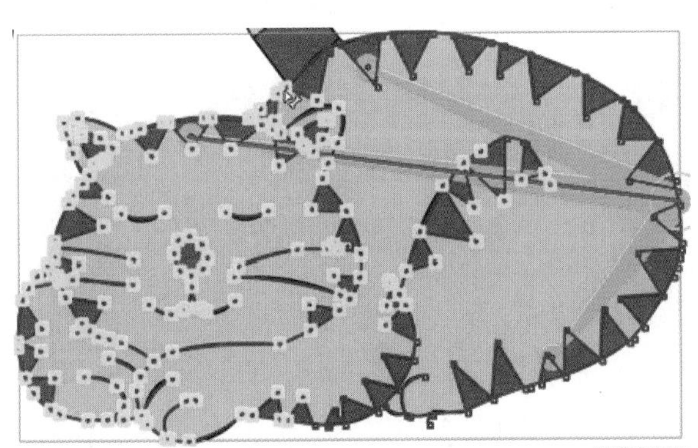

图4–139

图4–140

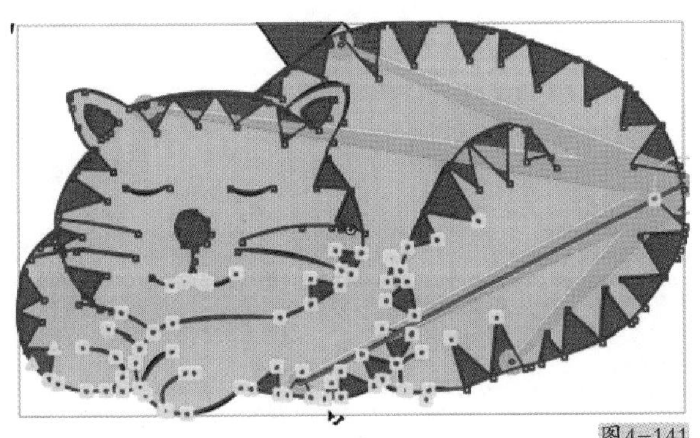

图4–141

图4–142

图4-143

Step 23　把播放头放在30帧处，用选择工具移动骨骼（如图4-143）。

Step 24　复制第1帧的姿势到第60帧。并在100帧处为所有图层加帧。预览动画。

Step 25　如果想要更改动画效果，可以多添加几个骨骼来分散形状点。保存文件。

4.1.6　遮罩层动画

遮罩效果是通过遮罩层来指定下面图层中需要显示的内容。遮罩层区域以外的部分被隐藏。通过对遮罩层添加动画，可以模拟望远镜、探照灯、过渡等各种复杂的效果。遮罩层的内容可以是填充的形状、文字对象、图形元件的实例或影片剪辑。

Step 1　从本书的教学资源“第四章/项目文件”目录下找到文件 “练习4-14-文字-遮罩层动画.fla”，打开该文件。舞台上有一首诗歌（如图4-144）。下面我们通过遮罩层指定其显示区域。

Step 2　新建一个图层，在图层上绘制一个矩形（如图4-145）。

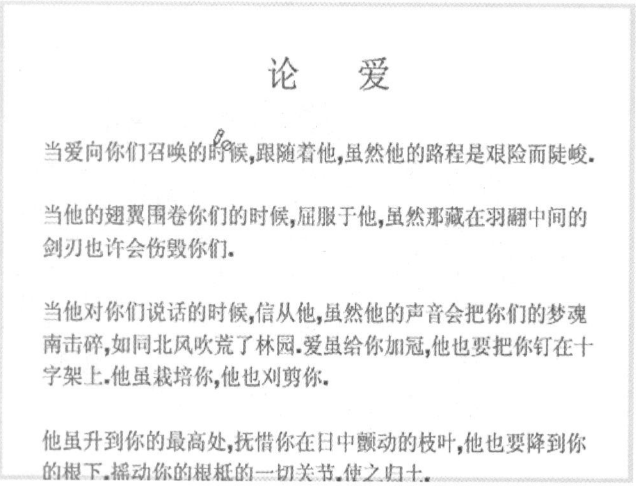

论　爱

当爱向你们召唤的时候,跟随着他,虽然他的路程是艰险而陡峻.

当他的翅翼围卷你们的时候,屈服于他,虽然那藏在羽翮中间的剑刃也许会伤毁你们.

当他对你们说话的时候,信从他,虽然他的声音会把你们的梦魂南击碎,如同北风吹荒了林园.爱虽给你加冠,他也要把你钉在十字架上.他虽栽培你,他也刈剪你.

他虽升到你的最高处,抚惜你在日中颤动的枝叶,他也要降到你的根下.摇动你的根柢的一切关节.使之归土.

图4-144

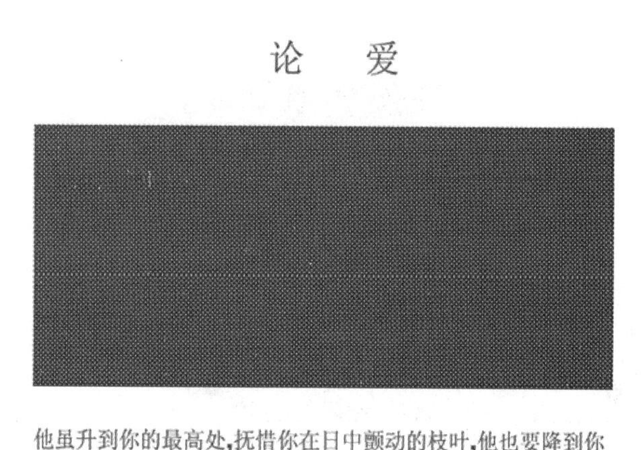

图4-145

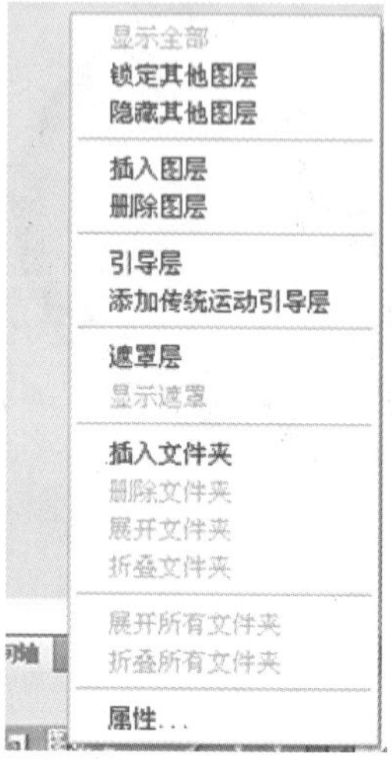

显示全部
锁定其他图层
隐藏其他图层
插入图层
删除图层
引导层
添加传统运动引导层
遮罩层
显示遮罩
插入文件夹
删除文件夹
展开文件夹
折叠文件夹
展开所有文件夹
折叠所有文件夹
属性...

图4-146

Step 3　创建遮罩层：将鼠标移到时间轴窗口的“图层2”上，点击鼠标右键，在上下文菜单中选择“遮罩层”（如图4-146）。舞台上黑色矩形以外部分的文字被隐藏，原有的图层被显示为遮罩层与被遮罩层的标识（如图4-147）。在默认状态下，遮罩层与被遮罩层都被锁定，若把锁解开，遮罩效果将不会启用。

Step 4　为文字制作移动动画：解开文字图层的锁。为文字图层添加向上移动的补间动画（如图4-148）。把后面一个关键帧移到300帧处。

Step 5　为遮罩层解锁， 在300帧处按F5为该图层添加帧。

Step 6　为两个图层上锁，预览动画。

Step 7　若需要文字移动得慢些，可以加长动画。保存文件。

当爱向你们召唤的时候,跟随着他,虽然他的路程是艰险而陡峻.
当他的翅翼围卷你们的时候,屈服于他,虽然那藏在羽翮中间的剑刃也许会伤毁你们.
当他对你们说话的时候,信从他,虽然他的声音会把你们的梦魂
时间轴
动画编辑器
输出
编译器错误
1 5 10 15 20 25 30 35 40 45
图层 2
诗歌
图4-147

觉得你配,他就导引你.
爱没有别的愿望,只要成全自己.
但若是你爱,而且需求愿望,就让以下的做你的愿望吧:溶化了你自己,像溪流般对清夜吟唱着歌曲.要知道过度温存的痛苦.让你对于爱的了解毁伤了你自己;而且甘愿地喜乐地流血.清晨醒起,以喜飏的心来致谢这爱的又一日;日中静息,默念爱的浓欢;晚潮退时,感谢地回家;然后在睡时祈祷,因为有被爱者在你心中,有赞美之歌在你的唇上.
图4-148

4.2 动画运动规律与应用

讲到动画制作我们不能不先谈谈运动规律。任何事物都有各自的运动规律，这需要我们平时对周围事物进行细心观察，认真分析，总结经验。对于动画的初学者或非专业人员来说，通过现代版的转描技术（Rotoscoping）来进行动画制作是一个不错的方法，也就是先将需要制作动画的对象（如人物行走），用数码相机拍摄下来（如图4-149），然后将影像导入进Flash或其他动画软件中，最后通过在软件中直接把影像中的每一帧描摹出来得到所需的动画。通过这种方法可以不断地积累经验，总结规律。

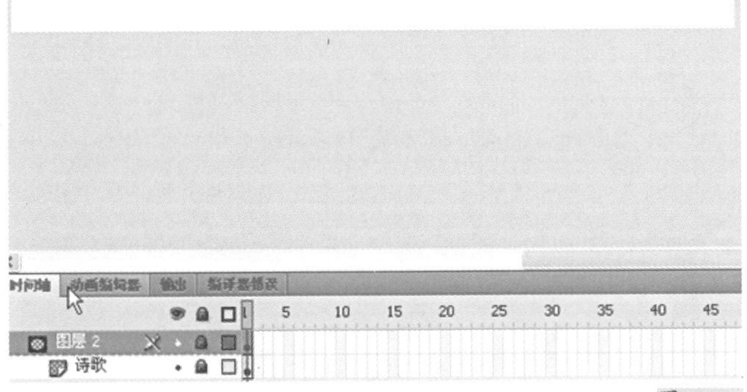

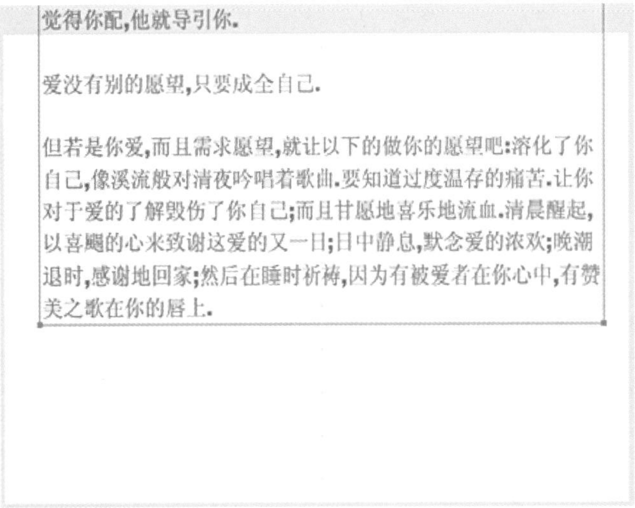

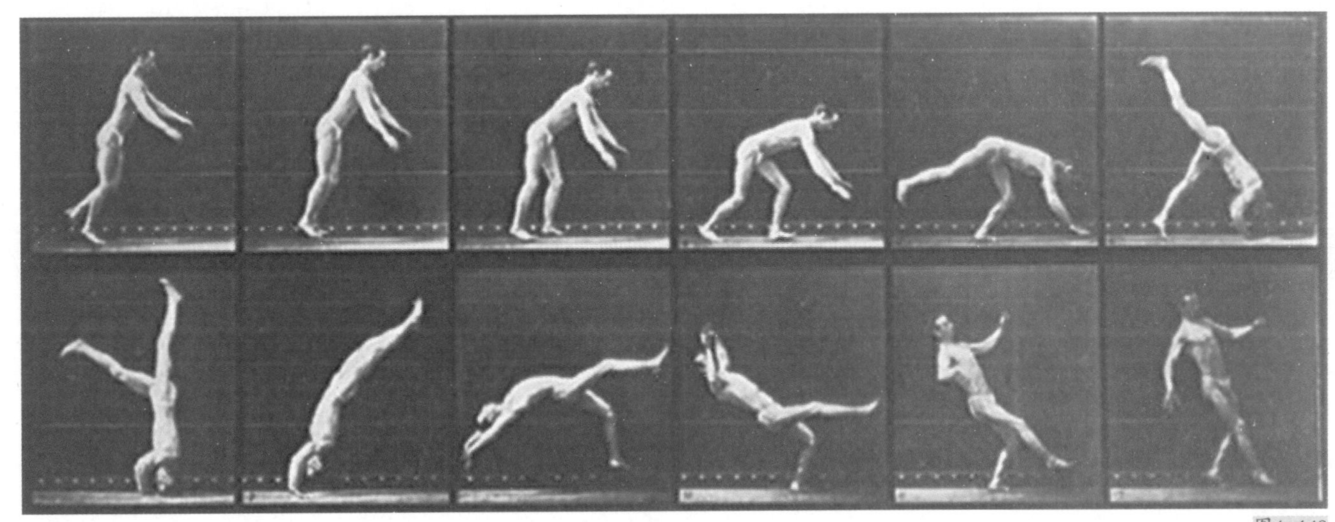

图4-149

4.2.1　时间、距离、帧数与速度的关系

任何物体在运动中，其运动的距离和运动的时间决定了其运动的基本特征与节奏，龟兔赛跑和下落的气球与铅球就是两个最典型的实例。在动画制作的过程中，除了要考虑物体运动的时间与距离外，还要考虑两张原画（关键帧）之间的中间画（一般帧）的多少。在动画制作中时间、距离、帧数与运动物体的速度关系如下（如图4-150）：

时间：完成一项动作所需的时间长度。在同等距离或动作幅度的情况下，时间越长，运动物体的速度越慢；反之，时间越短，速度越快。

距离：指完成一项动作从开始到终止之间的距离或幅度。距离越长幅度越大，所需的时间越长。

帧数：两个关键帧之间的中间帧的多少。在同等距离或动作幅度的情况下，中间帧越多运动物体的速度越慢，越平滑；反之，中间帧越少，动作越快越急促。

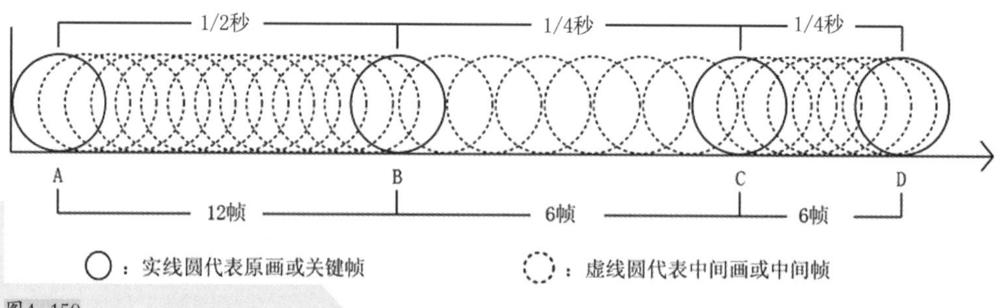

图4-150

4.2.2　匀速、加速、减速与物体的运动节奏

根据物体运动的速度，可以将物体的运动方式分为匀速运动、加速运动和减速运动（如图4-151）。

匀速运动：是指物体始终以一种速度来完成一项运动。在动画制作中，将两张原画之间的中间画保持相同的距离以得到匀速运动的效果。

加速运动：是指物体在运动过程中速度越来越快。在两张原画之间的中间画的距离逐渐增大，荧幕上的动画效果由慢变快。通常加速运动的动画用来表现速度和力量。

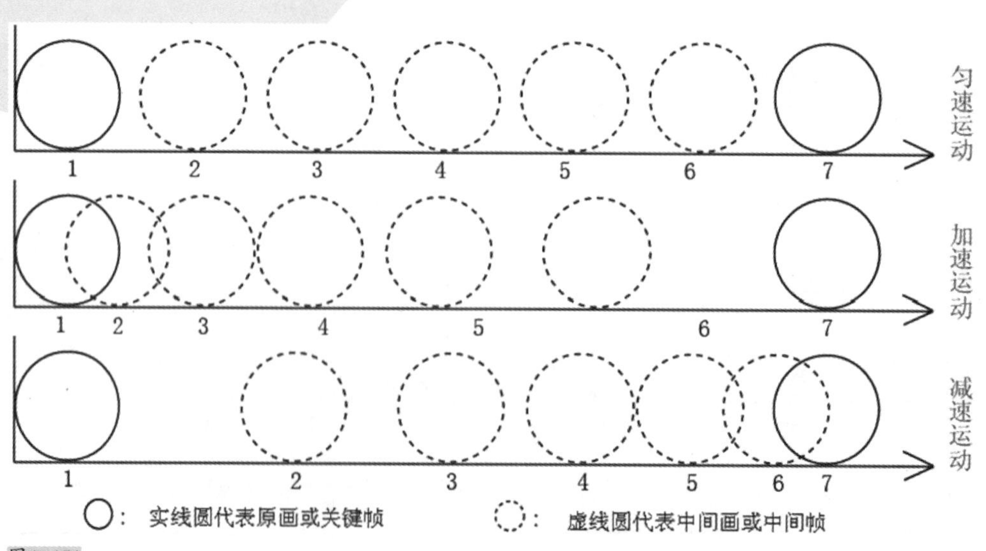

图4-151

减速运动：是指物体在运动过程中速度逐渐变慢。在两张原画之间的中间画的距离逐渐减小，荧幕上的动画效果由快变慢。这种动画效果一般用来强调动作本身或表现抒情的戏剧效果。

在现实生活中，任何物体在完成一套动作时很少以始终如一的运动速度来进行，在运动中可能存在加速、匀速和减速的过程。拿100米短跑比赛来说，枪响后，运动员起跑时是从最慢的速度加速到最快的速度，然后保持匀速的最快速度冲刺到终点，到达终点后，运动员会逐渐减速到停止下来。

4.2.3 一般运动规律

事物的一般运动规律与牛顿定律有关，也就是与力学有关。自然界中的物体由于其重量、材质和结构各不相同，使得它们对力的反应也各不一样。动画的运动规律是在遵循事物的一般运动规律的基础上对物体运动进行夸张表现。通常，我们将动画的运动规律分为惯性运动、弹性运动、曲线运动三大类型。

1. 惯性运动

牛顿第一定律告诉我们，任何物体在不受任何外力的作用下，总保持匀速直线运动状态或静止状态，直到有外力迫使它改变这种状态为止。这也是我们通常所讲的惯性定律。物体的惯性大小由物体的质量来决定，质量越大的物体，其惯性运动越难改变。比如用同样大小的力分别来推一个坐立的小孩和一个坐立的大人时，小孩很容易被推动，而大人可能会纹丝不动。又比如在急刹车时，大货车比小汽车更难停止下来。

在动画制作过程中，动画师经常会用夸张变形的手法来表现惯性以得到更有冲击力的艺术效果。如图4–152中汽车在刹车时夸张变形的效果。

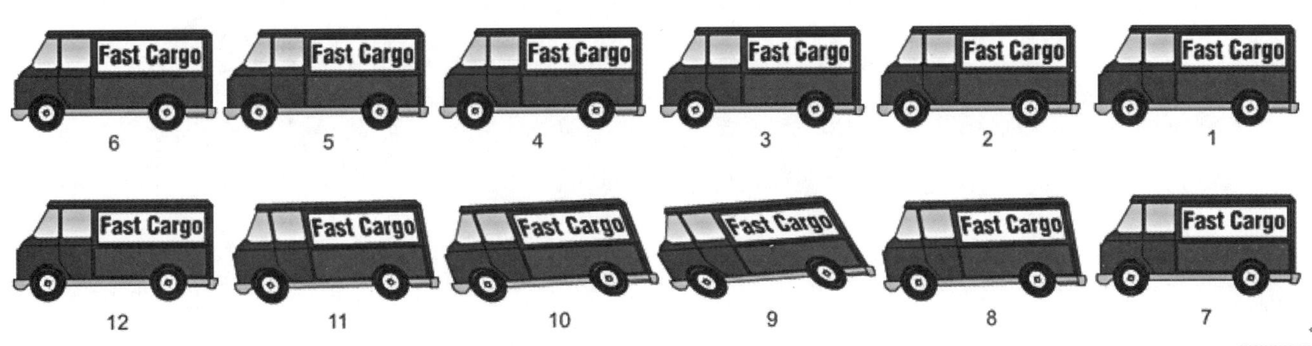

图4–152

实例——货车的惯性运动

Step 1 打开本书教学资源“第四章/项目文件”目录下的文件“练习4–15–货车–惯性运动.fla”，库中有组成货车的各个元件（如图4–153）。

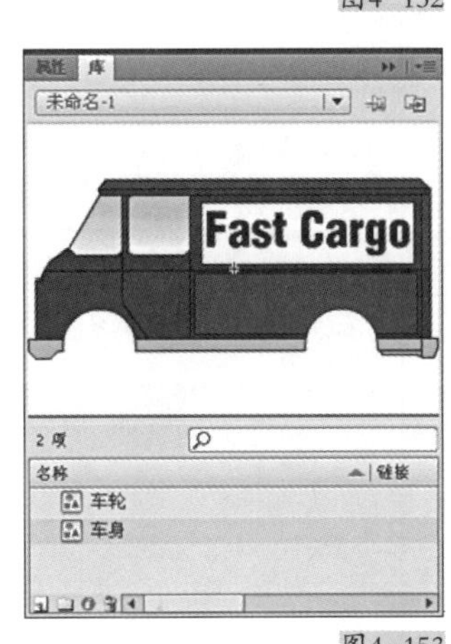

图4–153

Step 2 新建并命名图层，把不同的货车部分放置在不同的图层上（如图4–154）。

Step 3 在第15帧处为所有图层添加关键帧，在舞台上选择所有车轮和车身，将它们平移到舞台中间（如图4–155）。

Step 4 为所有图层添加传统补间动画，预览动画（如图4–156）。

Step 5 为所有图层在第18帧和21帧处添加关键帧（如图4–157）。

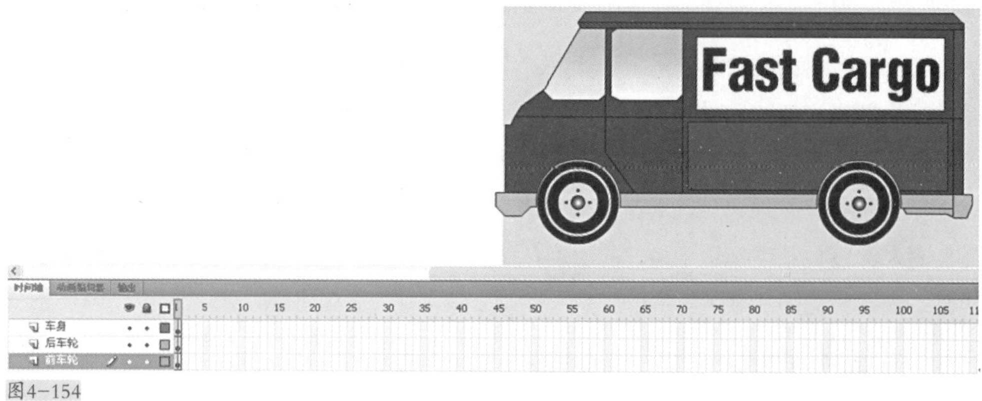

图4-154

图4-155

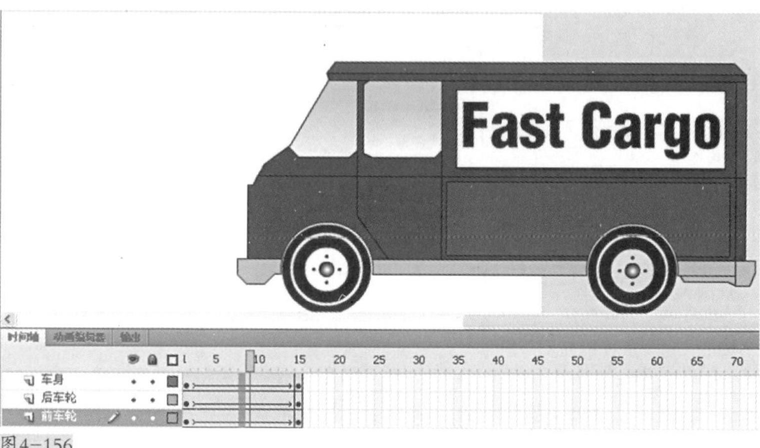

图4-156

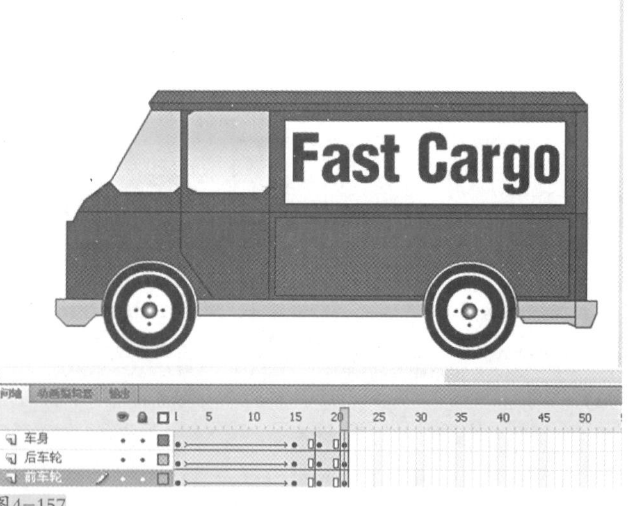

图4-157

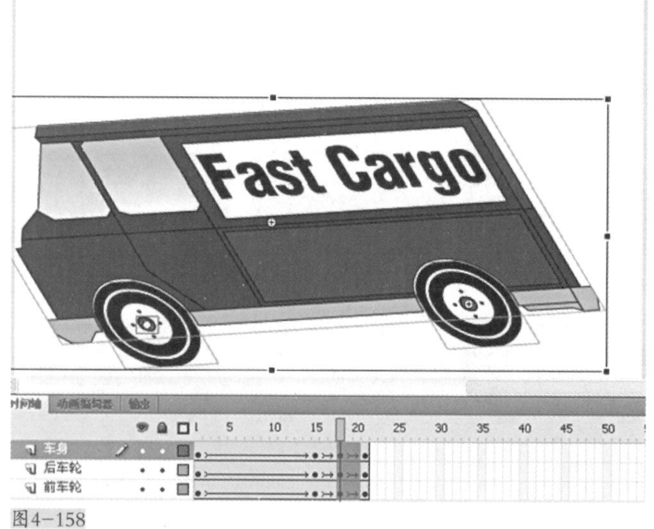

图4-158

图4-159

Step 6　在第18帧处选择舞台上所有车轮和车身，用自由变形工具将旋转中心移到前车轮的中心位置，然后对货车进行旋转变形（如图4-158）。最后为所有图层的关键帧之间创建传统补间动画。预览动画。

Step 7　新建一个图层，在20帧处创建插入关键帧，执行菜单栏命令“窗口”>“动作”，打开动作面板，在面板中为第20帧输入一个“stop”语句（如图4-159）。

Step 8　预览动画，保存文件。

2. 弹性运动

任何物体在受外力作用时都会发生形状的改变，变形的程度根据物体的特性不同而不同，物体变形时会产生弹力；当外力消失后物体会恢复到原有的状态，弹力也随之消失。这种因外力而产生变形的运动被称为弹性运动。如皮球和弹簧的运动就是典型的弹性运动（如图4-160）。

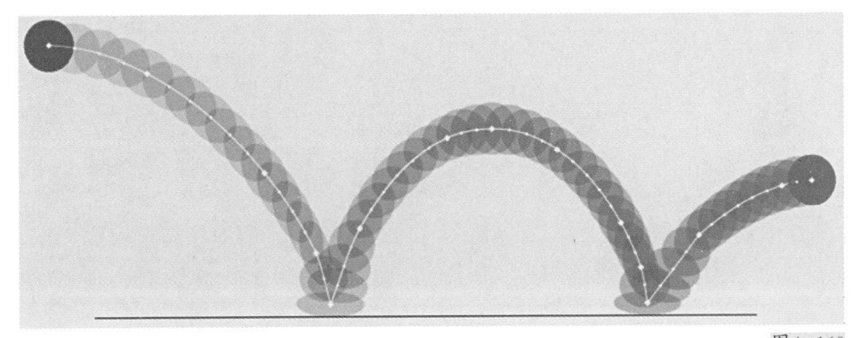
图4-160

弹力是普遍存在的。皮球和铅球在受外力时都会产生弹力，只是由于它们的质地和结构不一样，皮球的弹力更为明显而铅球的弹力则难以感觉得到。在实际生活中，大多数物体在外力作用下的弹性运动都很难被肉眼察觉得到；而在动画片中，动画大师们通常对弹力进行夸张处理以增强影片的戏剧效果。

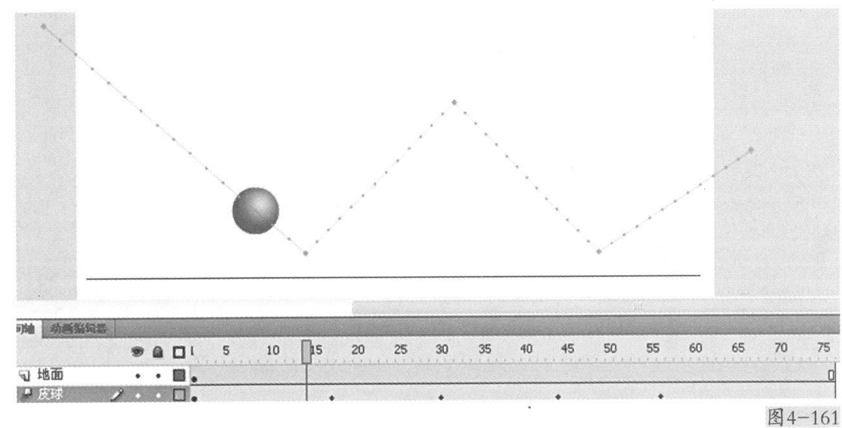

图4-161

实例——弹性皮球

Step 1　新建一个600x400的文件。

Step 2　在舞台上绘制一条水平线作为地面，将该图层锁定。

Step 3　新建一个图层，在舞台上绘制一个球，并将其转换成影片剪辑元件。

Step 4　为该皮球添加补间动画，分别在17、30、44帧处插入关键帧，并移动皮球的位置（如图4-161）。预览动画。

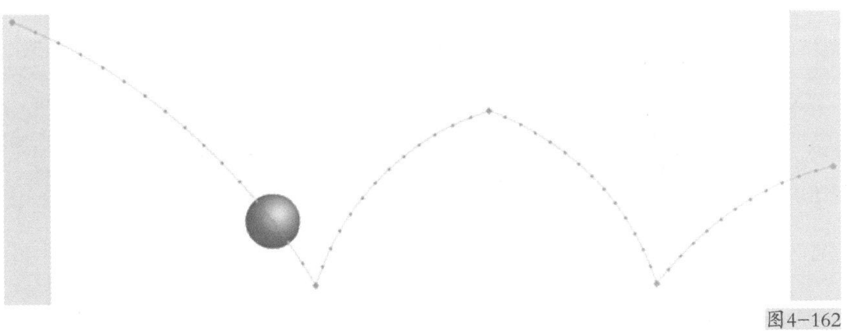
图4-162

Step 5　用选择工具将皮球的运动路径拖拉成曲线（如图4-162）。

Step 6　用转换锚点工具将舞台上的关键帧点转换成曲线点，并用直接选择工具拖动锚点和方向线进一步修改运动路径（如图4-163）。预览动画。

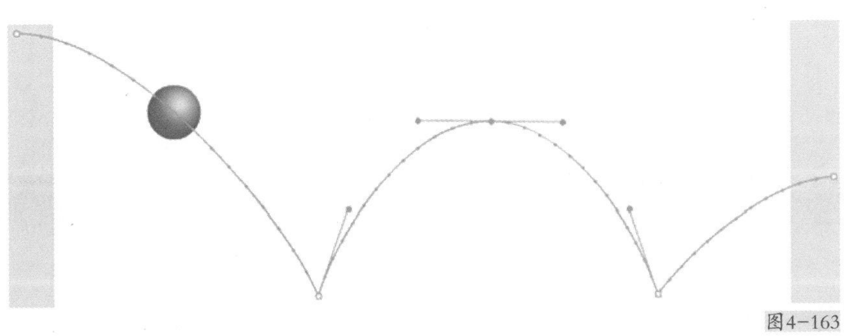
图4-163

Step 7　分别在5、11、15、21、27、35、40、42、48、54帧处添加关键帧。

Step 8　执行菜单栏命令“窗口”>“变形”打开变形面板。

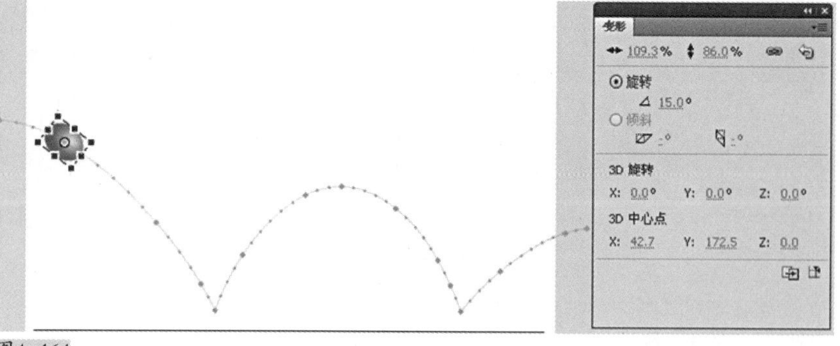

图4-164

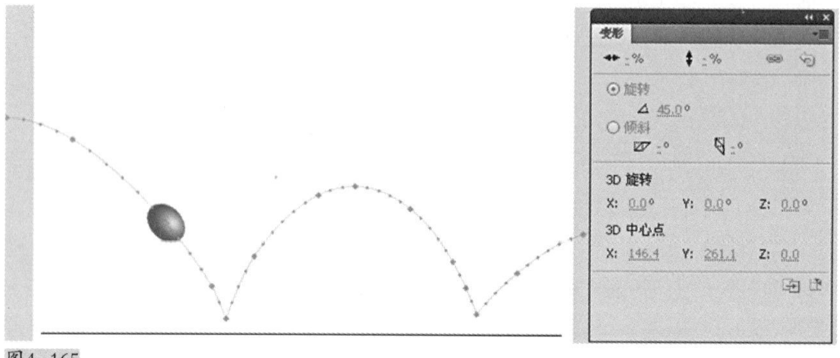

图4-165

Step 9 将播放头移到第5帧处，用任意变形工具将皮球变形，并旋转一定的角度，留意变形面板中旋转的角度为15.0° 左右（如图4-164）。注意在变形过程中，变形面板中的X、Y缩放值相加后为200左右。这样皮球的实际大小不会变化。

Step 10 将播放头移到第11帧处，用任意变形工具将皮球变形，并旋转一定的角度，留意变形面板中旋转的角度为45° 左右（如图4-165）。

Step 11 将播放头移到第15帧处，用任意变形工具将皮球变形，并旋转一定的角度，留意变形面板中旋转的角度为60° 左右（如图4-166）。

Step 12 将播放头移到第17帧处，用任意变形工具将皮球变形，并旋转一定的角度，留意变形面板中旋转的角度为90° 左右（如图4-167）。

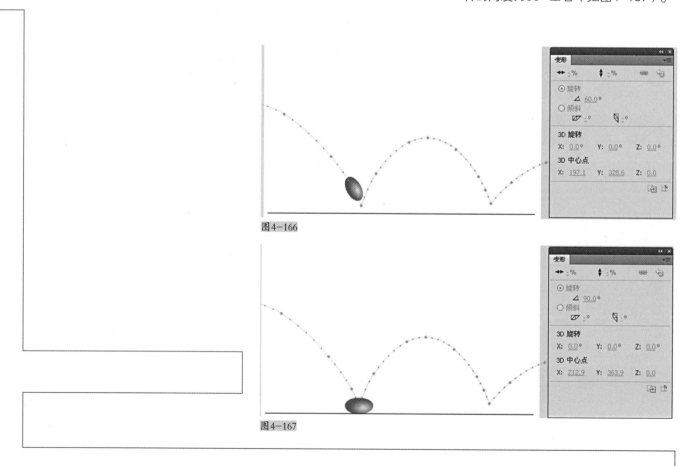

图4-166

图4-167

Step 13　将播放头移到第21帧处，将皮球旋转一定的角度，留意变形面板中旋转的角度为130°左右，并用任意变形工具将皮球变形（如图4-168）。

Step 14　将播放头移到第27帧处，将皮球旋转一定的角度，留意变形面板中旋转的角度为160°左右，并用任意变形工具将皮球变形（如图4-169）。

Step 15　播放头移到第30帧处，将皮球旋转一定的角度，留意变形面板中旋转的角度为180°左右，并用任意变形工具将皮球恢复到原始大小（如图4-170）。

Step 16　接下来的步骤和前面的操作一样，要注意的是保持皮球的大小不变，旋转的角度以顺时针的方向递增。在最后一个关键帧时，旋转的度数为360°（如图4-171）。

Step 17　预览动画，保存文件。

3. 曲线运动

曲线运动是指物体在运动过程中受到与它运动方向成一定角度的外力时而产生的运动。比如抛出去的铅球，在前进的过程中，受到重力和空气的阻力作用不断往下降落。这时，铅球运动的轨迹呈一道弧形曲线，即我们通常所说的抛物线。

曲线运动一般分为三种：弧形运动、波形运动和S形运动。其中弧形运动比较简单，而波形运动和S形运动比较复杂。

- 弧形运动：是指物体在运动过程中运动轨迹呈弧形路径的运动（如图4-172）。如上面所讲到的抛物线运动。常见的弧形运动还有簧片的运动、手臂的挥舞、钟摆的摆动、韧性较强树枝的运动等（如图4-173）。

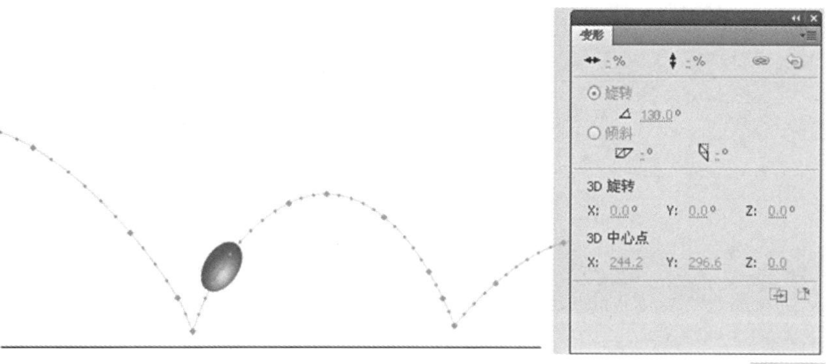

图4-168

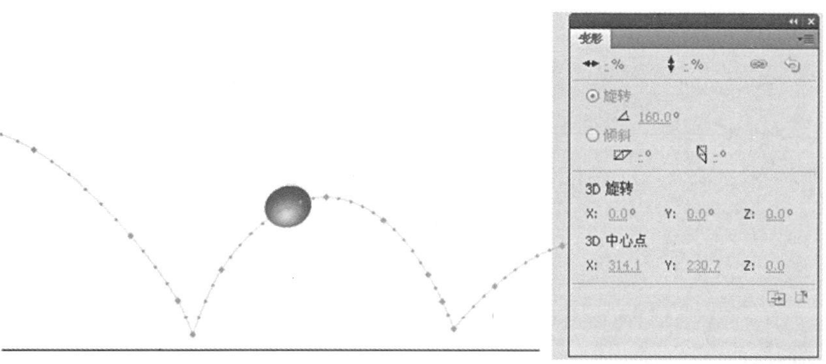

图4-169

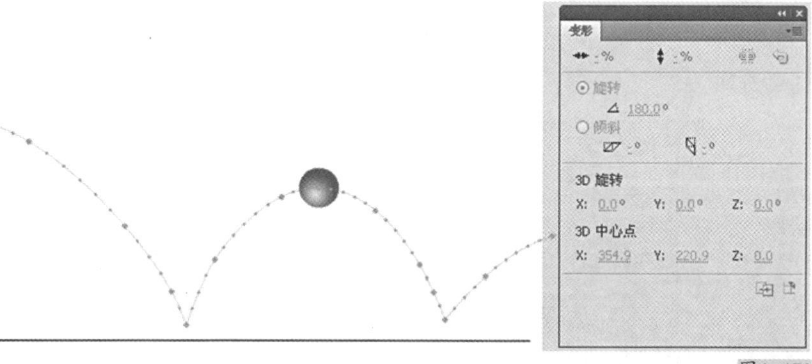

图4-170

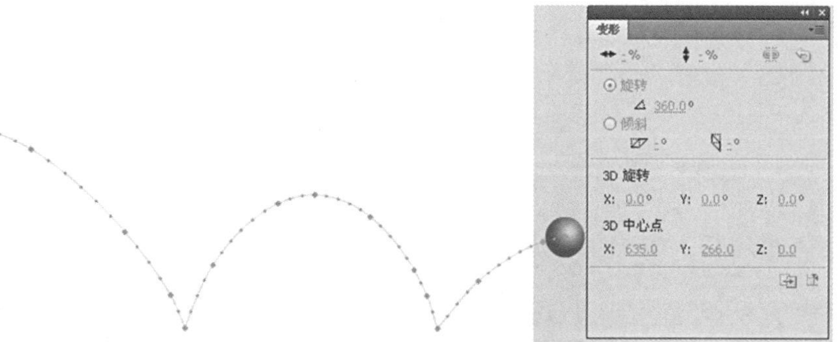

图4-171

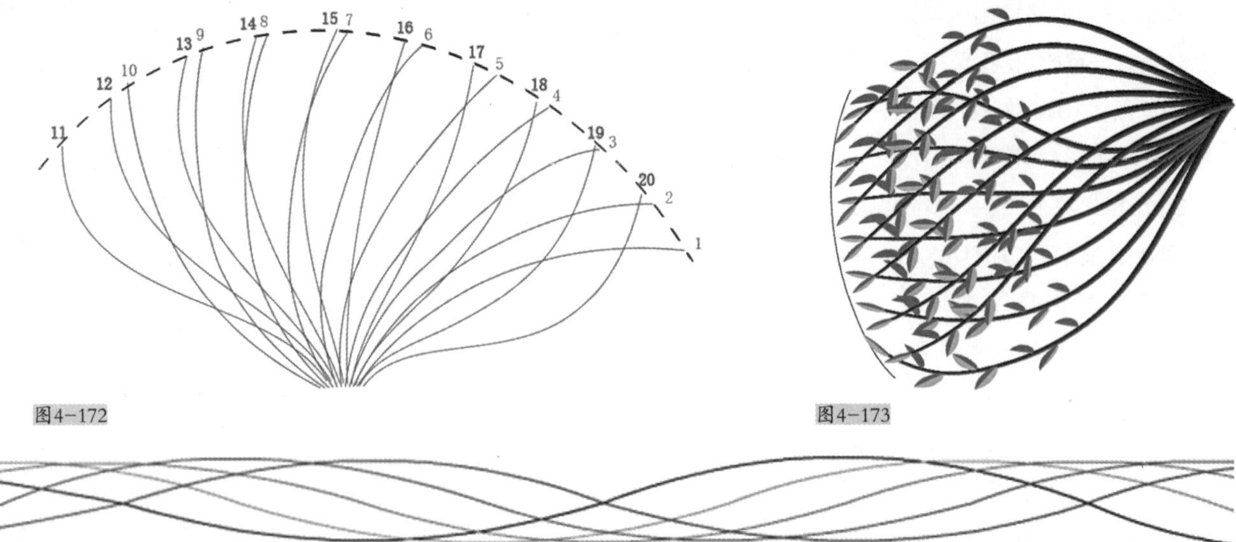

图4-172

图4-173

图4-174

- ◆ 波形运动：一般指质地柔软的物体在外力的作用下运动轨迹呈波形路径的运动（如图4-174）。如我们常见的彩旗飘舞、头发的飘动、鱼游水时身体的左右摆动等。
- ◆ S形运动：是指运动物体本身的运动轨迹呈S形，或是细长物体末端的质点的运动轨迹呈S形（如图4-175）。常见的S形运动有动物的长尾巴、鸟的大翅膀等。

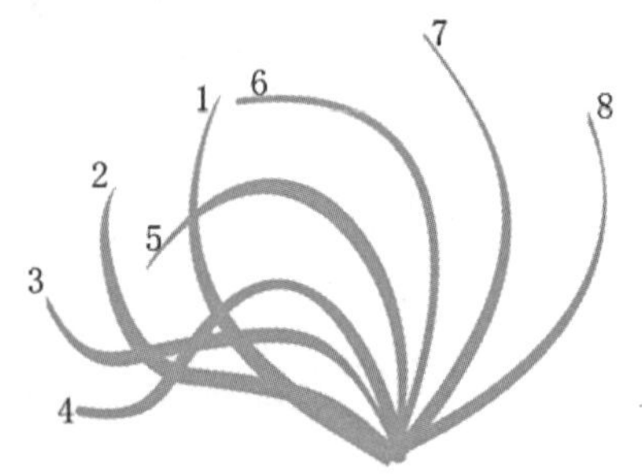

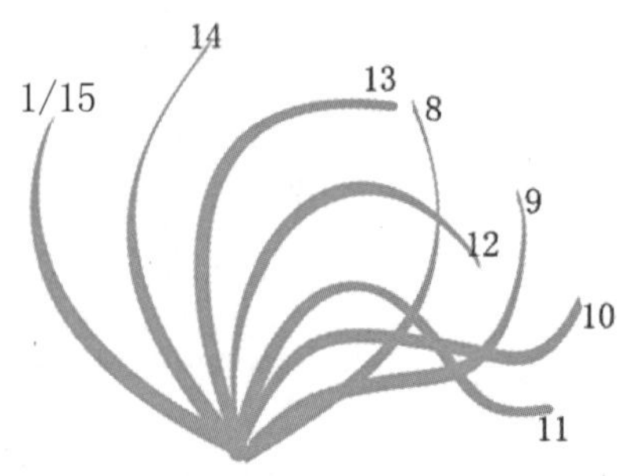

图4-175

实例——波浪

Step 1　新建一个大小为600x400的Flash文档。执行菜单栏命令“视图”>“标尺”来显示标尺，从舞台上面的标尺中拖出三条辅助线，上下两条作为波浪起伏的幅度（如图4-176）。

Step 2　执行菜单栏命令“视图”>“辅助线”>“编辑辅助线”，在弹出的对话框中将辅助线的颜色改为黑色（如图4-177）。执行“视图”>“辅助线”>“锁定辅助线”。

图4-176

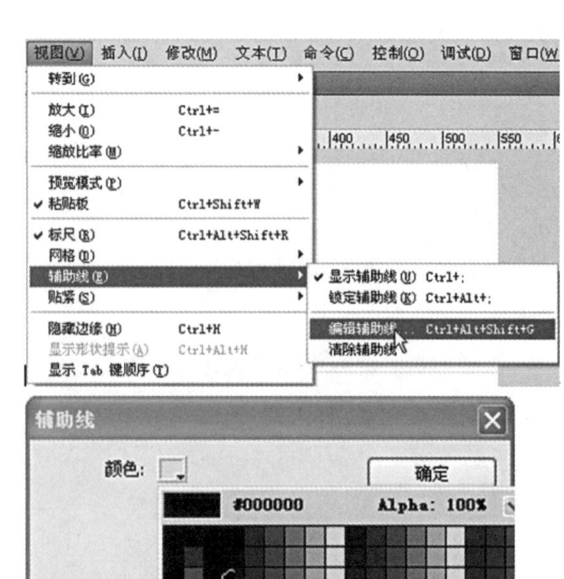

图4-177

Step 3　在中间那根参考线处绘制一条直线，然后从舞台左边的标尺中拖出辅助线（如图4-178）。

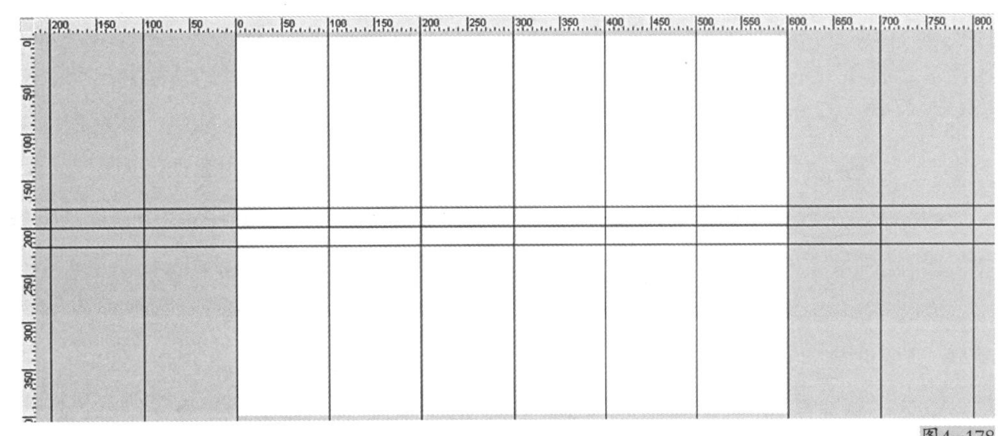

图4-178

Step 4　用添加锚点工具在中间的直线与垂直辅助线相交处每隔一个添加一个锚点。用选择工具拖动直线将其形状更改为波浪线（如图4-179）。

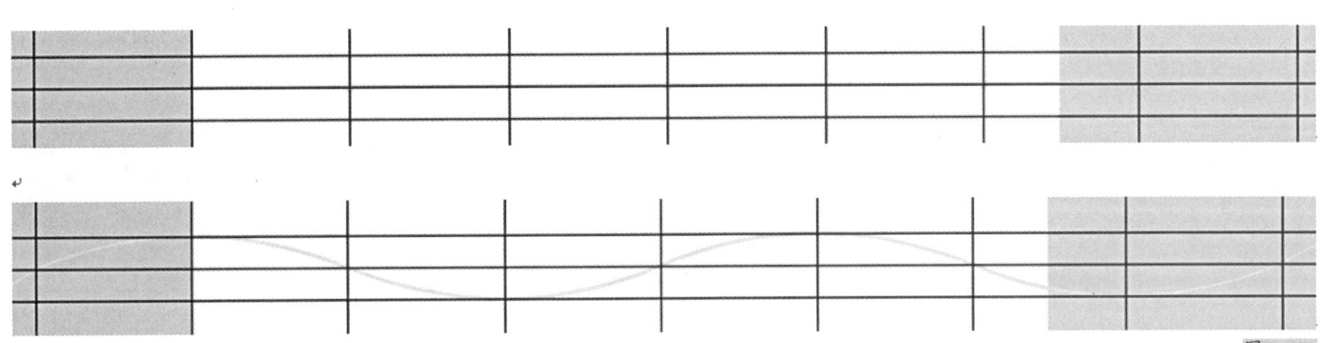

图4-179

Step 5　在第5帧处插入关键帧，启动时间轴面板下面的“绘图纸外观”按钮。在波形运动中，第1帧和第5帧的波浪形正好相反，因此我们用选择工具更改第5帧处波浪的形状（如图4-180）。

Step 6　在第3帧处添加关键帧，在波形运动中，第3帧处的波浪的波峰正好在第1帧和第5帧波形线的相交处。首先用删除锚点工具删除之前添加的锚点，然后在之前没有添加锚点的相交处添加锚点（如图4-181）。

Step 7　用选择工具将第3帧处波浪的波峰拖到第1帧和第5帧波形线的相交处（如图4-182）。

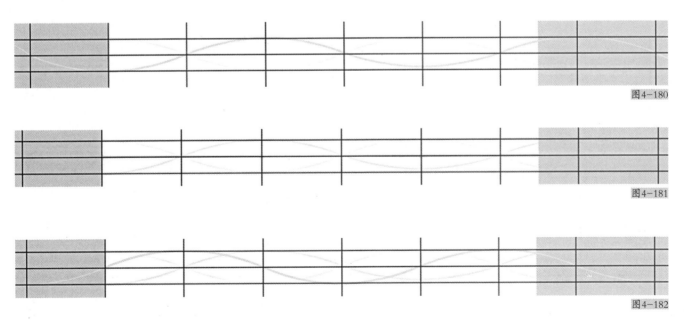

图4-180

图4-181

图4-182

Step 8　在波形运动中，第3帧和第7帧的波浪形正好相反。选择第3帧，点击鼠标右键，在上下文菜单中选择“复制帧”，然后在第7帧处点击鼠标右键，在上下文菜单中选择“粘贴帧”。

Step 9　用选择工具拖动第7帧处的波浪线，让其形状与第3帧相反（如图4–183）。

Step 10　在第4帧处添加关键帧，在波形运动中，第4帧处的波浪的波峰正好在第3帧和第7帧波形线的相交处。首先用删除锚点工具删除之前添加的锚点，然后在两条垂直辅助线的中间位置处添加锚点（如图4–184）。

Step 11　用选择工具将第4帧处波浪的波峰拖到第3帧和第7帧波形线的相交处（如图4–185）。

Step 12　在波形运动中，第4帧和第8帧的波浪形正好相反。选择第4帧，点击鼠标右键，在上下文菜单中选择“复制帧”，然后在第8帧处点击鼠标右键，在上下文菜单中选择“粘贴帧”。

Step 13　用选择工具拖动第8帧处的波浪线，让其形状与第4帧相反（如图4–186）。

Step 14　在第6帧处添加关键帧，在波形运动中，第6帧处的波浪的波峰正好在第4帧和第8帧波形线的相交处。首先用删除锚点工具删除之前添加的锚点，然后在两条垂直辅助线的中间位置处添加锚点（如图4–187）。

Step 15　用选择工具将第6帧处波浪的波峰拖到第4帧和第8帧波形线的相交处（如图4–188）。

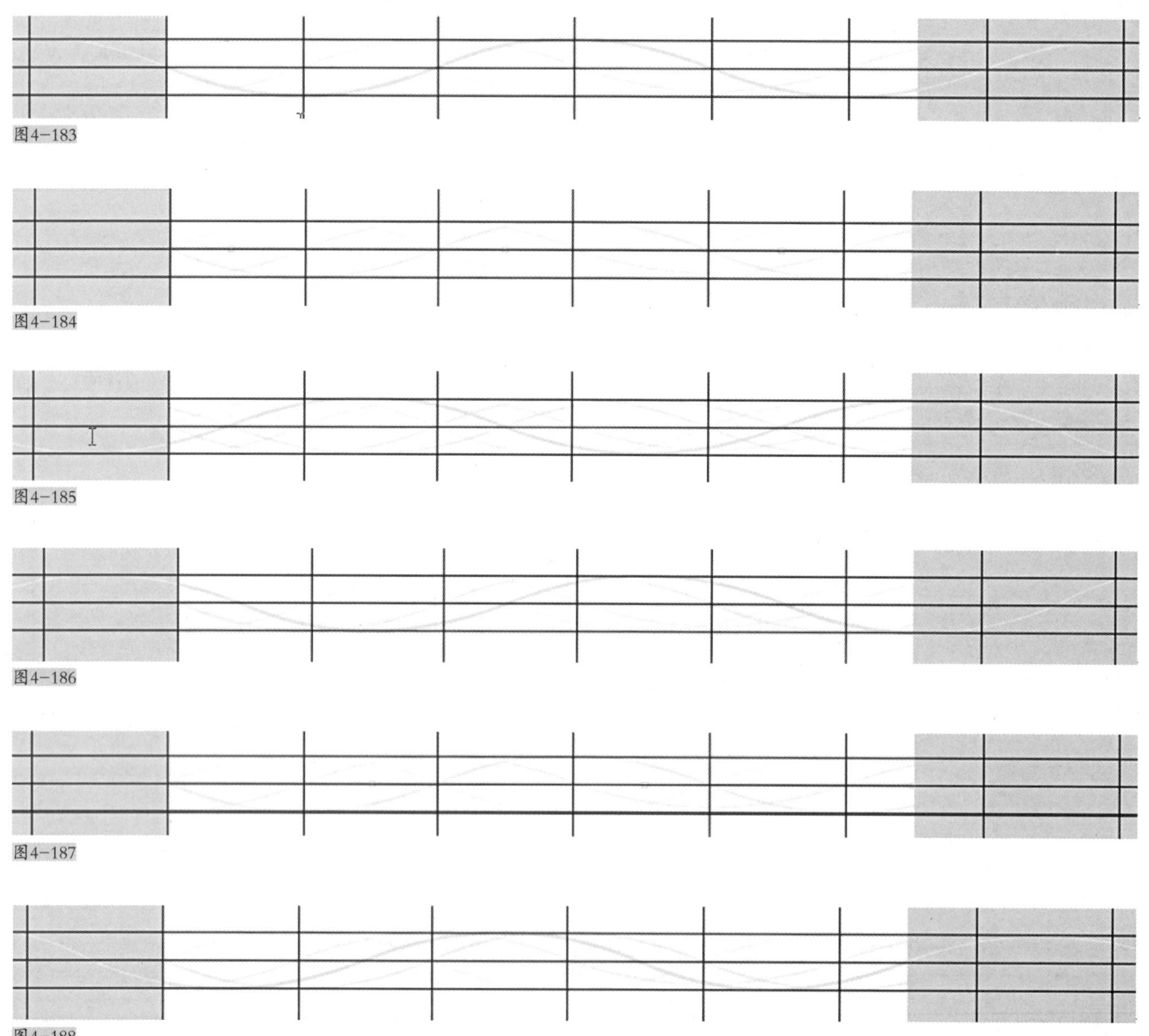
图4–183

图4–184

图4–185

图4–186

图4–187

图4–188

Step 16 在波形运动中，第6帧和第2帧的波浪形正好相反。选择第6帧，点击鼠标右键，在上下文菜单中选择"复制帧"，然后在第2帧处点击鼠标右键，在上下文菜单中选择"粘贴帧"。

Step 17 用选择工具拖动第2帧处的波浪线，让其形状与第6帧相反（如图4-189）。

Step 18 预览动画，保存文件。

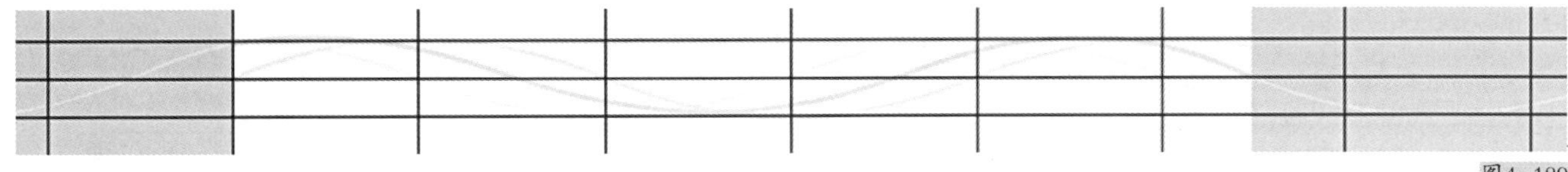

图4-189

实例——小草的摆动

Step 1 打开本书教学资源"第四章/项目文件"目录下的文件"练习4-18-草-弧形运动.fla"，舞台上有一棵小草（如图4-190）。

Step 2 选择整棵小草，用骨骼工具为其添加骨骼（如图4-191）。

Step 3 在第1帧处，用选择工具改变拖动骨骼，为小草添加一个姿势（如图4-192）。

Step 4 在第6帧处点击鼠标右键，在上下文菜单中选择"添加姿势"，然后用选择工具拖到骨骼改变小草的形状（如图4-193）。

Step 5 用同样的方法在第9帧处为小草添加姿势（如图4-194）。

Step 6 用同样的方法在第12帧处为小草添加姿势（如图4-195）。

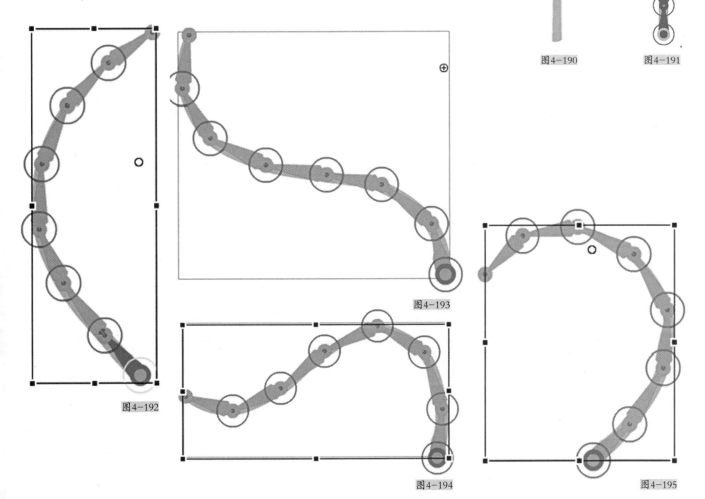

图4-190

图4-191

图4-192

图4-193

图4-194

图4-195

Step 7　用同样的方法在第20帧处为小草添加姿势（如图4–196）。

Step 8　用同样的方法在第25帧处为小草添加姿势（如图4–197）。

Step 9　用同样的方法在第28帧处为小草添加姿势（如图4–198）。

Step 10　用同样的方法在第31帧处为小草添加姿势（如图4–199）。

Step 11　在36帧处插入帧，将第1帧的姿势复制到第36帧处（如图4–200）。

Step 12　预览动画，保存文件。

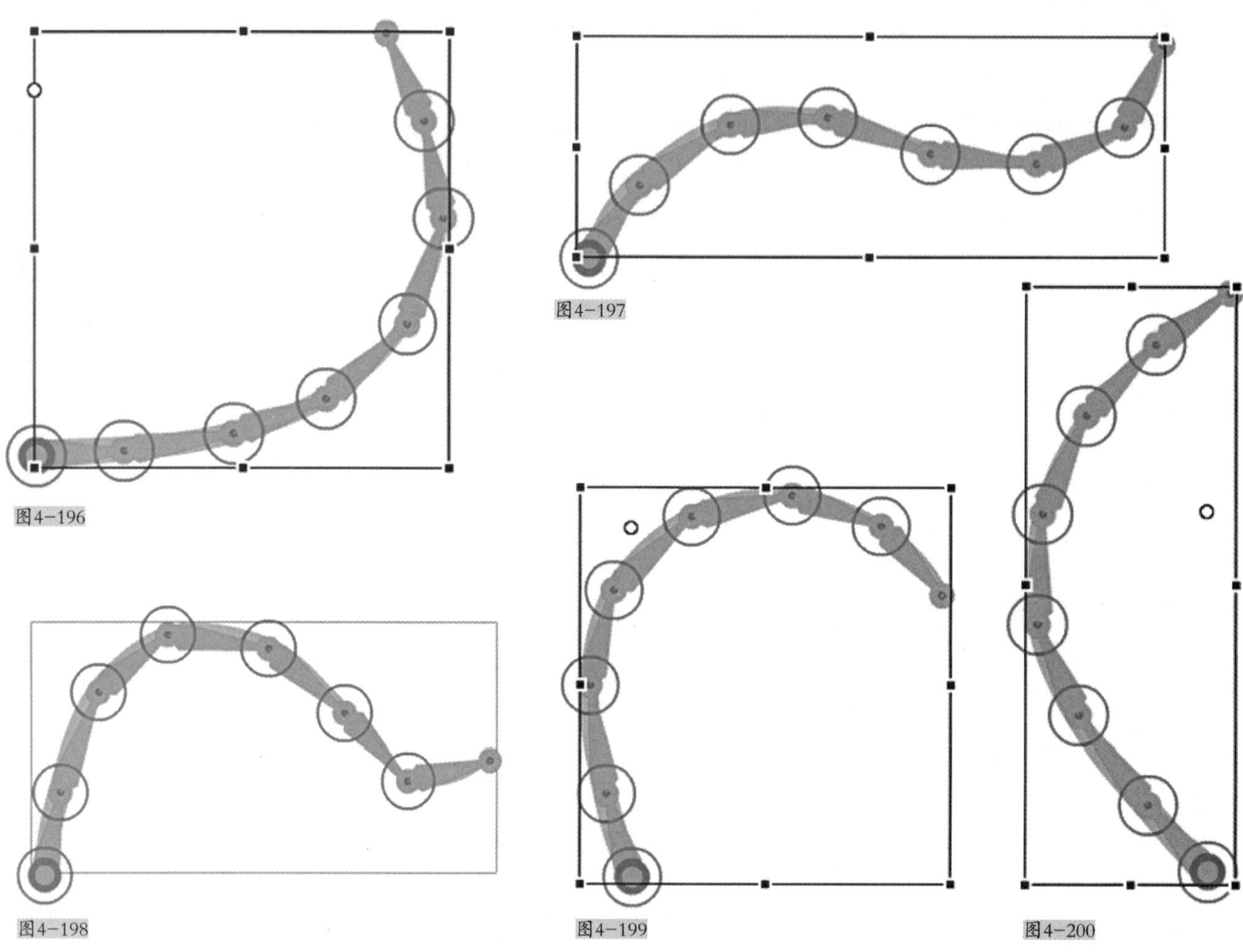

图4–196　图4–197　图4–198　图4–199　图4–200

4.2.4　角色运动规律

角色动画是动画制作中最主要的部分。动画片中角色不仅仅限于人物，任何事物在动画片中都可以成为有生命的角色，比如猫、狗、大树甚至是桌椅、工具等。通常情况下，我们把动画角色分为六大类型：人物角色（包括拟人化的四肢类角色等）、四肢兽类、飞禽类、爬行类、鱼类和昆虫类。只要掌握好了这几类角色的动画，其他的角色都可以在此基础上演变而成。

1.　人物行走动画

人物的行走虽然因年龄、性别、身份和心情不一样而各不相同，但行走时都有一个基本的运动规律。人物在行走时，整个躯干呈波形式前行，两脚踏实着地时身体最低，单脚直立时身体最高；同侧的手和脚运动方向相反，肩胛骨和盆骨的倾斜度也正好相反；手的摆动以肩胛骨为轴心做弧形运动；脚在循环交替时，脚踝呈弧形运动（如图4–201）。

实例——行走的女士

Step 1　打开本书教学资源“第四章/项目文件”目录下的文件“练习4–19–女士–行走动画.fla”，库中有女性人体的各个肢体元件（如图4–202）。

Step 2　将各个元件拖入到舞台，拼合成行走的第一个姿势（如图4–203）。

Step 3　执行菜单栏命令“视图”>“标尺”来显示标尺，从上面的标尺中拖出两条水平辅助线紧贴脚底和头顶（如图4–204）。第1帧处，是行走过程中两脚同时着地，头顶位置最低的姿势。

Step 4　在第二帧处按【F6】添加一个关键帧，点击时间轴面板下部的绘图纸外观按钮并启动它，然后根据第1帧的姿势来调整第二个姿势。调整好后，从上面的标尺中再拖出一条水平辅助线紧贴头顶（如图4–205）。

Step 5　按同样的方法在第3帧处创建关键帧，并调整姿势添加辅助线（如图4–206）。

Step 6　按同样的方法在第4帧处创建关键帧，并调整姿势添加辅助线。第4帧处，是行走过程中单脚直立、头顶位置最高的姿势（如图4–207）。

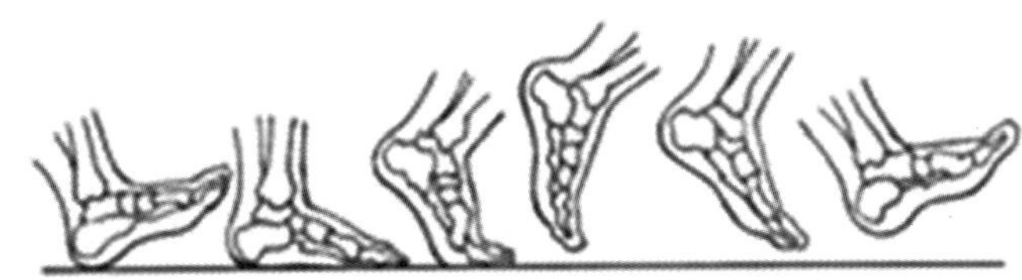

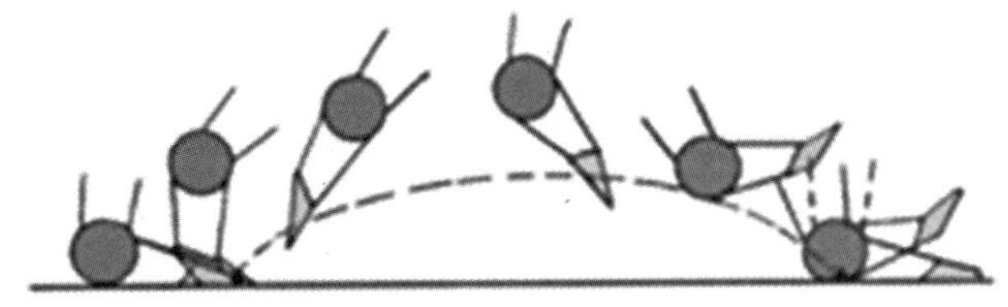

图4–201

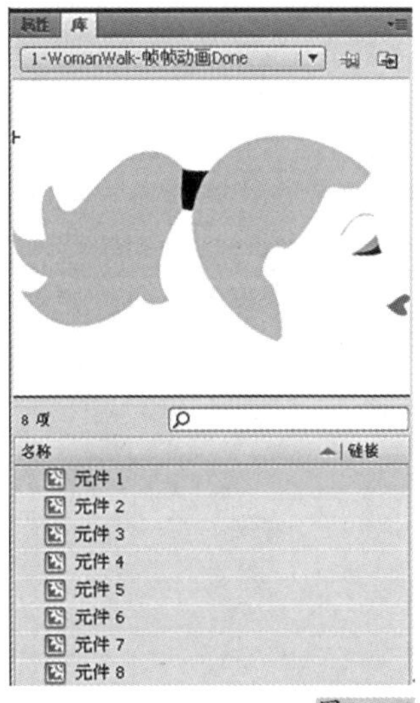

图4–202

图4–203

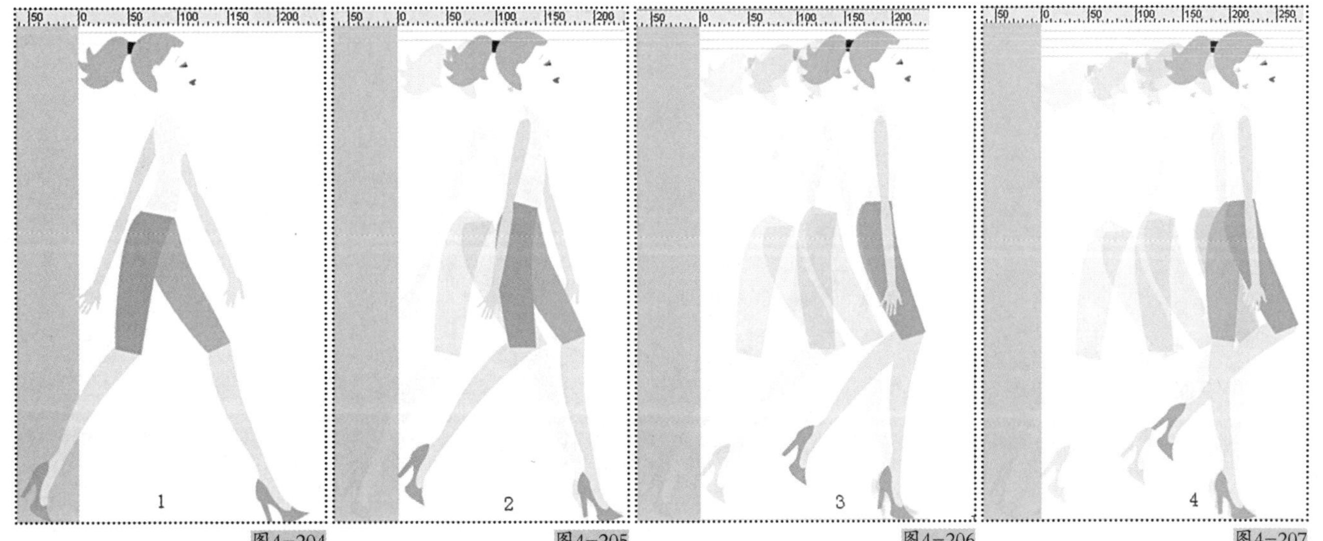

图4–204　图4–205　图4–206　图4–207

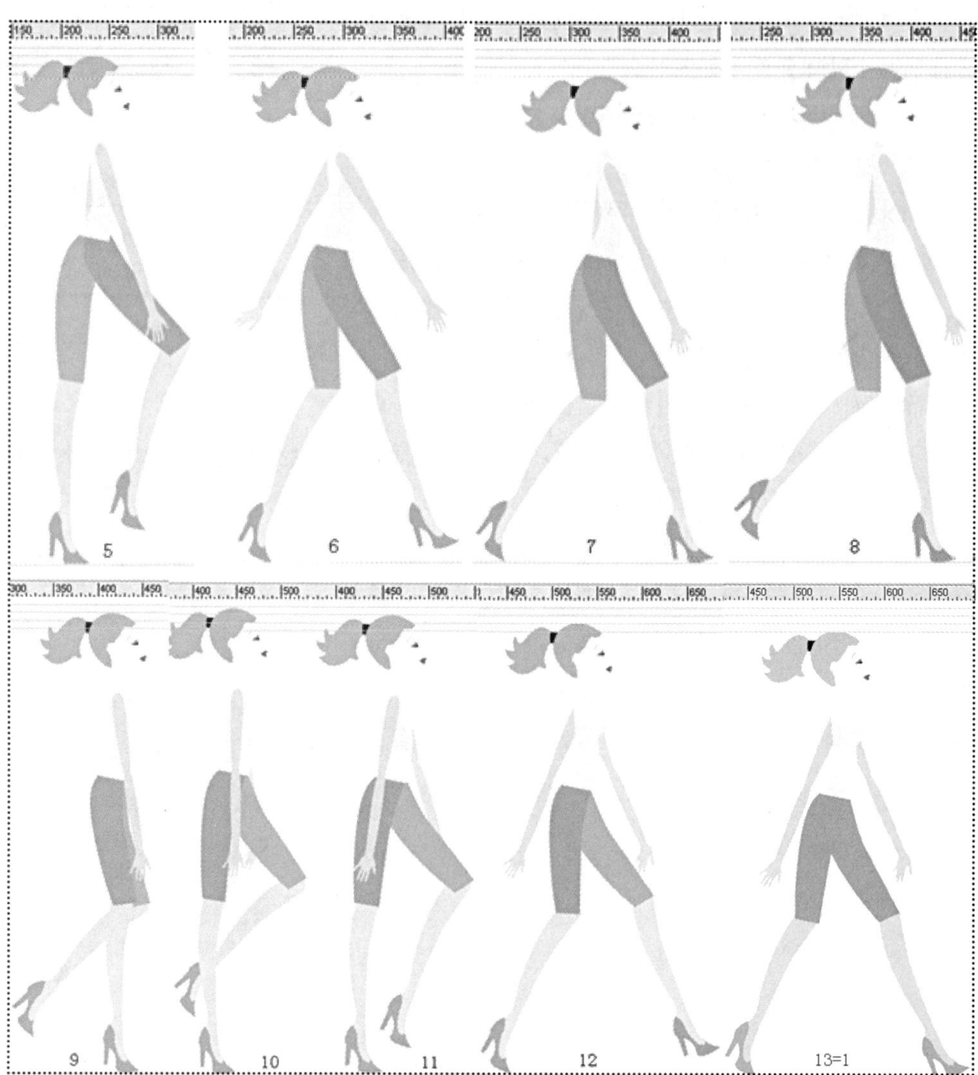

图4-208

Step 7　按同样的方法创建后面的关键帧，整个行走过程用了12帧，从第13帧开始复制第1帧的姿势，并将整个姿势的位置往前移动（如图4-208）。第14帧复制第2帧的姿势，以此类推，完成整个行走过程（如图4-209）。注意在行走过程中头部保持起伏的波形运动，脚部保持循环的弧形运动（如图4-210）。

图4-209

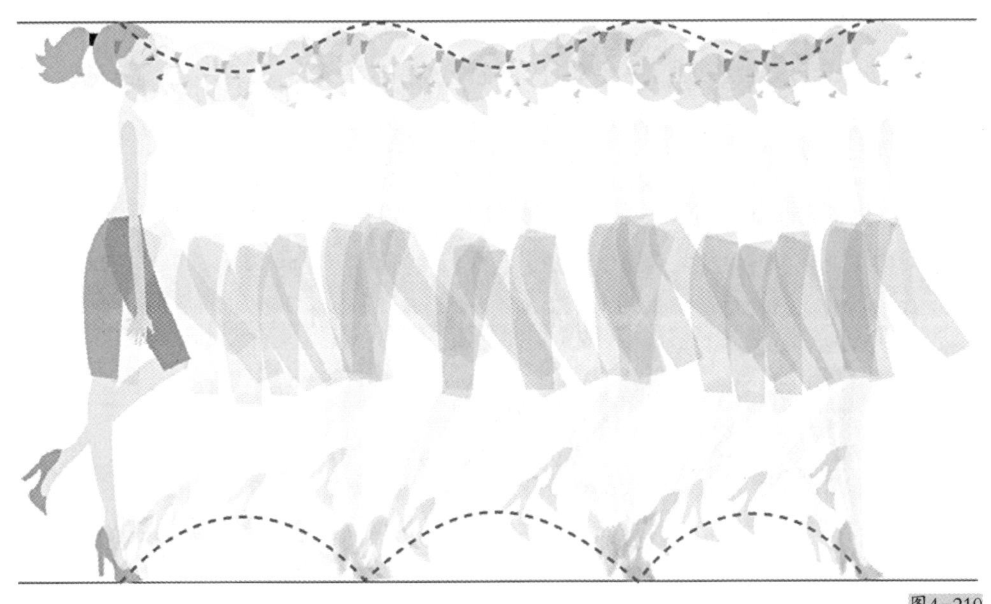

图4-210

2. 鸟类飞行动画

在飞翔时，飞鸟类动物的身体成流线型，脚爪蜷缩紧贴身体向后伸展；翅膀上下扇动，身体随之起伏；向下扇动时，翅膀展开的幅度较大，向上时翅膀略微缩拢（如图4-211）。翅膀扇动的频率根据鸟的体形而异，通常体形大的鸟翅膀扇动得较慢；大型鸟类，如鹤类、鹰类，可以凭较大的翅膀，借助风力和气流在空中不用扇动翅膀地滑翔；小型鸟类，如麻雀、蜂鸟，由于翅膀较小，它们需要极快速地振翼来飞行。

图4-211

实例——鸟的飞行

Step 1 打开本书教学资源“第四章/项目文件夹”中的文件“练习4-21-鸟-飞行动画.fla”，库中有组成鸟身体部分的图形元件（如图4-212）。

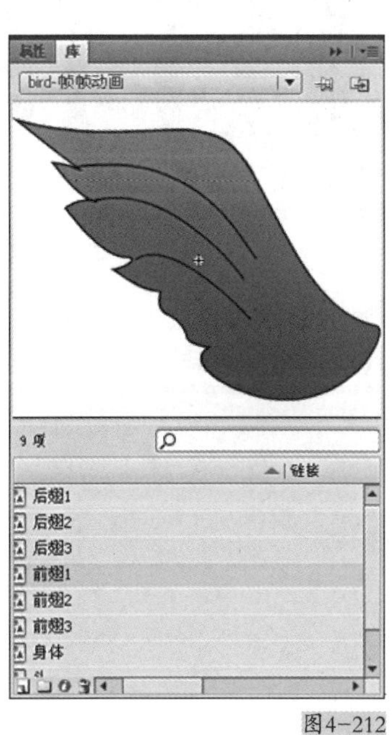

图4-212

Step 2 在第1帧处，将组成鸟的各个元件拖入到舞台，组成鸟飞行的第一个姿势。显示标尺，并拖出一根辅助线贴紧鸟的身体（如图4-213）。

Step 3 在第2帧处插入关键帧，点击时间轴窗口下面的“绘图纸外观”按钮启动它，按键盘上的向上箭头将鸟向上平移，组成鸟飞行的第二个姿势（如图4-214）。

Step 4 在第3帧处插入关键帧，按键盘上的向上箭头将鸟向上平移，并用自由变形工具将两个翅膀进行变形处理，组成鸟飞行的第三个姿势（如图4-215）。

Step 5 在第4帧处插入关键帧，按键盘上的向上箭头将鸟向上平移，将原有的两个翅膀替换为图形元件前翅2和后翅2，组成鸟飞行的第四个姿势（如图4-216）。

Step 6　在第5帧处插入空白关键帧，将第1帧的鸟粘贴到第5帧处，用自由变形工具将两个翅膀进行翻转和旋转处理，按键盘上的向上箭头将鸟向上平移，组成鸟飞行的第五个姿势（如图4-217）。

Step 7　在第6帧处插入关键帧，按键盘上的向上箭头将鸟向上平移，组成鸟飞行的第六个姿势（如图4-218）。

Step 8　在第7帧处插入关键帧，按键盘上的向下箭头将鸟向下平移，并用自由变形工具将两个翅膀进行变形处理，组成鸟飞行的第七个姿势（如图4-219）。

Step 9　在第8帧处插入关键帧，按键盘上的向下箭头将鸟向下平移，将原有的两个翅膀替换为图形元件前翅3和后翅3，组成鸟飞行的第八个姿势（如图4-220）。

Step 10　预览动画，保存文件。

图4-213　图4-214　图4-215　图4-216

图4-217　图4-218　图4-219　图4-220

3. **爬行动物爬行动画**

爬行动物分为有足和无足两类。要掌握爬行动物的运动规律，最重要的是把握其运动轨迹。

无足类爬行动物如蛇，爬行时身体呈S形，通过身体的左右扭动呈波形有规律的摆动。有足类爬行动物如蜥蜴，在爬行时四肢呈对角线交替前行，即左前肢和右后肢同时迈出，接着右前肢和左后肢同时跟上。身体与运动轨迹呈S曲线形（如图4-221）。

图4-221

实例——蛇的爬行

Step 1　打开本书教学资源“第四章/项目文件”目录下的文件“练习4-22-蛇-爬行动画.fla”，库中有组成蛇的头和身体部分的图形元件（如图4-222）。

Step 2　执行菜单栏命令“插入”>“新建元件”，在弹出的对话框中选择影片剪辑，并命名元件（如图4-223）。

Step 3　将库中的两个元件拖到舞台上，并分别放在两个不同的图层中（如图4-224）。

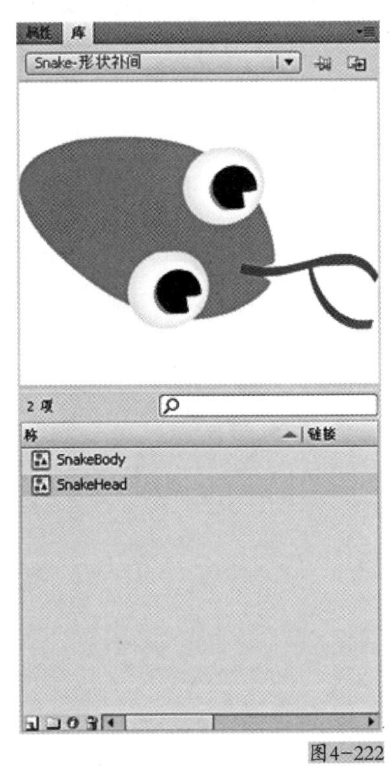

图4-222

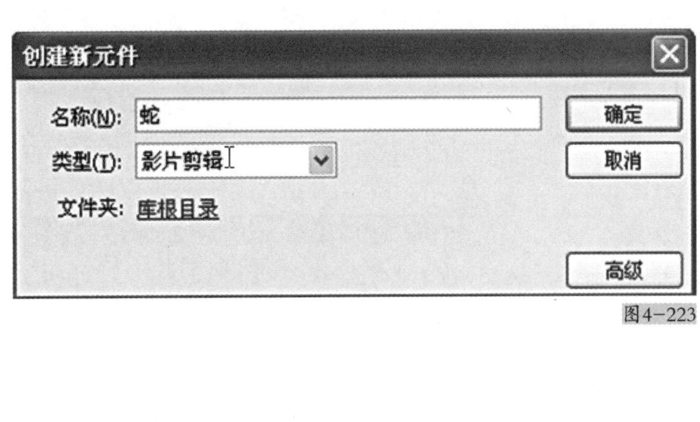

图4-223

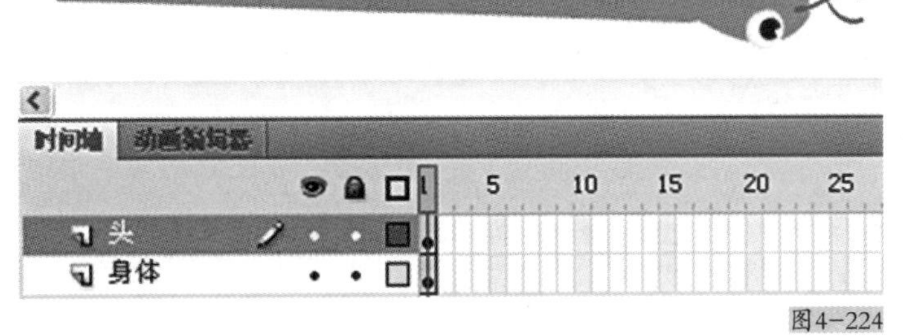

图4-224

Step 4　首先隐藏图层“头”。选择身体，按快捷键【Ctrl+B】将元件分离为形状（如图4-225），我们用补间形状来制作蛇身体部分的扭动。

Step 5　用添加锚点工具在蛇身体上添加四个锚点，将蛇身体分为三段（如图4-226）。

Step 6　用选择工具拖动蛇的身体，改变其形状（如图4-227）。

Step 7　启动绘图纸外观按钮。在第7帧处按【F6】插入关键帧，用选择工具拖动蛇的身体，再次改变其形状（如图4-228）。

Step 8　用鼠标选择第一个关键帧，点击鼠标右键，在上下文菜单中选择“复制帧”。用鼠标选择第13帧，点击鼠标右键，在上下文菜单中选择“粘贴帧”。

Step 9　选择关键帧之间的中间帧，执行菜单栏命令“插入”>“补间形状”，预览动画。

Step 10　显示图层“头”，用自由变形工具调整图形的旋转中心到靠近颈部的位置，旋转蛇头（如图4-229）。

Step 11　在第7帧处按【F6】插入关键帧，用自由变形工具再次旋转蛇头（如图4-230）。

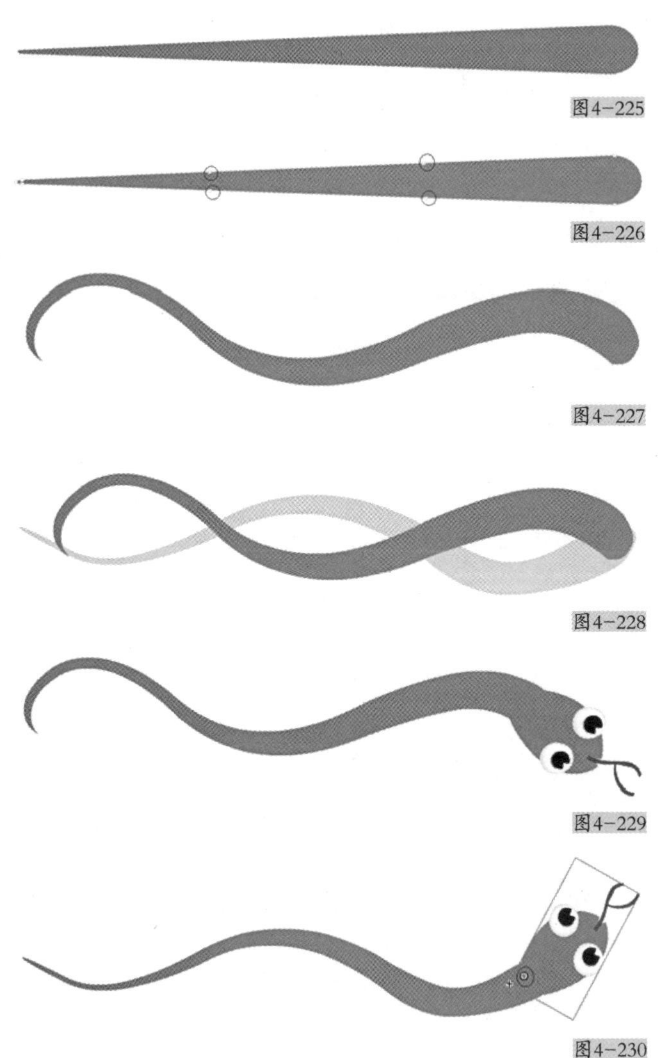
图4-225

图4-226

图4-227

图4-228

图4-229

图4-230

Step 12　用鼠标选择第一个关键帧，点击鼠标右键，在上下文菜单中选择“复制帧”。用鼠标选择第13帧，点击鼠标右键，在上下文菜单中选择“粘贴帧”。

Step 13　选择关键帧之间的中间帧，执行菜单栏命令“插入”＞“补间动画”（如图4-231），预览动画。

Step 14　回到场景的时间轴，将影片剪辑元件“Snake”拖入到舞台，调整其位置和大小（如图4-232）。

Step 15　在115帧处插入关键帧，调整蛇的大小和位置（如图4-233）。

Step 16　选择关键帧之间的中间帧，执行菜单栏命令“插入”＞“补间动画”，导出并预览动画。保存文件。

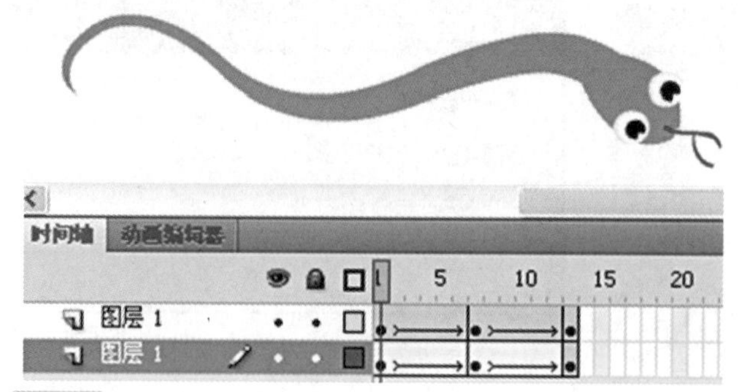

图4-231

图4-232

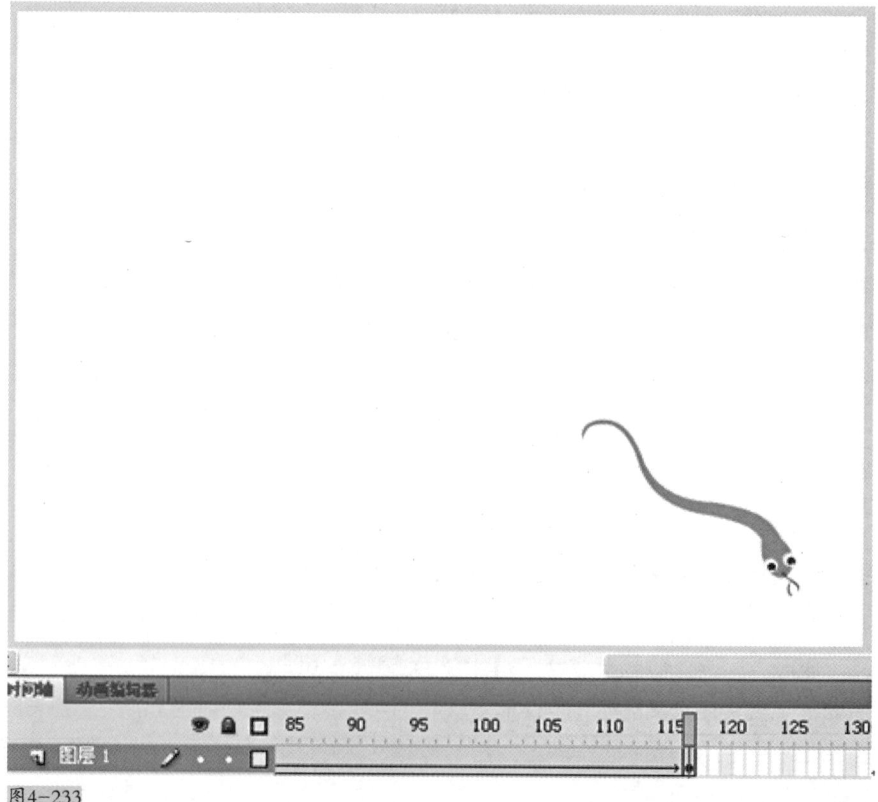

图4-233

4. 昆虫飞行动画

昆虫飞行时，其翅膀的振动频率与其翅膀的结构、大小及身体的轻重有关。如蝴蝶（如图4-234），其身体轻盈，翅膀较大，飞行时振翅的频率相对较慢；飞蛾的身体较重，翅膀相对蝴蝶较小，飞行时振翅的频率也比蝴蝶快；蜜蜂身体更大，其透明薄膜翅膀更小，飞行时振翅的频率相当快。

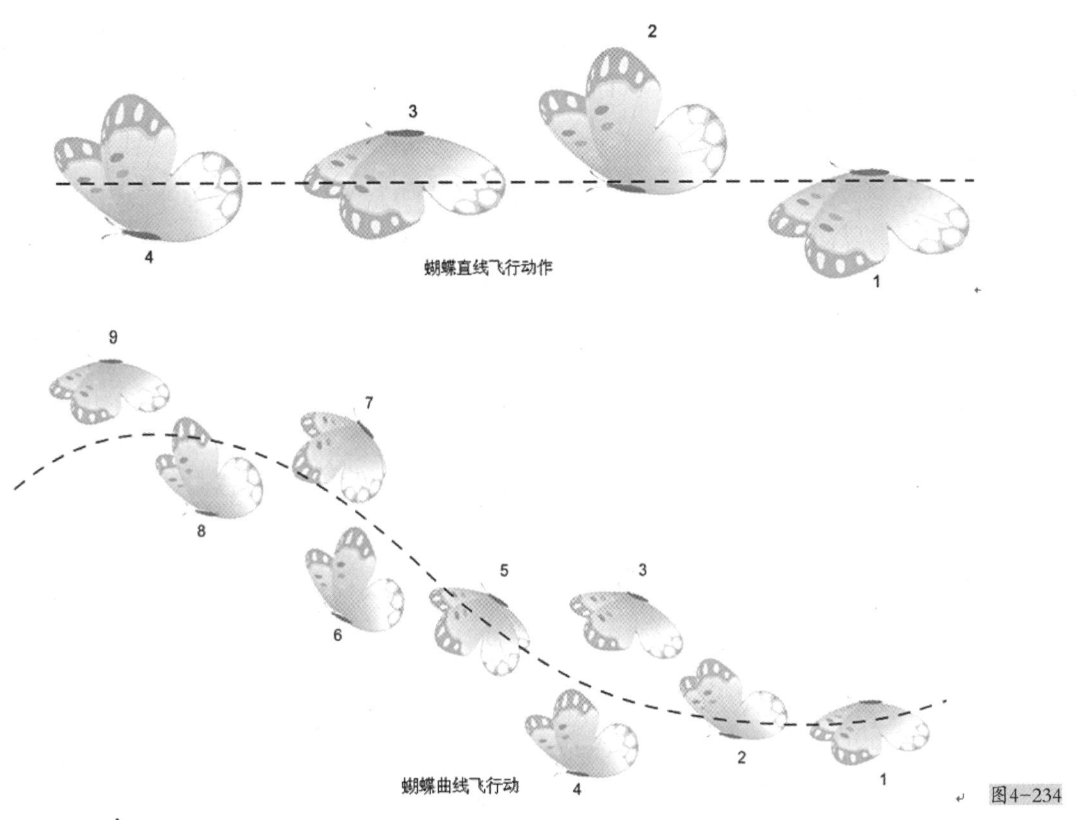

图4-234

实例——蝴蝶飞舞

Step 1 打开本书教学资源“第四章/项目文件”目录下的文件“练习4-25-蝴蝶-飞行动画.fla”，库中有一个组成蝴蝶身体部件的各个元件（如图4-235）。

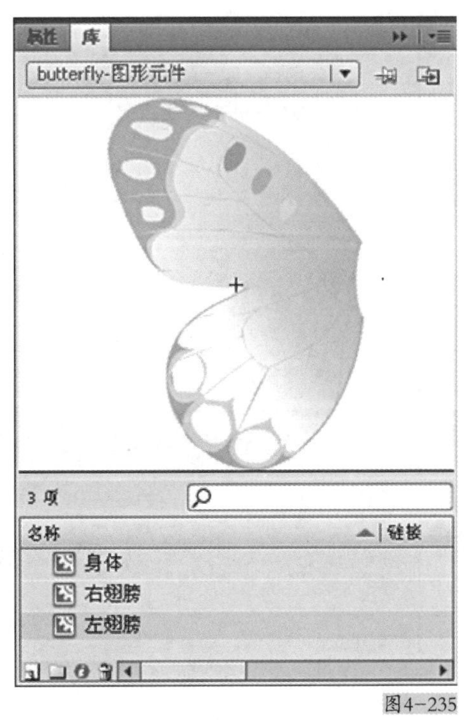

图4-235

Step 2 执行菜单栏命令“插入”>“新建元件”。在弹出的对话框中进行设置（如图4-236）。

Step 3 按“确定”后进入到图形元件“butterfly”的时间轴及舞台，从库中将蝴蝶的各个部件拖到舞台上（如图4-237）。

Step 4 选择图层1，执行菜单栏命令“修改”>“时间轴”>“分散到图层”（如图4-238），将蝴蝶的各个部件分散到不同的图层中（如图4-239）。删除掉图层1。

Step 5 在13帧处按【F5】为图层“身体”添加帧，按【F6】为图层“左翅膀”和“右翅膀”添加关键帧。

Step 6 在7帧处按【F6】为图层“左翅膀”和“右翅膀”添加关键帧，用自由变形工具调整翅膀的形状，并在关键帧之间添加传统补间动画（如图4-240）。

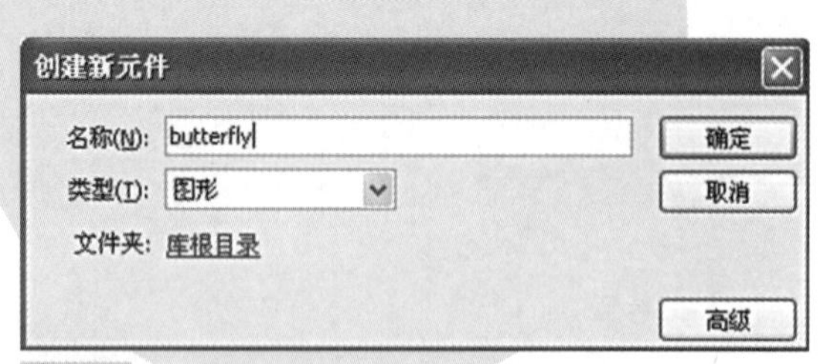

图4-236

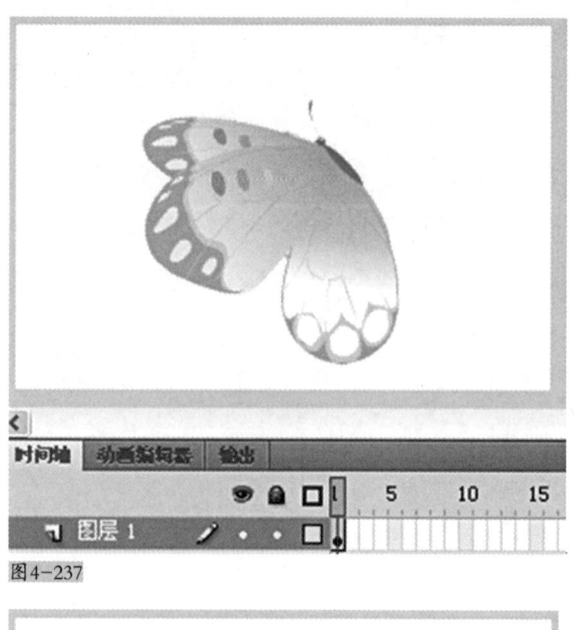

图4-237

修改(M) 文本(T) 命令(C) 控制(O) 调试(D) 窗口(W) 帮助(H)

文档(D)...	Ctrl+J
转换为元件(C)...	F8
分离(K)	Ctrl+B
位图(B)	▸
元件(S)	▸
形状(P)	▸
合并对象(O)	▸
时间轴(M)	▸
变形(T)	▸
排列(A)	▸
对齐(N)	▸
组合(G)	Ctrl+G
取消组合(U)	Ctrl+Shift+G

分散到图层(D)	Ctrl+Shift+D
图层属性(L)...	
翻转帧(R)	
同步元件(S)	
转换为关键帧(K)	F6
清除关键帧(A)	Shift+F6
转换为空白关键帧(B)	F7

图4-238

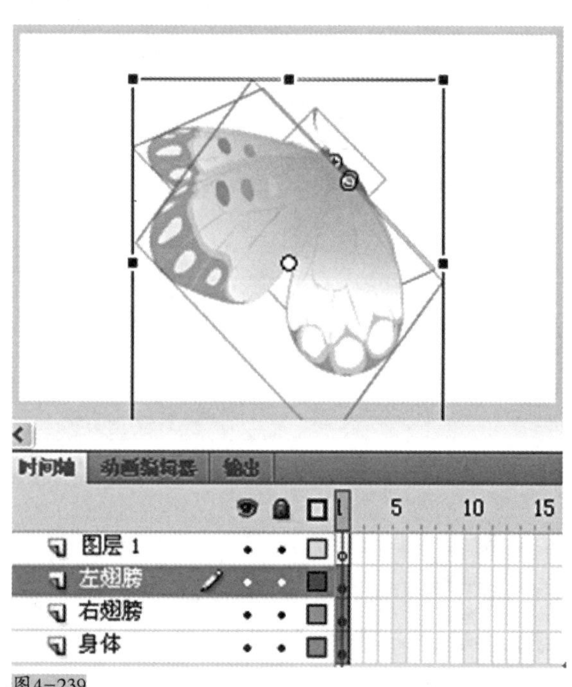

图4-239

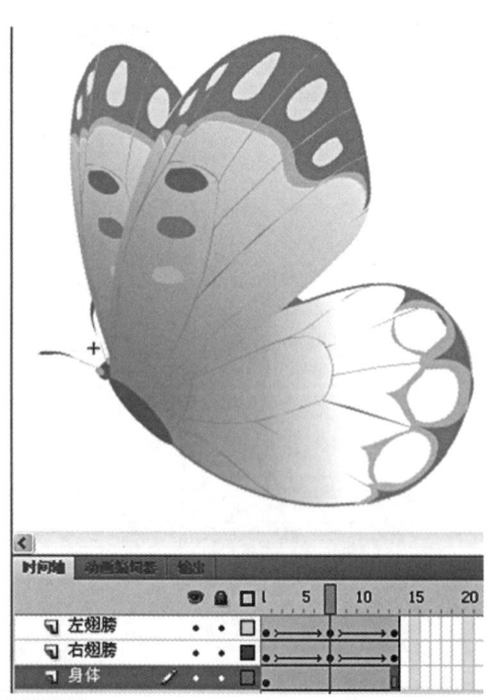

图4-240

Step 7　回到主场景的时间轴，用铅笔工具绘制一条曲线，并用选择工具平滑曲线（如图4-241）。

Step 8　新建一图层，将其命名为“butterfly”，将库中的图形元件“butterfly”拖到舞台上（如图4-242）。

Step 9　在第7帧处为图层1添加帧，为图层“butterfly”添加关键帧，启动“绘图纸外观”按钮，移动蝴蝶的位置（如图4-243）。

Step 10　在第14帧处为图层1添加帧，为图层“butterfly”添加关键帧，移动蝴蝶的位置（如图4-244）。

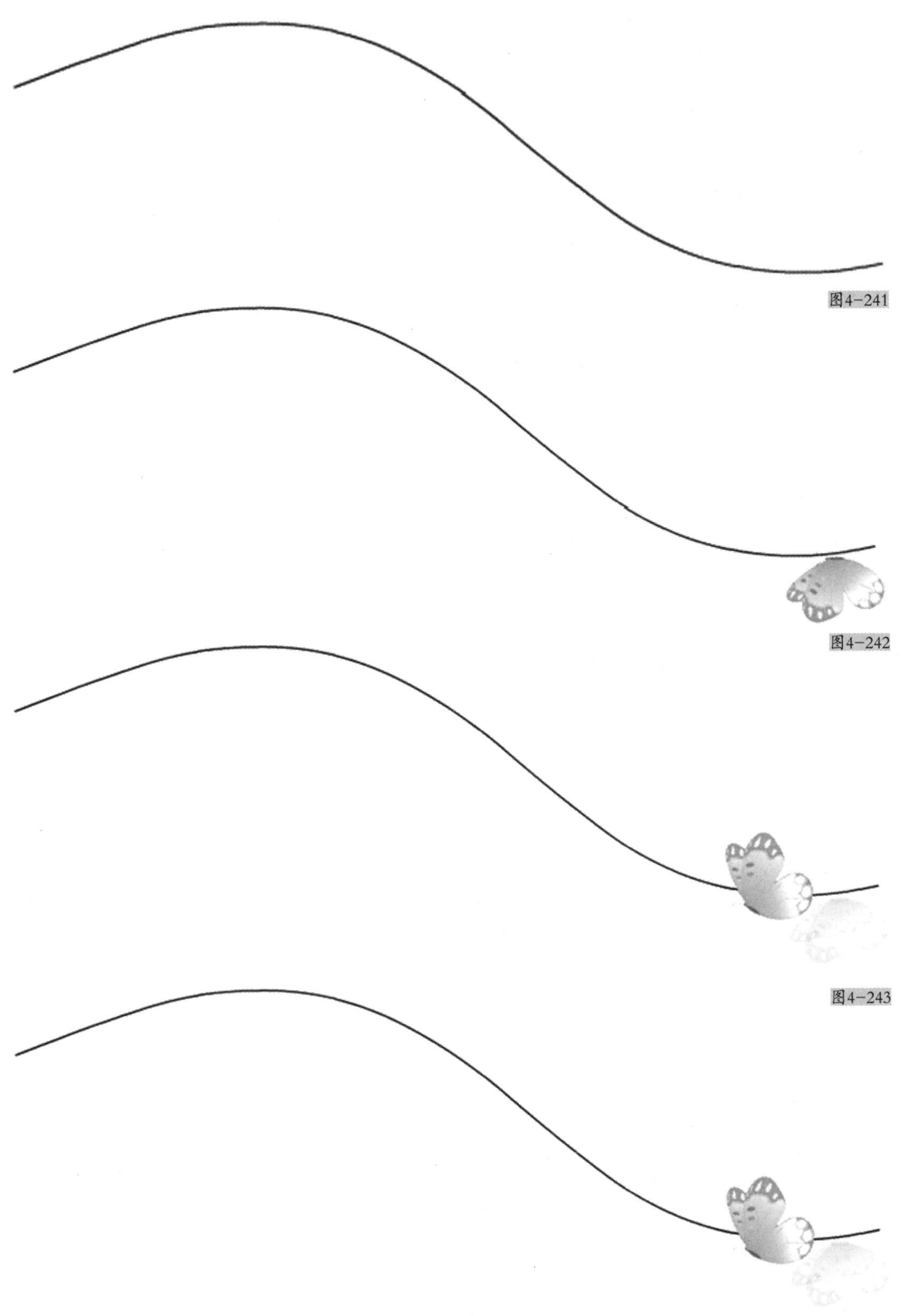
图4-241

图4-242

图4-243

图4-244

Step 11 用同样的方法为图层1添加帧，为图层“butterfly”添加关键帧，要确保在关键帧处蝴蝶的翅膀和图形元件“butterfly”关键帧处的翅膀相吻合（如图4-245）。

Step 12 为图层“butterfly”的关键帧之间创建传统补间动画（如图4-246），关闭“绘图纸外观”按钮，删除图层1。

Step 13 预览动画，保存文件。

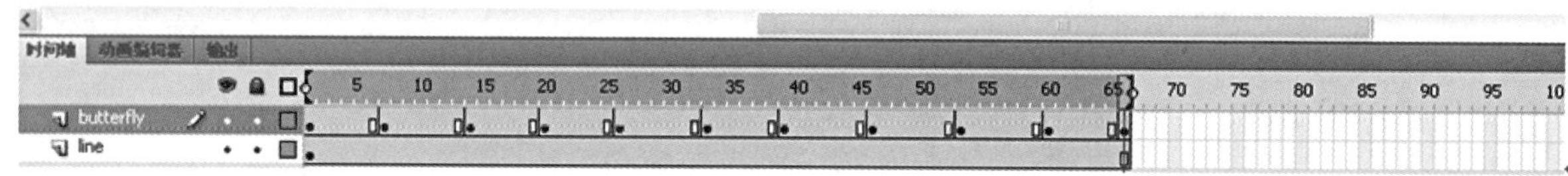

图4-245

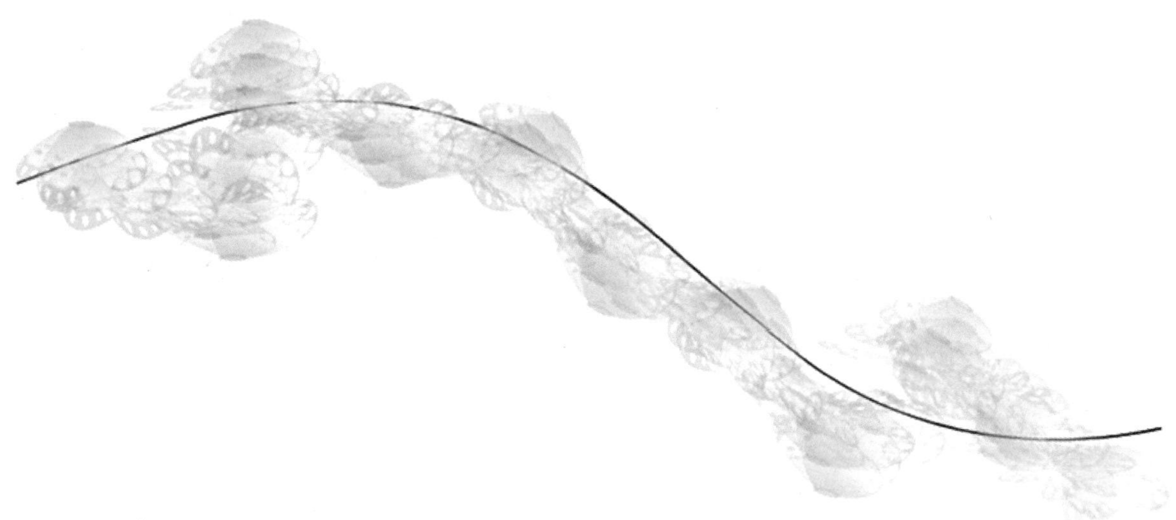

图4-246

小 结

在这一章节中，我们掌握了Flash动画制作的各种方法，其中包括：补间动画、传统补间动画、补间形状动画、逐帧动画、骨骼动画。在掌握软件技术的基础上，我们还学习到各种不同的动画运动规律。

通过大量实例的演示，使我们初步具备了制作Flash动画的各种技术与技巧，通过将动画运动规律与软件技术结合起来，使我们制作的动画效果更为逼真、成熟。

第5章 Flash动画的镜头

学习要点

运动镜头

镜头的组接形式

学习目的

在掌握制作Flash动画的基础以后，本章将着重讲解如何使用Flash来制作各种不同的镜头。通过连贯的镜头语言来讲述完整的动画故事。

Flash动画制作和其他的影视制作一样，都是通过镜头的描述来讲述故事。要将故事讲述得清晰流畅，就需要制作者对镜头有很好的把握能力。一般的影视制作是通过摄像机的镜头构图来讲述故事，而在Flash动画制作中则需要制作者通过绘制的形式来把握画面的构图。虽然制作方法不一样，但基本原理是完全一致的。

5.1 镜头的运动

镜头的运动是指在影视拍摄过程中摄像机在场景中的运动方式。不同的运动镜头有着不同的功能和表现力。通过摄像机的运动，可以使原本不动的景物动起来，使运动的物体更富有表现力，使整个画面更富有动感、立体空间感和韵律的美感。

5.1.1 推镜头

推镜头是指被摄主体不动，摄像机由远到近向前逐渐靠近被摄主体，镜头中的取景范围由大变小，主体对象则逐渐放大。推镜头的主要作用是为了突出主体对象、细节和重要的情节因素，使观众由远到近、从整体到细节逐步将注意力集中到主体对象上来。推镜头分快推、慢推、猛推。镜头推进速度的快慢可以影响和调整画面节奏，从而产生不同的情绪力量。此外，镜头推进的速度还可以加强或减弱运动中的主体的动感。

5.1.2 拉镜头

拉镜头与推镜头的运动方向相反，拉镜头时被摄主体不动，摄像机由近到远向后逐渐远离被摄主体，镜头中的取景范围和空间表现是由小到大不断扩展的，主体对象则逐渐缩小，远离观众。拉镜头的主要作用是为了交代对象所处的环境，使观众从局部到整体逐步关注到对象与其他角色的关系以及与环境的关系。拉镜头常被用作结束性和结论性的镜头，为转换到下一个场景做好准备。拉镜头也可分为慢拉、快拉、猛拉。

5.1.3 摇镜头

摇镜头是指摄像机位置不动，机身借助于三脚架上的活动底盘做上下、左右、旋转等运动。摇镜头通常用来展示空间，描述环境。左右横摇用来介绍大型场面，上下竖摇用来展示高大、雄伟的物体，通过摇镜头来展示场景可以使观众有如身临其境的环顾、打量周围的人或事物的感觉。摇镜头可以用来介绍或交待同一场景中两个主体的内在联系，同时还可以表现运动主体的动态、动势、运动方向和运动轨迹。

5.1.4 平移镜头

平移镜头是指摄像机沿着水平方向左右横移拍摄。平移镜头的作用类似于左右横摇镜头，用来介绍场景。只不过在平移镜头中，摄像机的机身位置没有被固定住，因此平移镜头有更大的自由度来展示环境。比如用平移镜头来拍摄一段街景可以使观众有如在马路上边走边看周围环境的真实感和现场感。

5.1.5 升降镜头

升降镜头是指摄像机沿着垂直方向上下移动拍摄。升降镜头常用以展示事件或场面的规模、气势和氛围；有利于表现高大物体的各个局部，有利于表现纵深的空间关系；利用镜头的升降可以使一个镜头中的内容实现自然而流畅的转换。

5.1.6 跟镜头

跟镜头又称为跟踪拍摄，是指镜头锁定在某一运动物体上，当物体运动时，镜头也跟随着物体做同样的运动。跟镜头有利于连续而详尽地表现运动中的被摄主体，它既能突出主体，又能交待主体运动方向、速度、体态及其与环境的关系。跟镜头有很强的纪实性，常被应用在纪实性节目和新闻拍摄中，使观众有亲临现场的感觉。根据物体的运动形式不同，跟镜头可以分为跟移、跟摇、跟推、跟拉、跟升、跟降等。跟镜头的拍摄手法灵活多样，它使观众的眼睛始终盯牢在被跟摄角色或物体上。

5.1.7 变焦镜头

变焦镜头理论上讲不属于运动镜头，因为变焦镜头中摄像机本身没有运动，而是通过镜头焦距的变化使被摄对象产生运动感。变焦镜头可以使远方的对象或景物清晰可见，或使近景从清晰到模糊。变焦镜头能够加深场景的三维空间感。

5.1.8 综合镜头

在实际拍摄中常常用到综合运动拍摄，即将两种以上运动拍摄方式有机地结合起来使用（例如跟摇、拉摇、移推等），从而实现多角度、多构图、多景别的造型效果。综合运动镜头的视点更自由，信息量更丰富，表现力更强，更自然真实，贴近生活，视觉连贯流畅，构图形式丰富多彩，并考虑人们的视觉心理，合理地选用不同的运动拍摄方式。综合运动镜头有利于在一个镜头中记录和表现一个场景中一段相对完整的情节；有利于通过画面结构的多元性形成表意方面的多义性。

5.2 镜头的组接

要完成一部影视作品需要将无数的镜头组接起来，Flash动画也是如此。不同的镜头组接方式可以影响一个作品的节奏、情感，甚至是故事的最终效果。掌握这些镜头的转换技巧，是学习镜头组接的目的。

5.2.1 淡入淡出

淡入又称渐显，指画面的镜头光度由零度（即黑屏）逐渐增至正常的强度，有如舞台的“幕启”。淡入一般用在全片开始的第一个镜头。淡出又称渐隐，指画面由正常的光度，逐渐变暗到零度，有如舞台的“幕落”。淡出一般用于全片的最后一个镜头。淡入淡出是用来表现时间和空间转换的一种手法，它节奏舒缓，给观众意犹未尽的感觉和思考的空间。

5.2.2 切入切出

切入切出是指画面从一个镜头直接跳转到下一个镜头，前后两个镜头之间没有任何中间过渡效果。这种镜头切换方式节奏紧凑，简洁而又明快，是最简单最常用的一种切换技术。

5.2.3 化入化出

化入化出又称 “溶”，是指在前一个画面逐渐淡出的同时，下一个逐渐显示出来，在中间过程中，两个画面相互叠化在一起，二者是在“溶”的状态下，完成画面内容的更替。这种自然顺畅的承接转场方式通常能够增进两个镜头之间的密切联系，使得故事的叙述含蓄而委婉。

5.2.4 划入划出

划入划出是以线条或几何图形（如圆、菱、帘、三角等）将画面上的镜头切换至下一个镜头的承接方法。最常用的一种方式是用一条直线从画面的边缘开始，上下或左右划过画面，在前一个镜头被抹去的同时将下一个镜头展现出来。如果用“圆”的方式又称“圈入圈出”；“帘”又称“帘入帘出”，等等。

5.2.5 叠印

叠印是指前后画面各自并不消失，都有部分“留存”在银幕或荧屏上。它是通过分割画面，表现人物的联系。比如在表现两个正在打电话的人物时，让他们同时处在画面的不同部分；或是表现角色在迅速回忆某段情景时，将现在的情景和回忆中的情景同时放在画面上，等等。

5.3 Flash动画镜头的表现技法

5.3.1 淡入镜头

淡入效果常应用在片子的开头，通过黑屏淡入到场景。在Flash中，我们可以通过绘制一个与舞台同样大小的黑色矩形来作为黑屏，然后为黑色矩形制作透明度变化的动画来制作淡入效果。

Step 1 打开本书教学资源“第五章/项目文件”文件夹中的文件“镜头运动与组接.fla”，舞台上是一幅公园与现代建筑的场景（如图5–1）。

Step 2 检查库面板中组成画面元素的各个元件（如图5–2）。

Step 3 双击舞台上的各个图形元素以查看各个图形的类型（如图5–3）。舞台上的图形元素大多数是图形元件。如果不是，请将其转换成图形元件，以防在后面做动画时出错。

Step 4 在时间轴面板中点击“将所有图层显示为轮廓”图标，以比较场景大小和舞台大小。画面显示，场景大小要大于舞台大小（如图5–4）。

Step 5 新建一个图层，将其命名为“FadeIn”并把该图层拖到最上面一层。用矩形工具绘制一个和舞台同样大小的黑色矩形（如图5–5）。

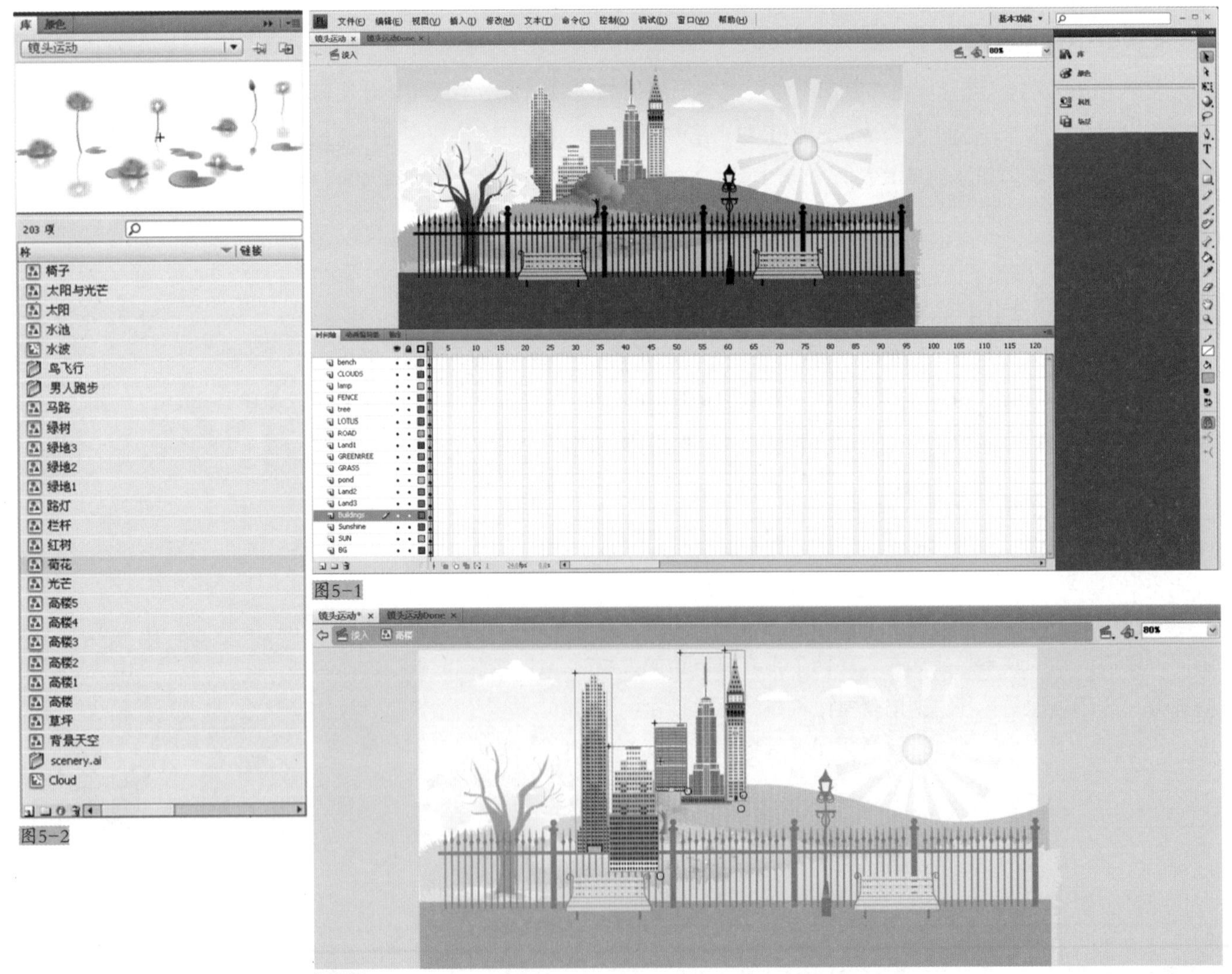

图5–1

图5–2

图5–3

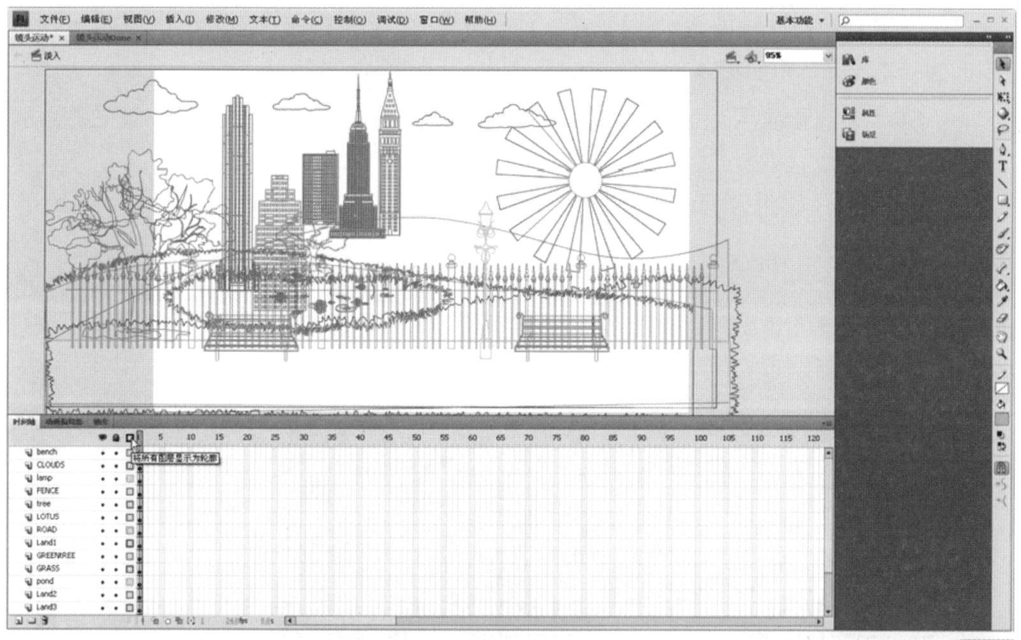

图5-4

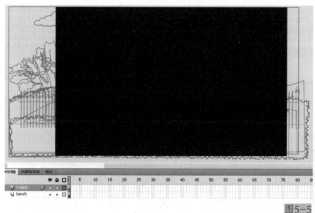

图5-5

图5-6

Step 6　再次点击时间轴面板中的“将所有图层显示为轮廓”图标两次，使画面恢复到正常显示状态（如图5-6）。

Step 7　在第145帧处，为所有图层添加帧，并为背景图层“BG”、图层“SunShine”和图层“Sun”添加关键帧。

Step 8　把时间轴放置到第1帧处，暂时隐藏淡入图层“FadeIn”的显示。

Step 9　选择图层“SunShine”，按【Delete】键删除舞台上的光线。

Step 10　选择图层“Sun”，用键盘上的向下箭头将舞台上的太阳往下移（如图5-7）。

图5-7

Step 11　时间轴仍然在第1帧处，选择背景图层，将背景图层“BG”的渐变色更改为较暗的颜色（如图5-8）。

Step 12　显示“FadeIn”图层，在第30帧处，为该图层添加关键帧，将该图层的颜色改为以路灯的灯泡为中心带有透明度的放射状渐变（如图5-9）。

Step 13　在“FadeIn”图层的两个关键帧之间创建补间形状（如图5-10）。

Step 14　在第60帧处，为“FadeIn”图层和“Sun”图层添加关键帧。

Step 15　复制“BG”图层第1帧处的内容，并将其粘贴到第60帧处。

图5-8

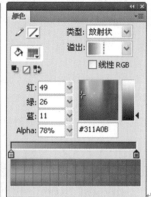

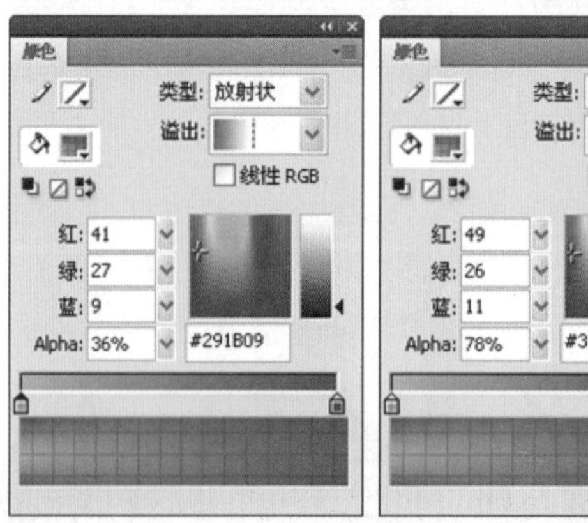

图5-9

图5-10

Step 16　暂时隐藏“FadeIn”的显示，在第90帧处为“BG”图层添加关键帧，将该图层的渐变色重新调为较亮的颜色（如图5-11）。

Step 17　显示“FadeIn”图层，在第90帧处，为该图层添加关键帧，将该图层的颜色调为完全透明的颜色（如图5-12）。

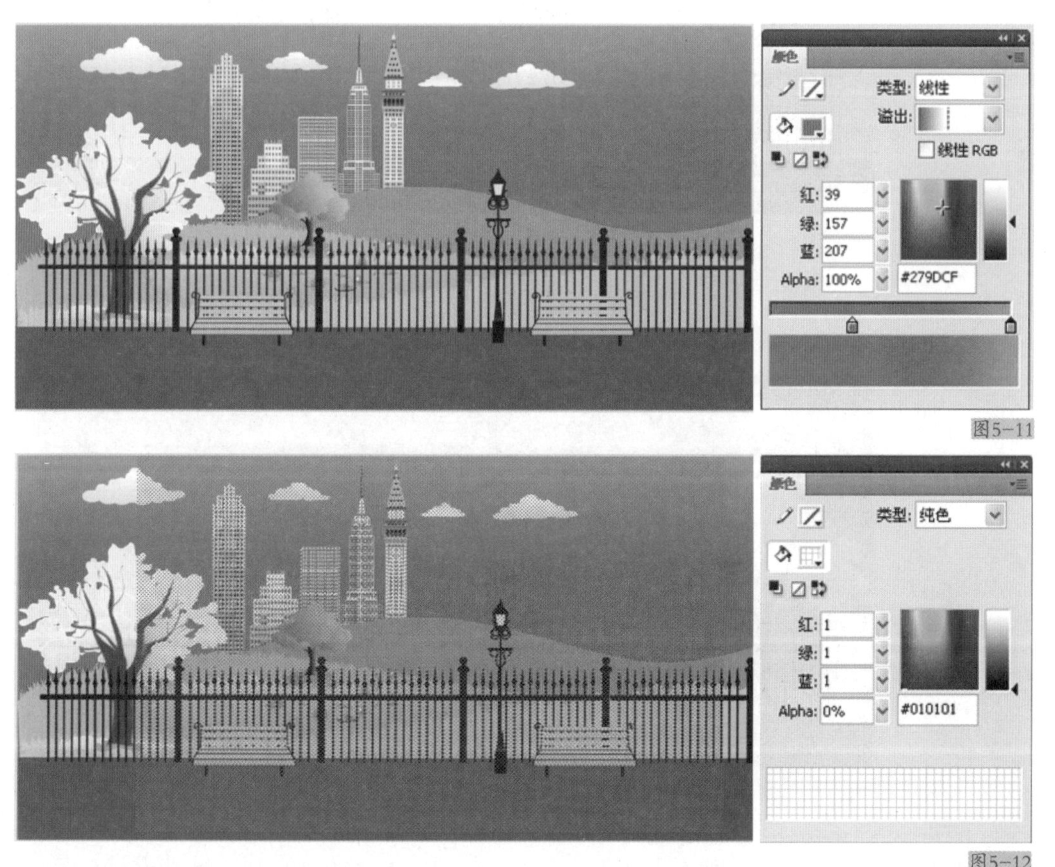

图5-11

图5-12

图5-13

Step 18 在60帧和90帧之间为图层“BG”和“FadeIn”创建补间形状（如图5-13）。

图5-14

Step 19 在第120帧处为图层“Sun”添加关键帧，用键盘上的向上箭头将太阳往上移（如图5-14）。

图5-15

Step 20 在60帧和120帧之间为图层“Sun”创建补间形状（如图5-15）。

图5-16

Step 21　在第130帧处为图层“BG”添加关键帧，并更改该图层的渐变色（如图5-16）。

图5-17

图5-18

Step 22　在90帧和130帧之间为图层“BG”创建补间形状。在130帧和145帧之间为图层“BG”创建补间形状（如图5-17）。

Step 23　把图层“SunShine”的第145帧的关键帧移到第130帧处。

Step 24　在图层“SunShine”之上新建一个图层，命名为“SunShineMask”，并在该图层的第130帧处插入关键帧。

Step 25　仍然选择图层“SunShineMask”，在舞台上用椭圆形工具绘制一个和太阳中心同样大小或稍小的圆形（如图5-18）。

图5-19

Step 26　在第145帧处为图层“SunShineMask”添加关键帧，并用自由变形工具将圆形扩大至覆盖整个太阳光线（如图5-19）。

图5-20

Step 27　在130帧和145帧之间为图层“SunShineMask”创建补间形状（如图5-20）。

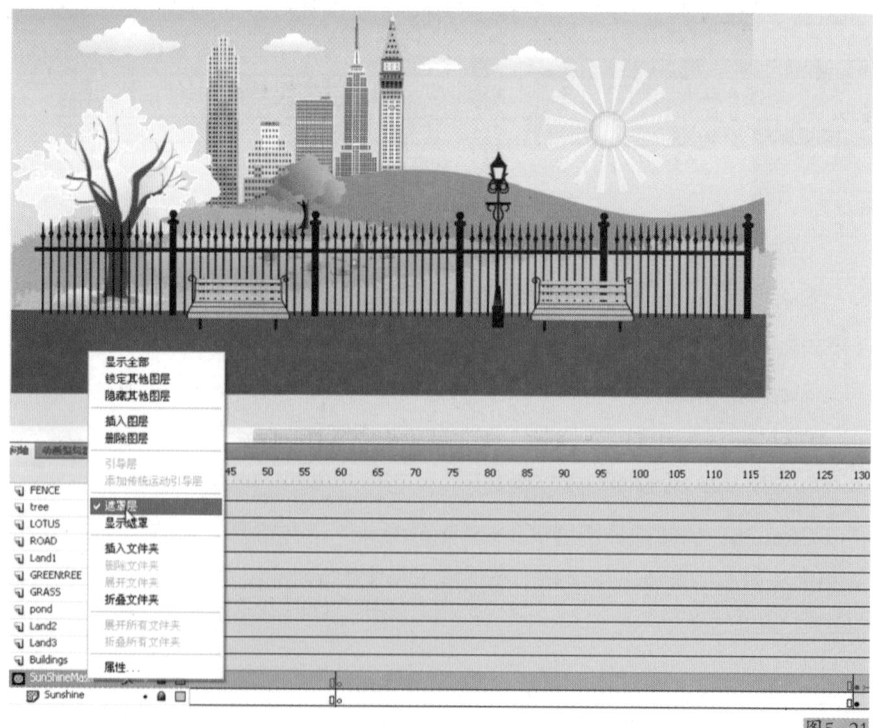

图5-21

Step 28　选择图层“SunShineMask”，在图层名上点击鼠标右键，在弹出的上下文菜单中选择“遮罩层”（如图5-21）。

Step 29　为所有图层在第155帧处加帧。预览动画。

Step 30　执行菜单栏命令“窗口”>“其他面板”>“场景”打开场景面板（如图5-22）。

Step 31　在场景面板中双击场景1，并输入“1淡入”，将场景名更改为“1淡入”（如图5-23）。

Step 32　按【Ctrl+Alt+Enter】键，预览场景。保存文件。

5.3.2　推镜头

推镜头使舞台上的元素离观众越来越近，从而越来越大。在Flash中，我们可以通过放大舞台上所有元素的方法来模拟推镜头的效果。反之，通过缩小舞台上元素的方法来制作拉镜头的效果。

Step 1　在场景面板中点击“添加场景”图标，并将新场景重新命名为“2推镜头”（如图5-24）。

Step 2　在场景面板中点击场景“1淡入”。选择“1淡入”场景中所有图层的最后一帧，点击鼠标右键，在上下文菜单中选择“复制帧”。

Step 3　在场景面板中点击场景“2推镜头”进入到该场景，在第1帧处点击鼠标右键，在上下文菜单中选择“粘贴帧”，所有图层被粘贴进该场景（如图5-25）。

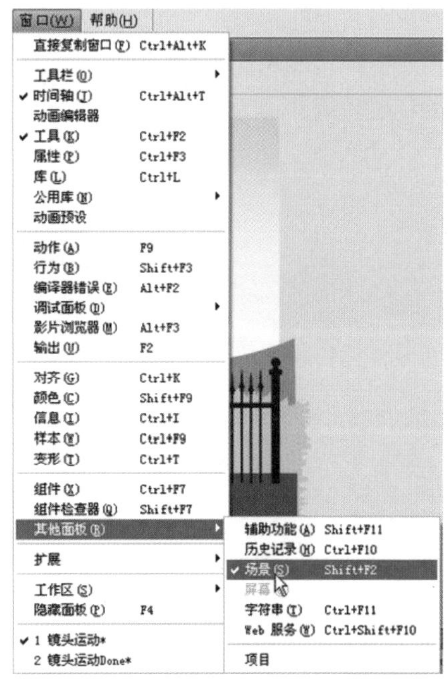

图5-22

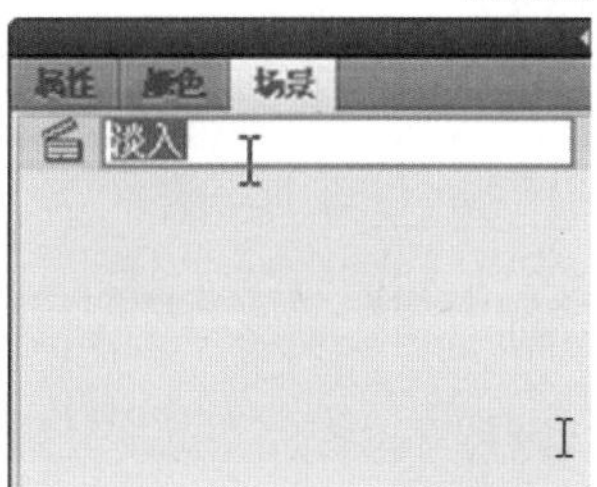

图5-23

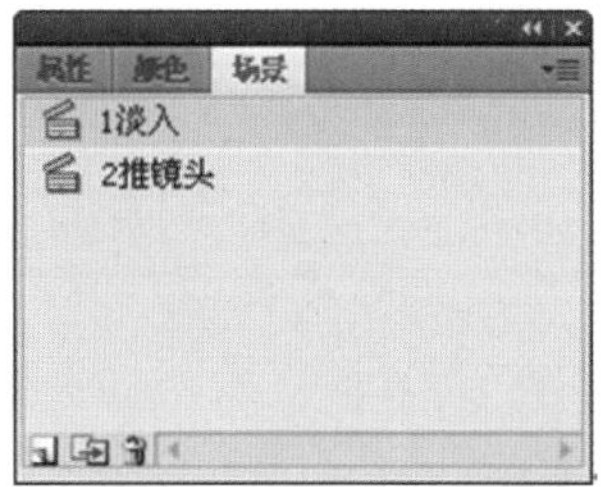

图5-24

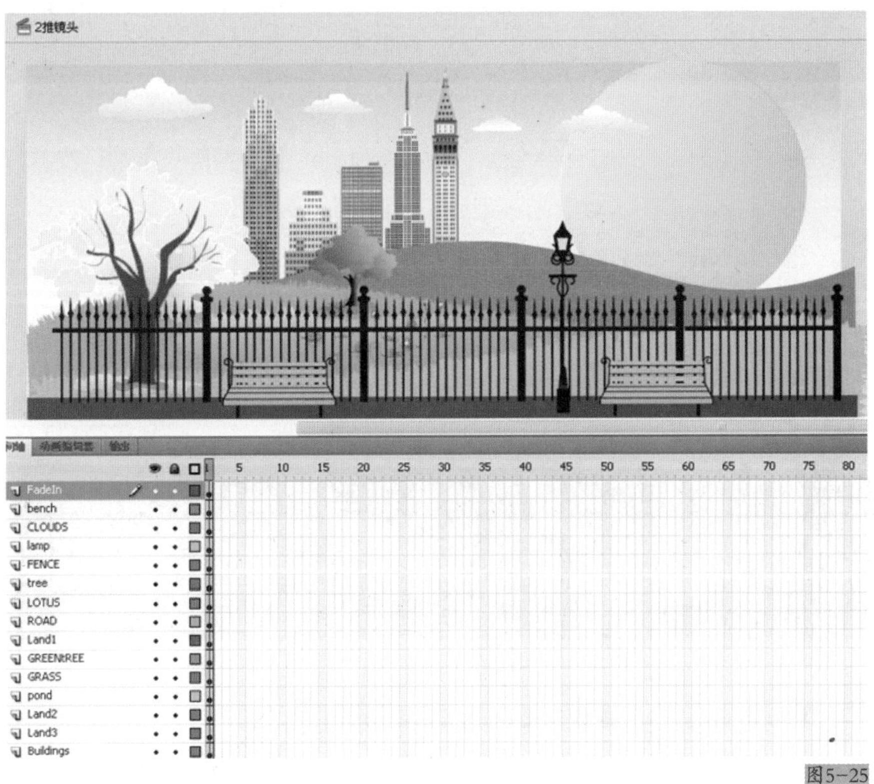

图5-25

图5-26

Step 4　把图层“FadeIn”重新命名为“舞台”，并将其颜色更改为一个半透明的颜色，以查看后面的内容，锁住该图层（如图5-26）。

图5-27

Step 5　删除“SunShineMask”和“SunShine”两个图层（如图5-27）。

图5-28

Step 6　在舞台上选择太阳，点击属性面板中的“交换”按钮，在弹出的对话框中选择“太阳与光芒”图形元件。舞台上的太阳被更新（如图5-28）。

图5-29

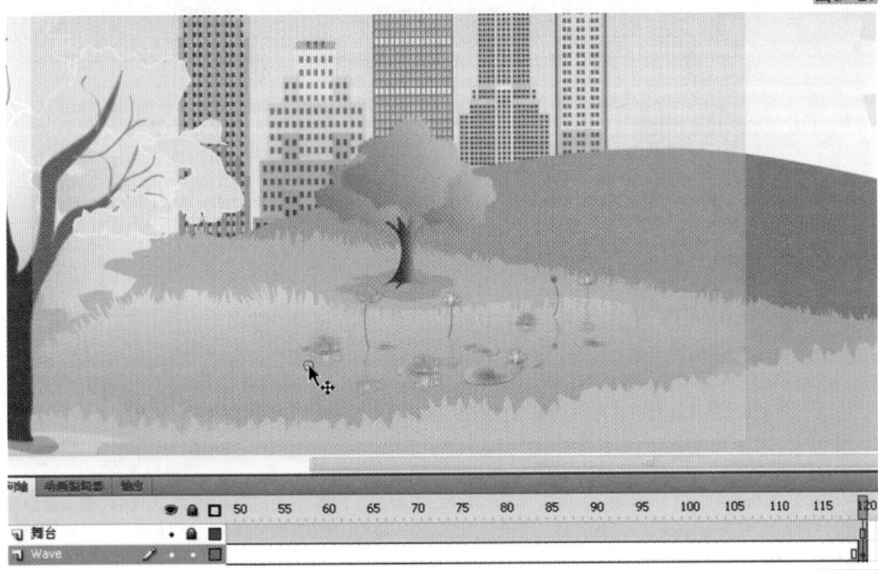

图5-30

Step 7　将图层“BG”转换成图形元件。

Step 8　在第20帧和120帧处为除图层“舞台”以外的所有图层添加关键帧。在120帧处为“舞台”添加帧。

Step 9　在第120帧处，用自由变形工具框选除图层“舞台”以外的所有图层，放大并移动这些图层，然后将图层“Bench”，“Road”，“Lamp”，“Fence”向下移动到舞台以外（如图5-29）。

Step 10　在图层“Bench”之上新建一个图层，命名为“Wave”，在第120帧处为其插入关键帧，将库面板中的影片剪辑元件“多个波纹”拖到舞台上的水池部分（如图5-30）。

图5-31

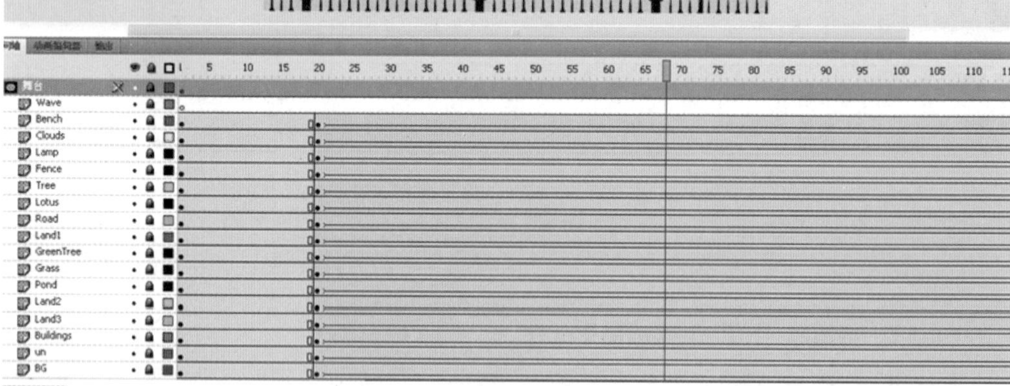

图5-32

Step 11　在第20帧和120帧之间为除“舞台”“Wave”以外的所有图层创建传统补间动画（如图5-31）。

Step 12　将“舞台”图层转换为遮罩层，下面所有图层转换为被遮罩层（如图5-32）。

Step 13　预览动画，保存文件。

5.3.3　变焦镜头+推镜头

我们通过模糊滤镜效果来实现变焦镜头。模糊效果只能应用于影片剪辑元件上，所以在制作变焦效果之前先要将舞台上需要变焦的图形元素转换成影片剪辑元件。

Step 1　在场景面板中点击“添加场景”图标，并将新场景重新命名为“3变焦镜头+推镜头”（如图5–33）。

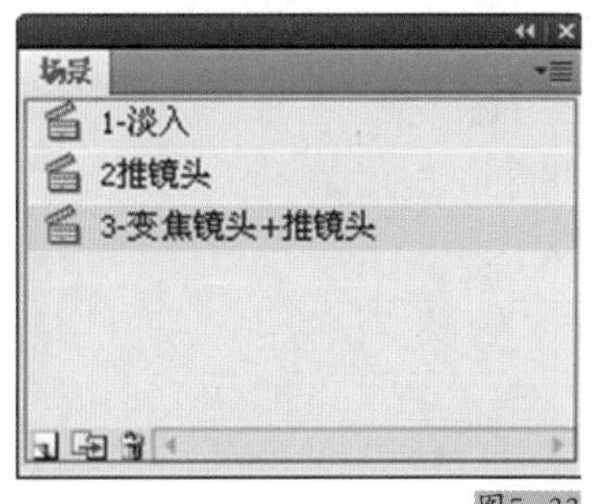

图5–33

Step 2　在场景面板中点击场景“2推镜头”。选择“2推镜头”场景中所有图层的最后一帧，点击鼠标右键，在上下文菜单中选择“复制帧”。

Step 3　在场景面板中点击场景“3变焦镜头+推镜头”进入到该场景，在第1帧处点击鼠标右键，在上下文菜单中选择“粘贴帧”，所有图层被粘贴进该场景（如图5–34）。

Step 4　为所有图层的第75帧处添加帧。

Step 5　锁住“舞台”图层。将图层“Tree”，“GreenTree”，“Grass”，“Land3”，“Buildings”上的图形转换成影片剪辑元件。这些图形将被添加模糊效果。

Step 6　在除“舞台”以外的所有图层的第30帧和75帧处添加关键帧。

Step 7　在第75帧处用自由变形工具框选除“舞台”以外的所有图层，放大并移动这些图层（如图5–35）。

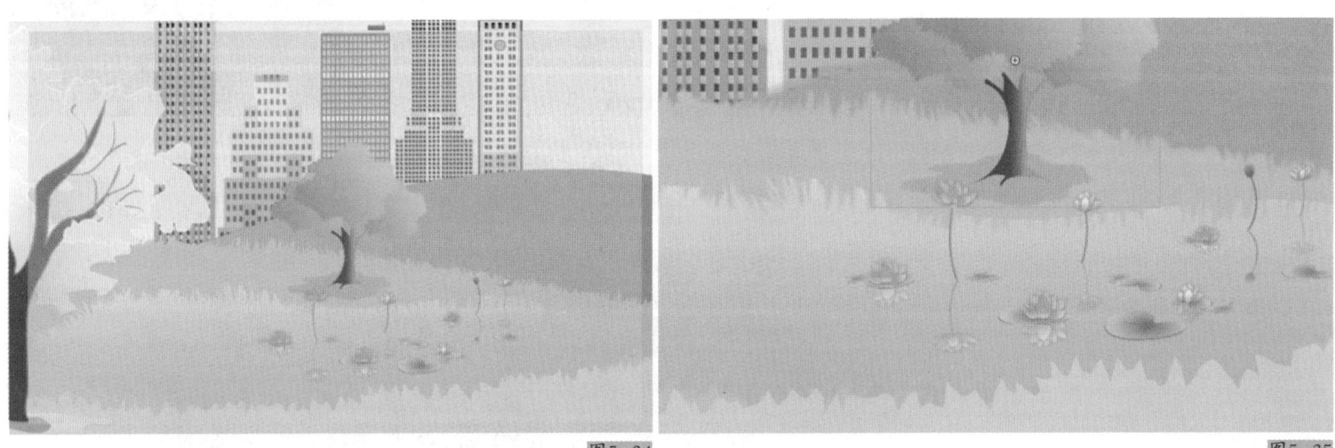
图5–34　图5–35

Step 8　在第75帧处，用选择工具选择舞台上的图层“Tree”，在属性面板的左下角点击“添加滤镜”图标，在弹出的上下文菜单中选择“模糊”，然后更改模糊值（如图5–36）。

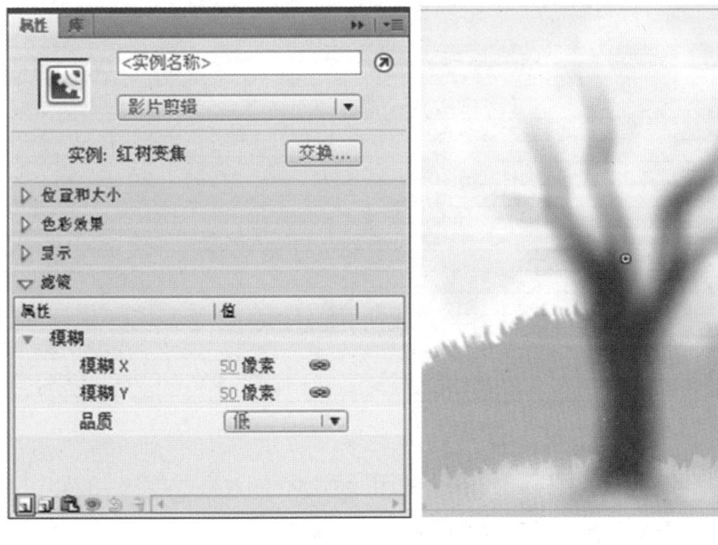

图5–36

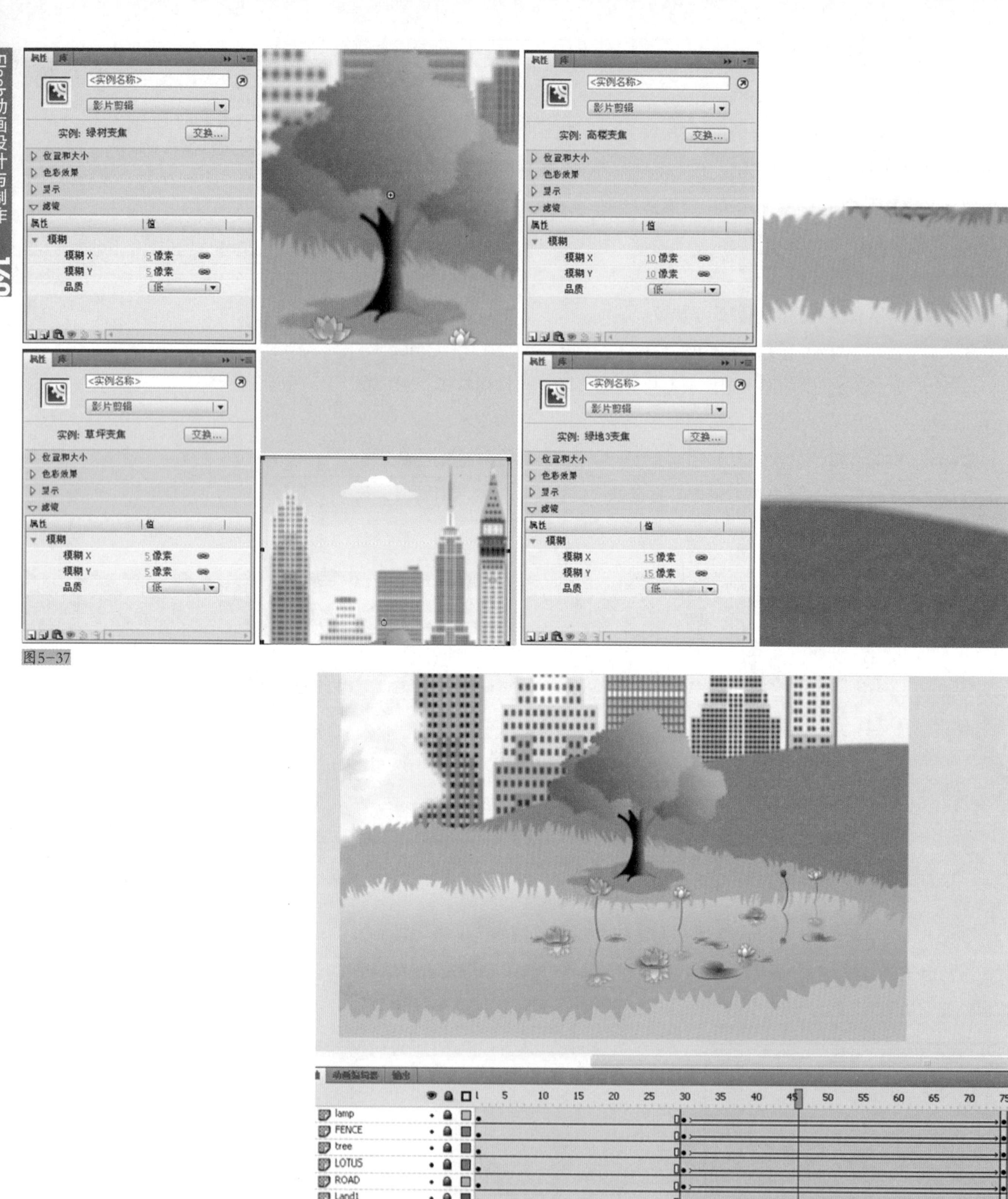

图5-37

图5-38

Step 9　用同样的方法为图层"GreenTree"，"Grass"，"Land3"，"Buildings"上的图形添加模糊效果（如图5-37）。

Step 10　在30帧和75帧之间为除"舞台"以外的所有图层创建传统补间，锁住所有图层以显示遮罩效果（如图5-38）。

Step 11　预览动画，保存文件。

5.3.4 化入化出

化入化出是两个场景之间的转换，在Flash中通过透明度动画来实现。首先是前面场景的透明度由100%逐渐变为0%，接下来是后面场景的透明度由0%逐渐变为100%。两个场景的过渡相互重叠。为了便于调节整个场景的透明度，首先要将前后两个场景都制作成影片剪辑元件。

Step 1　在场景面板中点击“添加场景”图标，并将新场景重新命名为“4化入化出”（如图5–39）。

Step 2　在场景面板中点击场景“3变焦镜头+推镜头”。选择“3变焦镜头+推镜头”场景中所有图层的最后一帧，点击鼠标右键，在上下文菜单中选择“复制帧”。

Step 3　在场景面板中点击场景“4化入化出”进入到该场景。执行菜单栏命令“插入”>“新建元件”，设置弹出的对话框（如图5–40）。

Step 4　按“确定”后进入影片剪辑“化出”的时间轴。在第1帧处点击鼠标右键，在上下文菜单中选择“粘贴帧”，整个场景中的所有图层被粘贴进影片剪辑中（如图5–41）。

Step 5　执行菜单栏命令“插入”>“新建元件”，设置弹出的对话框（如图5–42）。

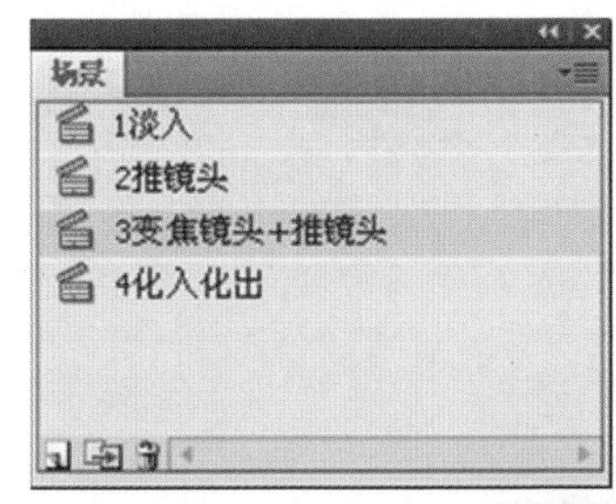

图5–39

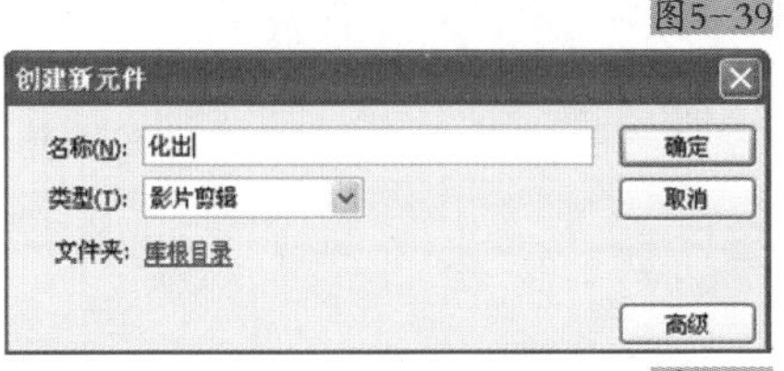

图5–40

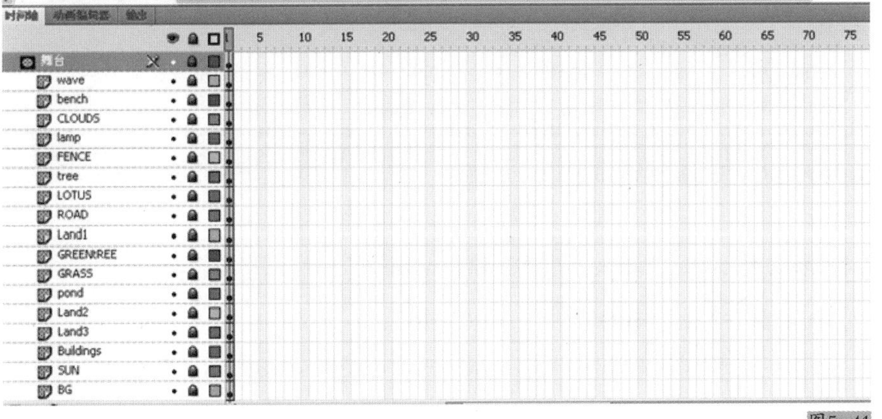

图5–41

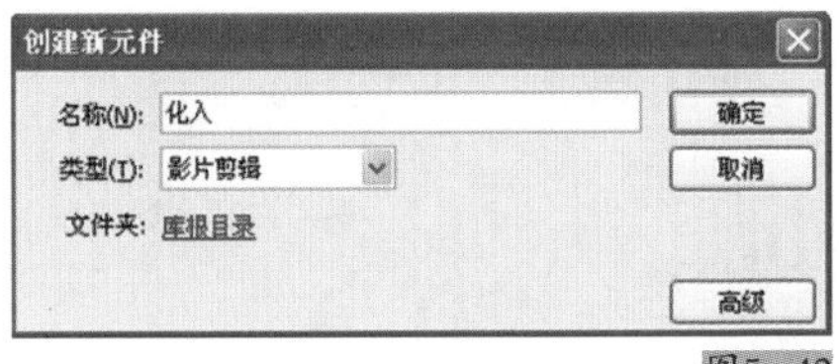

图5–42

图5-43

图5-44

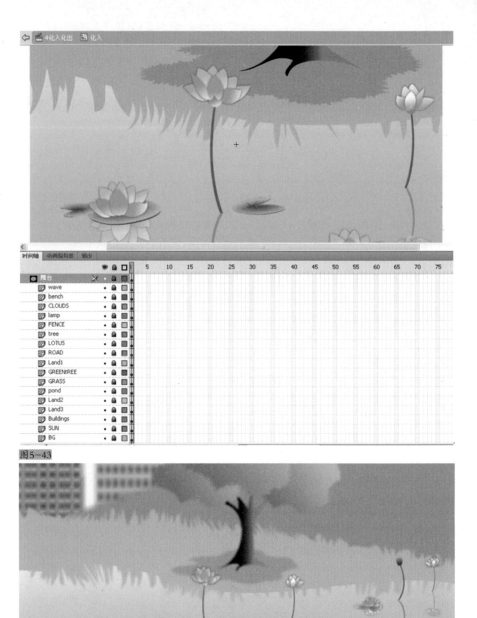

Step 6　按“确定”后进入影片剪辑“化入”的时间轴。在第1帧处点击鼠标右键，在上下文菜单中选择“粘贴帧”，整个场景中的所有图层被粘贴进影片剪辑中。选择除遮罩层以外的图层，用自由变形工具放大并移动图层（如图5-43）。

Step 7　回到“化入化出”场景的时间轴。在图层1上将影片剪辑“化出”拖到舞台上，与舞台对齐（如图5-44）。

Step 8　在第30帧和第50帧处插入关键帧。在第50帧处，选择舞台上的影片剪辑，在属性面板中更改其透明度为0（如图5-45）。

图5-45

Step 9　在第30帧和50帧之间创建传统补间动画，在第80帧处加帧（如图5-46）。

Step 10　新建一个图层，在第30帧处添加关键帧。并将影片剪辑“化入”拖入到第30帧的舞台上（如图5-47）。

Step 11　在第50帧处添加关键帧。

Step 12　把时间轴放置在第30帧处，在舞台上选择图层2上的影片剪辑，在属性面板中更改其透明度为0（如图5-48）。

Step 13　在第30帧和50帧之间创建传统补间动画（如图5-49）。

Step 14　预览动画，保存文件。

图5-46

图5-47

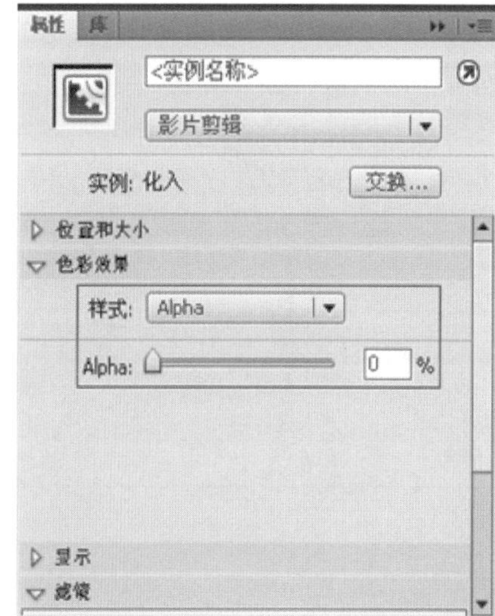

图5-48

图5-49

图5-50

5.3.5 升镜头

升降镜头与平移镜头的方法类似，上下升降镜头是通过对场景中的所有元素添加上下位移的动画来完成；而平移镜头则是为场景中的所有元素添加左右位移的动画来完成。

Step 1 在场景面板中点击“添加场景”图标，并将新场景重新命名为“5升镜头”（如图5-50）。

Step 2 在库面板中双击影片剪辑“化入”。在影片剪辑“化入”的时间轴中，选择所有图层的第1帧，点击鼠标右键，在上下文菜单中选择“复制帧”。

Step 3 回到“升镜头”场景的时间轴中，在第1帧处点击鼠标右键，在上下文菜单中选择“粘贴帧”，所有图层被粘贴进该场景（如图5-51）。

Step 4 解开所有图层的锁，在第140帧处为所有图层加帧。

Step 5 在15帧处，为除遮罩层“舞台”以外的所有图层添加关键帧。锁住遮罩层（如图5-52）。

图5-51

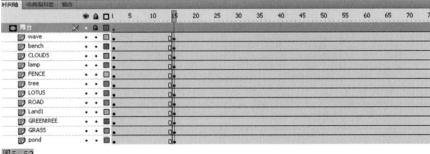

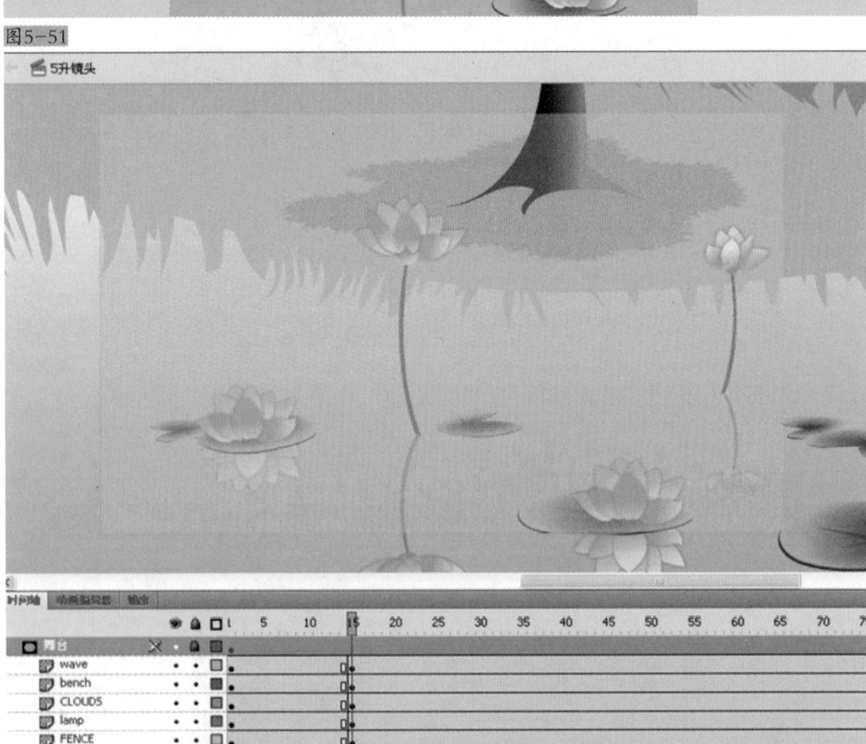

图5-52

Step 6　在140帧处，为除遮罩层以外的所有图层添加关键帧。用自由变形工具选择舞台上的所有元素，往下拖动它们，同时将它们缩小一定的比例（如图5-53）。

Step 7　在15帧和140帧之间，为除遮罩层以外的所有图层创建传统补间动画。锁住所有图层（如图5-54）。

Step 8　导出场景，预览动画。保存文件。

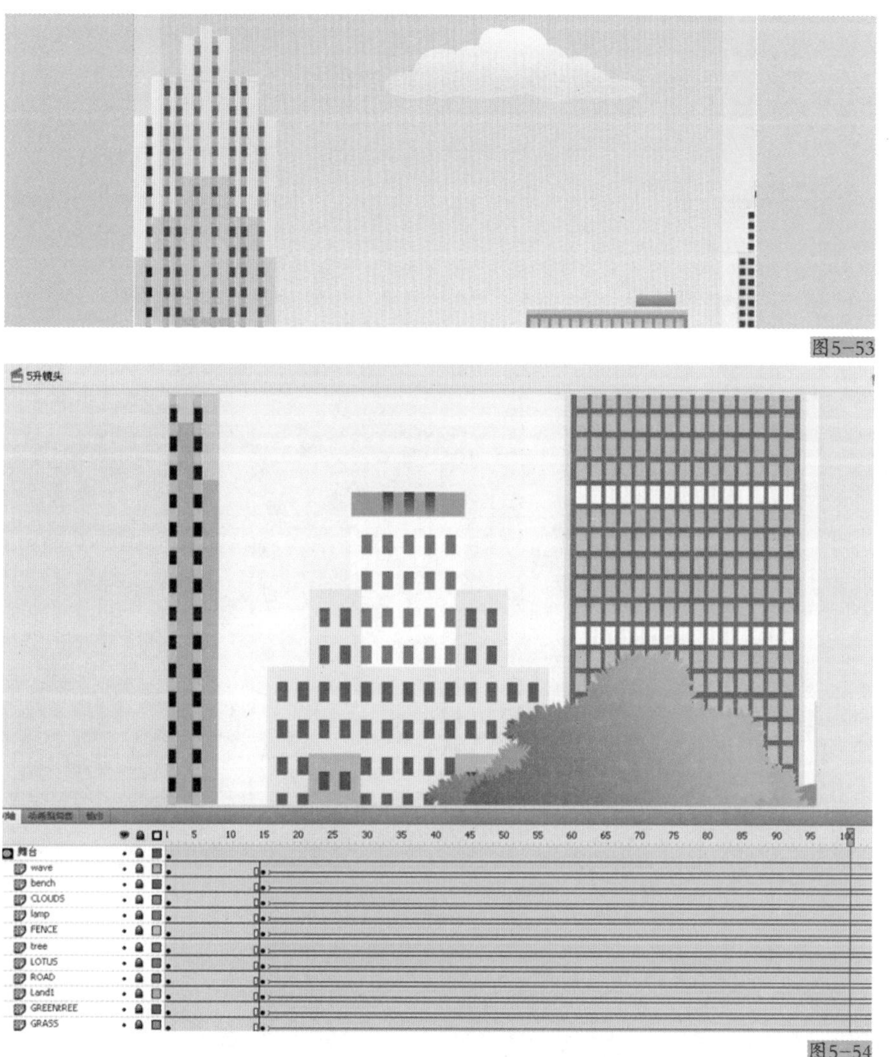

图5-53

图5-54

5.3.6　跟镜头

在Flash中制作跟镜头时，只要将被跟踪的主体制作成一个影片剪辑元件，并将其始终放置在舞台上，然后根据镜头的需要为场景制作动画。下面实例中，我们要跟踪一只鸟的横向飞行，只需要将鸟始终保持在舞台上，然后为整个场景制作左右移动的平移镜头。依此类推，如果要跟踪一个上升的气球，只需要将气球始终保持在舞台上，然后将整个场景做向下移动的升镜头。如果是要做往前运动的跟镜头，如向前行驶的车辆，首先保持车辆在场景上的位置不变，然后为背景制作往后运动的动画，同时还要为背景制作逐渐放大的动画来模拟往前的推镜头。

图5-55

Step 1　在场景面板中点击“添加场景”图标，并将新场景重新命名为“6跟镜头”（如图5-55）。

Step 2 在场景面板中点击场景“5升镜头”。选择“5升镜头”场景中所有图层的最后一帧，点击鼠标右键，在上下文菜单中选择“复制帧”。

Step 3 在场景面板中点击场景“6跟镜头”进入到该场景，在第1帧处点击鼠标右键，在上下文菜单中选择“粘贴帧”，所有图层被粘贴进该场景（如图5-56）。

Step 4 解开除遮罩层以外所有图层的锁。

Step 5 在遮罩层“舞台”下面新建一个图层，命名为“Bird”。从库面板中将影片剪辑“鸟”拖到舞台上（如图5-57）。

Step 6 在第60帧处，为除遮罩层以外的所有图层添加关键帧。

Step 7 在60帧处，把鸟拖到舞台以内（如图5-58）。

Step 8 在1帧和60帧之间为“鸟”图层创建传统补间动画（如图5-59）。

Step 9 锁住图层“鸟”。在第350帧处为所有图层添加帧。

Step 10 在第350帧处为除遮罩层和“鸟”以外的所有图层添加关键帧。

Step 11 在第350帧处，用选择工具在舞台上选择除遮罩和鸟以外的所有元素。向左拖动这些元素（如图5-60）。

Step 12 在60帧和350帧之间，为除遮罩层和“鸟”以外的所有图层创建传统补间动画。锁住所有图层（如图5-61）。

Step 13 导出场景，预览动画。保存文件。

图5-56

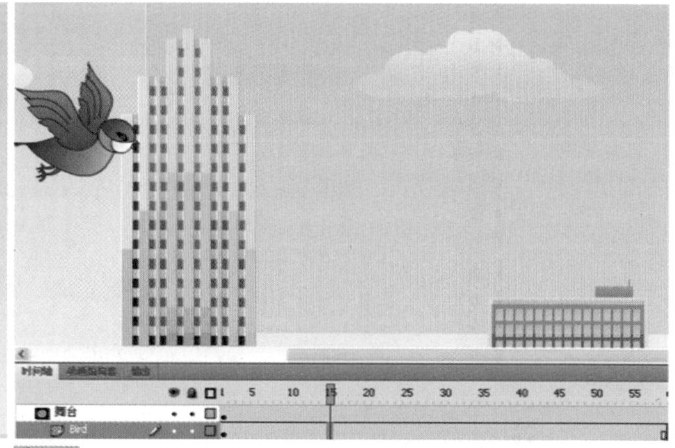

图5-57

图5-58

图5-59

图5-60

图5-61

5.3.7 划出

划出镜头在Flash中通过遮罩层来实现。由于场景中本身有一个用来确定舞台大小的遮罩层，那么就需要先将整个场景放置在一个元件中，然后再将作为划出镜头的遮罩层放置在场景元件上。

Step 1　在场景面板中点击“添加场景”图标，并将新场景重新命名为“7划出”（如图5-62）。

Step 2　选择“6跟镜头”场景中所有图层的最后一帧，点击鼠标右键，在上下文菜单中选择“复制帧”。

Step 3　在场景面板中点击场景“7划出”。执行菜单栏命令“插入”>“新建元件”，设置弹出的对话框（如图5-63）。

图5-62

创建新元件
名称(N): 划出
类型(T): 影片剪辑
文件夹: 库根目录
确定
取消
高级

图5-63

图5-64

图5-65

图5-66

图5-67

图5-68

图5-69

图5-70

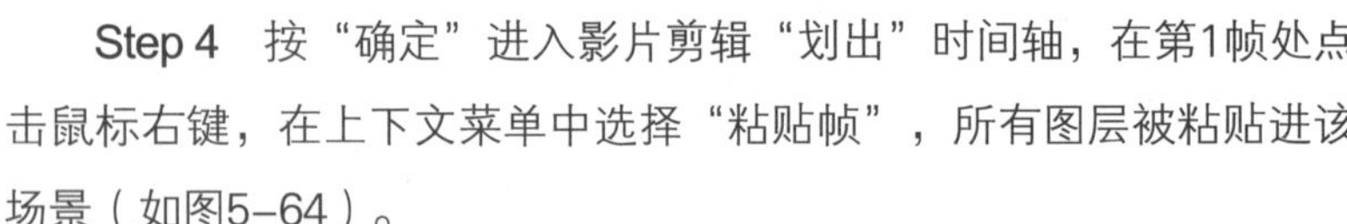

Step 4 按“确定”进入影片剪辑“划出”时间轴，在第1帧处点击鼠标右键，在上下文菜单中选择“粘贴帧”，所有图层被粘贴进该场景（如图5-64）。

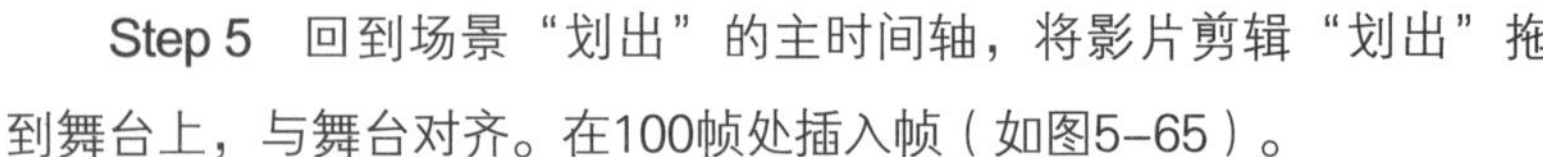

Step 5 回到场景“划出”的主时间轴，将影片剪辑“划出”拖到舞台上，与舞台对齐。在100帧处插入帧（如图5-65）。

Step 6 新建一个图层，命名为“划出”，在舞台上用椭圆形工具绘制一个圆，给圆填充半透明颜色以更好地查看舞台大小（如图5-66）。

Step 7 分别在15帧、55帧处为图层“划出”添加关键帧。

Step 8 在55帧处用自由变形工具更改圆形的大小和位置（如图5-67）。

Step 9 分别在80帧、100帧处为图层“划出”添加关键帧。

Step 10 在100帧处用自由变形工具将圆形缩小到近乎消失（如图5-68）。

Step 11 在图层2的15帧和55帧之间创建传统补间动画（如图5-69）。

Step 12 在图层2的80帧和100帧之间创建传统补间动画（如图5-70）。

图5-71

Step 13　将图层2转换为遮罩层（如图5-71）。

Step 14　导出场景，预览动画。保存文件。

5.3.8　划入+跟镜头

划入镜头与划出镜头的制作方法正好相反，划出镜头是将遮罩层做由大变小的动画，而划入镜头则是将遮罩层做由小变大的动画。

Step 1　在场景面板中点击“添加场景”图标，并将新场景重新命名为“8划入+跟镜头”（如图5-72）。

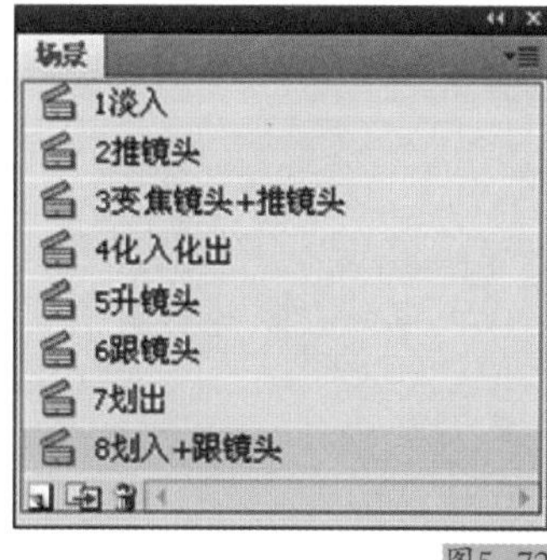

图5-72

Step 2　选择场景“1淡入”中所有图层的最后一帧，点击鼠标右键，在上下文菜单中选择“复制帧”。

Step 3　点击场景“8划入+跟镜头”回到该场景。在第1帧处点击鼠标右键，在上下文菜单中选择“粘贴帧”（如图5-73）。

图5-73

Step 4　解开除遮罩层以外所有图层的锁。

Step 5　在遮罩层“舞台”之下新建一个图层“Man”，从库面板中将影片剪辑“跑步”拖到该图层的舞台上。用自由变形工具调整所有元素的大小和位置（如图5–74）。

Step 6　在203帧处为所有图层加帧。

Step 7　在105帧处为除遮罩层和图层“Man”以外的所有图层添加关键帧，并选择这些图层上的元素，将它们往右拖移（如图5–75）。

Step 8　在这些图层的第1帧和105帧之间创建传统补间动画。

Step 9　在图层“Man”的第105帧和203帧上添加关键帧。

Step 10　在203帧处，选择舞台上的人物，将其往左拖出舞台以外（如图5–76）。

图5–74

图5–75

图5–76

Step 11　在图层“Man”的第105帧和203帧之间创建传统补间动画（如图5–77）。

Step 12　选择所有图层上的所有帧，点击鼠标右键，在弹出的上下文菜单中选择“复制帧”。

Step 13　执行菜单栏命令“插入”>“新建元件”，设置弹出的对话框（如图5–78）。

Step 14　按“确定”后进入图形元件“划入”的时间轴，在第1帧处点击鼠标右键，在弹出的上下文菜单中选择“粘贴帧”，所有图层被复制进来。

Step 15　在图层最上方新建一个图层来制作划入动画。用椭圆形工具绘制一个圆形覆盖整个舞台（如图5–79）。

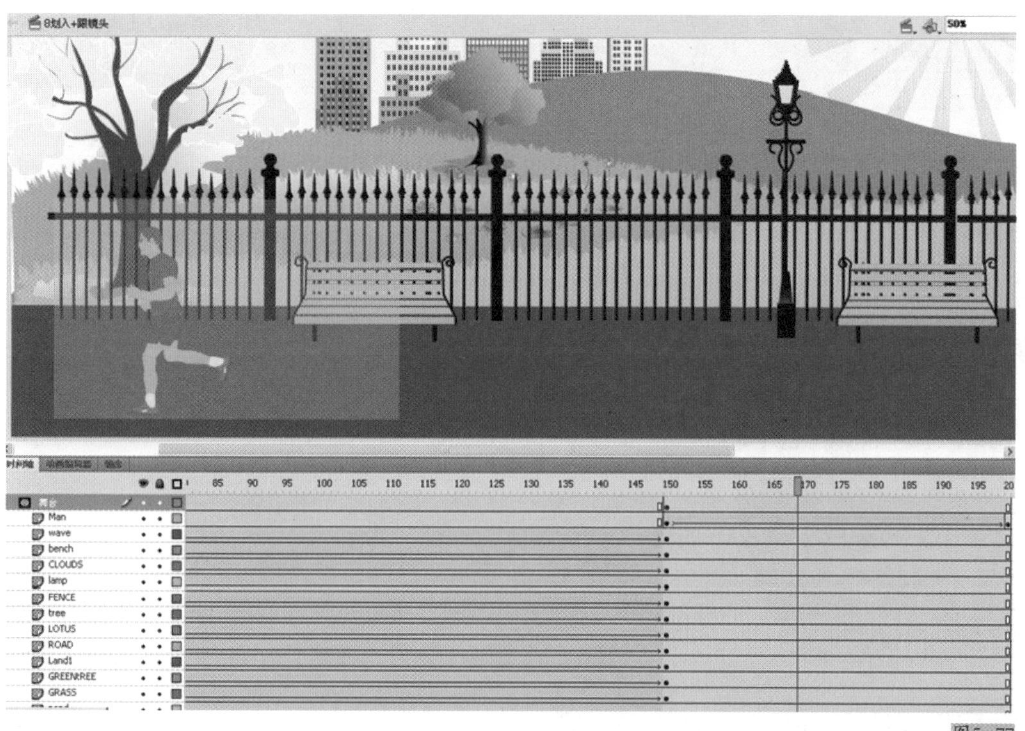

图5–77

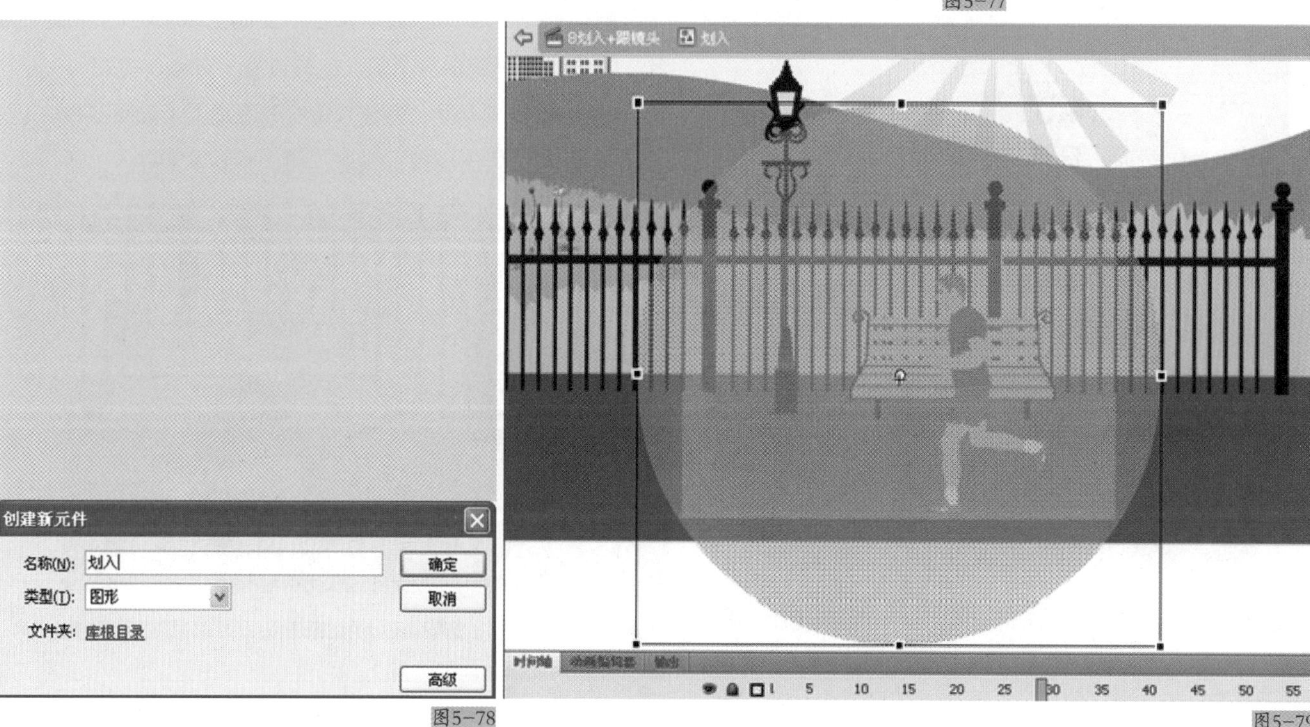

图5–78

图5–79

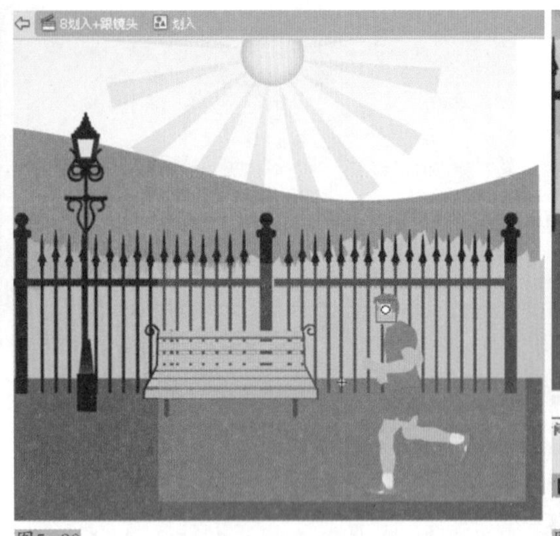
图5-80

图5-81

图5-82

Step 16　在该图层的第29帧处添加关键帧，用自由变形工具将圆形缩小到近乎消失（如图5-80）。

Step 17　在该图层的第1帧和29帧处创建补间形状。

Step 18　删除掉图层“舞台”，并把作为划入动画的图层1转换成遮罩层（如图5-81）。

Step 19　回到场景“8划入+跟镜头”的主时间轴，在图层的最上方新建一个图层，命名为“划入”。

Step 20　删除图层“划入”下面的所有图层。

Step 21　从库面板中将图形元件“划入”拖到舞台上，滑动鼠标，然后将鼠标放在30帧以后的任何位置（如图5-82）。

Step 22　新建一图层，命名为“舞台”，然后用矩形工具绘制一个与舞台对齐并且同样大小的半透明矩形，或直接将之前任何场景中的图层“舞台”复制进来。根据图层“舞台”的位置来调整图层“划入”的位置（如图5-83）。

Step 23　将图层“舞台”转换成遮罩层（如图5-84）。

Step 24　导出场景，预览动画。保存文件。

图5-83

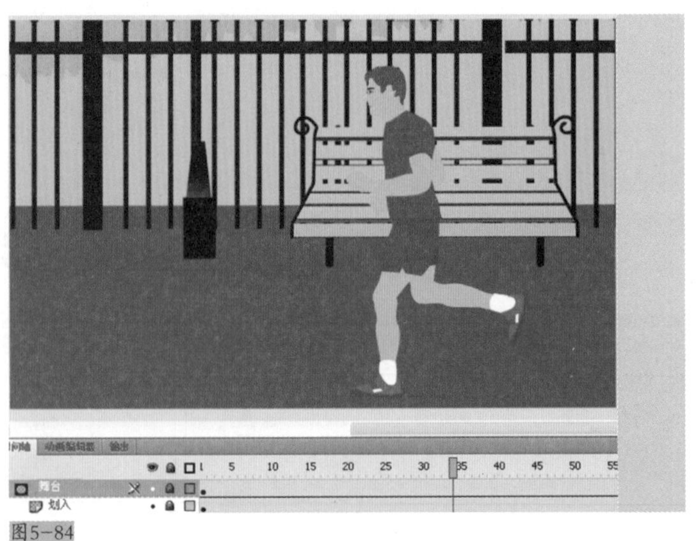
图5-84

5.3.9 切镜头

切镜头是最简单的一种镜头，场景与场景之间直接跳转，没有任何过渡效果。在Flash中，可以将两个不同的景放在两个关键帧中来跳转。

Step 1　在场景面板中点击“添加场景”图标，并将新场景重新命名为“9切镜头”（如图5-85）。

Step 2　双击库面板中图形元件“划入”进入其时间轴，选择所有图层的最后1帧，点击鼠标右键，在上下文菜单中选择“复制帧”。

Step 3　执行菜单栏命令“插入”>“新建元件”，设置弹出的对话框（如图5-86）。

Step 4　按“确定”后进入到影片剪辑“切镜头1”的时间轴。在第1帧处点击鼠标右键，在上下文菜单中选择“粘贴帧”。所有图层被粘贴进来。删除作为划入镜头的“图层1”，然后制作一个与舞台同样大小的遮罩层（如图5-87）。

Step 5　点击场景“1淡入”，选择所有图层的最后1帧，点击鼠标右键，在上下文菜单中选择“复制帧”。

Step 6　执行菜单栏命令“插入”>“新建元件”，设置弹出的对话框（如图5-88）。

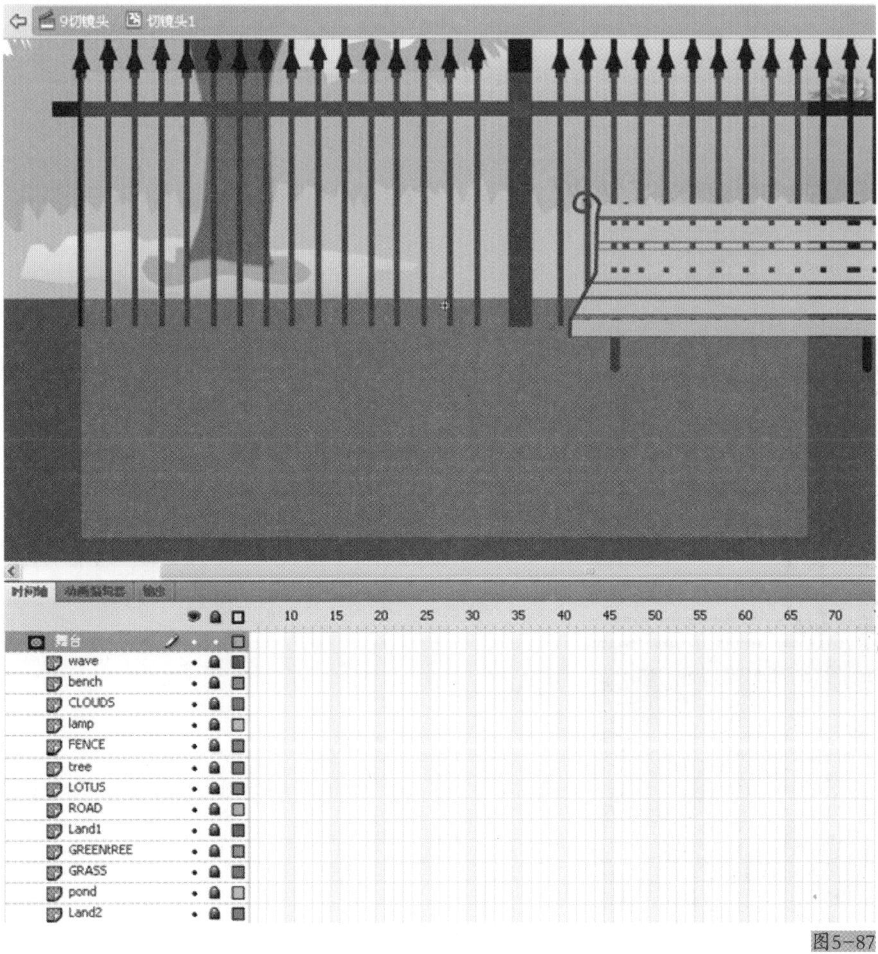

图5-87

图5-85

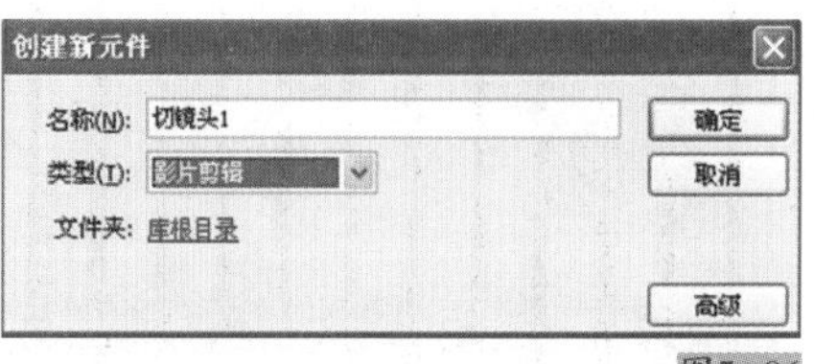

图5-86

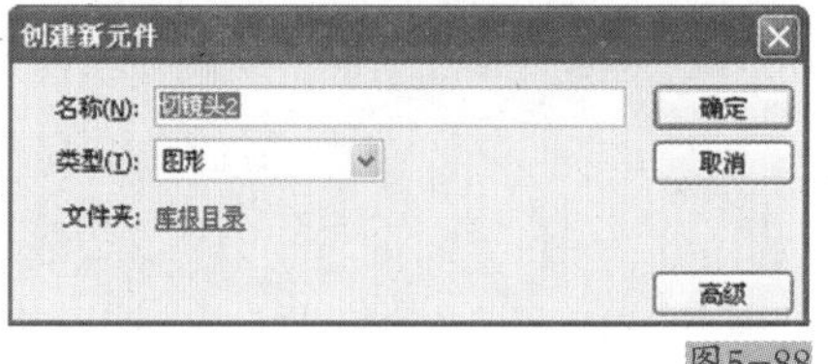

图5-88

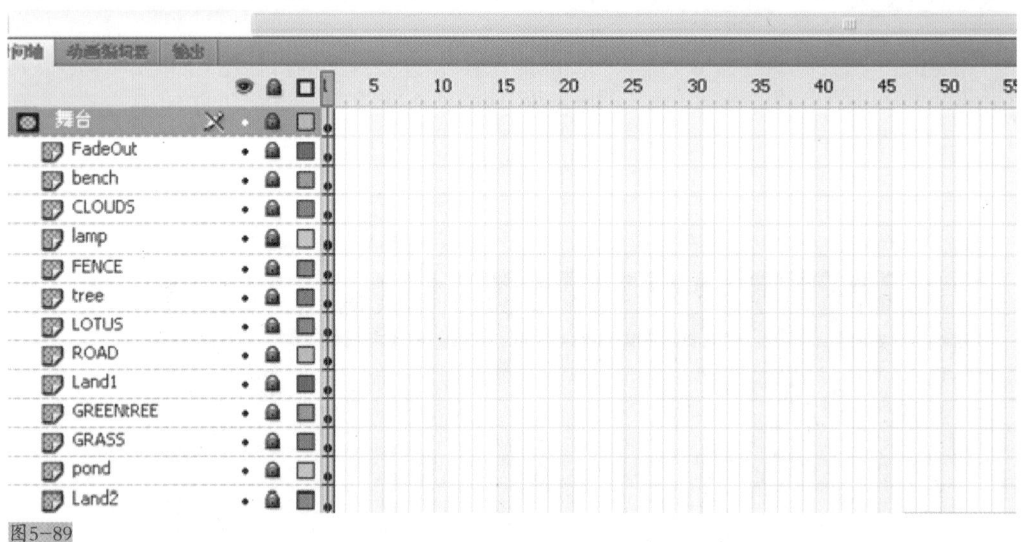

图5-89

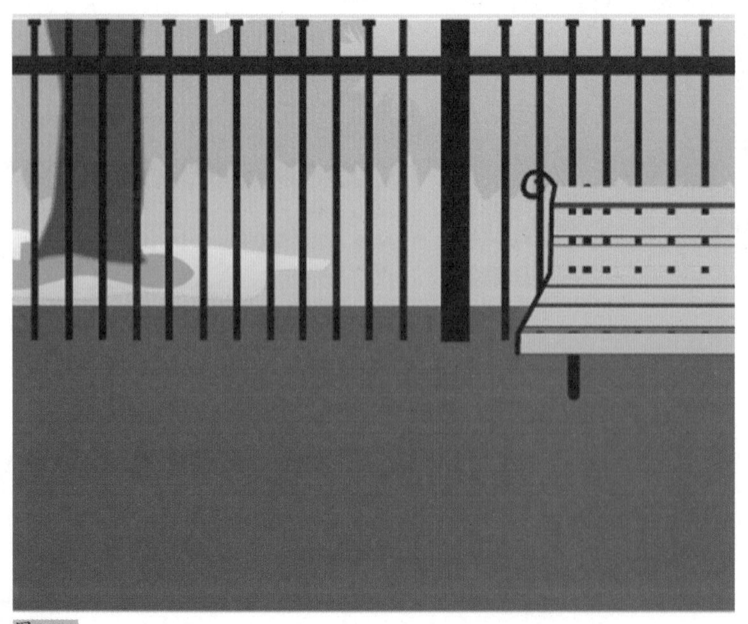

图5-90

Step 7　按“确定”后进入到影片剪辑“切镜头1”的时间轴。在第1帧处点击鼠标右键，在上下文菜单中选择“粘贴帧”。所有图层被粘贴进来（如图5-89）。

Step 8　点击场景“9切镜头”回到该场景。

Step 9　在第1帧处，将影片剪辑“切镜头1”从库面板中拖出来与舞台对齐（如图5-90）。

Step 10　把播放头放在第20帧处，按【F7】插入空白关键帧。将影片剪辑“切镜头2”从库面板中拖出来与舞台对齐（如图5-91）。

Step 11　导出场景，预览动画。保存文件。

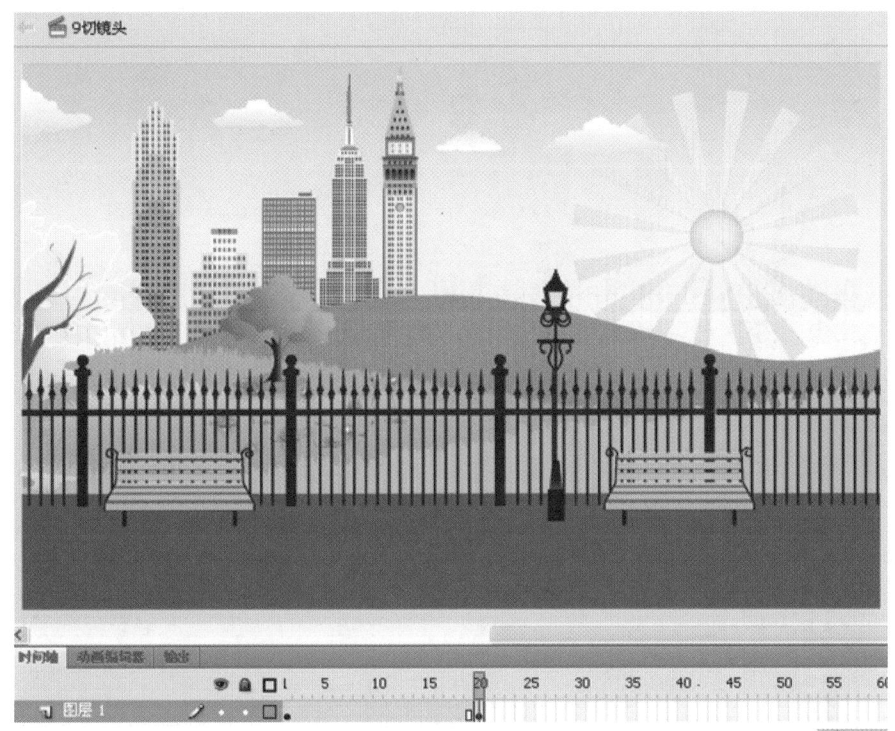

图5-91

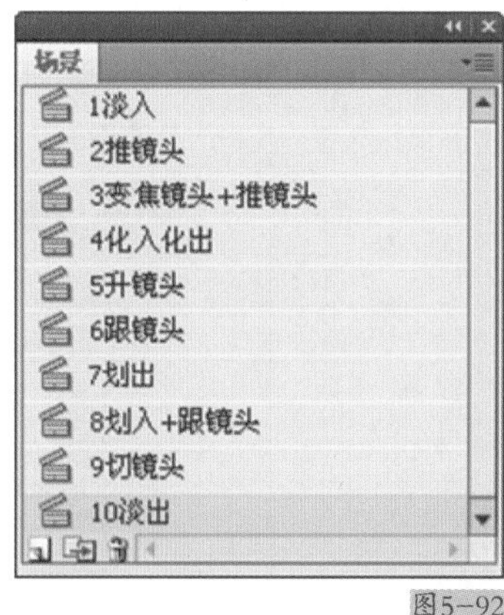

图5-92

图5-93

5.3.10 淡出镜头

淡出镜头效果常应用在一个场景或片子的末尾，通常是从场景淡出到黑屏。在Flash中，淡出效果与淡入效果的制作原理一样，都是通过控制一个与舞台同样大小的黑色矩形的透明度来实现。淡入是将黑色矩形的透明度由100%变为0%，淡出是将其透明度由0%变为100%。

Step 1　在场景面板中点击“添加场景”图标，并将新场景重新命名为“10淡出”（如图5-92）。

Step 2　选择场景“1淡入”中所有图层的最后1帧，点击鼠标右键，在上下文菜单中选择“复制帧”。

Step 3　点击场景“10淡出”回到该场景。在第1帧处点击鼠标右键，在上下文菜单中选择“粘贴帧”。所有图层被粘贴进来（如图5-93）。

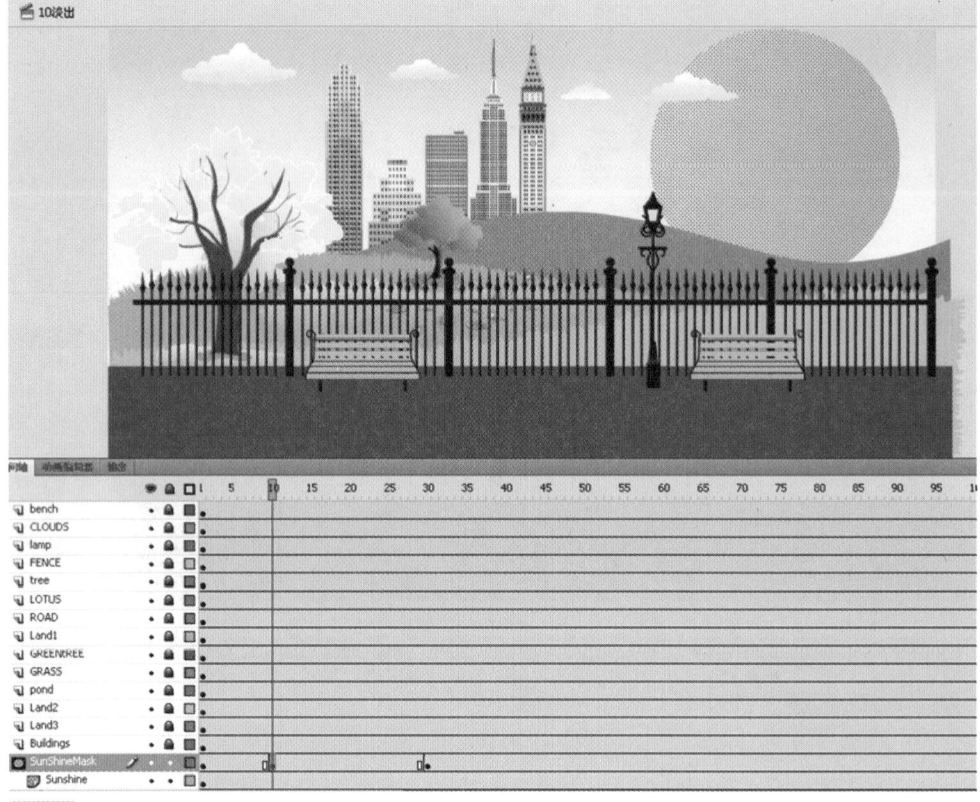
图5-94

Step 4　在180帧处为所有图层加帧。

Step 5　解开图层“SunShineMask”的锁，在第10帧和30帧处为其添加关键帧（如图5-94）。

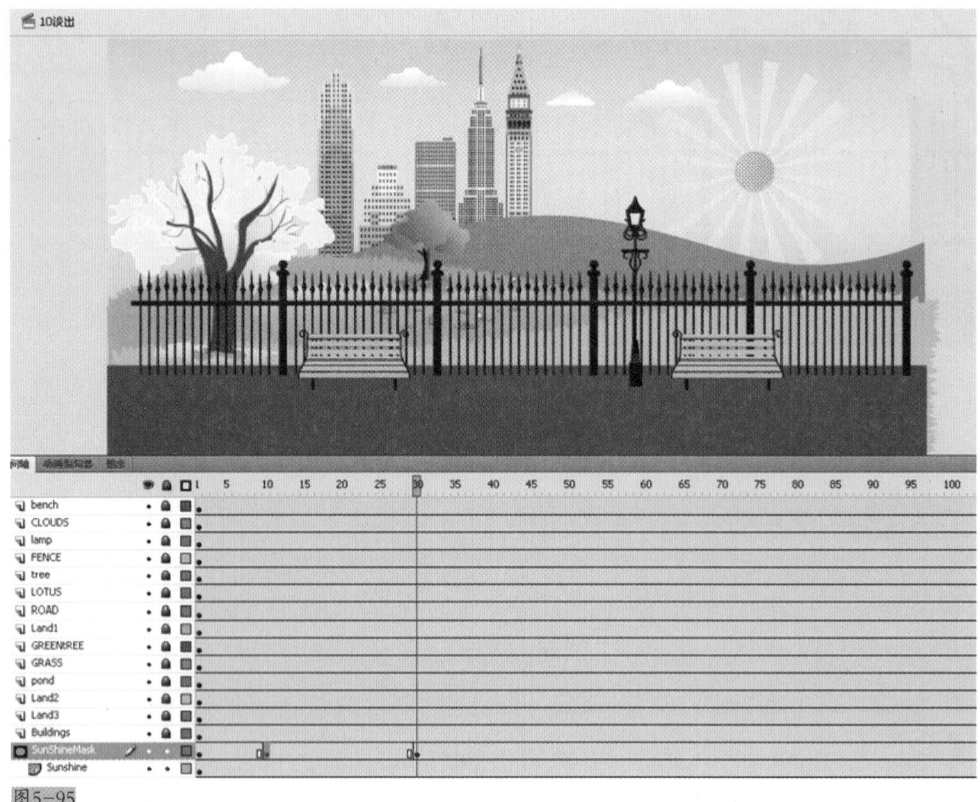
图5-95

Step 6　在第30帧处用自由变形工具更改圆形的大小（如图5-95）。

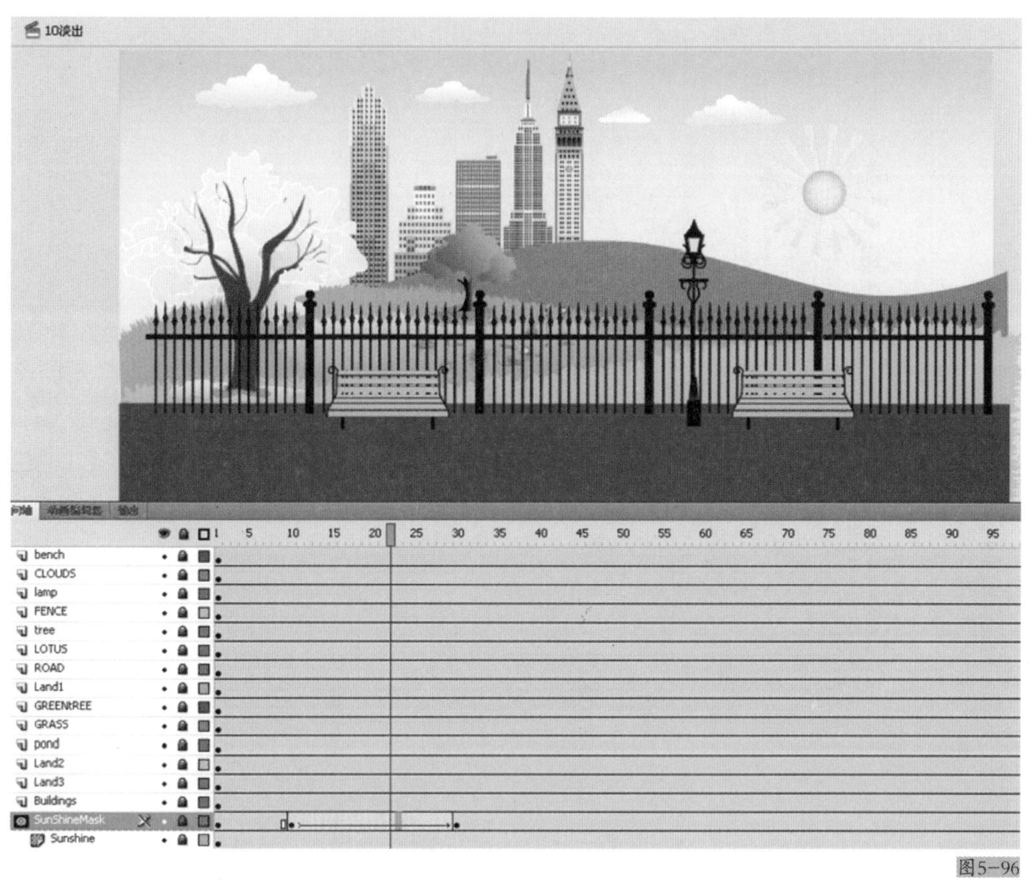

图5-96

Step 7 在10帧和30帧之间为图层“SunShineMask”创建补间形状。锁住图层“SunShineMask”和“SunShine”看效果（如图5-96）。

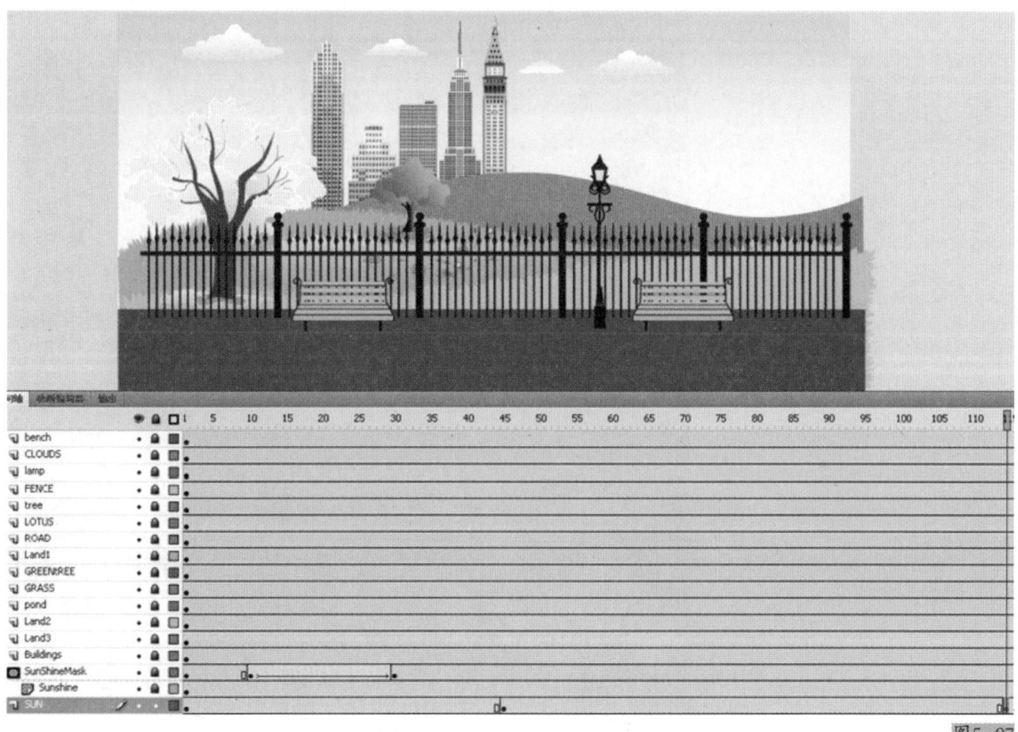

图5-97

Step 8 解开图层“Sun”的锁，在45帧和115帧处为该图层添加关键帧，在第115帧处，将舞台上的太阳往下移到山坡后面（如图5-97）。

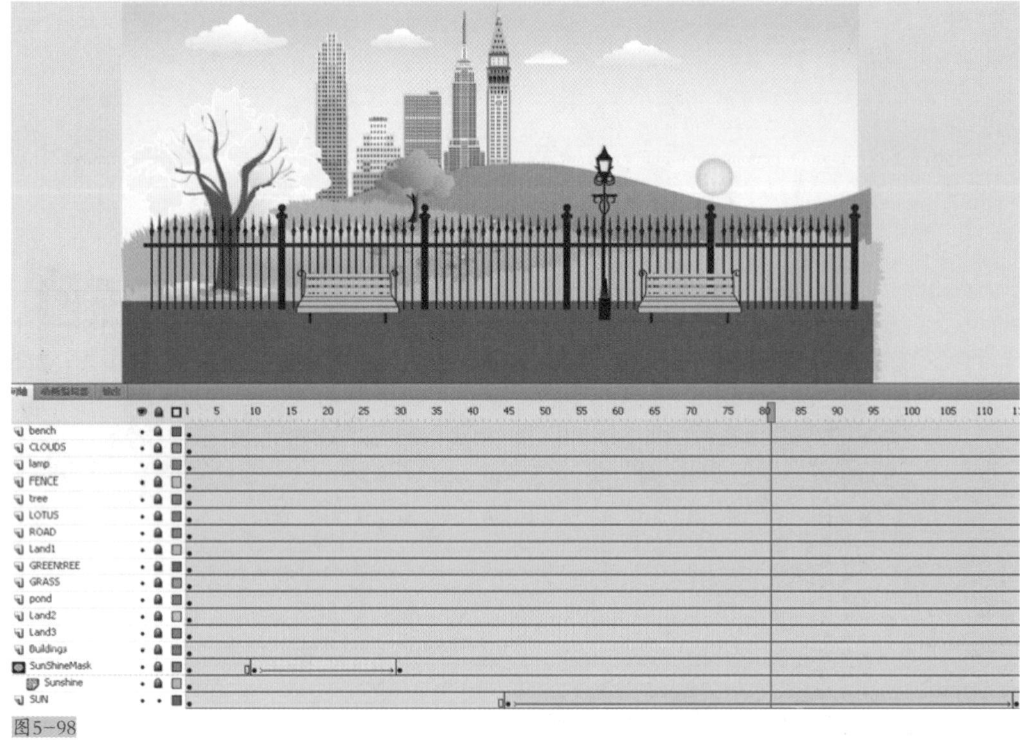

图5-98

Step 9　在45帧和115帧之间为图层“Sun”创建传统补间动画（如图5-98）。

Step 10　解开图层“BG”的锁，分别在10、45、85、115帧处为其添加关键帧。

Step 11　分别在45、85、115帧处，更改图层“BG”的颜色（如图5-99）。

Step 12　在10、45、85、115帧之间，为图层“BG”创建补间形状（如图5-100）。

Step 13　解开淡出图层“FadeOut”的锁，分别在第85帧和125帧处为该图层添加关键帧。

Step 14　在第125帧处，更改图层的颜色和透明度（如图5-101）。

Step 15　在150、180帧处为图层“FadeOut”添加关键帧。

Step 16　在第180帧处，将图层的颜色更改为不透明的黑色（如图5-102）。

图5-99

图5-100

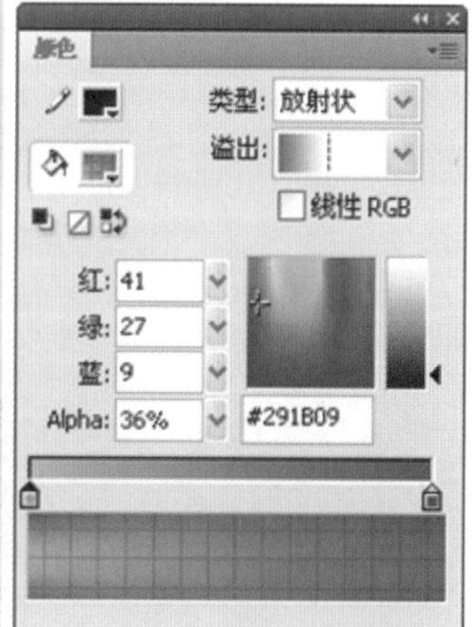

图5-101

图5-102

Step 17　在图层“FadeOut”的85帧和125帧之间创建补间形状，150帧和180帧之间创建补间形状（如图5-103）。

Step 18　导出场景，预览动画。保存文件。

图5-103

小　结

在这一章节中，我们了解了各种镜头景别、运动镜头和不同镜头之间的组接形式。同时，我们还通过实例，演示了如何使用Flash动画技术表现各种镜头，使我们能在Flash中熟练地应用各种镜头流畅地表述故事。

第6章 Flash脚本基础与交互应用

学习要点

ActionScript基础　添加动作　场景跳转　复制影片剪辑　音频控制　视频控制　网站连接　Flash文件之间的调用

学习目的

本章着重讲解ActionScript基础语法运用，通过学习如何在元件和时间线上添加脚本，达到控制各种多媒体素材（音频、视频、动画、网页等）播放的目的。

6.1　ActionScript概述

Flash 动画以其强大的表现力和小巧的体积成为网络动画的首选软件，Flash CS4 的发布，使 Flash 功能更上一层楼，特别是 ActionScript 功能的增强，使 Flash表现了强大的交互性，用户不仅能观看动画，还能参与到动画中。

6.1.1　ActionScript简介

ActionScript（简称 AS）是指一种在Flash软件中开发应用的语言，用户可以通过它告诉 Flash要执行的任务，并询问在影片发生时的事件。通过使用这种双向通信的方式让用户创建具有交互能力的影片。运用ActionScript强大的功能，可以创造出各种奇妙的动画效果和网络程序。

6.1.2　动作面板介绍

在 Flash CS4软件中可以选择ActionScript2.0或者AcitonScript3.0版本，本书是以ActionScript2.0来讲述，在软件中编写语句通常都是在“动作”面板中完成的。因此，如果要更好地编写 ActionScript语句，必须先对“动作”面板有正确的了解。

按快捷键【F9】调出“动作”面板，可以看到“动作”面板的编辑环境由左右两部分组成。左侧部分又分为上下两个窗口（如图6-1）。

左侧的上方是一个“动作”工具栏，单击前面的图标展开条目，可以显示出对应条目下的动作脚本语句元素，双击选中的语句即可将其添加到编辑窗口。

下方是一个“脚本”导航器。里面列出了FLA文件中具有关联动作脚本的帧位置和对象；单击脚本导航器中的某一项目，与该项目相关联的脚本则会出现在“脚本”窗口中，场景上的播放头也将移到时间轴的对应位置上。双击脚本导航器中的某一项，则该脚本会被固定。

右侧部分是“脚本”编辑窗口，这是添加代码的区域。可以直接在“脚本”窗口中编辑动作、输入动作参数或删除动作。也可以双击“动作”工具栏中的某一项或“脚本编辑”窗口上方的“添加脚本”工具，向“脚本”窗口添加动作。

在“脚本”编辑窗口的上面，有一排工具图标，在编辑脚本的时候，可以方便适时地使用它们的功能（如图6–2）。

在使用“动作”面板的时候，可以随时点击“脚本”编辑窗口左侧的箭头按钮，以隐藏或展开左边的窗口。将左边的窗口隐藏可以使“动作”面板更加简洁，方便脚本的编辑。

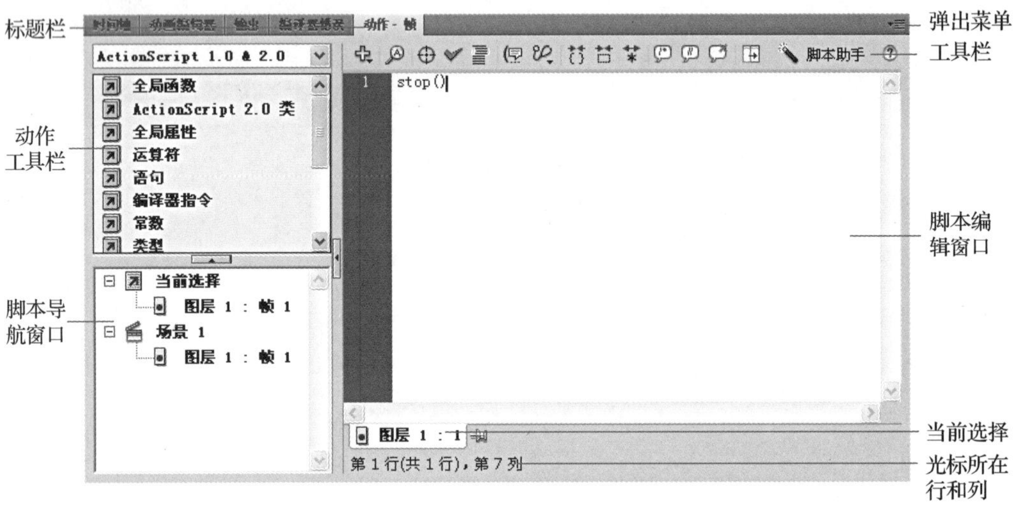

图6–1

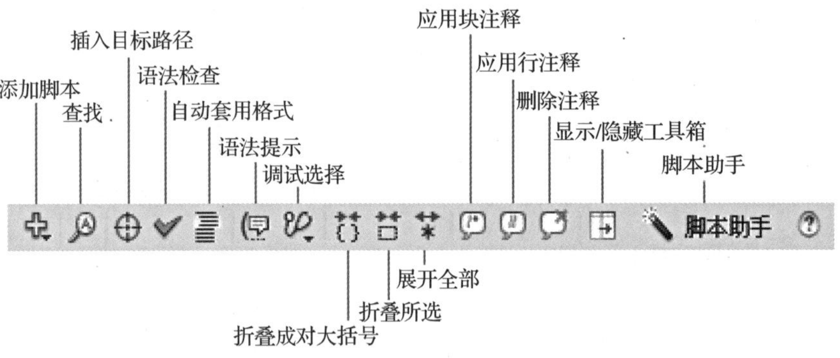

图6–2

6.1.3　语法规则

ActionScript作为一种计算机语言，有一套自己的语法，必须遵守这些语法规则才能创建可正确编译和运行的脚本。

1.　区分大小写

在AS中，关键字与标识符对大小写是敏感的，如gotoAndPlay（ ）不能写成GOTOANDPLAY（ ），也不能写成gotoandplay（ ）。如play不能写成Play（ ），如果这样写，输出时命令就不能正确执行，输出时就会提示错误。

有一点需要提示的是，如果输入正确，面板中的语法就会被颜色化，大小写正确的关键字或标识符变成红色或绿色。

2. 点（.）语法

在动作脚本中，点（.）用于指示与对象或影片剪辑相关的属性或方法。还可以用于标识影片剪辑、变量、函数或对象的目标路径。点语法表达式以对象或影片剪辑的名称开头，后跟一个点，最后以指定的元素结尾。

例1（连接属性）：一个电影剪辑的_y 属性表示电影剪辑在舞台上的 y 轴坐标，这个点恰好在元件的中心点上。如果有一个电影剪辑的实例名为MC，那么MC._y就指明了电影剪辑。

例2（传递变量）：如果想从电影剪辑元件yao 中向主场景传递一个变量 i，并且 i=0，就可以选中yao实例，打开AS面板，写成：

```
onClipEvent（load）{ //当影片被加载，打开代码块
_root.i = 0；//设置主场景变量 i 的值
} //完成代码块
```

例3（连接方法）：一个对象或电影剪辑的后面也可以用小点来连缀方法，如果电影剪辑MC的运行方式是使之在stop处重新开始播放，则表达式为：

```
MC.play（）；
```

例4（连接路径）：如果电影剪辑“dog”是嵌套在电影剪辑“animation”之中的，从主场景的按钮上想让“狗”实例播放，就可以写成：

```
on（press）{
_root.animation.dog.play（）；
}
```

如果想从“dog”实例上让“animation”停止播放，就得写成：

```
onClipEvent（enterFrame）{
_parent.stop（）；
}
```

如果在“dog”元件的时间轴上让自己停下，就可以在第1帧中写成：

```
this.stop（）；
```

3. 大括号

大括号里面所输入的就是用AS下达的命令，术语叫做代码块，ActionScript 的语句被加以大括号（{ }）后，就被组成了块，如一个按钮上写入了触发条件后就可以用大括号来下达命令了，执行脚本如下：

```
on（release）{
_root.stop（）；
}
```

其中的_root.stop（）就是命令，也称为语句。

4. 分号

在AS中是以分号（；）来结尾的。虽然Flash在省略分号的情况下能正确地编译脚本，但却不建议省略分号，在不忘记的情况下，最好还是正确输入。下面的例子就是使用分号来结束脚本语句的：

```
mysound = new Sound（ ）；//创建声音构造器
mysound.attachSound（ “music” ）；//从库中捆绑标识符为“music”的声音文件
mysound.start（0，15）；//从头开始播放音乐，循环15遍
```

5. 小括号

在定义函数时，都要在圆括号中输入参数（变量），例如上一例中的（ “music” ）与（0，15）两个括号内都是参数。而第一行语句的结尾处也有一个圆括号，但其中什么也不填写，是因为这个函数不需要参数。虽然不需要参数，但圆括号却不能省略。在AS中，省去了分号时Flash还能“原谅”这个错误，但如果省略了圆括号就不能正确编译了，输入时就会提示出现了错误。

6. 注释

在AS面板中，可以在语句中加入注释，所加入的注释不会影响到动画的发布，也不会影响到最后生成的动画的大小。通常加入注释的目的有两个，一是为了使脚本编写工作更清晰，每一行都明明白白，不至于搞乱；二是为了让别人更容易阅读，尤其在多人合作编写脚本时这一点格外重要，这样才能让伙伴们明白你这样编写的意图，给他们提供必要的参考。

注释的符号有两类，一类是单行注释，符号是//。一类是多行注释，以/*开头，以*/结束，构成/*……*/的形式。

例1（单行注释）：

```
on（release）{
//创建新的日期目标
mydate = new Date（ ）；
//获取当前日期（天）
时间 = mydate.getDate（ ）；
}
```

例2（多行注释）：

```
MC.createEmptyMovieClip（ “paint”，5）；
/*这是一个用于创建一个空白的新影片的函数；
这个命令是从 FlashMX 后新增的，一般专用于 AS 绘画；
这个函数一般需要两个参数：
第一个参数是新的实例名称；
第二个参数要指明新实例的深度。*/
```

7. 关键字

ActionScript语言中保留了一些单词作为特殊的用途，这些单词不允许再作为变量、函数或标签名称，这些单词被我们称为关键字。下表列出ActionScript里的关键字。

单词	词义	单词	词义
Break	中断	new	新建构造器函数
Continue	继续	return	返回
delete	删除	this	这
else	否则	typeof	类型的

续表

单词	词义	单词	词义
for	循环	var	定义局部变量
function	自定义函数	void	空的，无效的
if	如果	while	循环
in	在……里	with	包装代码专用

8. 路径

- "路径"的含义是指如何到达目的地。这个目的地叫做路径的目标，在Flash中引用了目标路径的概念，目标路径是swf文件中影片剪辑实例名称、变量和对象的分层结构地址。
- 目标：指的是将要被动作脚本控制的对象，有影片剪辑实例、变量等。
- 路径：指如何到达目标，即我们如何从控制点到达被控制点。
- 分层结构：Flash文件是由一个个影片或影片剪辑组成的，它们有各自的时间轴、变量、数组等，它们的位置关系有两种，一是父子关系；二是并列关系。

所谓父子关系指的是包含与被包含的关系，例如：把影片剪辑mc1拖放到影片剪辑mc中，则称mc1是mc的子级，反过来mc称作mc1的父级。它们的层次结构用点语法表示，圆点前面的对象包含着圆点后面的对象，如_root.mc.mc1即_root包含了mc，而mc包含了mc1。

所谓并列关系指的是对等的关系，它们之间没有包含与被包含的关系，如：_root.mc_a和 _root.mc_b。

在Flash应用中，可以从1个时间轴向另一个时间轴发送信息，发送信息的时间轴叫控制时间轴，接收信息的时间轴叫目标时间轴。即控制时间轴发出的命令可以控制目标时间轴的动作。要实现这种控制功能必须编写目标路径。目标路径分为绝对路径和相对路径。

绝对目标路径指的是从根时间轴开始，一直延续到列表中目标时间轴中的实例为止。绝对目标路径简单易懂但重用性差。在编写绝对目标路径时，首先写上_root，一方面表示这个路径是一个绝对路径，另一方面表示这个路径的最顶层时间轴是本场景中的根时间轴_root。

相对目标路径取决于控制时间轴和目标时间轴之间的关系，相对目标路径就是站在控制点去看被控制点。若向父级方向看也就是向根时间轴方向看，在相对路径中，使用关键字this指示当前时间轴：使用别名_parent指示当前时间轴的父级时间轴，可以重复使用_parent，每使用一次就会在同一层的影片剪辑的层次中上升一级，有多少元件就写多少_parent，若向下看只需要用点运算符，中间有多少元件就写多少实例名。

例如：

```
this._parent
this._parent._parent
this.mc.mc1
```

6.1.4 变量

1. 认识变量

变量是包含信息的容器，本身始终不变，但内容可以更改，通过swf文件播放时更改变量的值，可以记录和保存用户操作的信息。

在Flash中，通过动作脚本可以建立很多"容器"来存放Flash中的信息，比如影片剪辑的透明度、坐标等，也可以存放人的名字、年龄等。为了区别不同的“容器”，必须为每个“容器”取一个自己的名字，即变量名。

例如：

var myAge;

var是用来定义变量的关键字。

MyAge是变量名。

那么这个变量怎么存放年龄呢？在定义变量时可以给定一个值，即变量值，如下所示：

var myAge=66;

其中“=”号代表赋值运算符，把66这个值赋给变量myAge。

2. 变量命名规则

用不同的符号对不同的事物进行标记，用做标记的符号就是标识符，标识符是用于表示变量、属性、对象、函数或方法的名称。

命名变量名要遵守如下的规则：

（1）不能是AS关键字，所谓关键字也称保留字，指AS预先定义好的标识符。

（2）不能以数字开头，第一个字符必须是字母或下划线“_”和美元符号“$”。

（3）中间不能有空格。

（4）变量名中不能使用标点符号。

（5）不应将动作脚本语言中的任何元素用做变量名称。

正确的示例：

a，m，ba，assw，a_aa，my_mc，$abc，$_ss，$_mc等等

my_txt保存文本的变量

错误的示例：

2_m //不能用数字开头

my-a //不能用减号分割

a.ss //不能使用标点符号

a b //不能有空格

6.2 添加动作

在Flash中添加动作脚本可以分为两种方式，一是为“帧”添加动作脚本，二是向“对象”添加动作脚本。“帧”动作脚本，是指在时间轴的“关键帧”上添加的动作脚本。“对象”动作脚本，是指在“按钮”元件或“影片剪辑”元件的实例上添加的动作脚本。

6.2.1 为帧添加动作

1. 知识要点

在时间线上的帧上既可以添加标签又可以添加动作脚本，如果在该帧上添加的是标签，则在帧上有一个旗子以及帧的命名（如图6-3）；如果帧上添加的是脚本，则该帧上有一个小a作为标记（如图6-4）。

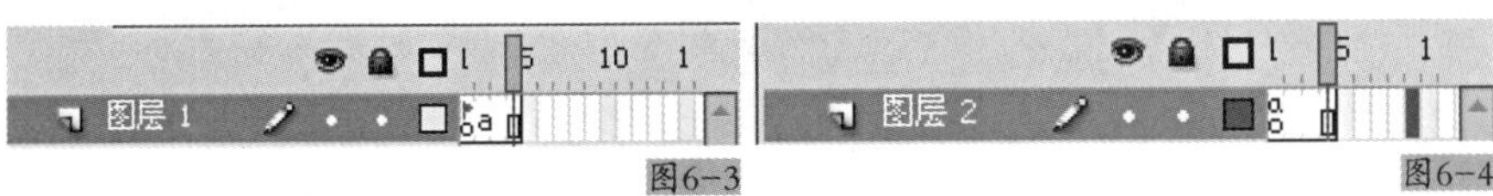

图6-3　图6-4

> **注意**
> “图形”元件上是不能添加动作脚本的。

2. 案例在指定的帧上添加脚本

Step 1　在图层上选中该帧。

Step 2　按下快捷键【F9】打开脚本面板，输入语句stop（）；。这时就可以看到该帧上自动添加了a的标记，表明该帧上添加了动作脚本。

6.2.2　为按钮添加动作

1. 知识要点

给按钮实例添加动作脚本可以通过单击鼠标选择添加脚本的方式来进行，语法格式：

```
on（mouseEvent）{
}
```

“（）”小括号中的mouseEvent参数是鼠标事件，常用的有以下几种鼠标事件：

Press（按）：当鼠标指针经过按钮时按下鼠标。

Release（释放）：当鼠标指针经过按钮时按下再释放鼠标按钮。

releaseOutside（外部释放）：当鼠标指针在按钮之内时按下按钮，然后将鼠标指针移到按钮之外释放鼠标按钮。

rollOut（滑出）：鼠标指针滑出按钮区域。

rollOver（滑过）：鼠标指针滑过按钮。

DragOver（拖过）：当鼠标被按下，并且指针在按钮上方后，指针滚出按钮，然后指针又滚回按钮上方时发生。

DragOut（拖出）：当鼠标在按钮上方按下，然后指针滚出按钮时发生。

KeyPress（按键）：当指定按下键盘中的某一键时发生。

2. 案例在按钮上添加动作脚本

案例效果为鼠标单击释放后执行动作脚本：

Step 1　选中按钮元件，按下快捷键【F9】打开动作脚本编辑窗口。

Step 2　在动作脚本窗口中输入语句。

```
On（release）{
gotoAndPlay（2）；
}//当鼠标点击并释放后，播放第2帧。
```

6.2.3　为影片剪辑添加动作

为影片剪辑添加动作，其语法格式：

```
onclipEvent（）{
}
```

“（）”小括号中的参数是鼠标事件，常用的有以下几种鼠标事件：

Load（加载）：当前影片剪辑被装入并准备显示之前触发该事件。

Unload（卸载）：当前影片剪辑被卸载并准备消失之前触发该事件。

EnterFrame（进入帧）：当前影片剪辑每次计算帧上的内容时触发该事件。

Mouse move（鼠标移动）：当鼠标移动时触发该事件。

Mouse down（鼠标向下）：当鼠标左键被按下时触发该事件。

Mouse up（鼠标向上）：当鼠标左键被抬起时触发该事件。

Key down（向下键）：当键盘按键被按下时触发该事件。

Key up（向上键）：当键盘按键被抬起时触发该事件。

Data（数据）：当前影片剪辑接收到新数据时触发该事件。

具体Step请参考按钮动作添加。

6.2.4 小球运动控制

本实例中，小熊是一个有走路的动作影片剪辑，圆球是一个可以顺时针转动的影片剪辑，小熊踩着圆球从舞台的左边移动到右边，通过单击按钮可以控制舞台上的时间线运动，也可以控制小熊走路。

1. 素材准备

Step 1 新建一个文件，命名为“ballmove”，舞台大小为550×200。

Step 2 从本书的教学资源“第六章/小球运动/图片”目录下导入图片“image1.png”~“image6.png”。

Step 3 同时按下【Ctrl+F8】新建一个影片剪辑元件，命名为“小熊”（如图6–5）。

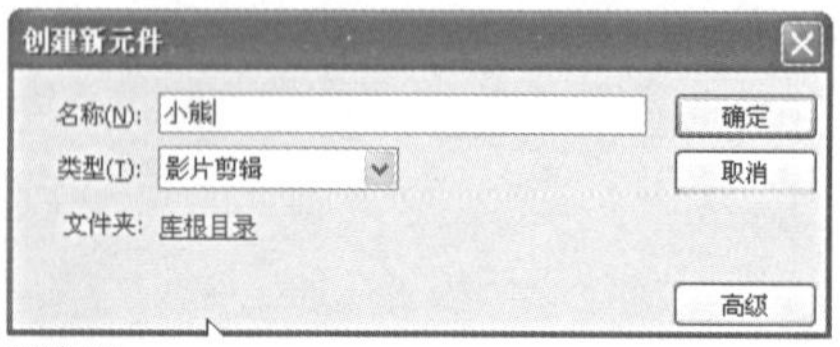

图6–5

Step 4 将图片“image1.png”拖到“小熊”影片剪辑舞台上，延长至2帧，用同样的方法连续将图片“image2.png”~“image6.png”拖入到舞台上，每个图片延长2帧（如图6–6）。

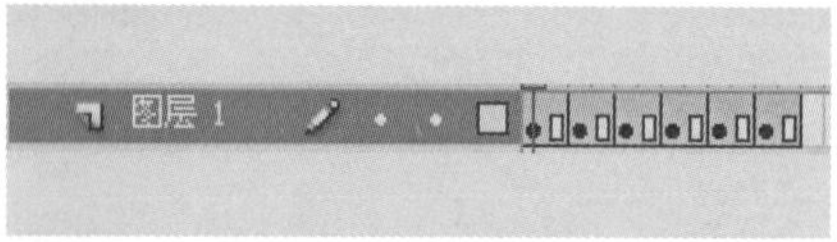

图6–6

Step 5 同时按下【Ctrl+F8】新建一个图形，命名为“qiu”，用椭圆工具配合【Shift】键，绘制一个正圆，并填充颜色（如图6–7）。

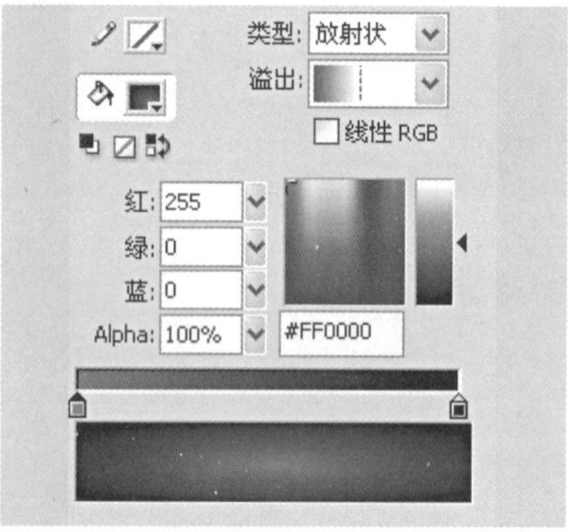

图6–7

Step 6 同时按下【Ctrl+F8】新建一个影片剪辑元件，命名为“ball”，将图形“qiu”拖入该影片剪辑中，并在30帧添加关键帧，制作传统补间动画，在属性面板上选择“顺时针”（如图6–8、图6–9）。

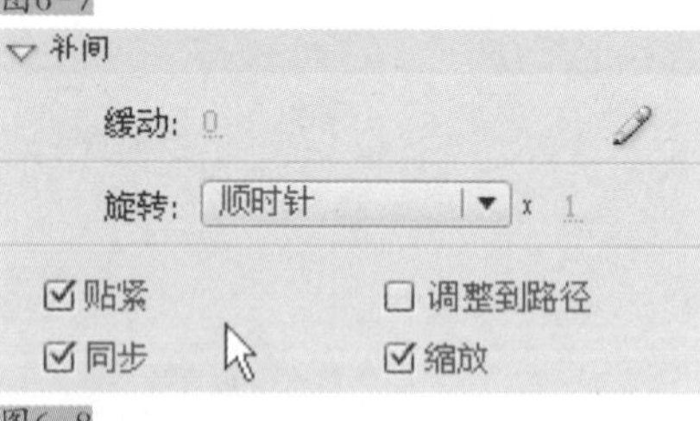

图6–8

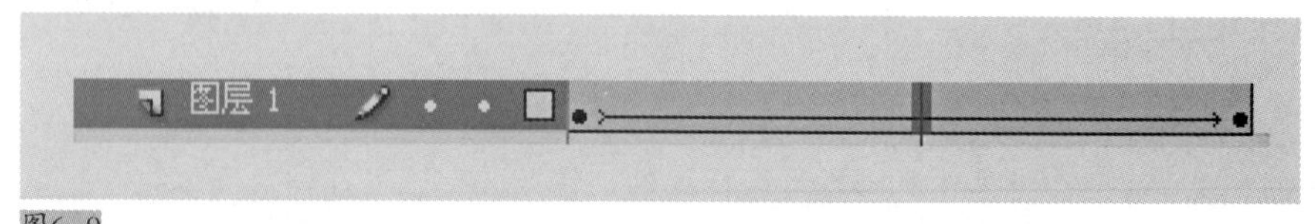

图6–9

Step 7 同时按下【Ctrl+F8】新建一个按钮元件，命名为“button”，运用矩形工具绘制圆角矩形，并在“弹起”、“指针滑过”和“按下”分别填充不同的颜色（如图6–10）。

2. 舞台布局

Step 8 将场景1中的图层1重命名为“bg”。用矩形工具绘制一个矩形，颜色的设置见图6–11。

说明

Step 8中的操作是实现小球从左向右平移到舞台的右边，并翻转后从舞台的右边再平移到左边。

Step 9　在场景1中新建一个图层，命名为“ball”。将影片剪辑“ball”拖入到舞台，并分别在60帧和120帧处添加关键帧。在61帧处添加关键帧，并对61帧和120帧的小球进行“修改”>“变形”>“水平翻转”操作，在1～60帧处和61～120帧处添加传统补间动画。

Step 10　在场景1中新建一个图层，命名为“bear”，将影片剪辑“小熊”拖入到舞台中，移动位置位于小球的上面。重复Step 9的做法（如图6-12）。

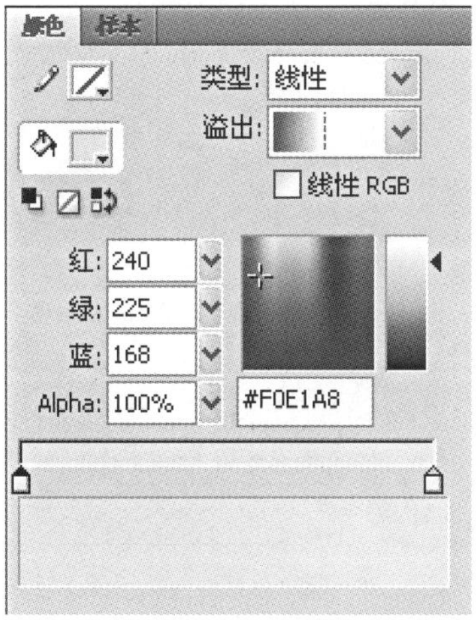

Step 11　在场景1中新建一个图层，命名为“button”。将按钮“button”元件连续拖4个到舞台上，并用自由变形工具修改其大小，选择文本工具在按钮上输入文字。完成舞台布局（如图6-13）。

图6-10

图6-11

3. 按钮元件上添加控制脚本

Step 12　单击舞台上的影片剪辑“小熊”，在属性面板上给该影片剪辑重命名为“bear_mc”。

Step 13　给每个按钮分别添加语句

控制时间线播放：

```
on（release）{
play（）;
}
```

控制时间线停止：

```
on（release）{
stop（）;
}
```

小熊走：

```
on（release）{
_root.bear_mc.play（）;
}
```

小熊停：

```
on（release）{
_root.bear_mc.stop（）;
}
```

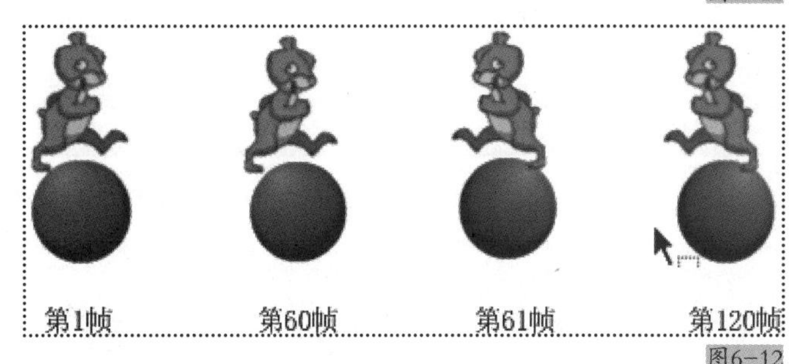

图6-12

图6-13

6.2.5　控制蝴蝶属性

本实例主要是通过系统变量来控制舞台上的影片剪辑的属性：位置、透明度、可见性、尺寸以及移动。

1. 素材准备

Step 1　新建一个Flash文件，命名为“属性”，设置舞台大小为550×400。从本书的教学资源“第六章/属性”目录下导入背景图片“bg.jpg”到库。

Step 2　同时按下【Ctrl＋F8】，打开创建元件窗口（如图6-14），新建一个影片剪辑，命名为“fly”。

Step 3　运用钢笔工具和选择工具绘制蝴蝶左翅膀（如图6-15）。

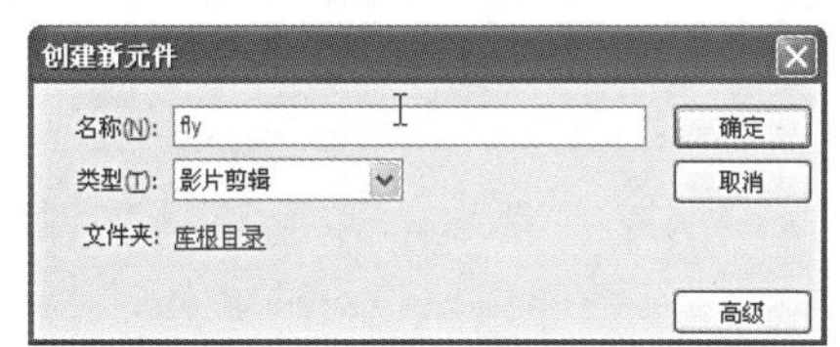

图6-14

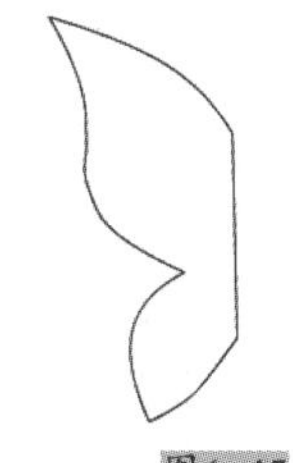
图6-15

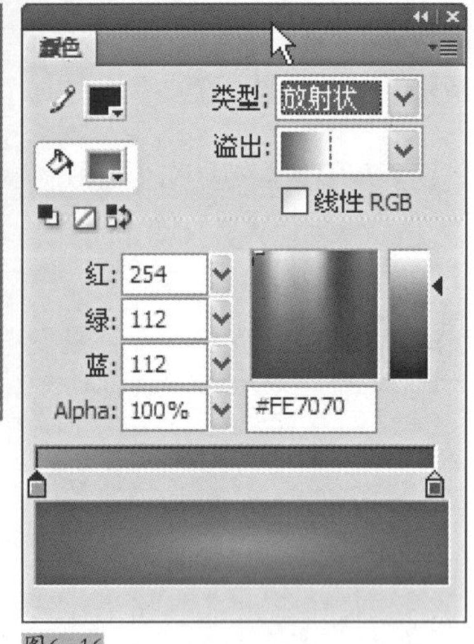

图6-16

Step 4　运用“油漆桶”给蝴蝶填充放射状颜色（如图6-16）。

Step 5　运用椭圆工具绘制一个圆并填充颜色，将该圆放置于蝴蝶左翅膀上（如图6-17）。

Step 6　将Step5 绘制的小圆复制多个，以不同大小放于蝴蝶左翅膀上（如图6-18）。

Step 7　在“fly”影片剪辑中新建一层，选中图层1中的蝴蝶左翅膀，按【Ctrl + C】键复制，单击图层2，按下【Ctrl + Shift + V】进行原位粘贴，选中图层2中的蝴蝶左翅膀，单击“修改” > “变形” > “水平翻转”。这样完成了蝴蝶右边翅膀的制作（如图6-19）。

Step 8　再新建图层3，用椭圆工具和直线工具绘制蝴蝶身体（如图6-20）。

Step 9　单击图层1，分别在第15帧和30帧处添加关键帧。单击第15帧，选择“任意变形”工具，改变中心点位置为右侧，并将图形向右推压（如图6-21）。

Step 10　单击1～15帧中的任意一帧，创建补间形状动画。同时在15～30帧之间也添加补间形状动画。这样就创建了蝴蝶左侧翅膀舞动动画（如图6-22）。

Step 11　单击图层2，重复Step 9～10，制作完成蝴蝶右侧翅膀舞动动画（如图6-23）。

Step 12　单击菜单“窗口” > “按钮”打开窗口，选择“buttons tube double”下的“tube double gold”并拖到舞台上（如图6-24）。

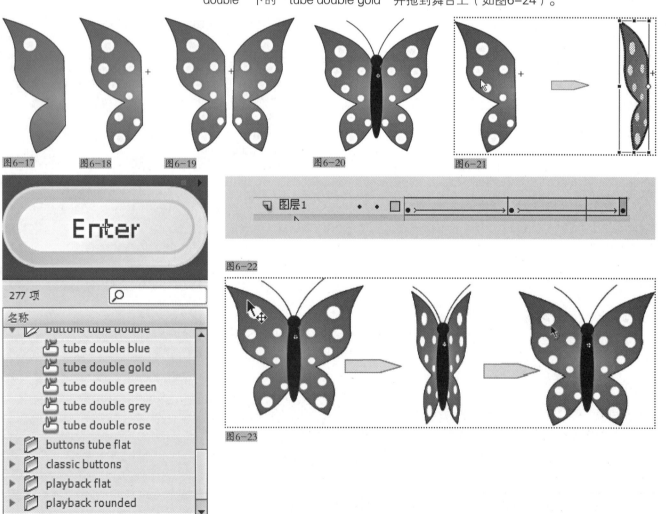

图6-17　图6-18　图6-19　图6-20　图6-21

图6-24

图6-22

图6-23

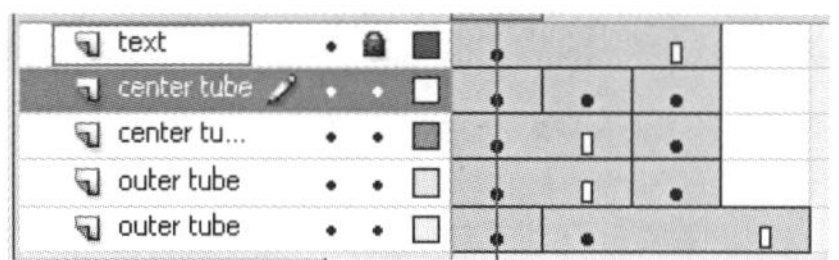

图6-25

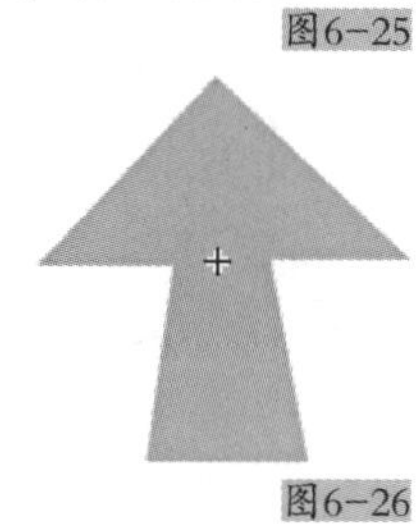
图6-26

Step 13　双击按钮“tube double gold”元件，进入编辑状态，删除软件自带按钮中的text图层（如图6-25）。

Step 14　同时按下【Ctrl＋F8】新建一个按钮元件，命名为“arrow”。

Step 15　使用钢笔工具绘制按钮（如图6-26）。

2. 场景布局

Step 16　在主场景图层1，重命名为“bg”。将图层上的按钮删除，并拖入背景图片到舞台上，运用“任意变形”工具调整其大小（如图6-27）。

Step 17　新建一个图层，命名为“button”，连续拖入“tube double gold”按钮11次，在舞台上排列好（如图6-28）。

Step 18　拖入按钮“arrow”四次，运用“修改”>“变形”下的“垂直翻转”和“水平翻转”来调整箭头方向并排版（如图6-29）。

Step 19　将影片剪辑“fly”拖到舞台，并在属性中命名为“mc_fly”（如图6-30）。

Step 20　新建一个图层，命名为“word”，在按钮对应的位置输入文本（如图6-31）。

图6-27

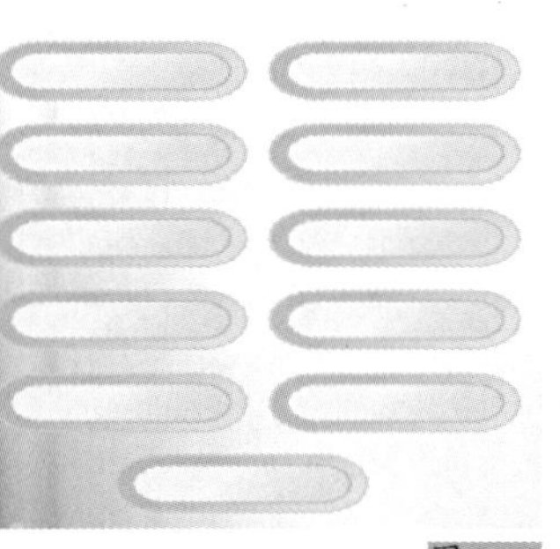
图6-28

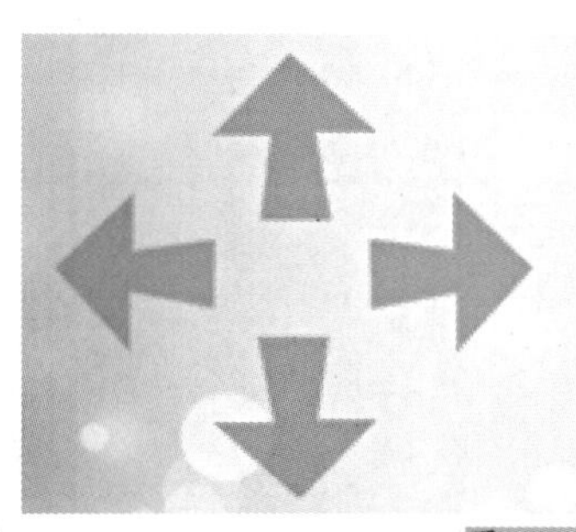
图6-29

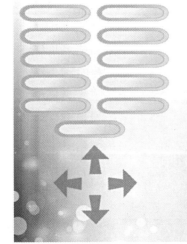

图6-30

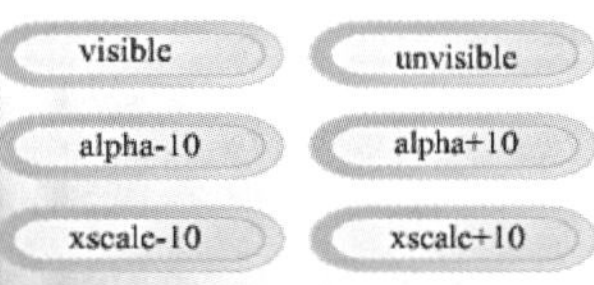

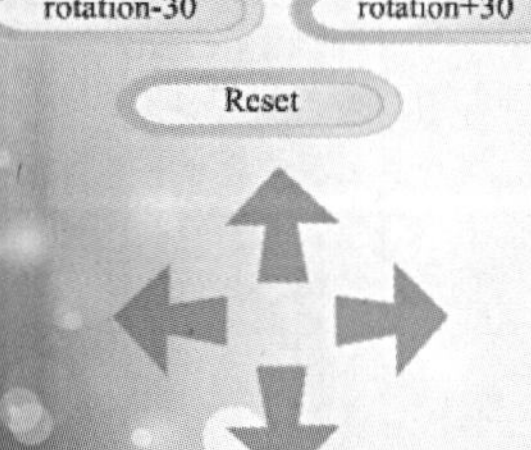

图6-31

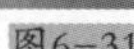

3. 添加语句控制

Step 21 单击“visible”按钮，输入语句：

```
on（release）{
mc_fly._visible=true;
}
```

Step 22 单击“unvisible”按钮，输入语句：

```
on（release）{
mc_fly._visible=false;
}
```

Step 23 单击“alpha-10”按钮，输入语句：

```
on（release）{
mc_fly._alpha-=10;
}
```

Step 24 单击“alpha+10”按钮，输入语句：

```
on（release）{
mc_fly._alpha+=10;
}
```

Step 25 单击“xscale-10”按钮，输入语句：

```
on（release）{
mc_fly._xscale-=10;
}
```

Step 26 单击“xscale+10”按钮，输入语句：

```
on（release）{
mc_fly._xscale+=10;
}
```

Step 27 单击“yscale-10”按钮，输入语句：

```
on（release）{
mc_fly._yscale-=10;
}
```

Step 28 单击“yscale+10”按钮，输入语句：

```
on（release）{
mc_fly._yscale+=10;
}
```

Step 29 单击“rotation-30”按钮，输入语句：

```
on（release）{
mc_fly._rotation-=30;
}
```

Step 30 单击“rotation+30”按钮，输入语句：

```
on（release）{
mc_fly._rotation+=30;
}
```

Step 31 单击“Reset”按钮，输入语句：

```
on（release）{
mc_fly._x=410;
mc_fly._y=202;
mc_fly._visible=true;
mc_fly._alpha=100;
mc_fly._xscale=50;
mc_fly._yscale=50;
mc_fly._rotation=0;
}
```

Step 32 分别在箭头按钮“上、下、左、右”上添加语句：

“上”：

```
on（release）{
  mc_fly._y-=10;
}
```

“下”：

```
on（release）{
  mc_fly._y+=10;
}
```

“左”：

```
on（release）{
  mc_fly._x-=10;
}
```

“右”：

```
on（release）{
  mc_fly._x+=10;
}
```

6.3 交互控制及素材运用

6.3.1 场景跳转

1. 知识要点

在Flash中可以在不同的场景中创建作品，每个场景都有独立的时间线，如果不通过语句进行跳转播放控制，播放器将按场景号的先后顺序播放每个场景中的时间线。

新建一个场景，单击“插入”菜单下的“场景”，软件自动新建一个场景，并且自动命名（如图6-32）。修改场景的名字，单击“窗口”菜单下的“其他面板”中的“场景”，打开场景控制窗口（快捷键为【Shift+F2】），双击需要修改的场景名称，使其名称处于可以编辑状态，重命名场景（如图6-33）。

在进行项目制作时，根据需要进行不同场景之间的跳转，其常用的控制语句主要有以下几种：

nextScene（）；//将播放头移到下一场景的第 1 帧并停止；

prevScene（）；//将播放头移到前一场景的第 1 帧并停止；

gotoAndPlay（“scene1”，1）；//“scene1”代表场景的名字，1代表跳转到场景scene1中的第一帧。

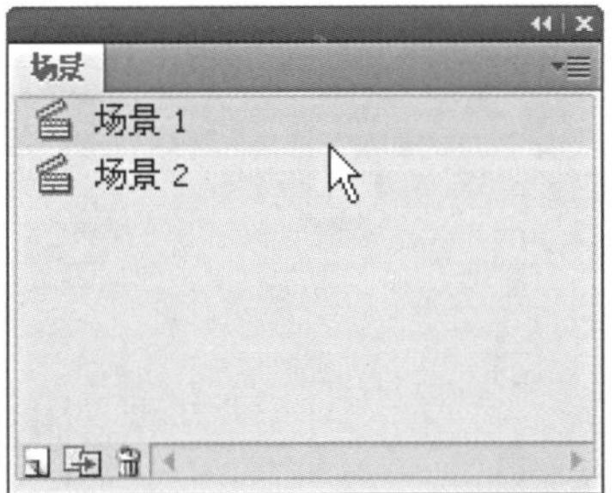

图6-32

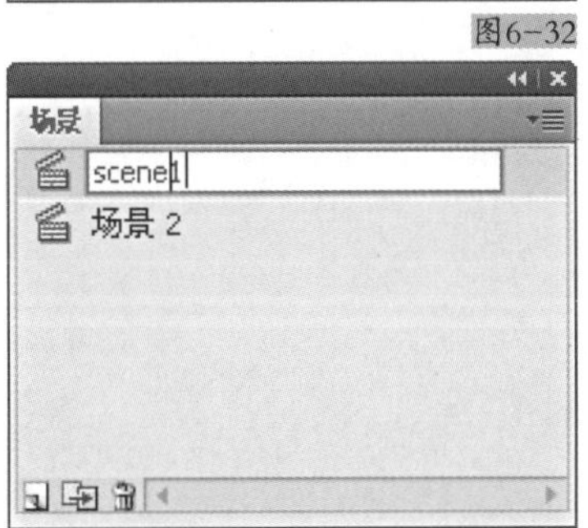

图6-33

2. 案例“春、夏、秋、冬”制作

Step 1 新建Flash文件，设置舞台大小为550×400，命名为“场景跳转”。

Step 2 同时按下【Shift+F2】打开场景窗口，重命名场景1为“main”，连续新建4个场景，并分别命名为“summer”“winter”“spring”“autumn”（如图6-34）。

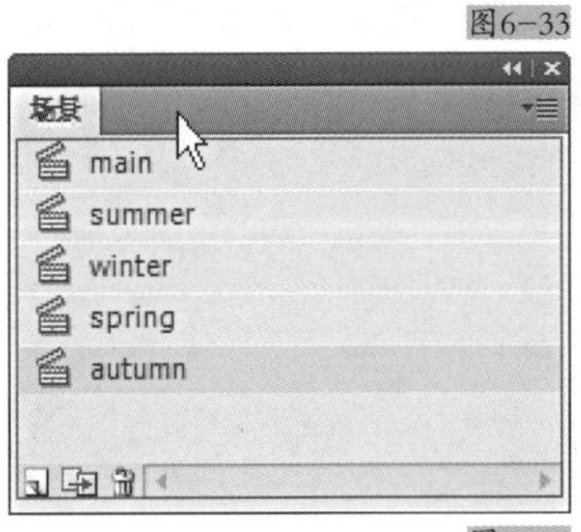

图6-34

（1）按钮制作

Step 3 同时按下【Ctrl+F8】新建一个影片剪辑元件，命名为“move”。

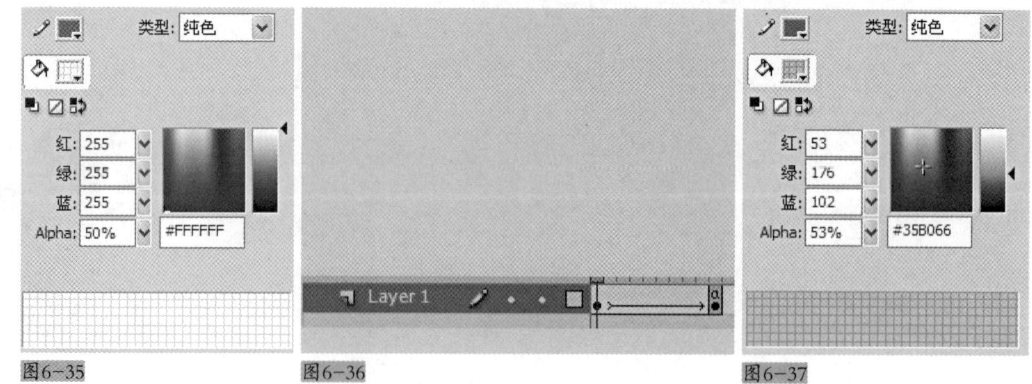

图6-35 图6-36 图6-37

Step 4　在影片剪辑“move”中制作一个圆缩小的动画。在第一帧上绘制一个正圆，填充为白色，并设置颜色面板上的Alpha为50%（如图6-35），删除圆的线框颜色。

Step 5　在影片剪辑“move”的第10帧处添加关键帧，并运用“任意变形”工具将其缩小到几乎不见，单击1~10帧处的任意一帧，制作形状动画。并在第10帧添加语句“stop”（如图6-36）。

Step 6　同时按下【Ctrl+F8】新建一个按钮元件，命名为“chun”。

Step 7　在按钮“chun”元件图层1第一帧上绘制一个圆，该圆与影片剪辑“move”中的圆相同大小，可以复制过来；调整该圆的颜色为#35B066，Alpha为53%（如图6-37）。

Step 8　在按钮“chun”的第一图层的第二帧处插入一个关键帧，调整该圆的颜色为#35B066。

Step 9　在按钮“chun”中新建图层2，命名为“move”，在第二帧处添加空白关键帧，将影片剪辑“move”拖到该帧上。

Step 10　在按钮“chun”中新建图层3，命名为“word”，在该层上输入文字“春”，颜色为白色（如图6-38）。

Step 11　用与制作按钮“chun”类似的方法制作按钮“qiu”、“xia”、“dong”，其中“qiu”按钮颜色分别为#E79443和#F99797；“xia”按钮中的颜色为#11AED5和#15D0BD；“dong”按钮颜色为#4A5CF9和#C28BFC（如图6-39）。

（2）“main”场景布局

Step 12　从本书的教学资源“第六章/场景”目录下导入背景图片“bg.jpg”，并将其拖到“main”场景下的舞台上，在图片的属性窗口中将该背景图片大小设置得与舞台大小一致，即550×400（如图6-40）。

Step 13　选择舞台上的背景图片，按【Ctrl+B】键，打散图片。

Step 14　选择矩形工具，并设置属性面板中圆角的半径为20（如图6-41），选择油漆桶颜色为#E2BE9B，在舞台上绘制圆角矩形；再一次选择矩形工具设置圆角半径为20，填充颜色为#FEA28B，

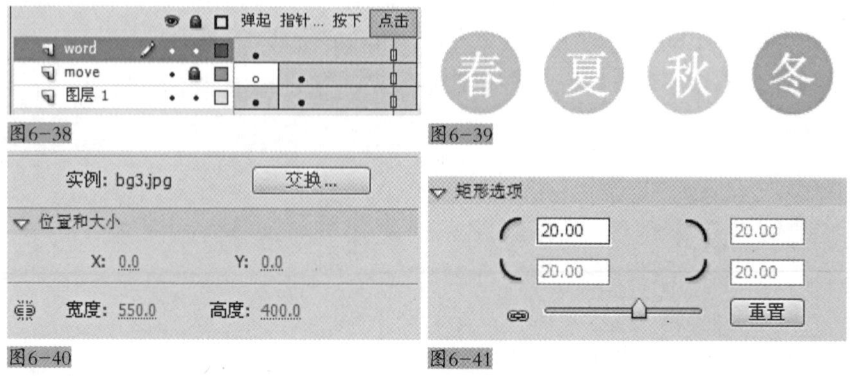

图6-38 图6-39 图6-40 图6-41

在舞台再绘制一个稍微小一点的圆角矩形（如图6–42）。

Step 15 在“main”场景中新建一个图层，命名为“button”，将四个按钮拖到舞台并进行排版（如图6–43）。

Step 16 在“main”场景中新建一个图层，命名为“action”，在第一帧上添加控制语句：stop（）；

Step 17 单击每个按钮，并打开脚本编辑窗口，分别输入以下语句：

```
按钮Chun：
on（release）{
gotoAndPlay（"spring"，1）
}
按钮xia：
on（release）{
gotoAndPlay（"summer"，1）
}
按钮qiu：
on（release）{
gotoAndPlay（"autumn"，1）
}
```

```
按钮dong：
on（release）{
gotoAndPlay（"winter"，1）
}
```

Step 18 从本书的教学资源“第六章/场景”目录下导入“春.jpg”、“夏.jpg”、“秋.jpg”、“冬.jpg”四幅图片到库中，新建一个场景并命名为“summer”。

Step 19 类似“main”场景的操作，建立三个图层，分别为“bg”、“button”和“action”。给按钮添加语句，方法与“main”场景相同。

Step 20 新建一个图层并命名为“pic”，将“夏.jpg”图片拖入到场景中，调整其大小（如图6–44）。

Step 21 新建一个图层，命名为“word”，用文本工具输入“夏”，填充颜色，打散文字，并调整其到合适位置（如图6–45）。

Step 22 制作“winter”、“spring”、“autumn”场景，方法与制作“summer”场景相同。

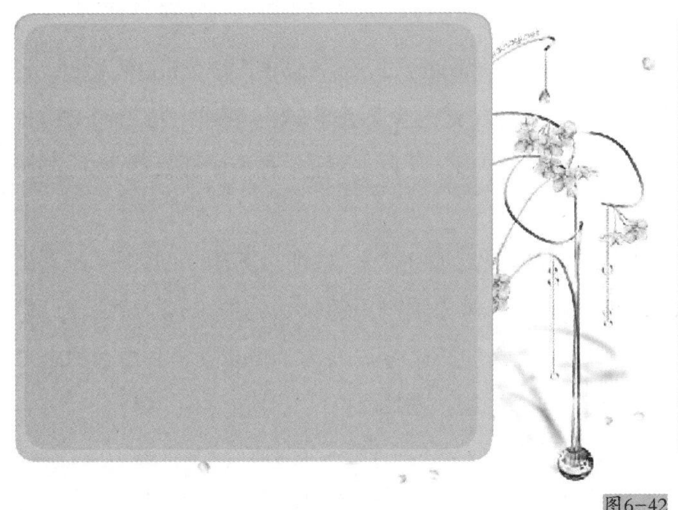

图6–42

图6–43

图6–44

图6–45

6.3.2 复制影片剪辑

1. 知识要点

复制影片剪辑语句duplicateMovieClip是在Flash ActionScript 中应用非常多的语句，许多精彩的特效都离不开这个语句，其语法格式如下：

duplicateMovieClip（目标，新名称，深度）

“目标”参数为要进行复制的目标影片剪辑。

“新名称”参数为新复制的影片剪辑的唯一标识符。

“深度” 参数为新复制的影片剪辑的唯一深度级别。

removeMovieClip是与duplicateMovieClip经常配合使用的语句，其作用是用来删除指定的影片剪辑，格式如下：

removeMovieClip（目标）

“目标”参数为用 duplicateMovieClip（ ）创建的影片剪辑实例的目标路径。或者是用 MovieClip.attachMovie（ ）或 MovieClip.duplicateMovieClip（ ）创建的影片剪辑的实例名称。

2. 案例“复制人走路再删除”

本案例主要是通过按钮实现在舞台上复制5个影片剪辑，再通过按钮逐个删除舞台上的影片剪辑。

（1）素材准备

Step 1 新建文件，命名为“duplicate”。设置场景大小为550×400。

Step 2 同时按下【Ctrl+F8】新建一个影片剪辑“walk”，将绘制好的人走路图形元件，按照运动规律排列为8帧不同的画面，每个画面延续3帧（如图6-46）。

Step 3 新建一个影片剪辑“mcwalk”，将影片剪辑“walk”拖入到舞台的最右边，分别在60帧、120帧处添加关键帧，选中第120帧执行“修改”>“变形”>“水平翻转”；选中第60帧，将影片剪辑平移到舞台的最左边，并在第61帧处再添加关键帧，选中第61帧执行“修改”>“变形”>“水平翻转”；分别在1～60帧和61～120帧实现传统补间动画。

说明

Step 3实现了小人走路从右到左、转向、再从左返回右的动画。

Step 4 在影片剪辑“mcwalk”第120帧处添加语句：stop（）；

Step 5 新建一个按钮“play”元件，用矩形工具绘制一个圆角矩形；新

图6-46

建一个图层，在该图层上用文本工具输入“Play”。用类似的方法再建一个“删除mc”按钮（如图6–47）。

（2）舞台布局

Step 6　将图层1重命名为“bg”，并用矩形工具绘制一个背景。

Step 7　新建一个图层，命名为“mc”，将影片剪辑“mcwalk”拖到舞台的右边，并在属性面板上命名为“mc”（如图6–48）。

Step 8　新建一个图层，命名为“button”，将“Play”按钮和“删除mc”按钮拖入到舞台上（如图6–49）。

Step 9　新建一个图层，命名为“action”，在第1、2、3帧和10帧处添加关键帧，将其他各个图层延长到第10帧。

Step 10　分别在图层“action”上的第1、2、3帧和10帧上添加语句脚本，效果见图6–50。

图6–47

图6–48

第1帧：

stop（）；//停止

_root.mc._visible=0//影片剪辑“mc”可见

第2帧：

x=0；

y=0；//初始化x和y的值为0

第3帧：

x = x+1；//变量x自加1

if（x<=5）{

duplicateMovieClip（mc，"mc" + x，x）；

_root【"mc" + x】._x = _root.mc._x–15*x；

_root【"mc" + x】._y = _root.mc._y+30*x；

}//如果x小于等于5时，将影片剪辑“mc”复制x个，深度为x，并且重命名为“mcx”；复制的“mcx”的横坐标为现在横坐标后退15x个像素，纵坐标为现在纵坐标向上移动30x个像素。

图6–49

图6–50

第10帧：

```
if ( x<=5 ) {
gotoAndPlay ( 3 ) ;
} else {
stop ( ) ;
}//如果x小于等于5则时间线继续从第3帧开始播放；如果大于5则时间线停止播放
```

Step 11 分别选中按钮“Play”和删除“mc”，添加如下语句：

Play：

```
on ( release ) {
gotoAndPlay ( 2 ) ; //从时间线2处开始播放
}
```

删除“mc”：

```
on ( release ) {
if ( x>5 ) {
y = y+1;
removeMovieClip ( "mc"+y ) ;
} //如果x大于5，则y自加1，并移除影片剪辑“mcy”
}
```

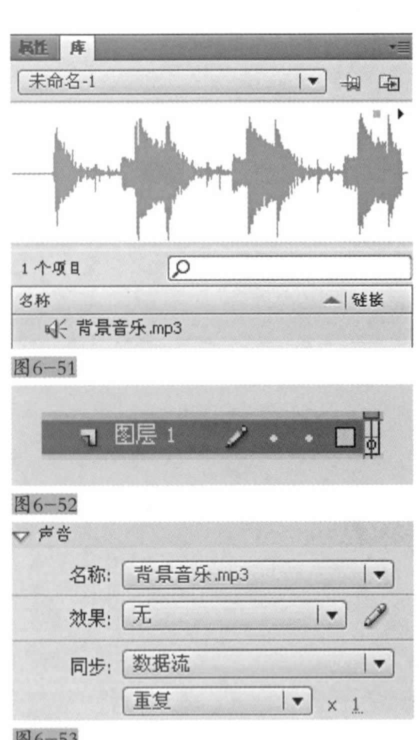

图6-51

图6-52

图6-53

6.3.3 控制音频文件

1. 知识要点

在Flash中使用声音与使用图片类似，通过导入就可以将声音文件添加到库文件中。Flash可以识别的声音格式有标准的MP3格式和WAV格式，其他的都不支持。

由于声音文件占用的磁盘和内存空间相当大，一般最好使用22kHz、16bit单声道声音（立体声的文件大小为单声道的两倍）。

Flash中有两种声音类型：事件声音和数据流式声音（音频流）。

事件声音：必须等全部下载完毕才能开始播放，并且是连续播放直到接收了明确的停止命令。可以把事件声音用做单击按钮的声音，也可以把它作为循环背景音乐。

数据流式声音：只要下载了一定的帧数后就可以播放，而且声音的播放可以与时间轴上的动画保持同步。

（1）在时间线上添加声音

Step 1 在新建的 Flash 文件中，单击“文件” > “导入到库”，从本书的教学资源“第六章 /sound/ 时间线”目录下选择“背景音乐 .mp3”声音文件（如图 6–51）。

Step 2 从库中选择声音文件“背景音乐.mp3”并拖到舞台上。舞台第一帧处出现一条横杠，但是播放并没有发出声音（如图6–52）。单击该关键帧，调整声音属性，将同步设置为数据流（如图6–53）。

说明

可以将同一个声音在某处设置为事件声音，而在另一处设置为数据流式声音。

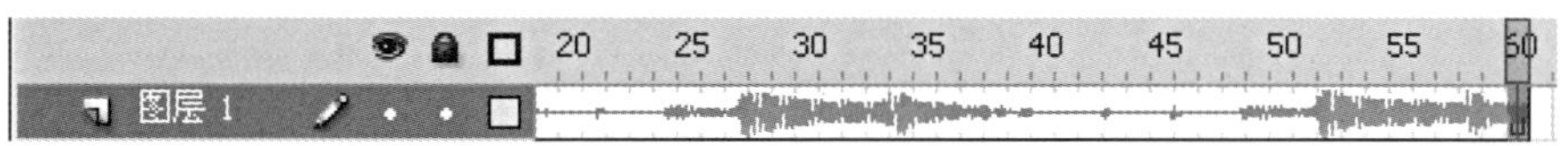

图6-54

Step 3　在图层1的时间线上延长帧（如图6-54）。运行后可以听见声音。

（2）在按钮上添加声音

在按钮上添加声音的方法类似于在时间线上添加声音。选中声音将其拖放到舞台上，就可以在关键帧处添加声音（如图6-55）；不同的是，在按钮上添加声音必须设置其属性中同步为事件（如图6-56）。

> **说明**
>
> 如果在关键帧上添加声音，只有一帧的情况下，运行文件是听不到声音的，因为没有空间延续让其播放，只有延长帧后声音才能正常播放。

（3）从库中调入声音

声音不仅可以直接添加到指定的时间线或关键帧位置上，而且可以通过脚本语句，将其在文件的任何位置调用，这种方法可以更加便捷地控制声音的播放。基本Step 如下：

◆ 建立一个可由 AS 控制的声音对象。

◆ 将库中指定的声音附加到这个对象上。

◆ 制作一个有放音和消音图标的 MC 。

◆ 开始为自动播放，并有放音图标显示。

◆ 第一次点击 MC 后，显示静音图标，存储当前音量值，同时音量设为0。

◆ 再次点击，显示放音图标，并为声音对象设置已存储的音量值。

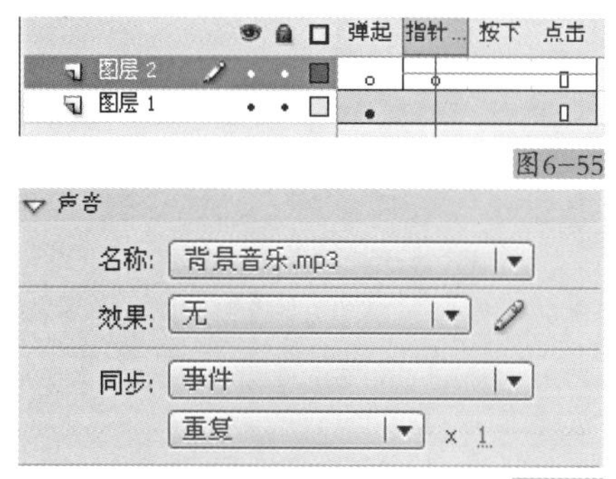

图6-55

图6-56

（4）常用于控制声音播放的函数和变量

mySound=new Sound（）；// 新建一个声音对象。

mySound.attachSound（）；// 从库中加载声音。

mySound.getBytesLoaded（）；// 获取声音载入的字节数。

mySound.getBytesTotal（）；// 获取声音的总字节数。

mySound.start（）；// 开始播放声音。括号中若填整数值，即从声音播放后的这一秒开始播放。

mySound.stop（）；// 停止声音的播放。

mySound.getVolume（）；// 获取当前的音量大小（范围从 0 ~ 100）。

mySound.setVolume（）；// 设置当前音乐的音量（范围从 0 ~ 100）。

mySound.duration；// 声音的长度，单位为毫秒（1000 毫秒 = 1 秒）。

mySound.position；// 声音已播放的长度（单位为毫秒）。

2.　控制时间线上的声音播放控制案例

本案例中声音文件以数据流的形式被添加在舞台上的时间线，通过控制时间线的播放达到控制声音的播放。

（1）素材准备

Step 1　新建一个文件，命名为“按钮控制小球跳动声音”，设置舞台大小为400×400。

Step 2　从本书的教学资源“第六章/sound/时间线”目录下导入“背景.jpg”图片和“按钮声效.mp3”、“背景音乐.mp3”两个声音文件，这两个声音文件分别用于按钮声效和背景音乐。

Step 3　同时按下【Ctrl+F8】新建一个图形文件，命名为“小球”。用椭圆工具配合【Shift】键绘制一个正圆，并设置颜色（如图6-57、图6-58）。

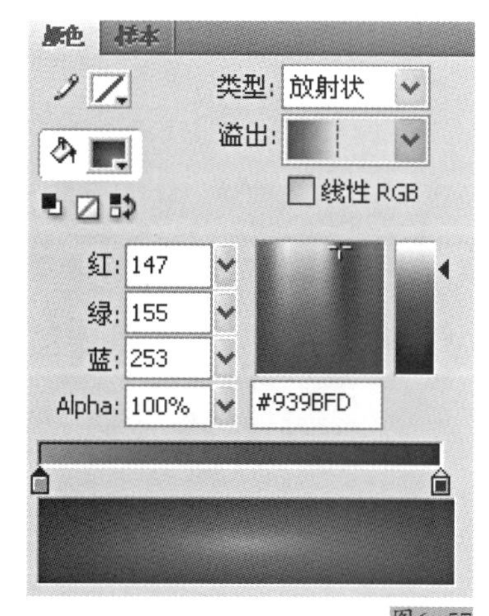

图6-57

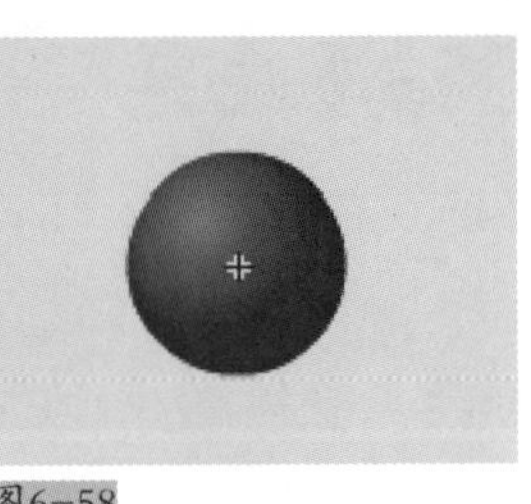
图6-58

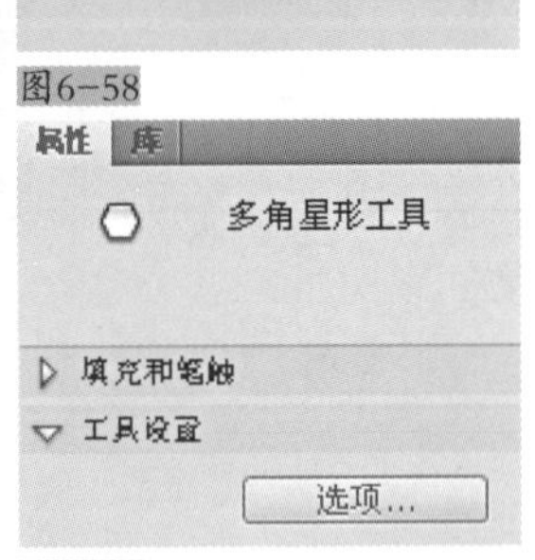

图6-59

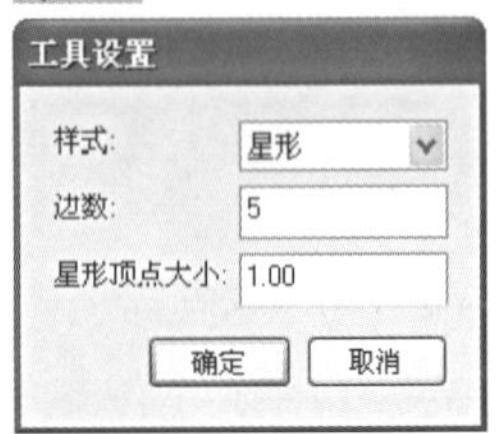

图6-60

Step 4　同时按下【Ctrl+F8】新建一个按钮文件，命名为“播放按钮”。选择多角星形工具，在属性面板中单击“选项”（如图6-59），打开窗口，设置样式为星形，边数为5，星形顶点大小为1（如图6-60）。设定填充为放射状填充，设置颜色（如图6-61）。

Step 5　选中刚刚绘制的五角星，单击“窗口”>“变形”打开窗口（如图6-62），单击复制，将其大小改为70且填充颜色为黑色，再复制一份，将填充颜色改为其他颜色，位置错开一点（如图6-63）。

Step 6　在“播放按钮”的“指针经过”处添加关键帧，运用任意变形工具配合【Alt】键放大刚刚绘制的五角星。

Step 7　在“播放按钮”的“点击”处绘制点击区域，用矩形绘制一个完全遮盖五角星的正方形。

Step 8　在“播放按钮”中新建一个图层，用钢笔工具绘制一个三角形，填充为白色。同样在“指针经过”处添加关键帧，并用任意变形工具稍微放大该三角形。

Step 9　在“播放按钮”中新建一个图层，再在“指针经过”处添加关键帧，选中库文件中“按钮声效”拖放到舞台，在属性面板中选择“事件”（如图6-64～图6-66）。

Step 10　参照Step 4～9，绘制出“暂停按钮”和“停止按钮”（如图6-67）。

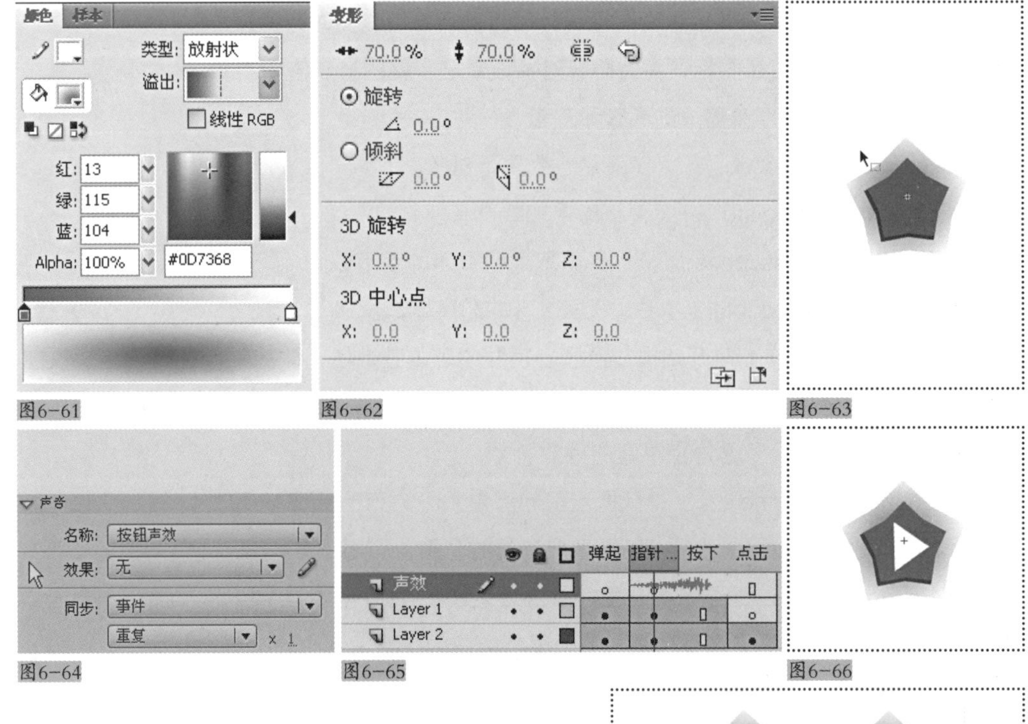

图6-61　图6-62　图6-63
图6-64　图6-65　图6-66
图6-67

说明

在按钮的“点击”处绘制的图形在播放时是隐藏的，它的作用只是设定激活按钮的范围。

（2）舞台布局

Step 11　在场景1中重命名图层1为“背景”，将背景图片拖入到舞台上。

Step 12　新建一个图层，命名为“小球”，将小球图形拖入到舞台上，放于舞台上偏上（如图6-68）。在第20帧和第40帧处添加关键帧（如图6-69）。单击第20帧，将小球移动到舞台上偏下（如图6-70）。

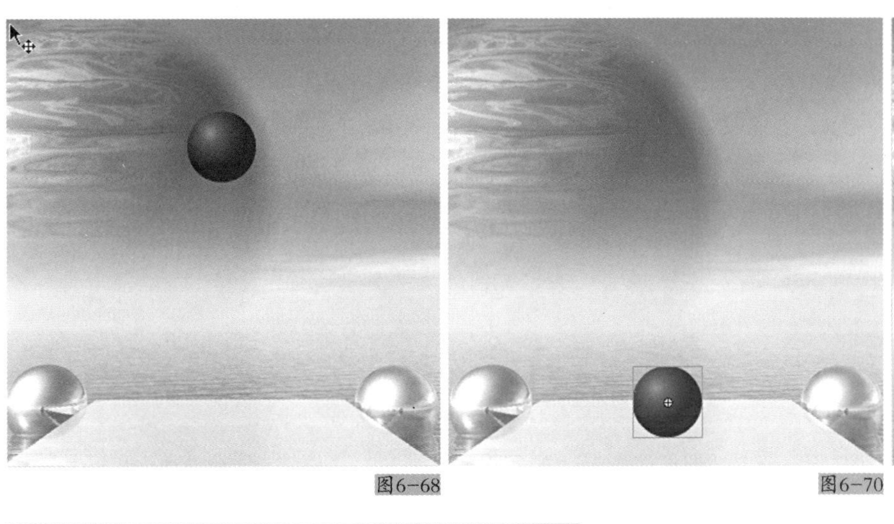

图6-68　图6-70

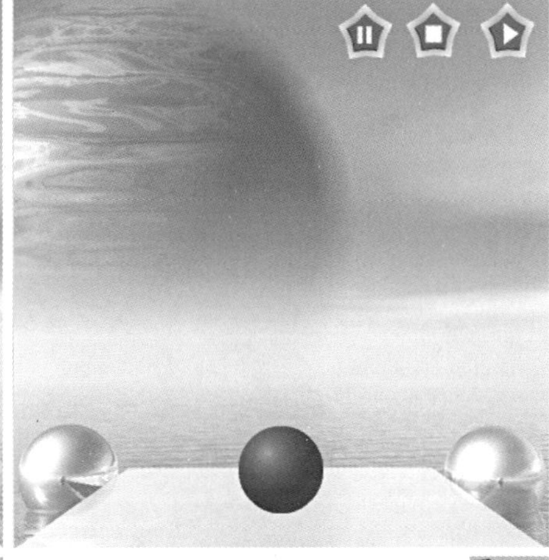

图6-71

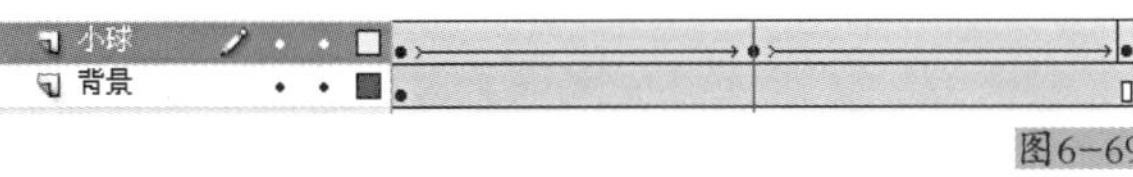

图6-69

声音
名称：背景音乐
效果：无
同步：数据流
重复　× 1

图6-72

Step 13　在场景1中新建一个图层，命名为“按钮”，从库中将“播放按钮”、“暂停按钮”和“停止按钮”拖到舞台上，排列好（如图6-71）。

Step 14　新建一个图层，命名为“声音”，从库中将背景音乐拖到舞台上，并在属性窗口中设置数据流，将帧延长至40帧（如图6-72、图6-73）。

（3）添加脚本

Step 15　分别选中舞台上的“播放按钮”、“暂停按钮”、“停止按钮”，输入语句：

播放按钮：

```
on（press）{
play（）;
}
```

暂停按钮：

```
on（press）{
stop（）;
}
```

停止按钮：

```
on（press）{
gotoAndStop（1）;
}
```

声音　按钮　小球　背景　1　5　10　15　20　25　30　35　40

图6-73

3. 两个按钮控制库中声音的播放

本案例是通过给库中的声音定义一个名称，并在脚本中定义一个声音类，将声音取出，再通过简单的函数来控制声音的播放。

（1）素材制作

Step 1　新建一个文件，命名为“两个按钮控制声音”，舞台大小为400×150。

Step 2　同时按下【Ctrl+F8】新建一个图形文件，命名为“bg”。用矩形工具、椭圆工具绘制收音机（如图6-74）。

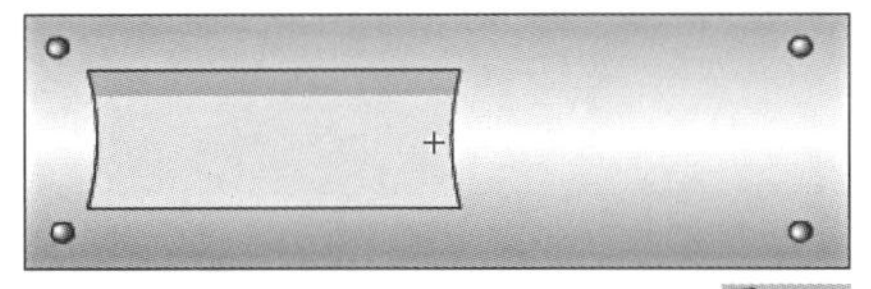

图6-74

图6-75

图6-76

图6-80

Step 3　打开“窗口”>“公用库”>“按钮”对话框，选择“buttons rounded”中的“rounded green”（如图6–75）。重命名该按钮为“rounded green play”。

Step 4　双击按钮“rounded green play”进入编辑状态，删除word层，添加两层，分别命名为“indicator1”和“indicator2”（如图6–76），用钢笔工具分别在两个图层上绘制三角形并分别填充为白色（如图6–77）和其他颜色（如图6–78）。

Step 5　用同样的方法制作按钮“round green stop”。

（2）场景布局

Step 6　将场景1中的图层1重命名为“bg”，将库中“bg”元件拖入到舞台上。

Step 7　新建一个图层，命名为“按钮”，将库中“round green stop”和“round green play”按钮拖入到舞台上，调整其位置（如图6–79）。

Step 8　在库中选中“背景音乐”文件，单击鼠标右键，选择“属性”，打开窗口中单击“高级”。勾选“为ActionScript导出”、“在帧1中导出”，同时在标识符中命名为“sound”（如图6–80）。

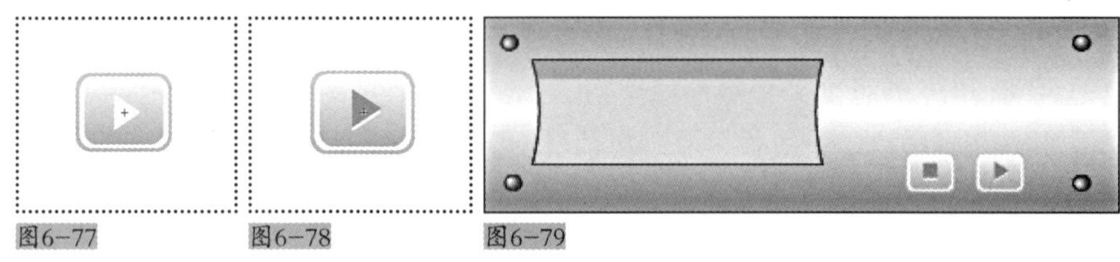

图6–77　图6–78　图6–79

（3）添加脚本

Step 9　在场景1中新建一个图层，命名为“action”，在第1帧上添加脚本：

stop（）；//停在当前帧。

music = new Sound（）；//新建一个声音对象music。

music.attachSound（“sound”）；//从库中加载声音sound

Step 10　选中“round green stop”和“round green play”按钮，在其上分别添加脚本：

round green stop按钮：

on（release）{

music.stop（）；//停止声音对象music的播放

}

round green play按钮：

on（release）{

music.start（）；//播放声音对象music

}

4. 一个按钮控制库中声音的播放

本案例是通过影片剪辑控制库中的声音文件播放和暂停，这个案例表面看是通过一个按钮切换控制声音，实际是通过影片剪辑中两个不同的图片切换实现控制。

（1）素材准备

Step 1　新建一个文件，命名为“一个按钮控制”，设置舞台大小为480×180。

Step 2　从本书的教学资源“第六章/sound/一个按钮控制背景音乐”目录下选择导入图片“pic.png”和声音文件“最.mp3”。

Step 3　同时按下【Ctrl+F8】新建一个图形元件，命名为“摇椅”，将库中“pic”拖入到图形元件的舞台上。

Step 4　同时按下【Ctrl+F8】新建一个影片剪辑元件，命名为“摇动”，将库中“摇椅”图形元件拖入到“摇动”影片剪辑元件的舞台上。

Step 5　在影片剪辑元件“摇动”中用任意变形工具选中“摇椅”图形，修改中心点的位置（如图6-81）。

Step 6　在影片剪辑元件“摇动”中第15、42、50帧处添加关键帧，用任意变形工具在15帧处向左旋转一点，在42帧处向右旋转一点（如图6-82）。创建传统补间动画（如图6-83）。

Step 7　新建一个影片剪辑“喇叭1”，在图层1上用直线工具、椭圆工具和选

图6-81

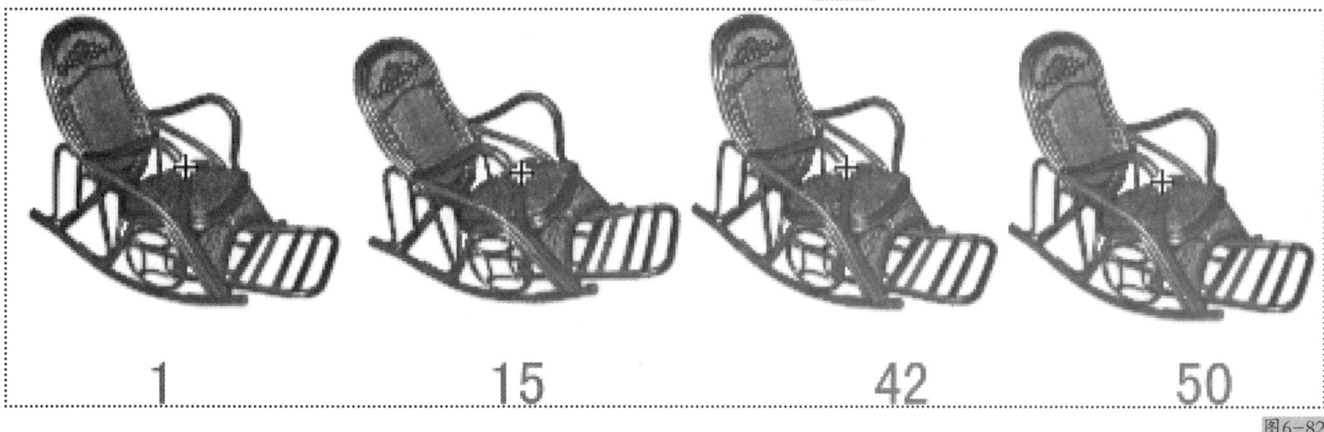

图6-82

图6-83

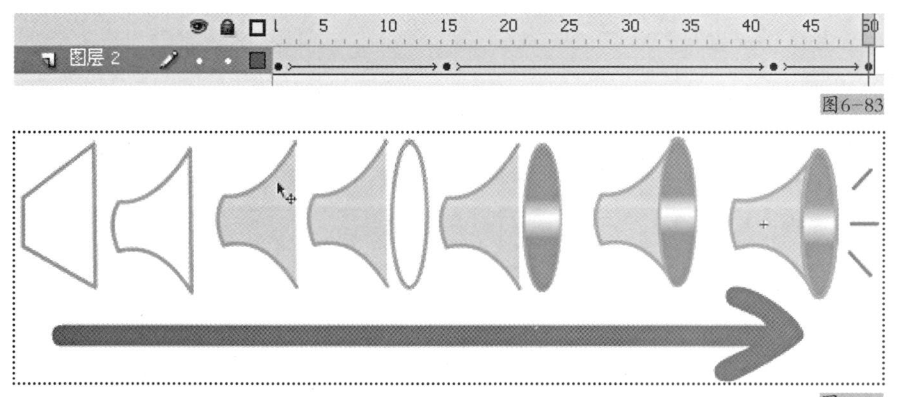

图6-84

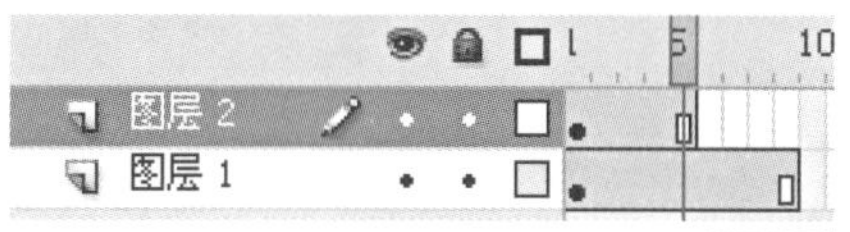

图6-85

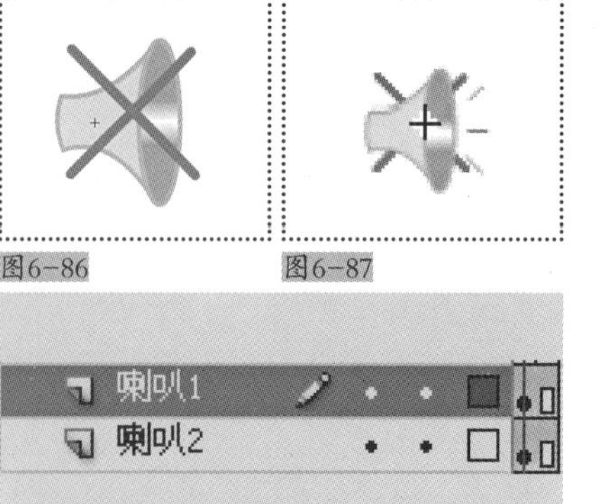

图6-86 图6-87

图6-88

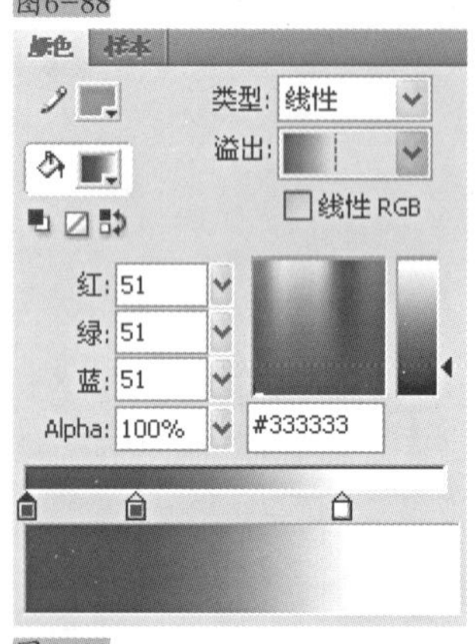

图6-89

择工具绘制喇叭的形状，填充颜色。再新建一个图层，在该图层上绘制喇叭的发音线（如图6-84）。将图层1延长至第9帧，图层2延长至第4帧（如图6-85）。

Step 8 复制影片剪辑“喇叭1”并重命名为“喇叭2”，将图层2上的发音线删除，用直线工具绘制两条直线（如图6-86）。

Step 9 同时按下【Ctrl+F8】新建一个影片剪辑命名为“控制”。将图层1和图层2分别重命名为“喇叭1”“喇叭2”，在图层“喇叭1”上拖入影片剪辑“喇叭1”，在图层“喇叭2”上拖入影片剪辑“喇叭2”，在舞台上将两个影片剪辑位置重叠（如图6-87、图6-88）。

Step 10 同时按下【Ctrl+F8】新建一个图形元件，命名为“背景”。选择矩形工具绘制一个矩形框并填充颜色（如图6-89、图6-90）。

（2）舞台布局

Step 11 在场景1中，重命名“图层1”为“背景”，将“背景”图形元件拖入舞台中，并延长帧至3。

Step 12 新建一个图层并命名为“摇椅”，将影片剪辑“摇动”拖入到舞台上，并用任意变形工具将其缩小到合适大小（如图6-91）。

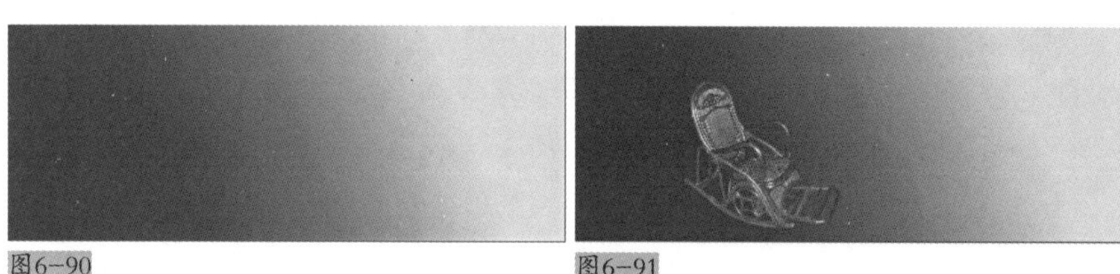
图6-90 图6-91

Step 13 新建一个图层并命名为“喇叭”，将影片剪辑“控制”拖入到舞台上。

（3）添加脚本

Step 14 双击场景中“控制”影片剪辑，进入其编辑状态。将“喇叭2”图层显示关闭（如图6-92）。分别选中“喇叭1”图层和“喇叭2”图层上的影片剪辑，在属性面板中对其分别命名为“lb1”“lb2”。

Step 15 在影片剪辑“控制”中新建一个图层并命名为“action”。在第2帧处添加关键帧。分别在时间线的第1帧和第2帧处添加脚本。

第1帧：

```
i = 0;
this.lb2._visible = 0;
```

第2帧：

```
stop ( ) ;
```

Step 16 在库面板中选中声音文件，单击鼠标右键选择“属性”，在打开的面板中单击高级，勾选为“ActionScript导出”和“在帧1中导出”，并在标识符中给声音命名为“ge”（如图6-93）。

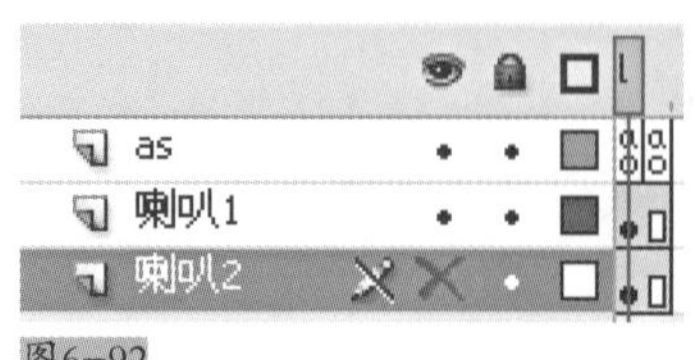

图6-92

Step 17　在场景1中新建一个图层，命名为“action”，在第1帧和第3帧处添加关键帧，并在两个关键帧上分别添加控制脚本语句。

第1帧：

sheng = new Sound（）；// 构建一个Sound对象“sheng”

sheng.attachSound（“ge”）；// 将库中的声音文件“ge”加载到声音对象上

sheng.start（3）；// 令声音从第3帧开始播放

第3帧：

if（sheng.position == sheng.duration）{ // 条件为已播放长度等于声音总长度

sheng.start（3）；// 从第3秒重新播放

}

gotoAndPlay（2）；// 从时间线第2帧处开始播放

Step 18　在舞台上选中影片剪辑控制，添加脚本：

on（release）{

if（i == 0）{

n = _root.sheng.getVolume（）；// 获取当前的音量值并赋值给变量n

_root.sheng.setVolume（0）；// 设置 Sound 对象的音量为 0

this.lb1._visible = 0；

this.lb2._visible = 1；

i = 1；

} else {

_root.sheng.setVolume（n）；// 设置 Sound 对象的音量为n

this.lb1._visible = 1；

this.lb2._visible = 0；

i = 0；

}

}

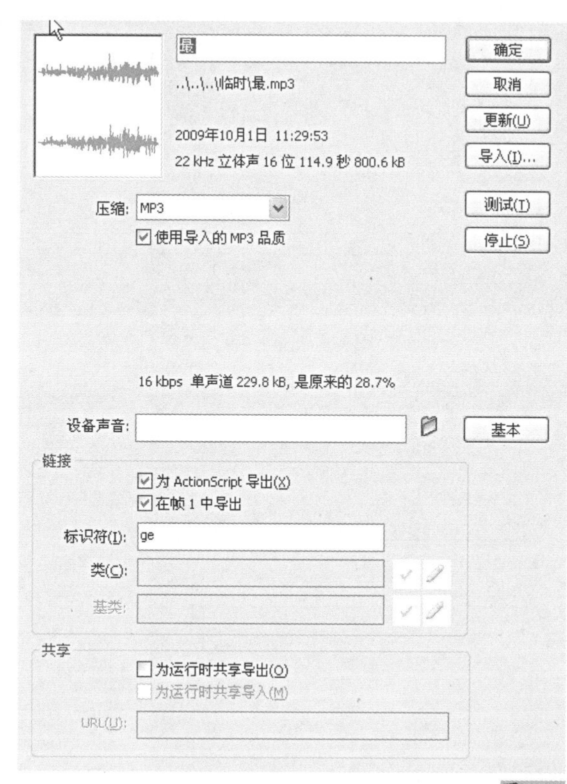

图6-93

6.3.4　载入电影及控制

1. 知识要点

Flash CS4支持外部flv（Flash专用视频格式），可以直接播放本地硬盘或者web服务器上的flv文件。这样可以用有限的内存播放很长的视频文件而不需要从服务器上下载完整的文件。如果机器上安装了Quicktime7及其以上版本，则在导入嵌入视频时支持mov、avi、dv、stream、windows media、mpg/mpeg等格式转换为flv格式。

（1）视频文件的导入

导入视频与导入声音的方法类似，主要操作Step为：

Step 1　新建一个Flash文件。

Step 2　单击菜单“文件”>“导入”>“导入视频”，弹出窗口（如图6-94）。

Step 3　由于素材是avi格式，因此在使用前需要先将其转换为flv格式。

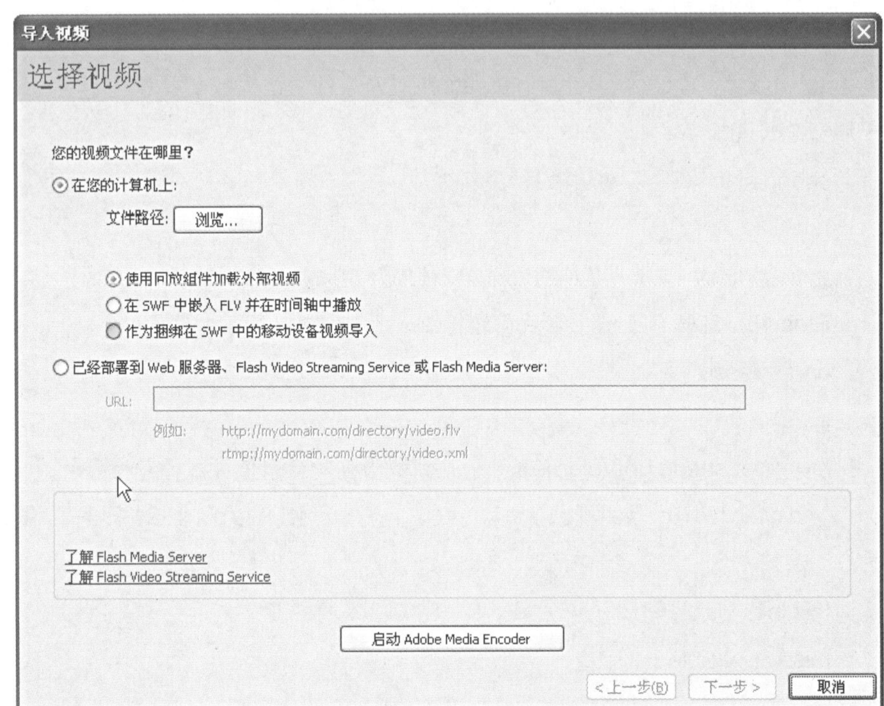

图6-94

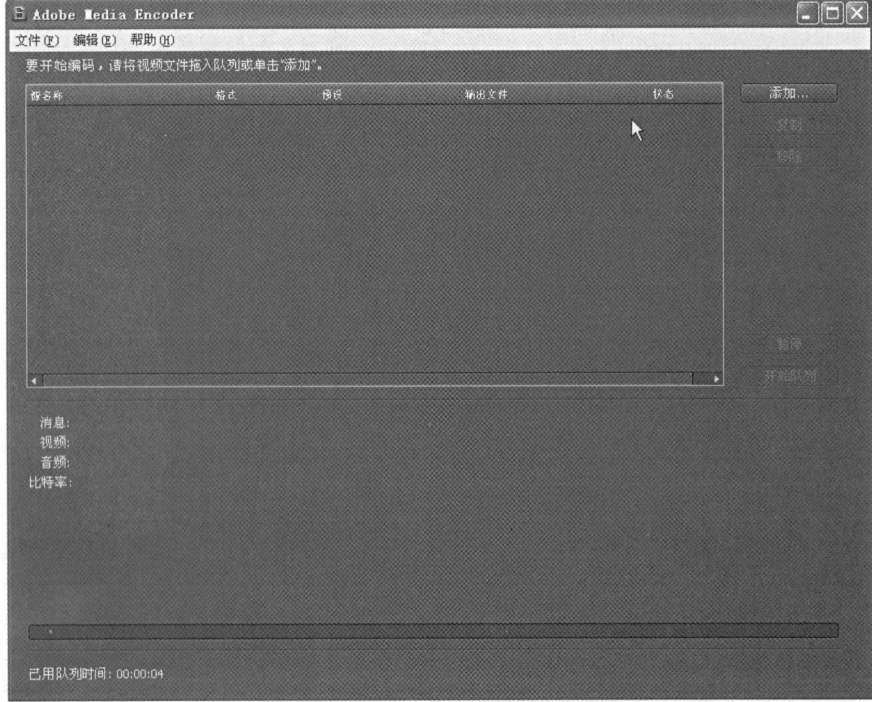

图6-95

单击弹出窗口中的“启动 Adobe Media Encoder”，启动后的窗口如图6–95所示，单击“添加”按钮选择要添加的视频文件，再单击“开始队列”，完成后关闭该窗口。这时软件将avi视频文件转换为flv格式，并保存在原avi文件所在位置。

Step 4　返回到打开的导入视频窗口中单击“浏览”，选择刚刚转换为flv的视频文件，并勾选窗口中的“在swf中嵌入flv并在时间轴中播放”。

Step 5　单击“下一步”，勾选选项（如图6–96）后，单击“下一步”，在窗口中单击“完成”（如图6–97）。

（2）视频文件控制函数及变量

本章讲解的视频控制主要是通过对时间线的控制来实现的，因此对视频元件的控制的函数和变量主要是以下几个：

_currentframe：当前的帧数

_totalframes：整个元件的帧数

gotoAndPlay（1）：跳转到第1帧播放

gotoAndStop（1）：跳转到第1帧停止

play（）：播放时间线

stop（）：暂停时间线播放

_visible：可见性

2. 视频播放时间线控制

本案例是通过将一个avi视频素材转换为flv后，导入并拖放到时间线上，再通过控制时间线的播放来控制视频的播放。

Step 1　重复视频文件导入的所有步骤，并保存文件为“视频时间线控制”，设置舞台大小为330×220，颜色为黑灰色（如图6–99、图6–100）。

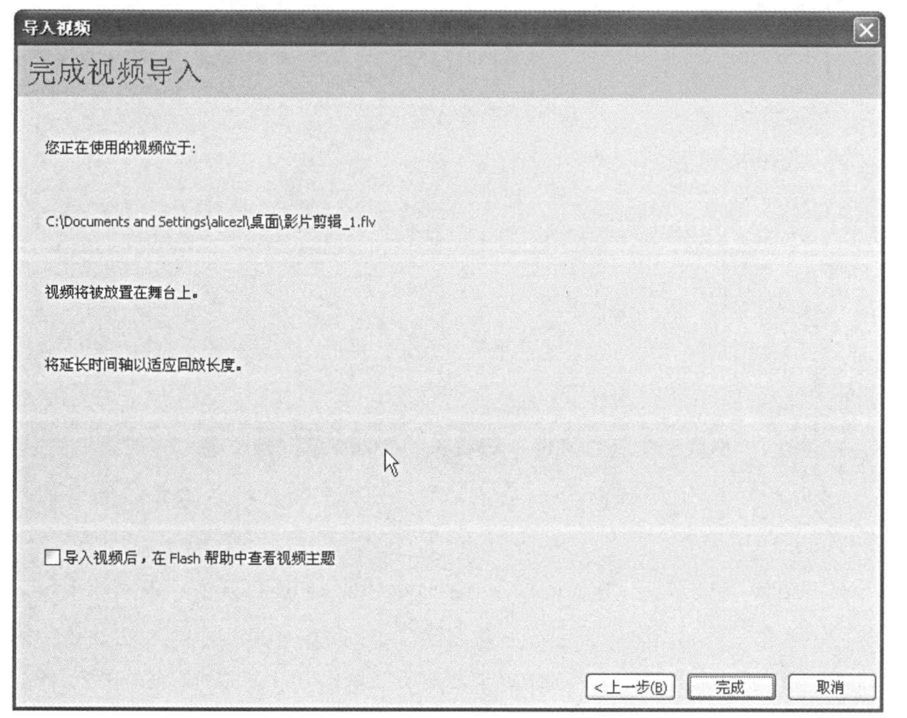

图6–97

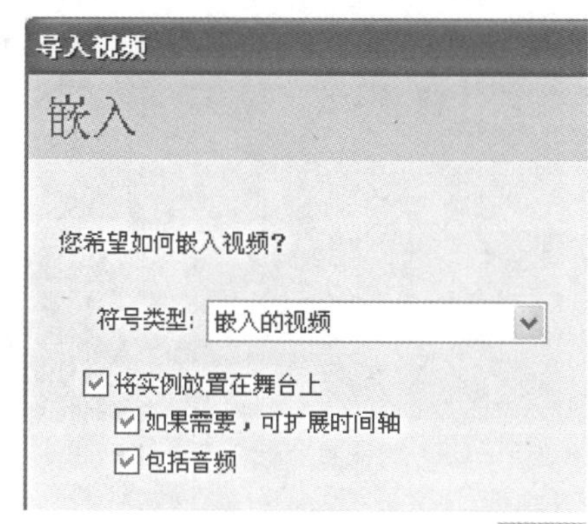

图6–96

说明

以这种方式导入的视频文件将以视频文件的长度在舞台时间线上排列，并且在库文件中生成一个带有视频标志元件图标（如图6–98）。

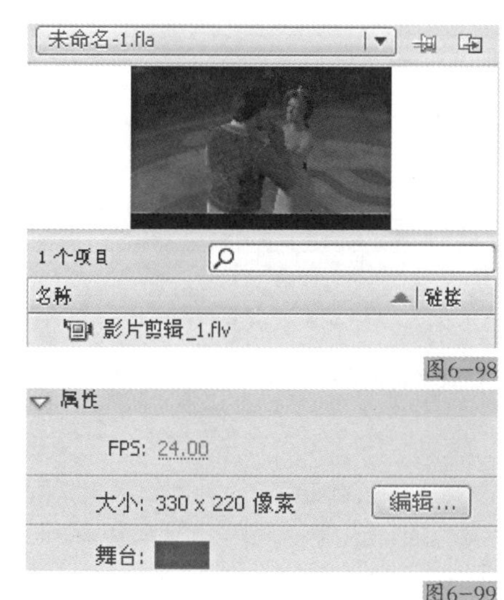

图6–98

图6–99

图6-100

图6-102

图6-101

Step 2 单击"窗口">"公共库">"按钮"，在弹出窗口中选择"classic buttons"下"Circle Buttons"中的"stop"和"play"按钮（如图6-101），在舞台上新建一个图层，将"stop"和"play"按钮拖到舞台（如图6-102）。

Step 3 在舞台上分别选中"play"按钮和"stop"按钮，并在上面添加语句：

play按钮：

```
on（release）{
play（）；
}
```

stop按钮：

```
on（release）{
stop（）；
}
```

3. 渐进式视频文件的播放

在Flash CS4中，可以通过组件来控制视频的播放，本案例是通过组件来实现视频的控制。

Step 1 新建一个项目文件，命名为"渐进下载视频"。

Step 2 单击"文件">"导入">"导入视频"，弹出对话框（如图6-103）。

Step 3 单击"启动Adobe Media Encoder"，在打开窗口中添加视频文件后，单击"开始队列"，完成后关闭窗口（如图6-104）。返回Step 2 中的对话框窗口（如图6-103），并单击"浏览"按钮，选择刚刚转换的flv文件。"确定"后再勾选"使用回放组件加载外部视频"选项。

Step 4 单击"下一步"，选择软件组件自带的外观（如图6-105）。

图6-103

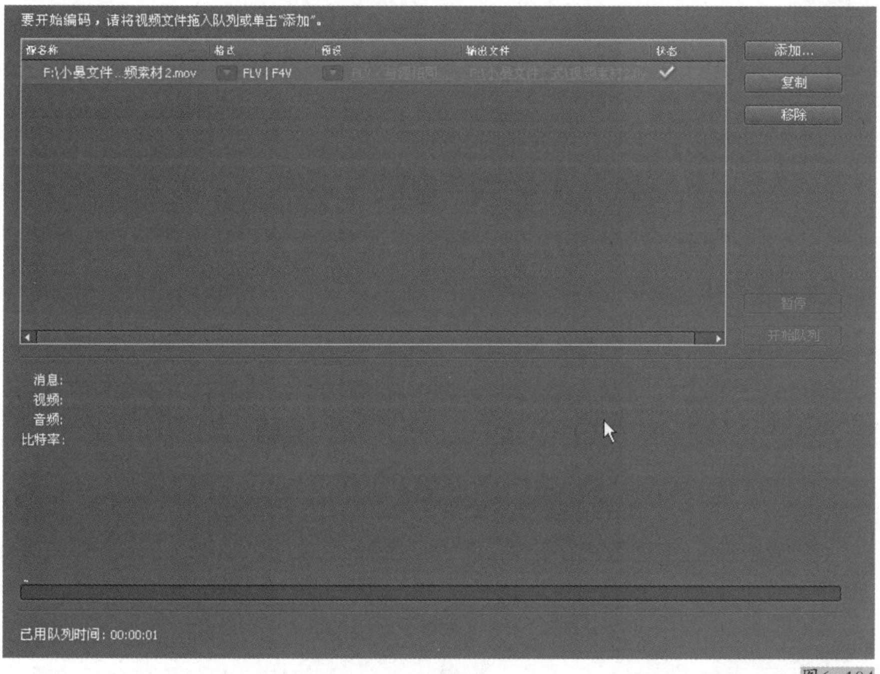

图6-104

外观

视频的外观将决定播放控件的外观和位置。播放和运行 Adobe Flash 视频最简单的方法是选择一种所提供的外观。

要创建您自己的播放控件外观，可创建一个自定义外观 SWF，在外观下拉框中选择"自定义"，然后在 URL 字段中输入外观 SWF 的相对路径。

要删除所有播放控件，并且仅导入您的视频，可从外观下拉框中选择"无"。

最小宽度:155 最小高度:60

外观：ClearOverPlaySeekMute.swf

URL:

< 上一步(B)　下一步 >　取消

图6-105

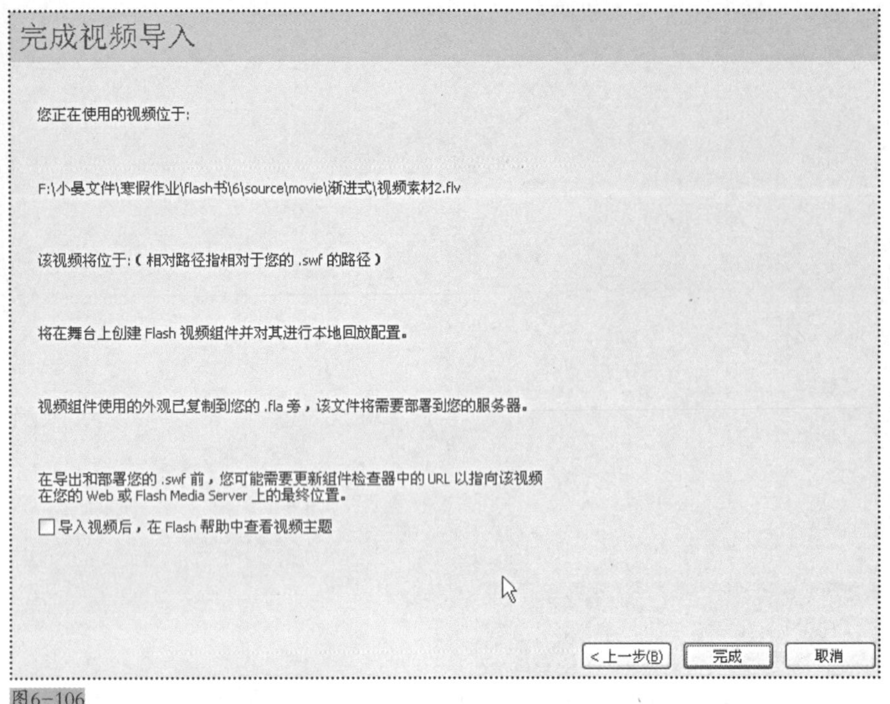

图6-106

Step 5　单击“下一步” > “完成”（如图6-106）。在舞台上的效果如图6-107所示。

说明

使用渐进式视频播放，除制作工程文件“渐进下载视频.fla”和素材文件“视频素材2.mov”外，还有另外三个文件“ArcticExternalAll.swf”“渐进下载视频.swf”“视频素材2.flv”。其中文件“ArcticExternalAll.swf”为组件支持播放的文件（如图6-108）。

图6-107

图6-108

4. 更换视频背景音乐

在Flash中导入视频，可以选择将视频文件和音频文件分离，再将视频文件放入舞台的时间线上，并导入其他的声音文件与之匹配，从而达到更换视频文件的背景音乐的效果。

Step 1　新建文件“变更背景音乐”。

Step 2　单击“文件” > “导入” > “导入视频”，弹出对话框（如图6-109）。

Step 3　单击“启动Adobe Media Encoder”，在打开窗口中从本书的教学资源“第六章/movie/更换背景音乐”目录下选择“动画剪辑.avi”，添加视频文件后，单击“预设”设置（如图6-110），在弹出的对话框中取消导出音频选项。再单击“确定”，单击“开始队列”，完成后关闭对话框（如图6-111）。

Step 4　返回Step2中的对话框窗口（如图6-109）单击“浏览”按钮，选择刚刚转换的flv文件。“确定”后勾选“在SWF中嵌入FLV并在时间轴中播

图6-109

图6-110

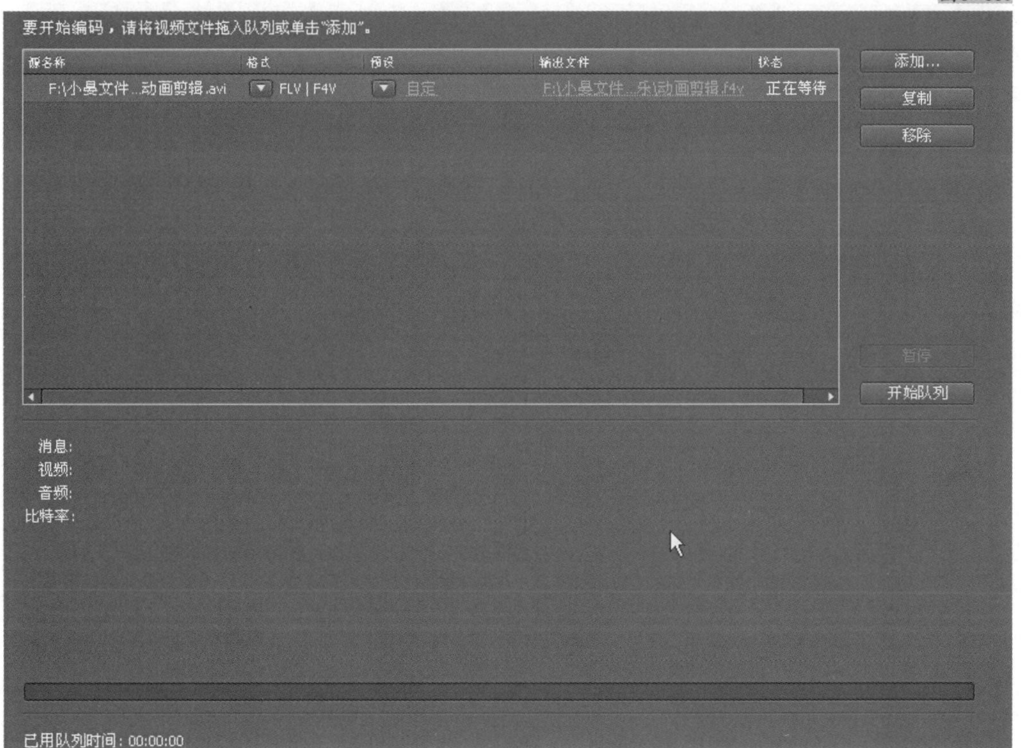

图6-111

放”选项。单击“下一步”>“完成”。这时导入的视频文件是没有声音的视频文件。

Step 5　单击“文件”>“导入”>“导入到库”，在弹出的对话框中从本书的教学资源“第六章/movie/更换背景音乐”目录下选择“背景音乐.mp3”。这时库中有两个素材文件，分别为视频文件和声音文件（如图6–112）。

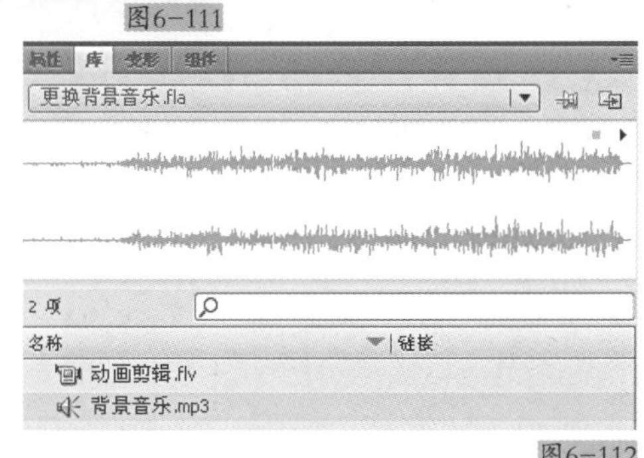

图6–112

Step 6　在舞台上新建一个图层，将库中的声音文件拖到舞台（如图6–113）。

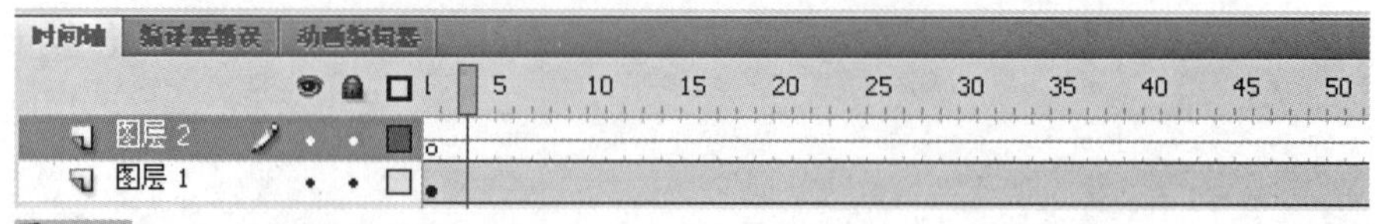

图6-113

6.3.5 控制网站链接

1. 知识要点

在Flash中可以通过函数getURL（ ）实现对本地网页和外部internet网页的链接，以及给指定地址发送电子邮件等操作。

（1）打开一个网页

getURL（http://xxxx.xxx，_blank）——在一个新的IE窗口中打开internet网页（http://xxxx.xxx代表网址，_blank表示在新窗口中浏览网页）。

getURL（ “index.html”，_blank）——在一个新的IE窗口中打开本地index网页。

（2）附加电子邮件连接

getURL（ “mailto:xxx@xxx.xxx” ）——通过本例系统中的outlook邮件系统给指定邮箱发邮件（xxx@xxx.xxx代表邮箱地址）。

2. 链接网页制作

本案例是通过在按钮上添加脚本，实现在IE中打开指定internet上的网页、本地index网页以及通过outlook给指定邮箱地址发邮件。

（1）素材准备

Step 1 新建文件为“webconnact”，设置舞台大小为550×400。从本书的教学资源“第六章/网络链接事件”目录下导入背景图片“bg.jpg”到库中。

Step 2 同时按下【Ctrl+F8】新建一个名称为“word”的图形元件，在该元件中输入文本（如图6-114）。

Step 3 单击“公用库”>“按钮”选择按钮“rounded double peach”，将该按钮名称改为“google”，将按钮上的文字层修改为“打开google”（如图6-115）。

Step 4 用鼠标单击按钮“google”，单击鼠标右键选择“直接复制”，命名为“email to me”，重复Step 3将文本修改为“email to me”（如图6-116）。用同样的方法制作按钮“index”，并将按钮上文字层改为“打开index”（如图6-117）。

（2）场景布局

Step 5 导入背景图片，并拖入到舞台上，在属性面板上将其大小改为550×400。重命名图层1为“bg”。

Step 6 新建图层2并命名为“button”，将库文件中的三个按钮拖舞台，排列如图6-118。

Step 7 新建图层3并命名为“word”，将库中的“word”图形元件拖到舞台（如图6-119）。

（3）添加脚本

Step 8 新建图层4并命名为“action”，选中第一帧，按【F9】打开脚本编辑窗口，输入语句stop（ ）；（如图6-120）。

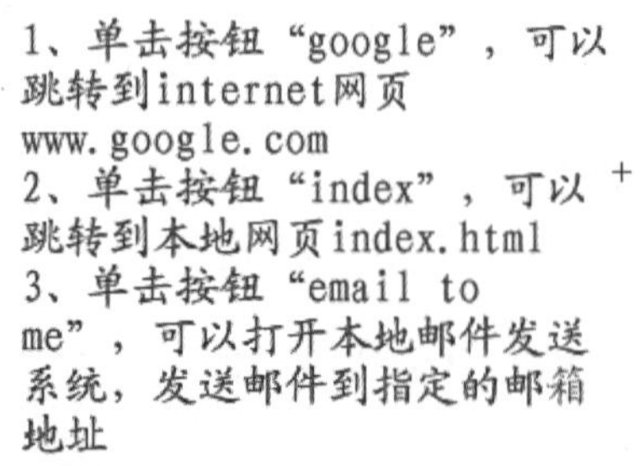

图6-114

图6-115 图6-116 图6-117

图6-118

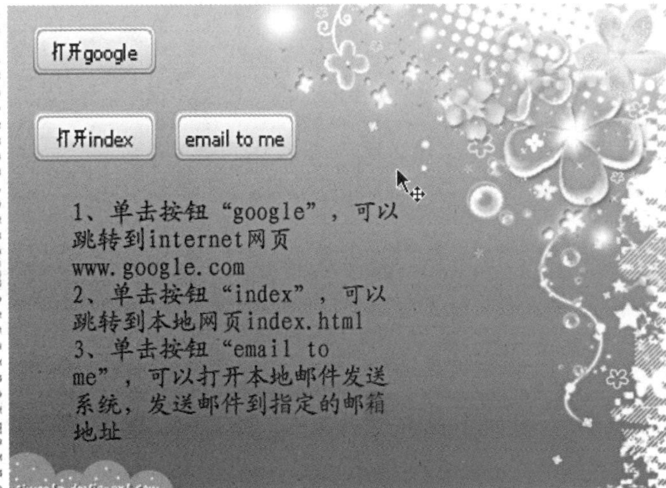

图6-119

Step 9　分别选中舞台上的三个按钮，按【F9】打开脚本编辑窗口，输入语句：

"google"按钮：

on（release）{

getURL（"http://www.google.com"，_blank）；

}//在一个新的IE窗口中打开google的网页（如需打开其他网页，可以将"http://www.google.com"换为其他网址）。

"Index"按钮：

on（release）{

getURL（"index.html"，_blank）；

}//在一个新的IE窗口中打开本地index网页。

"email to me"按钮：

on（release）{

getURL（"mailto:xxx@xxx.xxx"）；

}//通过本地系统中的outlook邮件系统给指定邮箱发邮件（"xxx@xxx.xxx"为指定邮箱的地址）。

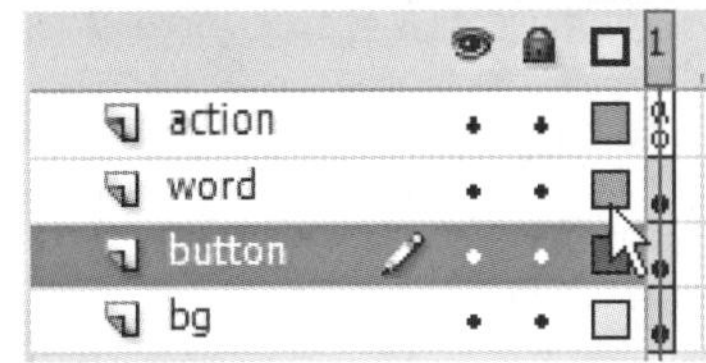

图6-120

6.3.6　Flash文件的调用

1．知识要点

在项目制作时，可以将一个项目分成几个Flash文件模块，通过这些文件的加载和卸载来实现模块跳转。还可以通过fscommand实现不同软件制作的exe文件的跳转，其主要使用到的函数有以下几条：

◆ attachMovie（"mc1"，"mc0"，0）// 将"mc1"从库中调出，并重命名为"mc0"，且该影片剪辑的深度为0。

◆ loadMovie（"mc1.swf"，"mc"）；// 加载影片剪辑"mc1.swf"并替换场景中的实例名为"mc"的影片剪辑。

◆ unloadMovie（"mc"）// 卸载"mc"影片剪辑。

◆ loadMovieNum（"file2.swf"，0）// 将外部file2.swf调入。

◆ fscommand（"exec"，"file.exe"）// 打开"fscommand"文件夹下的file.exe文件。

注意

如果在文件中存在一个影片剪辑file1深度为0，通过loadMovieNum（"file2.swf"，1）函数调入file2.swf后，在该文件中两个影片剪辑file1和file2都可以正常播放。

注意

使用fscommand函数打开的exe文件必须放在fscommand文件夹中，而且fscommand文件夹的位置必须与工程文件是同级目录（如图6-121）。

图6-121

2. 打开exe文件

本案例是一个通过函数fscommand打开指定文件夹中的exe格式的文件。该文件可以是Flash软件制作的，也可以是其他软件制作出的。但是要求使用fscommand来实现时打开文件和被打开文件都必须是exe文件格式。

（1）“ear”文件素材制作

Step 1　新建一个Flash文件，命名为“ear”。文件大小为400×250。

Step 2　从本书的教学资源“第六章/flash文件调用/打开exe文件/pic/ear”目录下导入背景图片“bg.jpg”和素材图片“1.jpg”、“2.jpg”到库中。

Step 3　将图片“bg.jpg”拖到舞台并延长帧到100，并重命名该图层为“bg”（如图6–122）。

Step 4　新建一个图层并命名为“frame”，选择矩形工具，在属性面板中设置圆角值为25，笔触为3.00（如图6–123）。在舞台上绘制两个圆角矩形框作为图片显示框（如图6–124）。

Step 5　新建两个图层并分别命名为“left”和“right”，将图片“1.jpg”拖到舞台上“left”图层，将图片“2.jpg”拖到舞台上“right”图层。将图层“frame”移到图层“left”和“right”上（如图6–125）。

Step 6　新建一个图层并命名为“move1”，用矩形工具绘制个白色矩形，大小刚好可以盖住左边的图形，在第50、100帧分别插入关键帧，将第1帧和第100帧Alpha值调整为100，第50帧Alpha值调为0。最后建立补间形状动

图6–122

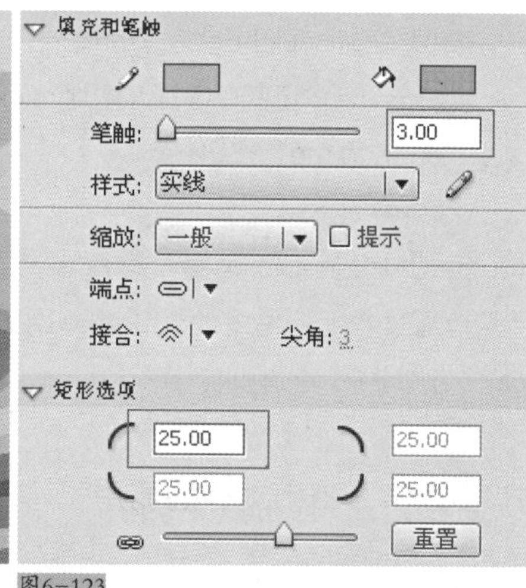

图6–123

图6–124

图6–125

画。这样可以产生图片慢慢显示又慢慢消失的效果。

Step 7　按照step 6 的方法新建图层“move2”，制作右边图片渐显和渐隐的效果。

Step 8　新建一个图层并命名为“word”，用文本工具输入文本“耳环”（如图6–126）。

Step 9　新建一个图层并命名为“action”，在第100帧插入关键帧，输入语句gotoAndPlay（1）。

Step 10　单击“文件”>“发布设置”，打开对话框，勾选“Windows放映文件（.exe）”（如图6–127）。单击发布按钮。

Step 11　将发布的exe格式文件放到fscommand文件夹内。

（2）“shoushi”文件制作

Step 12　新建一个文件，命名为“shoushi”，大小为400×250。

Step 13　从本书的教学资源“第六章/flash文件调用/打开exe文件/pic/ear”目录下导入背景图片“bg.jpg”和素材图片“1.jpg”、“2.jpg”到库中。

Step 14　将背景图片拖到舞台，调整其大小并将图层名改为“bg”。

Step 15　新建一个图层并命名为“pic”，在该层的时间线上每隔20帧将一个图片拖入（如图6–128）。

Step 16　新建一个图层并命名为“frame”，参考Step 4为图片制作一个框架（如图6–129）。

Step 17　新建一个图层并命名为“button”，制作一个按钮（方法参考6.3.1中案例“春、夏、秋、冬”中按钮的制作），将文本改为“耳环”（如图6–130）。将按钮拖入到舞台，调整位置（如图6–131）。

图6–126

图6–127

图6–128

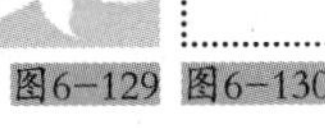

图6–129　图6–130

图6–131

图6-132

注意

shoushi.exe文件与fscommand文件夹在同一级目录下（如图6-132）。

（3）添加脚本

Step 18 单击舞台上的按钮元件，按下F9，打开脚本窗口，输入语句：

```
on（release）{
fscommand（"exec"，"ear.exe"）；
}
```

Step 19 新建一个图层并命名为"action"，在第160帧添加关键帧，添加脚本：gotoAndPlay（1）；

Step 20 单击"文件">"发布设置"，打开对话框，勾选"windows放映文件（.exe）"。单击"发布"按钮。

3. 通过脚本调用库中影片剪辑以及加载外部的swf文件

本案例展示了通过在按钮上添加脚本实现Flash文件调用的三种方法：①运用脚本从库中调用影片剪辑；②通过函数loadMovie从外部调入swf文件；③通过函数loadMovieNum从外部调入swf文件。

（1）"ear1"文件制作

Step 1 新建一个文件并命名为"ear1"，大小为225×190。

Step 2 从本书的教学资源"第六章/flash文件调用/swf文件跳转/pic/ear1"目录下导入图片"1.jpg"~"4.jpg"到库中。

Step 3 将库中图片"1.jpg"~"4.jpg"依次拖到舞台上，并在时间线上每张图片间隔20帧（如图6–133）。

Step 4 新建一个图层，在最后一帧添加关键帧并输入语句：gotoAndPlay（1）；

（2）"shoulian"文件制作

Step 5 参照制作文件"ear1"的方法完成"shoulian"文件制作。

（3）"main"文件制作

Step 6 新建一个文件并命名为"main"，大小为400×250。

Step 7 从本书的教学资源"第六章/flash文件调用/swf文件跳转/pic/main"目录下将背景图片"bg.jpg"和"pic.jpg"导入到库中。并在库中新建一个文件夹为"r"，将本书的教学资源"第六章/flash文件调用/swf文件跳转/pic/ring"目录下的图片"1.jpg"~"3.jpg"导入到该文件夹中。

Step 8 将"图层1"重命名为"bg"，将库中的背景图片"bg.jpg"拖到舞台，并调整其大小。

Step 9 参考案例"打开exe文件"中的Step 4，在图层1上绘制演示框（如图6–134）。

Step 10 新建一个影片剪辑并命名为"test"，将库中的图片"pic.jpg"拖到该影片剪辑中，调整其大小和位置（如图6–135）。

Step 11 在场景1中新建一个图层并命名为"test"，将影片剪辑"test"拖到舞台上，并调整到合适位置（如图6–136）。在舞台上选中该影片剪辑，并在属性面板中命名为"mc"。

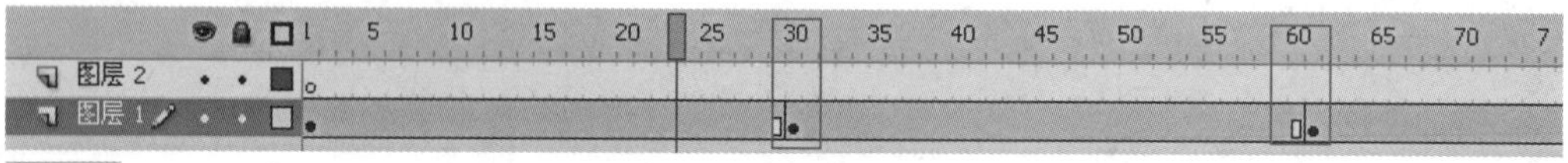

图6-133

图6-134

图6-135

图6-136

图6-137

Step 12　新建一个影片剪辑并命名为“ring”，将库中“r”文件夹中的图片“1.jpg”～“3.jpg”间隔30帧依次放到剪辑舞台上，调整其大小和位置（如图6-137）。

Step 13　单击库中的影片剪辑“ring”，单击鼠标右键，选择“属性”，在弹出的对话框中输入名称为“ring”，勾选“为ActionScript导出”和“在帧1中导出”。这样就可以通过脚本将影片剪辑从库中调出（如图6-138）。

图6-138

Step 14　参照6.3.1中的案例“春、夏、秋、冬”中按钮的制作，将对应的文本进行修改，制作出四个按钮分别为“戒指”、“耳环”、“项链”、“手链”（如图6-139）。

图6-139

Step 15　在场景1上新建一个图层并命名为“button”，将四个按钮拖入到舞台上，并调整其位置（如图6-140）。

Step 16　新建一个图层并命名为“action”，在第一帧添加脚本为stop（）；（如图6-141）。

Step 17　分别在四个按钮上添加脚本，语句如下：

戒指按钮：

```
on（release）{
this.attachMovie（"ring"，"mc0"，0）；//将库中“ring”影片剪辑调入
this.mc0._x=140；
```

图6-140

action
button
test
bg

图6-141

> **说明**
>
> 将影片剪辑“ring”从库中调入到舞台上时容易将影片剪辑“mc”遮挡住，因此在这里需要先将该影片剪辑卸载。这里影片剪辑“mc”的坐标以及缩放尺寸大小需要制作者不断运行测试合适值。

```
this.mc0._y=120; // 修改其mx的坐标位置
}
耳环按钮:
on（release）{
unloadMovie（"mc0"）
loadMovie（ “ear1.swf” ， “mc” ）；// 载入外部“ear1”文件
this.mc._x=-25;
this.mc._y=4; // 修改其“mx”的坐标位置
this.mc._xscale=140;
this.mc._yscale=120; // 修改其mx的尺寸
}
项链按钮:
on（release）{
unloadMovie（"mc0"）;
unloadMovie（"mc"）;
loadMovieNum（"xianglian.swf"，0）；// 载入外部“xianglian”文件
this.mc._x=25;
this.mc._y=20; // 修改其“mx”的坐标位置
this.mc._xscale=147;
this.mc._yscale=127; // 修改其“mx”的尺寸
}
手链按钮:
on（release）{
unloadMovie（"mc0"）
loadMovie（"shoulian.swf"，"mc"）；// 载入外部“shoulian”文件
this.mc._x=25;
this.mc._y=20; // 修改其“mx”的坐标位置
```

> **说明**
>
> 这里之所以要将“main”文件另存为“xianglian”文件，是因为使用语句loadMovieNum（"xianglian.swf"，0）实现文件跳转时，是将整个Flash文件中的素材替换，所以要实现该效果，就必须采用这种方法。

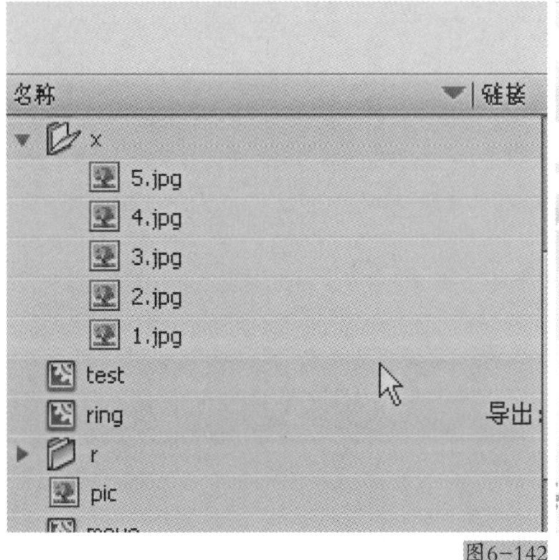

图6-142

图6-143

```
this.mc._xscale=147;
this.mc._yscale=127; // 修改其"mx"的尺寸
}
```

（4）"xiangliang"文件制作

Step 18　将文件"main"另存为"xianglian"文件。

Step 19　在库中新建一个文件夹为"x"，从本书的教学资源"第六章/flash文件调用/swf文件跳转/pic/xianglian"目录下导入图片"1.jpg"～"5.jpg"到库（如图6-142）。

Step 20　新建一个影片剪辑并命名为"xianglian"，将库中"x"文件夹下的图片"1.jpg"～"5.jpg"间隔30帧依次拖入剪辑舞台排列。

Step 21　在场景1中将"test"图层上的影片剪辑删除，将影片剪辑"xianglian"拖入舞台（如图6-143）。

Step 22　新建一个文件并命名为"shoulian"，大小为225×190，并从本书的教学资源"第六章/flash文件调用/swf文件跳转/pic/shoulian"目录下导入项链图片"1.jpg"、"2.jpg"到库中。

Step 23　从库中将图片"1.jpg"、"2.jpg"依次拖到舞台，并在时间线上每张图片间隔30帧。

Step 24　新建一个图层，在第60帧插入关键帧，并在该帧上添加循环播放脚本gotoAndPlay(1)，如图6-144。

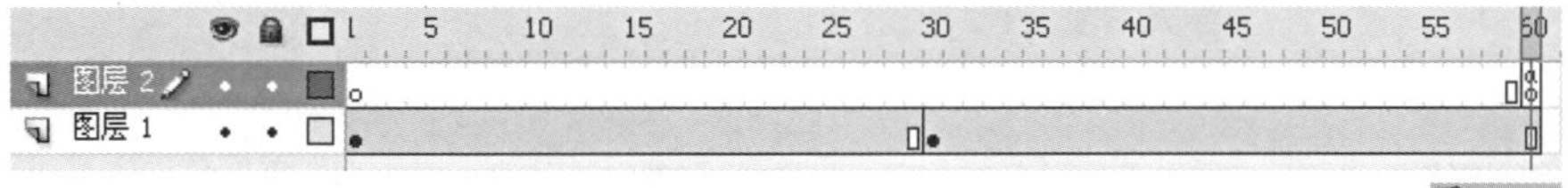

图6-144

小　结

在本章中主要讲解了ActionScript的基本语法以及运用简单脚本实现对各种多媒体素材的控制。其中重点讲解了对背景音乐进行单双键的控制；对不同场景之间实现跳转；对影片剪辑的调用、各种swf文件之间的载入跳转和对exe文件的调用。